L… les de … ation

Harri Holma & Antti Toskala

Dans la même collection :

- ActionScript Le guide du programmeur Flash 5
- ADSL et xDSL Nouvelles technologies d'accès à Internet
- C++ Le guide du développeur
- De Windows à Linux
- FrontPage 2000 Créer et administrer votre site Web
- Graver tous vos CD Mac-PC-Plate-forme Unix/Linux
- HTML 4 Les références du programmeur
- Introduction à C#
- Introduction à TCP/IP
- Introduction à Visual Basic.NET
- Introduction au XML
- JavaScript Les références du programmeur
- La base de registres Windows 95/98 et Office 2000
- La restauration des supports audio
- La vidéo numérique
- Lingo Le guide du programmeur
- Linux La boîte à outils du développeur Web
- Linux Noyau 2.2 SuSE 6.1 Guide de l'utilisateur
- MP3 avec Winamp
- Perl Les références du programmeur
- Photoshop 6 Le traitement de l'image et de la photographie
- PHP 4 et MySQL Les références du programmeur
- Samba Le guide de l'administrateur
- Visual Basic 6 Le guide du développeur
- Visual Basic 6 et les bases de données

MICRO

Traduit de l'anglais par

VINCENT GIRY

UMTS
Les réseaux mobiles de troisième génération

2ème édition
mise à jour et augmentée

Harri Holma & Antti Toskala

OSMAN EYROLLES MULTIMEDIA

O.E.M.

Osman Eyrolles Multimedia
1, rue Thénard
75005 Paris
Télécopie : 01 44 41 46 00

http://www.oemweb.com

Original title : WCDMA for UMTS: Radio Access for Third Generation Mobile Communications
Revised Edition

OEM n'est lié à aucun constructeur. Nos auteurs et nous-mêmes apportons le plus grand soin à la réalisation et à la production de nos livres, pour vous proposer une information de haut niveau, aussi complète et aussi fiable que possible. Pour autant, OEM ne peut assumer de responsabilité ni pour l'utilisation de ce livre, ni pour les contrefaçons de brevets ou atteintes aux droits de tierces personnes, qui pourraient résulter de cette utilisation.

Le photocopillage tue le livre.

ISBN 2-7464-0370-6

Table des matières

Préface 13

Remerciements 17

Introduction 19

Le WCDMA et les systèmes de troisième génération 19
Les interfaces air et l'allocation du spectre 20
Le calendrier des systèmes de troisième génération 23
Le WCDMA et les interfaces air de deuxième génération 24
Les réseaux cœur 27
Références 28

Chapitre 1 Services et applications UMTS 31

1.1. Introduction 33
1.2. Les services support UMTS 34
1.3. Les classes de qualité de service 35

1.3.1. Classe « conversational » ... 36
1.3.1.1. Service voix AMR ... 37
1.3.1.2. Vidéotéléphonie ... 38
1.3.2. Classe « streaming » ... 44
1.3.3. Classe « interactive » ... 46
1.3.3.1. Services fondés sur la localisation ... 46
1.3.3.2. Jeux en réseau ... 47
1.3.4. Classe « background » ... 47
1.4. Capacités de service et classes de terminal ... 49
1.5. Conclusion ... 49
1.6. Références ... 50

Chapitre 2 Introduction au WCDMA ... 51

2.1. Introduction ... 53
2.2. Aperçu des principaux paramètres ... 53
2.3. Etalement et désétalement ... 55
2.4. Canal radio à trajets multiples et récepteur Rake ... 59
2.5. Contrôle de puissance ... 63
2.6. Softer et soft handovers ... 67
2.7. Références ... 69

Chapitre 3 Contexte et normalisation ... 71

3.1. Introduction ... 73
3.2. Contexte en Europe ... 73
3.2.1. CDMA Large bande ... 74
3.2.2. TDMA Large bande ... 75
3.2.3. TDMA/CDMA Large bande ... 75
3.2.4. OFDMA ... 76
3.2.5. ODMA ... 77
3.2.6. ETSI ... 77
3.3. Contexte au Japon ... 78
3.4. Contexte en Corée ... 78
3.5. Contexte aux Etats-Unis ... 79
3.5.1. W-CDMA N/A ... 79
3.5.2. UWC-136 ... 79

3.5.3. Cdma2000 79
3.5.4. TR46.1 80
3.5.5. WP-CDMA 80
3.6. Création du 3GPP 80
3.7. Création du 3GPP2 82
3.8. Phase d'harmonisation 82
3.9. Processus IMT-2000 83
3.10. Après la Release 99 85
3.11. Références 86

Chapitre 4 Architecture du réseau d'accès radio 87

4.1. Architecture du système UMTS 89
4.2. Architecture UTRAN 92
4.2.1. Radio Network Controller 93
4.2.1.1. Rôle logique du RNC 93
4.2.2. Node B 94
4.3. Modèle des protocoles des interfaces UTRAN 95
4.3.1. Structure 95
4.3.2. Couches horizontales 95
4.3.3. Plans verticaux 96
4.3.3.1. Control Plane 96
4.3.3.2. User Plane 96
4.3.3.3. Transport Network Control Plane 96
4.3.3.4. Transport Network User Plane 97
4.4. Interface Iu 97
4.4.1. Structure des protocoles de l'interface Iu Cs 97
4.4.1.1. Pile de protocoles du plan de contrôle Iu Cs 98
4.4.1.2. Pile de protocoles du plan de contrôle du réseau transport Iu Cs 99
4.4.1.3. Pile de protocoles du plan utilisateur Iu Cs 99
4.4.2. Structure des protocoles de l'interface Iu Ps 99
4.4.2.1. Pile de protocoles du plan de contrôle Iu Ps 99
4.4.2.2. Pile de protocoles du plan de contrôle du réseau transport Iu Ps 99
4.4.2.3. Pile de protocoles du plan utilisateur Iu Ps 100
4.4.3. Protocole RANAP 100
4.4.4. Protocole du plan de contrôle Iu 102
4.5. Interfaces internes 103
4.5.1. Interface Iur et protocole RNSAP 103
4.5.1.1. Iur 1 : Support de la gestion de la mobilité inter-RNC 103
4.5.1.2. Iur 2 : Support du canal de trafic dédié 104

4.5.1.3. Iur 3 : Support du canal commun de trafic 105
4.5.1.4. Iur 4 : Support de la gestion des ressources 106
4.5.2. Interface Iub et protocole NBAP 106
4.5.2.1. Common NBAP 108
4.5.2.2. Dedicated NBAP 109
4.6. Références 109

Chapitre 5 Couche physique WCDMA 111

5.1. Introduction 113
5.2. Canaux de transport et canaux physiques 114
5.2.1. Canal de transport dédié 115
5.2.2. Canaux de transport communs 116
5.2.2.1. Broadcast Channel 116
5.2.2.2. Forward Access Channel 116
5.2.2.3. Paging Channel 117
5.2.2.4. Random Access Channel 117
5.2.2.5. Common Packet Channel 117
5.2.2.6. Downlink Shared Channel 118
5.2.2.7. Canaux de transports nécessaires 118
5.2.3. Correspondance des canaux de transport et des canaux physiques 118
5.2.4. Structure de trame des canaux de transport 118
5.3. Etalement et modulation 119
5.3.1. Scrambling 119
5.3.2. Codes de channelisation 120
5.3.3. Etalement et modulation uplink 122
5.3.3.1. Modulation uplink 122
5.3.3.2. Etalement uplink 125
5.3.3.3. Codes de scrambling uplink 126
5.3.3.4. Etalement et modulation sur les canaux communs uplink 127
5.3.4. Etalement et modulation downlink 127
5.3.4.1. Modulation downlink 127
5.3.4.2. Etalement downlink 128
5.3.4.3. Scrambling downlink 129
5.3.4.4. Etalement et modulation du canal SCH 130
5.3.5. Caractéristiques de l'émetteur 130
5.4. Transmission de données utilisateur 132
5.4.1. Canal dédié uplink 132
5.4.2. Multiplexage uplink 135
5.4.3. Canal RACH 139
5.4.4. Canal CPCH uplink 139
5.4.5. Canal dédié downlink 140

5.4.6. Multiplexage downlink ... 142
5.4.7. Canal DSCH ... 144
5.4.8. Canal FACH ... 146
5.4.9. Codage de canal pour la transmission de données ... 147
5.4.10. Codage TFCI ... 148

5.5. Signalisation ... 149

5.5.1. Canal CPICH ... 149
5.5.2. Canal SCH ... 149
5.5.3. Canal Primary CCPCH ... 150
5.5.4. Canal Secondary CCPCH ... 152
5.5.5. Canal RACH ... 153
5.5.6. Canal AICH ... 153
5.5.7. Canal PICH ... 154
5.5.8. Canaux physiques de la procédure d'accès CPCH ... 155

5.6. Procédures de la couche physique ... 156

5.6.1. Contrôle de puissance rapide en boucle fermée ... 156
5.6.2. Contrôle de puissance en boucle ouverte ... 157
5.6.3. Procédure de Paging ... 158
5.6.4. Procédure RACH ... 158
5.6.5. Fonctionnement CPCH ... 160
5.6.6. Procédure de recherche de cellule ... 161
5.6.7. Procédure de diversité en transmission ... 162
5.6.8. Procédure de mesures de handovers ... 163
5.6.8.1. Handover intra-mode ... 163
5.6.8.2. Handover inter-mode ... 165
5.6.8.3. Handover intersystèmes ... 165
5.6.9. Procédure de mesures en mode compressé ... 166
5.6.10. Autres mesures ... 168
5.6.11. Fonctionnement avec les antennes adaptatives ... 169

5.7. Capacité d'accès radio des terminaux ... 169

5.8. Références ... 172

Chapitre 6 Les protocoles de l'interface radio ... 175

6.1. Introduction ... 177

6.2. Architecture ... 177

6.3. Protocole MAC ... 179

6.3.1. Architecture de la couche MAC ... 179
6.3.2. Fonctions MAC ... 180

6.3.3. Canaux logiques 181
6.3.4. Correspondance entre les canaux logiques et les canaux de transport 182
6.3.5. Exemple de flux de données traversant la couche MAC 183
6.4. Protocole RLC 184
6.4.1. Architecture de la couche RLC 185
6.4.2. Fonctions RLC 186
6.4.3. Exemple de flux de données traversant la couche RLC 188
6.5. Protocole PDCP 190
6.5.1. Architecture de la couche PDCP 190
6.5.2. Fonctions PDPC 191
6.6. Protocole BMC 191
6.6.1. Architecture de la couche BMC 191
6.6.2. Fonctions BMC 192
6.7. Protocole RRC 193
6.7.1. Architecture de la couche RRC 193
6.7.2. Etats de service RRC 194
6.7.2.1. Etats de service pour les terminaux multi-modes 196
6.7.3. Procédures et fonctions RRC 197
6.7.3.1. Diffusion des informations du système 198
6.7.3.2. Paging 199
6.7.3.3. Sélection de la première cellule et resélection en mode veille 200
6.7.3.4. Gestion des connexions RRC 200
6.7.3.5. Gestion des supports radio, canaux physiques et de transport 202
6.7.3.6. Contrôle des fonctions de sécurité 202
6.7.3.7. Protection de l'intégrité de la signalisation 203
6.7.3.8. Contrôle et remontée des mesures 204
6.7.3.9. Mobilité des connexions RRC 206
6.7.3.10. SRNS Relocation 213
6.7.3.11. Contrôle de puissance downlink en boucle externe 213
6.7.3.12. Contrôle de puissance en boucle ouverte 214
6.7.3.13. Service Cell Broadcast 214
6.8. Références 215

Chapitre 7 Planification du réseau radio 217

7.1. Introduction 219
7.2. Dimensionnement 220
7.2.1. Bilan de puissance et couverture 221
7.2.2. Facteur de charge et efficacité spectrale 227
7.2.2.1. Facteur de charge uplink 227
7.2.2.2. Facteur de charge downlink 230

7.2.3. Exemple de calcul du facteur de charge 233
7.2.3.1. Division de puissance entre secteurs 236
7.2.4. Extensions de capacité 237
7.2.5. Capacité par km² 238
7.2.6. Soft capacité 239
7.2.6.1. Erlang Capacité 239
7.2.6.2. Exemples de soft capacités uplink 242
7.3. Capacité et couverture 244
7.3.1. Prédiction itérative de la capacité et de la couverture 244
7.3.2. Outil de planification 245
7.3.2.1. Itérations uplink et downlink 246
7.3.2.2. Modélisation des performances 246
7.3.3. Etude de cas 247
7.3.4. Optimisation du réseau 252
7.4. Co-planification GSM 253
7.5. Interférences inter-opérateurs 255
7.5.1. Introduction 255
7.5.2. Calcul du pire cas 257
7.5.3. Blocage downlink 258
7.5.4. Simulations uplink 259
7.5.5. Résultats des simulations 260
7.5.6. Planification de réseau et interférences de canal adjacent 260
7.6. Références 262

Chapitre 8 Gestion des ressources radio 265

8.1. Gestion des ressources radio fondée sur les interférences 267
8.2. Contrôle de puissance 267
8.2.1. Contrôle de puissance rapide 268
8.2.1.1. Gain du contrôle de puissance rapide 269
8.2.1.2. Contrôle de puissance et diversité 270
8.2.1.3. Contrôle de puissance et soft handover 274
8.2.2. Contrôle de puissance en boucle externe 277
8.2.2.1. Gain du contrôle de puissance en boucle externe 277
8.2.2.2. Estimation de qualité reçue 279
8.2.2.3. Algorithme de contrôle de puissance en boucle externe 280
8.2.2.4. Services à forte qualité 281
8.2.2.5. Limitation des variations du contrôle de puissance 282
8.2.2.6. Multiservices 283
8.2.2.7. Contrôle de puissance en boucle externe downlink 284
8.3. Handovers 284

8.3.1. Handovers intra-fréquence 284
8.3.1.1. Algorithmes de handover 284
8.3.1.2. Mesures de handover 289
8.3.1.3. Gain du soft handover 291
8.3.1.4. Probabilités de soft handover 293
8.3.2. Handovers intersystèmes entre le WCDMA et le GSM 293
8.3.2.1. Mode compressé 294
8.3.3. Handovers inter-fréquences en WCDMA 296
8.3.4. Synthèse des handovers 296
8.4. Mesure de la charge de l'interface air 297
8.4.1. Charge uplink 297
8.4.1.1. Estimation de la charge fondée sur la puissance large bande reçue 297
8.4.1.2. Estimation de la charge fondée sur le throughput 298
8.4.1.3. Comparaison des méthodes d'estimation de charge 299
8.4.2. Charge downlink 301
8.4.2.1. Estimation de la charge fondée sur la puissance 301
8.4.2.2. Estimation de la charge fondée sur le throughput 301
8.5. Contrôle d'admission 302
8.5.1. Principe de contrôle d'admission 302
8.5.2. Stratégie de contrôle d'admission fondé sur la puissance 302
8.5.3. Stratégie de contrôle d'admission fondé sur le throughput 305
8.6. Contrôle de charge 306
8.7. Références 307

Chapitre 9 Acces en mode paquet 309

9.1. Introduction 311
9.2. Trafic données en mode paquet 311
9.3. Aperçu de l'accès en mode paquet WCDMA 313
9.4. Canaux de transport 314
9.4.1. Canaux communs 314
9.4.2. Canaux dédiés 315
9.4.3. Canaux partagés 315
9.4.4. Canal CPCH 315
9.4.5. Sélection du type de canal 316
9.5. Exemple d'algorithmes de packet scheduling 317
9.5.1. Introduction 317
9.5.2. Méthode Time division 318
9.5.3. Méthode Code division 319
9.5.4. Méthode fondée sur la puissance 320

9.6. Interactions avec le packet scheduler **321**
9.6.1. Packet scheduler et contrôle de handover 321
9.6.2. Packet scheduler et contrôle de charge 321
9.6.3. Packet scheduler et contrôle d'admission 322
9.7. Performances **322**
9.7.1. Performances au niveau des liens radio 322
9.7.1.1. Valeur optimale FER 323
9.7.1.2. Durée d'entrelacement 324
9.7.2. Performances du système 325
9.7.2.1. Différences entre les simulateurs de système et de liens 325
9.7.2.2. Modélisation du trafic 327
9.7.2.3. Modélisation de la mobilité 327
9.7.2.4. Résultats de simulation 327
9.8. Références **334**

Chapitre 10 Performances de la couche physique 335

10.1. Introduction **337**
10.2. Couverture **337**
10.2.1. Couverture uplink 338
10.2.1.1. Débit 339
10.2.1.2. Codec AMR 343
10.2.1.3. Diversité de trajets multiples 344
10.2.1.4. Macrodiversité (soft handover) 344
10.2.1.5. Diversité d'antenne en réception 345
10.2.1.6. Algorithmes en bande de base 349
10.2.2. Couverture du canal RACH 350
10.2.3. Couverture downlink 351
10.2.4. Méthodes d'amélioration de la couverture 353
10.3. Capacité **354**
10.3.1. Codes orthogonaux downlink 354
10.3.1.1. Gain de diversité de trajets multiples 354
10.3.1.2. Capacité downlink en fonction de l'environnement 357
10.3.1.3. Nombre de codes orthogonaux 358
10.3.2. Diversité d'émission downlink 360
10.3.3. Améliorations de la capacité 363
10.4. Débits élevés **365**
10.4.1. Interférences inter-trajets 365
10.4.1.1. Débit uplink de 512 kbit/s 365
10.4.1.2. Débit downlink de 2,3 Mbit/s 367
10.4.2. Gain de diversité de trajets multiples 369

10.4.3. Implémentation des hauts débits 370
10.5. Améliorations des performances 372
10.5.1. Solutions d'antennes 372
10.5.1.1. Améliorations de la couverture et réseaux d'antennes adaptatives 374
10.5.1.2. Amélioration de la capacité et réseaux d'antennes 377
10.5.2. Détection multi-utilisateurs 378
10.6. Références 383

Chapitre 11 Mode UTRA TDD 387

11.1. Introduction 389
11.1.1. Time Division Duplex 389
11.2. Couche physique UTRA TDD 391
11.2.1. Canaux physiques et canaux de transport 392
11.2.2. Modulation et étalement 392
11.2.3. Structures des canaux physiques, slots et trames 393
11.2.3.1. Trafic Burst 395
11.2.3.2. Canal PRACH 397
11.2.3.3. Canal SCH 397
11.2.3.4. Canal CCPCH 398
11.2.3.5. Canaux partagés UTRA TDD 398
11.2.3.6. Débits utilisateur 399
11.2.4. Procédures de la couche physique UTRA TDD 399
11.2.4.1. Contrôle de puissance 399
11.2.4.2. Détection de données 400
11.2.4.3. Avance temporelle 402
11.2.4.4. Allocation de canaux 403
11.2.4.5. Handover 404
11.2.4.6. Diversité d'émission 404
11.3. Evaluation des interférences UTRA TDD 405
11.3.1. Interférences TDD-TDD 405
11.3.1.1. Interférences entre mobiles 406
11.3.1.2. Interférences entre stations de base 406
11.3.2. Co-existence TDD et FDD 407
11.3.2.1. Co-existence des stations de base FDD et TDD 408
11.3.2.2. Interférences entre mobile TDD et station de base FDD 409
11.3.2.3. Interférences entre mobile FDD et station de base TDD 409
11.3.2.4. Interférences entre mobile FDD et mobile TDD 410
11.3.3. Conclusions sur les interférences TDD 410
11.4. Conclusions 411
11.5. Références 412

Chapitre 12 CDMA à porteuses multiples 415

12.1. Introduction **417**

12.2. Canaux logiques et physiques **417**

12.2.1. Canaux physiques 418

12.3. Modulation et étalement **419**

12.3.1. Modulation et étalement uplink 419

12.3.2. Modulation et étalement downlink 421

12.4. Transmission de données utilisateur **421**

12.4.1. Transmission de données uplink 422

12.4.2. Transmission de données downlink 423

12.4.3. Codage de canal 425

12.5. Signalisation **425**

12.5.1. Canal Pilot 426

12.5.2. Canal Synch 426

12.5.3. Canal Broadcast 426

12.5.4. Canal Quick Paging 427

12.5.5. Canal Common Power Control 427

12.5.6. Canaux Common Control et Dedicated Control 427

12.5.7. Canal RACH 427

12.6. Procédures de la couche physique **428**

12.6.1. Procédure de contrôle de puissance 428

12.6.2. Procédure de recherche de cellule 429

12.6.3. Procédure d'accès aléatoire 429

12.6.4. Procédure de mesures de handovers 430

12.7. Références **431**

Glossaire 433

Index 443

Préface

Les systèmes de télécommunications de deuxième génération, tels que le GSM (*Global System for Mobile communications*), ont permis aux communications vocales de s'affranchir de la traditionnelle paire de cuivre et de gérer efficacement la mobilité de leurs utilisateurs. A l'heure actuelle, le nombre de téléphones mobiles dans certains pays dépasse celui des lignes fixes et le taux de pénétration y excède parfois 70 % de la population. Mais les capacités en transmission de données de ces systèmes de deuxième génération sont encore limitées. Les futurs systèmes de troisième génération devront être à même d'offrir des services haut débit permettant de transmettre images et vidéos ainsi qu'une connexion haut débit à Internet. Ces systèmes de télécommunications de troisième génération sont regroupés, dans cet ouvrage, sous le terme « UMTS » (*Universal Mobile Telecommunication System*). Le WCDMA (*Wideband Code Division Multiple Access*) en est la principale interface air. Elle sera utilisée tant en Europe qu'en Asie (Japon et Corée inclus) et cela, dans la même bande de fréquences, autour de 2 GHz. Le large marché couvert par le WCDMA et ses multiples capacités multimedia vont sans nul doute créer de nouvelles opportunités pour les constructeurs, les opérateurs ainsi que pour les fournisseurs de contenus ou d'applications. Cet ouvrage a pour objectif de décrire en détail l'interface air WCDMA et ses applications. La Figure 1 présente de façon synthétique les différents aspects qui seront abordés dans cet ouvrage.

Après une introduction présentant les différentes interfaces radio de troisième génération, l'allocation du spectre, le planning d'implémentation et les principales différences par rapport aux interfaces radio de deuxième génération, le premier chapitre abordera quelques exemples d'applications UMTS, les nouveaux concepts des futurs téléphones mobiles et les différentes classes de qualité de service. Quant au chapitre 2, il introduira les principes de l'interface air WCDMA tels que l'étalement, le contrôle de puissance et les handovers. Le contexte dans lequel se place le WCDMA ainsi que le processus d'harmonisation et de normalisation seront présentés dans le chapitre 3. Les chapitres 4, 5 et 6 aborderont en détail la norme WCDMA tandis que les chapitres 7, 8, 9 et 10 traiteront de l'utilisation du WCDMA et de ses performances.

Plus précisément, le chapitre 4 décrira l'architecture du réseau d'accès, les interfaces entre les stations de base et les équipements RNC (*Radio Network Controller*) ainsi que celles entre le réseau d'accès et le réseau cœur. Le chapitre 5 présentera la couche physique (couche 1), ses fonctions d'étalement, de modulation, de transmission des informations utilisateur et de la signalisation, ainsi que ses principales fonctionnalités, à savoir, le contrôle de puissance, le paging, la diversité en transmission et les mesures de handovers. Le chapitre 6 introduira, quant à lui, les protocoles de l'interface radio, s'appuyant sur les couches liaison (couche 2) et réseau (couche 3). Le chapitre 7 présentera la méthodologie de dimensionnement radio, en donnant un exemple de dimensionnement par couverture et par capacité. Ce chapitre abordera également les aspects liés au dimensionnement d'un réseau bi-mode et à la réutilisation des sites GSM.

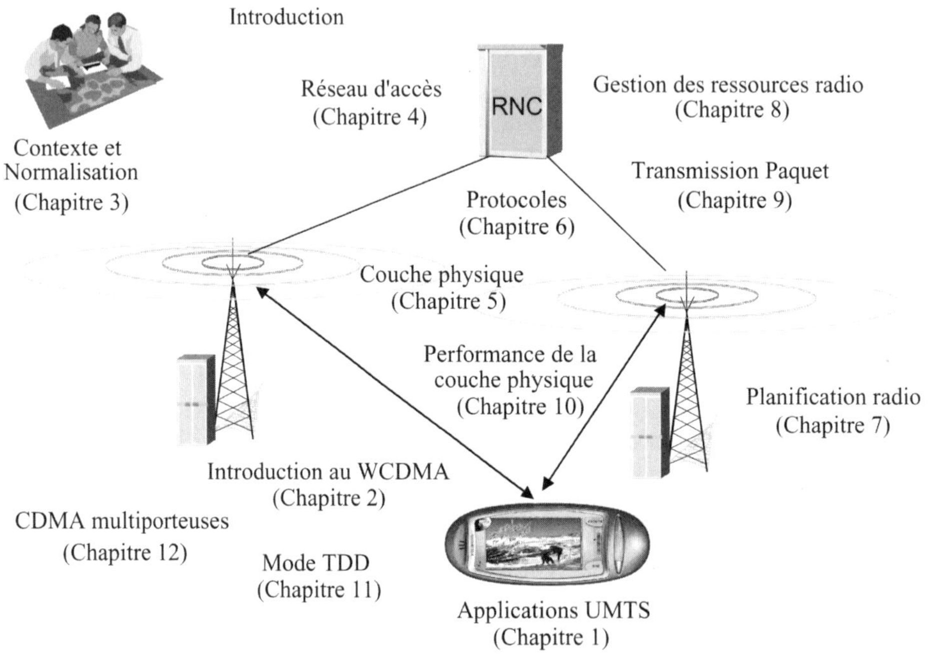

Figure 1 Présentation de l'ouvrage

Le chapitre 8 traitera des algorithmes de gestion des ressources radio qui garantissent la qualité de service et une utilisation efficace des ressources de l'interface air. Il s'agira principalement des algorithmes gérant les aspects de contrôle de puissance, handovers, admission et contrôle de charge. Ensuite, le chapitre 9 présentera la transmission par paquet et différentes simulations. Nous nous attacherons dans le chapitre 10 à analyser la couverture et la capacité de l'interface air WCDMA fonctionnant pour des débits allant jusqu'à 2 Mbit/s et dans le chapitre 11, à présenter le mode TDD (*Time Division Duplex*) que nous comparerons au mode FDD (*Frequency Division Duplex*). Enfin, les services de troisième génération peuvent également s'appuyer sur les technologies EDGE (*Enhanced Data Rates for GSM Evolution*) et CDMA multiporteuses. EDGE est une évolution du système GSM permettant d'obtenir des débits supérieurs tout en conservant l'espacement fréquentiel des porteuses, utilisé en GSM. Quant au CDMA (*Code Division Multiple Access)* multiporteuses, il s'agit d'une évolution de l'IS-95, offrant aussi des débits plus importants en utilisant trois porteuses IS-95. Ce dernier sera présenté à la fin de l'ouvrage, dans le chapitre 12.

Cette réédition inclut les principales modifications qui ont été apportées aux spécifications du 3GPP entre l'achèvement de la Release 99 et Décembre 2000.

Cet ouvrage s'adresse à tous ceux qui s'intéressent aux systèmes de télécommunications mobiles de troisième génération, en particulier à l'UMTS, qu'il s'agisse des opérateurs, constructeurs d'équipements ou de terminaux, fournisseurs de services, régulateurs et étudiants. La bonne compréhension de l'interface air WCDMA, de ses capacités et de son utilisation est indispensable pour bien appréhender l'UMTS.

Remerciements

Les auteurs souhaitent remercier vivement leurs collègues pour le temps et les efforts qu'ils ont bien voulu leur accorder, en particulier Zhi-Chun Honkasalo, Seppo Hämäläinen, Markku Juntti, Janne Laakso, Jaana Laiho, Ukko Lappalainen, Otto Lehtinen, Fabio Longoni, Atte Länsisalmi, Peter Muszynski, Mika Raitola, Oscar Salonaho, Jouni Salonen, Kari Sipilä, Jukka Vialen, Heli Väätäjä, Achim Wacker et Juha Ylitalo.

Lors de la rédaction de ce livre, de nombreux collègues, travaillant dans les différents sites Nokia à travers le monde, nous ont aidés en proposant suggestions et corrections. De nombreuses personnes d'autres sociétés nous ont également aidés à améliorer cet ouvrage. A ce titre, nous sommes reconnaissants pour tous les commentaires reçus de la part de Heikki Ahava, David Astely, Erkki Autio, Kai Heikkinen, Kari Heiska, Kimmo Hiltunen, Kaisu Iisakkila, Ann-Louise Johansson, Ilkka Keskitalo, Pasi Kinnunen, Tero Kola, Petri Komulainen, Lauri Laitinen, Anne Leino, Arto Leppisaari, Pertti Lukander, Esko Luttinen, Olli Nurminen, Tero Ojanperä, Lauri Oksanen, Kari Pehkonen, Mika Rinne, Rauno Ruismäki, Kimmo Terävä, Mitch Tseng, Antti Tölli et Veli Voipio.

L'équipe de John Wiley & Sons qui a participé à la production de cet ouvrage a également fourni une aide précieuse permettant de respecter les délais impartis. Les auteurs souhaitent remercier en particulier Sarah Lock pour la coordination et Patrick Bonham pour ses efforts de correction et de reformulation.

Nous remercions aussi nos familles ainsi que celles de toutes les personnes qui ont participé à cet ouvrage, pour leur patience et leur aide, en particulier lors des nuits et des week-ends de travail. Nous tenons à remercier également nos employeurs de Nokia Networks, pour leurs encouragements et leur aide. Nous leur devons certaines des illustrations de cet ouvrage.

Enfin, nous sommes reconnaissants à tous nos collègues du monde de la téléphonie mobile pour leur impressionnant travail au sein du 3GPP (*3rd Generation Partnership Project*). Grâce à eux, la norme WCDMA a pu être rédigée en un temps record et c'est elle qui a donné la structure de cet ouvrage. Sans l'initiative du 3GPP, ce livre n'aurait jamais pu voir le jour.

Harri Holma & Antti Toskala

Introduction

par Harri Holma, Antti Toskala et Ukko Lappalainen

Le WCDMA et les systèmes de troisième génération

Les réseaux cellulaires analogiques ont été communément appelés « systèmes de première génération ». Quant aux réseaux numériques utilisés à l'heure actuelle, comme le GSM, le PDC (*Personal Digital Cellular*), le CdmaOne (IS-95) et l'US-TDMA (IS-136), ils sont regroupés sous l'appellation de « systèmes de deuxième génération ». Ces systèmes ont permis aux communications vocales de s'affranchir de la traditionnelle paire de cuivre et de gérer efficacement la mobilité de leurs utilisateurs. Ces derniers ont pu progressivement découvrir les avantages de nouveaux services, comme les messages courts et l'accès aux réseaux de données.

Les systèmes dits de « troisième génération » ont été conçus pour les communications multimedia. Avec ces nouveaux systèmes, les communications pourront être enrichies d'images et de vidéo de grande qualité. L'accès aux informations et aux services, que ce soit sur des réseaux publics ou privés, sera facilité par des débits nettement supérieurs et des fonctionnalités avancées. Cela, combiné avec l'évolution continuelle des systèmes de deuxième génération, créera de formidables opportunités économiques, non seulement pour les constructeurs et les opérateurs, mais aussi pour les fournisseurs de contenus et d'applications utilisant ces réseaux.

Dans les différents forums de normalisation, la technologie WCDMA (*Wideband Code Division Multiple Access*) s'est révélée être celle qui a été adoptée le plus largement. Le 3GPP (*3rd Generation Partnership Project*) est en charge de la rédaction de ses spécification. Il regroupe de nombreux organismes de normalisation tant en Europe que dans le reste du monde (Japon, Corée, Chine et Etats-Unis). Au sein du 3GPP, le WCDMA est appelé UTRA (*Universal Terrestrial Radio Access*) FDD (*Frequency Division Duplex*) et TDD (*Time Division Duplex*), le terme WCDMA étant employé pour couvrir à la fois le mode FDD et TDD.

Tout au long de cet ouvrage, dans les chapitres traitant des spécifications, seront utilisés les termes du 3GPP, à savoir UTRA FDD et TDD, alors que dans les autres, sera utilisé le terme plus générique WCDMA. Ce livre traite principalement de la technologie WCDMA FDD. Cependant, le mode WCDMA TDD et ses différences par rapport au mode WCDMA FDD seront évoqués au chapitre 11.

Les interfaces air et l'allocation du spectre

Les systèmes de troisième génération ont vu le jour en 1992. C'est durant l'une de ses réunions que le WARC (*World Administrative Radio Conference*) de l'ITU (*International Telecommunications Union*) identifia les fréquences autour de 2 GHz comme celles qui seraient attribuées aux futurs systèmes de troisième génération, tant satellites que terrestres. Au sein de l'ITU, ces systèmes furent appelés IMT-2000 (*International Mobile Telephony 2000*). Dans cette structure, plusieurs interfaces air ont été définies, fondées aussi bien sur la technologie CDMA (*Code Division Multiple Access*) que la technologie TDMA (*Time Division Multiple Access*). Nous y reviendrons dans le chapitre 2.

Cependant, l'objectif de départ était de définir une seule et unique interface air pour ces systèmes IMT-2000. Les systèmes de troisième génération ont su rester tout de même plus proches de cet objectif que ne l'ont été les systèmes de deuxième génération. La même interface air - WCDMA - doit être utilisée en Europe et en Asie (Japon et Corée inclus). Cette interface air utilise la bande de fréquences autour de 2 GHz allouée par le WARC-92. Pourtant, en Amérique du Nord, ce spectre a déjà été vendu aux enchères à des opérateurs utilisant des systèmes de deuxième génération. Aucun spectre supplémentaire ne sera disponible pour l'IMT-2000. Cela signifie que, dans ces pays, ces fréquences devront être libérées ou partagées afin d'introduire les systèmes de troisième génération. La totalité du spectre IMT-2000 n'est en fait pas disponible dans les pays qui ont introduit le PCS (*Personal Communications Systems*) en tant que système de deuxième génération.

Outre le WCDMA, les interfaces air pouvant être utilisées pour fournir des services de troisième génération sont EDGE (*Enhanced Data rates for GSM Evolution*) et le CDMA à multiples porteuses (cdma2000). EDGE permet d'offrir des débits allant jusqu'à 500 kbit/s avec un espacement fréquentiel entre porteuses de 200 kHz [1]. EDGE comprend des fonctionnalités avancées, ne faisant pas partie du GSM, afin d'améliorer l'efficacité spectrale et de supporter de nouveaux services. Le CDMA à multiples porteuses, quant à lui, peut être utilisé comme une solution d'extension par les opérateurs existants IS-95. Il sera présenté plus en détail dans le chapitre 12.

Les zones géographiques où seront probablement utilisées ces différentes interfaces air ainsi que leurs bandes de fréquence respectives sont présentées dans la Figure 1. Notons que dans chaque région, il existe des exceptions locales, là où sont déjà déployées plusieurs technologies. L'allocation du spectre en Europe, au Japon, en Corée et aux Etats-Unis, est présentée dans la Figure 2.

En Europe et dans la plupart des pays asiatiques, les bandes de fréquences IMT-2000 d'une largeur de 60 MHz (1920-1980 MHz et 2110-2170 MHz) seront disponibles pour le WCDMA FDD. En revanche, le spectre pour le WCDMA TDD varie selon les pays. En Europe, il est prévu de réserver 25 MHz pour des licences TDD, dans les bandes 1900-1920 MHz et 2020-2025 MHz, alors que la bande 2010-2020 MHz est réservée pour des applications TDD ne nécessitant pas de licence. Les systèmes FDD utilisent deux bandes de fréquences différentes, une pour le sens montant (*uplink*) et l'autre pour le sens descendant (*downlink*), séparées par un intervalle fréquentiel, tandis que les systèmes TDD utilisent la même bande de fréquences pour les deux sens, uplink et downlink.

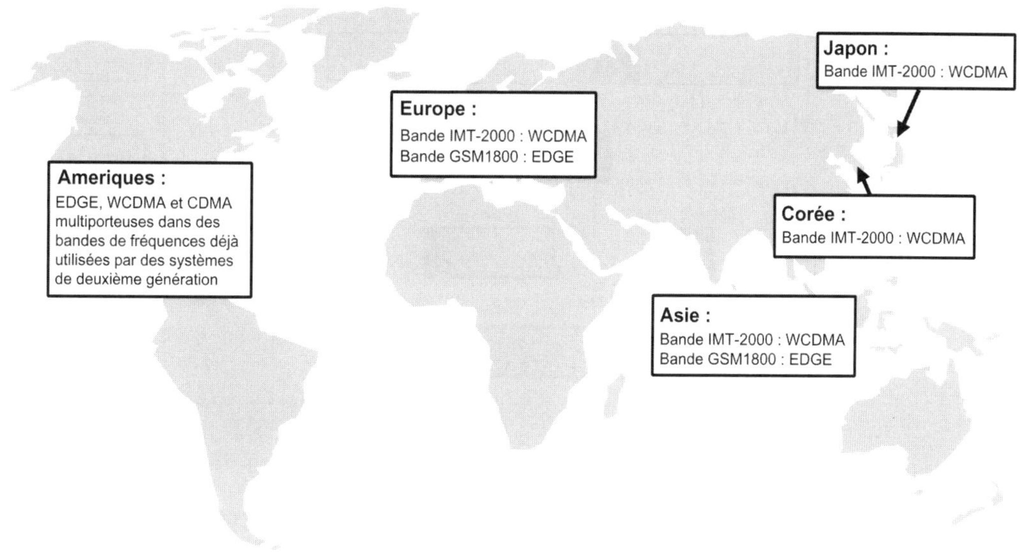

Figure 1 Interfaces air et spectres des systèmes de troisième génération

Au Japon et en Corée, la bande IMT-2000 est la même que dans le reste de l'Asie et en Europe. Le Japon a déployé des systèmes de deuxième génération PDC tandis que la Corée a opté pour l'IS-95. L'allocation du spectre en Corée est cependant différente de celle des Etats-Unis, laissant le spectre IMT-2000 entièrement disponible. Au Japon, une partie de ce spectre est en revanche utilisée par le système PHS (*Personal Handy phone System*) de téléphonie sans fil.

En Chine, une partie du spectre IMT-2000 est réservée pour les systèmes PCS et la boucle locale radio (WLL, *Wireless Local Loop*), bien que ces fréquences n'aient été pour l'instant attribuées à aucun opérateur. En fonction des décisions des autorités de régulation chinoises, deux bandes de fréquences de 60 MHz pourraient être disponibles pour le WCDMA FDD. Le spectre TDD est, quant à lui, d'ores et déjà réservé.

Aux Etat-Unis, aucun spectre supplémentaire n'a pour l'instant été attribué. Les systèmes de troisième génération devront donc être implémentés sur le spectre PCS existant, qui devra être libéré en partie ou en totalité. Concernant cette bande PCS, tous les systèmes de troisième génération peuvent être considérés, mais EDGE possède un avantage non négligeable puisqu'il s'agit d'un système à bande étroite. Avec EDGE, moins de spectre est nécessaire pour déployer des services de troisième génération, mais le CDMA à multiples porteuses et le WCDMA ne sont pas exclus pour l'instant.

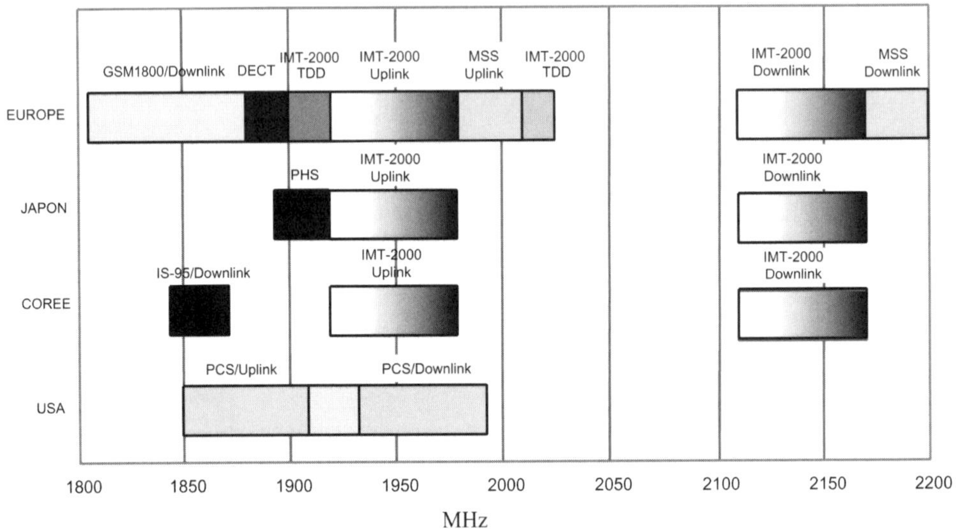

Figure 2 Allocation du spectre en Europe, au Japon, en Corée et aux Etats-Unis

EDGE peut être déployé là où les fréquences GSM 900 et GSM 1800 sont utilisées, ce qui n'est pas le cas, par exemple, en Corée et au Japon. Le spectre GSM 900 s'étend sur deux bandes de 25 MHz, plus deux bandes de 10 MHz pour le EGSM (*Enhanced GSM*) qui est une extension du GSM. Quant à celui du GSM 1800, il s'étend sur deux bandes de 75 MHz. Notons que la totalité du spectre GSM (GSM 900, EGSM et GSM 1800) n'est pas disponible dans tous les pays. Dans un futur plus ou moins proche, il sera possible d'utiliser le WCDMA sur les bandes GSM qui se libéreront, mais pour l'instant EDGE est la solution la plus logique pour fournir des services de troisième génération sur les bandes GSM.

Concernant le spectre IMT-2000, l'attribution des licences est en cours. Les premières licences ont été attribuées en Finlande en Mars 1999, puis en Espagne en Mars 2000 et en Suède en Décembre 2000. Pour ces trois pays, les licences ont été attribuées sur dossier, comme le furent la majorité des licences GSM en Europe. Certains pays, comme le Royaume Uni, l'Allemagne et l'Italie, ont opté pour une mise aux enchères des licences, pratique similaire à celle employée aux Etats-Unis pour le spectre PCS.

Les licences UMTS attribuées en Europe et au Japon sont présentées dans le Tableau 1. Le nombre d'opérateurs varie de trois à six selon les pays.

Tableau 1 Licences UMTS attribuées (à la fin de l'année 2000)

Pays	**Nombre d'opérateurs**	**Nombre de porteuses FDD (2 x 5 MHz) par opérateur**	**Nombre de porteuses TDD (1 x 5 MHz) par opérateur**
Finlande	4	3	1
Japon	3	4	0
Espagne	4	3	1
Royaume Uni	5	2-3	0-1
Allemagne	6	2	0-1
Pays-Bas	5	2-3	0-1
Italie	5	2	1
Autriche	6	2	0-2
Suède	4	3	1
Norvège	4	3	1

Il est prévu que d'autres fréquences soient allouées pour l'IMT-2000. Lors de la réunion du WARC-2000 au mois de Mai 2000, les bandes de fréquences suivantes ont été identifiées :

- 806 - 960 MHz.
- 1710 - 1885 MHz.
- 2500 - 2690 MHz.

Notons que certaines portions de ces bandes de fréquences, en particulier celles en dessous de 2 GHz, sont en partie utilisées par des systèmes de deuxième génération, tel que le GSM. Des discussions sont en cours afin de déterminer quelles portions pourraient être utilisées pour l'IMT-2000 et celles qui devraient être par conséquent libérées.

Le calendrier des systèmes de troisième génération

Les travaux de recherche sur le WCDMA ont débuté au début des années quatre-vingt-dix au sein de projets européens de recherche, tels que CODIT (*Code division test bed* [2]) et FRAMES (*Future radio wideband multiple access system* [3]). Ces travaux ont été menés avec la collaboration des principales sociétés de téléphonie mobile [4]. Ils ont permis, au cours d'expérimentations, d'évaluer les performances des systèmes WCDMA [5] et de mieux en comprendre le fonctionnement, étape indispensable avant toute tentative de normalisation. En janvier 1998, l'ETSI (*European Telecommunications Standards Institute*) a choisi le WCDMA comme interface air standard des systèmes de troisième génération [6] et sa normalisation a été prise en charge par le 3GPP. Les premières spécifications en ont été achevées à la fin de l'année 1999.

Les premières ouvertures commerciales des réseaux de troisième génération sont prévues pour le courant de l'année 2001 au Japon et au début de l'année 2002 en Europe et dans le reste de l'Asie. La Figure 3 rappelle les différentes étapes de la normalisation et de la mise en place de ces systèmes de troisième génération. Il ne s'agit ici que de réseaux fonctionnant en mode FDD, le mode TDD devrait suivre un peu plus tard. Les premiers réseaux TDD devraient être fondées directement sur la version R2000 (*Release 2000*) des spécifications du 3GPP. Au Japon, le calendrier du mode TDD est d'autant plus incertain que le spectre TDD n'est pas disponible.

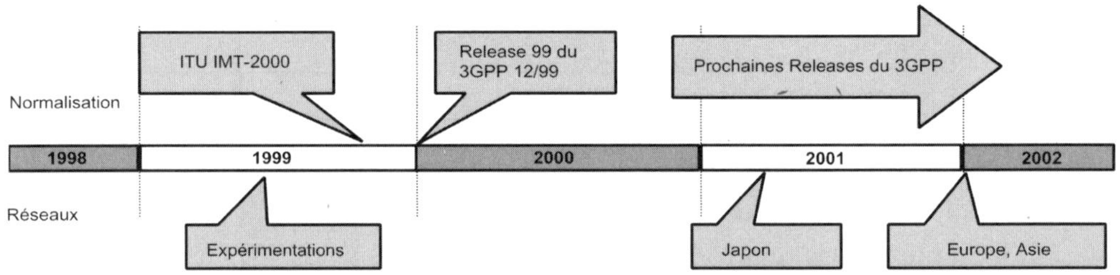

Figure 3 Normalisation et ouverture commerciale des systèmes 3G

Le premier réseau GSM, Radiolinja, vit le jour en juillet 1991 en Finlande. Depuis, dans de nombreux pays, la téléphonie mobile a atteint un taux de pénétration de la population de 50%, voire de 70% dans certains cas. Les systèmes de deuxième génération comme le GSM, ont principalement été conçus pour la voix et il reste maintenant aux systèmes de troisième génération de développer toute une gamme de services données, toujours dans un contexte de mobilité.

Le WCDMA et les interfaces air de deuxième génération

Nous allons maintenant nous intéresser aux principales différences qui existent entre les interfaces air des systèmes de deuxième et de troisième génération (2G et 3G). Le GSM et l'IS-95 (la norme des systèmes cdmaOne) sont les deux interfaces air de deuxième génération que nous allons considérer ici. Il en existe bien évidemment d'autres comme le PDC, au Japon, et l'US-TDMA, en Amérique du Nord. Ces deux dernières sont fondées sur une technologie TDMA et elles sont plus proches du GSM que de l'IS-95. Rappelons que ces systèmes de deuxième génération ont été conçus pour des services voix.

Pour mieux comprendre les origines des différences entre les systèmes 2G et 3G, il est important de connaître les nouveaux besoins des systèmes de troisième génération :

- hauts débits (allant jusqu'à 2 Mbit/s).
- débit variable (bande passante à la demande).
- multiplexage de services ayant une qualité de service différente (voix, vidéo, données, etc.) sur une même connexion.
- délai (faible pour les services temps réel, plus important et variable (*best effort*) pour certains services données).
- qualité (d'un taux d'erreur trame de 10% à un taux d'erreur bit de 10^{-6}).
- co-existence des systèmes 2G et 3G.
- handovers inter-systèmes (pour des raisons de couverture ou de partage de charge).
- support de trafics uplink et downlink asymétriques.
- forte efficacité spectrale.
- co-existence des modes FDD et TDD.

Les principales différences entre les interfaces air WCDMA et GSM sont présentées dans le Tableau 2. Ces différences reflètent bien les nouveaux besoins des systèmes de troisième génération. Par exemple, la plus grande bande passante du WCDMA (5 MHz) est nécessaire pour supporter des débits plus importants. La diversité de transmission a été adoptée par le WCDMA afin d'augmenter la capacité downlink et d'offrir ainsi des capacités downlink et uplink asymétriques. Notons que cette diversité de transmission n'est pas supportée par les systèmes de deuxième génération. La transmission simultanée de plusieurs services caractérisés par différents débits et qualités de service nécessite la mise en place de nouveaux algorithmes de gestion des ressources radio afin de garantir la qualité de service globale et de maximiser le débit total.

Le WCDMA et l'IS-95 utilisent tous deux la méthode d'accès multiple par répartition de code au moyen d'une modulation par séquence directe (DS-CDMA, *Direct Sequence Code Division Multiple Access*). Le plus fort débit *chip*, qui correspond au débit de la séquence de codage du WCDMA, permet une meilleure efficacité de la diversité de trajets multiples que le débit *chip* de 1,2288 Mcp/s de l'IS-95, en particulier pour les cellules de petite taille en environnement urbain. L'importance de la diversité de trajets multiples et son impact sur les performances du système seront présentés dans les sections 8.2.1.2 et 10.2.1.3. Notons tout de même qu'une meilleure diversité de trajets multiples améliore la couverture radio et que l'utilisation d'un débit *chip* élevé permet de réaliser des gains en transmission, surtout pour les services haut débit.

Tableau 2 Principales différences entre les interfaces air WCDMA et GSM

	WCDMA	GSM
Espacement entre porteuses	5 MHz	200 kHz
Motif de réutilisation des fréquences	1	1-18
Fréquence de contrôle de puissance	1 500 Hz	2 Hz (ou moins)
Contrôle de qualité	Algorithmes de gestion des ressources radio	Plan de fréquences
Diversité de fréquence	Récepteur Rake	Saut de fréquence
Transmission de données	En fonction de la charge	En fonction du nombre de *time slot* disponibles (en GPRS)
Diversité de transmission downlink	Supportée, augmente la capacité downlink	Non supportée par la norme, peut être implémentée

Les principales différences entre les interfaces air WCDMA et IS-95 sont présentées dans le Tableau 3.

Tableau 3 Principales différences entre les interfaces air WCDMA et IS-95

	WCDMA	IS-95
Espacement entre porteuses	5 MHz	1,25 MHz
Débit *chip* (débit de la séquence de codage)	3,84 Mcp/s	1,2288 Mcp/s
Fréquence de contrôle de puissance	1 500 Hz (uplink et downlink)	uplink : 800 Hz downlink : lent
Synchronisation des stations de base	Pas nécessaire	Nécessaire (obtenue par GPS)
Handover inter-fréquences	Oui	Possible
Algorithmes de gestion des ressources radio	Oui	Pas nécessaires pour la voix
Transmission de données	En fonction de la charge	Mode circuit
Diversité de transmission downlink	Supportée, augmente la capacité downlink	Non supportée par la norme

Le WCDMA réalise un contrôle de puissance sur les sens uplink et downlink à une fréquence de 1 500 Hz. La fréquence à laquelle ce contrôle de puissance est réalisé en IS-95 est nettement plus faible, surtout pour le sens downlink. Le fait de réajuster la puissance sur le sens downlink très fréquemment permet d'augmenter les performances de la liaison ainsi que la capacité totale downlink, mais cela nécessite de nouvelles fonctionnalités au sein du mobile, telles que l'estimation du rapport signal à interférence (SIR, *Signal to Interference Ratio*) et la mise en place d'un contrôle de puissance en boucle externe, ce qui n'est pas nécessaire pour les mobiles IS-95.

Les systèmes IS-95 ont été conçus principalement pour des réseaux macro-cellulaires. Les stations de base de tels réseaux sont généralement installées sur des mâts ou sur les toits des immeubles où les signaux du système GPS (*Global Positioning System*) sont facilement reçus. Ces stations de base doivent en effet être synchronisées entre elles et cette synchronisation est généralement assurée par le système GPS. Cela devient problématique pour les micro-cellules et les cellules *indoor* qui, selon leur emplacement, peuvent ne pas recevoir les signaux GPS. Le CDMA, quant à lui, a été conçu pour fonctionner sans synchronisation. Ce fonctionnement asynchrone des stations de base rend par conséquent le mécanisme d'handover légèrement différent de celui employé par l'IS-95.

Les handovers inter-fréquences est une autre spécificité du WCDMA, développée pour augmenter l'utilisation de plusieurs porteuses au sein du même station de base. Dans la norme IS-95, les mesures permettant le handover inter-fréquences n'ont pas été définies, ce qui rend plus difficile la mise en place d'un tel fonctionnement.

Comme nous pouvons le remarquer, il existe de nombreuses différences entre ces trois interfaces air, mais n'oublions pas que le développement des interfaces air de troisième génération s'est appuyé sur l'expérience acquise grâce à celles de deuxième génération. Rappelons également qu'une bonne compréhension de l'interface air WCDMA, de la couche physique jusqu'à la planification radio et à l'optimisation des performances, est indispensable pour bien appréhender la globalité des réseaux de troisième génération.

Les réseaux cœur

Les réseaux d'accès WCDMA peuvent se connecter principalement à trois types de réseaux cœur. Les systèmes de deuxième génération s'appuient soit sur un réseau cœur GSM, soit sur un réseau de type IS-41. Ces deux derniers sont évidemment pressentis pour les systèmes de troisième génération, mais une alternative existe : il s'agit d'un réseau GPRS basé sur un réseau cœur tout IP (*full-IP*). Les principales possibilités de raccordements entre réseau cœur et interfaces air sont présentées dans la Figure 4. D'autres possibilités sont envisageables dont certaines pourraient faire leur apparition au sein des organismes de normalisation.

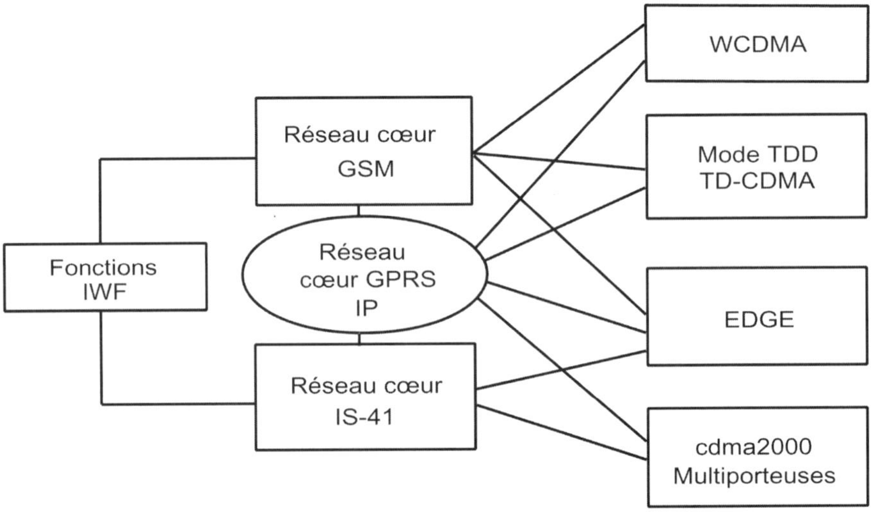

Figure 4 Relations Réseau cœur et Interfaces air de troisième génération

Les besoins du marché devrait déterminer les combinaisons qui seront utilisées par les opérateurs. Il est prévisible que ces derniers conserveront leur réseau cœur actuel pour les services voix en leur ajoutant des fonctionnalités de traitement et de transport pour les nouveaux services données. A moyen terme, il sera possible d'utiliser un seul réseau cœur IP pour l'ensemble de ces services.

A cause des différentes technologies et fréquences utilisées à travers le monde, le roaming nécessitera des accords spécifiques entre opérateurs ainsi que l'utilisation de terminaux multi-modes et multi-bandes et de passerelles nationales et internationales entre les différents réseaux cœur. Cependant, pour l'utilisateur final, ces accords seront transparents et les terminaux multi-modes et multi-bandes devraient apparaître pour les clients qui sont prêts à payer le prix fort pour un service de télécommunications global et mondial.

Références

[1] Pirhonen, R., Rautava, T. and Penttinen, J., « TDMA Convergence for Packet Data Services », *IEEE Personal Communications Magazine*, Juin 1999, Vol. 6, No. 3, pp. 68-73.

[2] Andermo, P.-G. (ed.), « UMTS Code Division Testbed (CODIT) », *CODIT Final Review Report*, Septembre 1995.

[3] Nikula, E., Toskala, A., Dahlman, E., Girard, L. and Klein, A., « FRAMES Multiple Access for UMTS and IMT-2000 », *IEEE Personal Communications Magazine*, Avril 1998, pp. 16-24.

[4] Ojanperä, T., Rikkinen, K., Häkkinen, H., Pehkonen, K., Hottinen, A. and Lilleberg, J., « Design of a 3rd Generation Multirate CDMA System with Multiuser Detection, MUD-CDMA », *Proc. ISSSTA'96*, Mainz, Germany, Septembre 1996, pp. 334-338.

[5] Pajukoski, K. and Savusalo, J., « Wideband CDMA Test System », *Proc. IEEE Int. Conf. on Personal Indoor and Mobile Radio Communications*, PIMRC'97, Helsinki, Finland, 1-4 Septembre 1997, pp. 669-672.

[6] Holma, H., Toskala, A. and Latva-aho, M., « Asynchronous Wideband CDMA for IMT-2000 », *SK Telecom Journal*, South Korea, Vol. 8, No. 6, 1998, pp. 1007-1021.

Chapitre 1

SERVICES ET APPLICATIONS UMTS

par Jouni Salonen et Antti Toskala

1.1. Introduction

Une des caractéristiques les plus connues des réseaux de troisième génération est sans doute la possibilité d'offrir aux utilisateurs des débits beaucoup plus importants que ceux actuellement en vigueur : 384 kbit/s pour les connexions en mode circuit et jusqu'à 2 Mbit/s pour les connexions en mode paquet. Ces hauts débits faciliteront bien évidemment l'introduction de nouveaux services tels que la vidéotéléphonie et le téléchargement rapide de données.

Mais l'application qui pourrait remporter le plus de succès (*killer application*) sera peut-être celle qui permettra d'accéder facilement et rapidement à des informations personnalisées, en fonction de la localisation de l'utilisateur (voir Figure 1.1). Bien souvent les informations recherchées par l'utilisateur se trouvent sur Internet, ce qui exigera la transmission de trafic TCP/UDP/IP (*Transport Control Protocol/User Datagram Protocol/Internet Protocol*) dans les réseaux UMTS (*Universal Mobile Telecommunications System*).

Au début de l'UMTS, la grande majorité des communications seront vocales, mais plus tard, la part des communications de données devrait augmenter sensiblement. Il est toutefois difficile de prévoir le moment où la part de ces communications de données deviendra majoritaire. A ce moment-là, les communications s'effectueront de moins en moins en mode circuit au profit du mode paquet. Notons qu'au démarrage de l'UMTS, les fonctions assurant la qualité de service ne seront pas toutes implémentées. Les applications nécessitant des temps de transfert courts et stables, comme la voix et la vidéotéléphonie, seront véhiculées sur des supports circuit (*circuit-switched bearers*). A terme, il sera possible de gérer ces services « temps réel » en mode paquet grâce aux fonctions de qualité de service adéquates.

Par rapport au GSM et aux autres réseaux mobiles existants, l'UMTS possède une nouvelle caractéristique importante. Il s'agit de la négociation des propriétés des supports radio. Les caractéristiques qui définissent le transfert de l'information peuvent être le débit, le temps de transfert ainsi que le taux d'erreur toléré. Pour s'implanter avec succès sur le marché des télécommunications mobiles, l'UMTS se doit de proposer une large gamme d'applications. Notons que les besoins en termes de qualité de service sont bien souvent différents d'une application à une autre. A l'heure actuelle, il est encore trop tôt pour prédire la nature de ces applications ni même leur usage. Par conséquent, il n'est ni possible ni judicieux d'optimiser l'UMTS à un ou plusieurs de ces services. C'est pour cela que les supports doivent être aussi génériques que possible, permettant ainsi de supporter les applications existantes et de faciliter l'introduction de celles qui devraient voir le jour dans le futur. Depuis quelques années, les applications les plus recherchées sont Internet et les services large bande. Il est donc naturel que les supports de l'UMTS se fondent essentiellement sur celles-ci.

Figure 1.1 Concept de téléphones 3G

1.2. Les services support UMTS

L'UMTS permet à un utilisateur ou à une application de négocier les caractéristiques du support qui transmettra l'information. Il est également possible de modifier ces caractéristiques durant une connexion grâce à une procédure de renégociation. La négociation du support est à l'initiative de l'application, alors que la renégociation peut être déclenchée soit par cette même application, soit par le réseau, par exemple lors d'une situation de handover. Dans le cas d'une négociation par une application, cette dernière demande un support correspondant à ses besoins, le réseau vérifie que les ressources nécessaires correspondantes sont disponibles et que l'utilisateur possède les droits suffisants, puis il répond à l'application en lui accordant ou non sa requête initiale. L'utilisateur peut alors accepter ou refuser l'offre, les propriétés du support déterminant généralement le prix du service.

La classe du support, les paramètres propres au support et la valeur de ces paramètres sont directement liés à une application aussi bien qu'aux réseaux qui véhiculent l'information de bout en bout. Le jeu de paramètres devra être choisi parmi un ensemble de jeux afin de rendre les procédures de négociation et de renégociation simples et sans équivoque. Le format et la sémantique de ces paramètres devront tenir compte de ceux des protocoles de réservation de ressources, tels que RSVP (*Ressource ReserVation Protocol*) ainsi que de ceux utilisés en GPRS (*General Packet Radio System*). Le concept de qualité de service (QoS, *Quality of Service*) devra être suffisamment souple et polyvalent pour permettre la négociation des supports des futures applications.

L'architecture en couches d'un service support UMTS est présentée dans la Figure 1.2. Chaque service support d'une couche donnée fournit ses propres services à la couche supérieure en utilisant ceux des couches inférieures. Notons que les services support UMTS jouent un rôle majeur dans la fourniture d'un service de bout en bout [1].

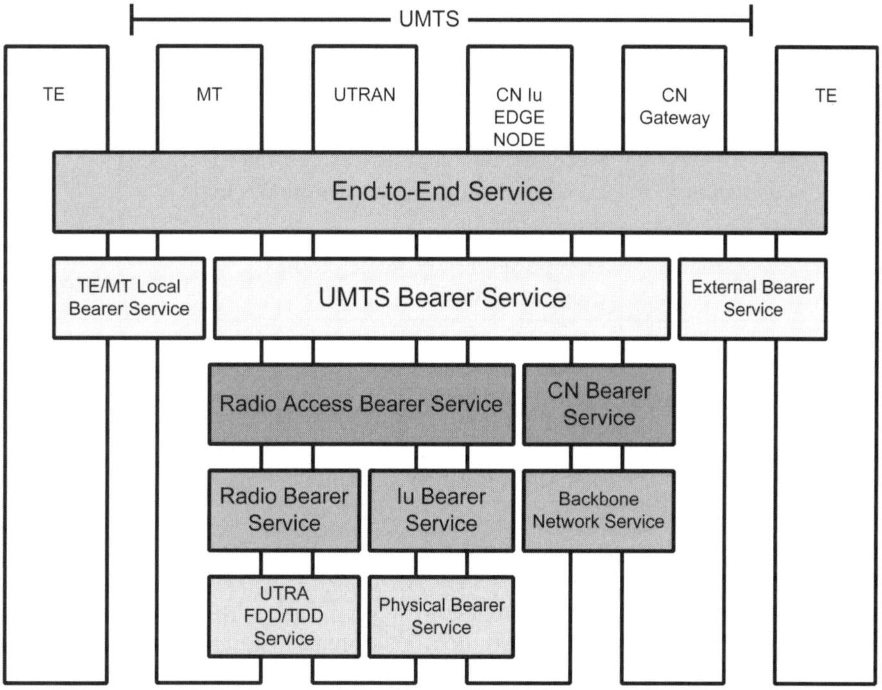

Figure 1.2 Architecture d'un service support UMTS

1.3. Les classes de qualité de service

Comme tous les nouveaux protocoles de transmission de données, l'UMTS doit être à même de répondre aux besoins en termes de qualité de service des applications et des utilisateurs. Il est courant de répartir ces applications en quatre groupes. Pour l'UMTS, les quatre classes de trafic suivantes ont été définies :

- « *conversational* ».

- « *streaming* ».
- « *interactive* ».
- « *background* ».

La principale caractéristique qui permet de distinguer les applications qui appartiennent à ces différentes classes est leur sensibilité au temps de transfert. La classe *conversational* regroupe toutes les applications qui ne supportent qu'un temps de transfert faible et constant. A l'inverse, les applications de la classe *background* peuvent tolérer des temps de transfert plus importants et variables. Les classes de qualité de service de l'UMTS sont présentées plus précisément dans le Tableau 1.1.

Tableau 1.1 Classes de qualité de service

Classe de trafic	Caractéristiques	Exemples d'applications
Conversational	Nécessite un temps de transfert faible et constant. Doit préserver l'ordre des entités d'un même flux	Voix, vidéotéléphonie, jeux vidéo
Streaming	Doit préserver l'ordre des entités d'un même flux	*Streaming*, multimedia
Interactive	Doit préserver l'intégrité des données	Navigation Internet, jeux en réseau
Background	Doit préserver l'intégrité des données. Le temps de transfert peut être plus important sans détériorer la qualité de service	E-mail

Au début de l'UMTS, les classes *conversational* et *streaming* seront transmises en tant que connexions temps réel sur l'interface air WCDMA, alors que les classes *interactive* et *background* le seront en tant que connexions données (non temps réel). Ce dernier type de connexion sera décrit en détail dans le chapitre 9.

1.3.1 Classe « conversational »

L'application la plus connue de la classe *conversational* est typiquement le service voix sur un service support circuit. Avec Internet, de nouvelles applications nécessiteront ce type de qualité de service, telles que la voix sur IP (VoIP, *Voice over IP*) et la vidéotéléphonie. Les services de cette classe s'adressent toujours à un ou plusieurs utilisateurs. C'est la seule classe dont les caractéristiques sont strictement imposées par l'homme et sa perception tant auditive que visuelle.

Les communications vocales sont caractérisées par le fait que le temps de transfert de bout en bout doit être faible et que le trafic entre les deux utilisateurs est symétrique. Le temps de transfert maximal de bout en bout a été fixé par certaines évaluations, forcément subjectives, à 400 ms. Cette limite est assez contraignante et tout dépassement de cette valeur rendrait la qualité de conversation inacceptable par l'utilisateur.

1.3.1.1 Service voix AMR

Le codec voix qui sera employé en UMTS utilise la technique AMR (*Adaptative Multi-Rate*). Ce codec voix à débit adaptatif propose huit débits différents : 12.2 kbit/s (GSM-EFR, *GSM-Enhanced Full Rate*), 10,2 kbit/s, 7,95 kbit/s, 7,40 kbit/s (IS-641), 6,70 kbit/s (PDC-EFR, *PDC-Enhanced Full Rate*), 5,90 kbit/s, 5,14 kbit/s et 4,75 kbit/s. Notons que les débits AMR sont contrôlés par le réseau d'accès et ne dépendent pas de l'activité vocale.

Afin de faciliter l'interfonctionnement des différents réseaux, certains débits que nous venons de voir correspondent à ceux utilisés actuellement dans les réseaux mobiles. Le débit de 12,2 kbit/s correspond au débit utilisé par le codec GSM-EFR, le débit 7,4 kbit/s à celui utilisé en US-TDMA et 6,7 kbit/s à celui du PDC au Japon. Notons que le codec AMR est capable de modifier le débit qu'il utilise toutes les 20 ms.

Le codeur AMR fonctionne sur des trames de voix de 20 ms, correspondant à 160 échantillons, échantillonnés à une fréquence de 8 000 Hz. Le système de codage employé par le codeur AMR est appelé ACELP (*Algebraic Code Excited Linear Prediction Coder*). Par extension, le codeur ACELP à débit adaptatif est appelé MR-ACELP (*Multi-Rate ACELP*).

Tous les 160 échantillons, le signal est analysé afin d'en extraire les paramètres du modèle CELP (coefficients du filtre LP, *Linear Prediction*, gains et indices des répertoires fixes et adaptatifs). Les bits correspondant aux paramètres ainsi définis sont ensuite réarrangés en fonction de leur importance avant d'être envoyés sur le réseau. Ces bits sont organisés en fonction de leur sensibilité aux erreurs. On définit trois classes : A, B et C. La classe A correspond aux bits les plus sensibles et on y applique le plus fort codage de canal sur l'interface air.

Durant une conversation téléphonique, chaque participant parle en moyenne la moitié du temps, chaque sens de transmission est utilisé donc en moyenne 50 % du temps. La technique AMR prend en compte cette caractéristique spécifique des communications vocales en proposant les quatre fonctions suivantes :

- Détection de l'activité vocale au niveau de l'émetteur (VAD, *Voice Activity Detector*).
- Evaluation du bruit de fond au niveau de l'émetteur, afin de transmettre les paramètres correspondants au destinataire.
- Transmission du bruit de « confort » au destinataire au moyen d'une trame spécifique, la trame SID (*Silence Descriptor*) envoyée périodiquement.
- Génération du bruit de confort au niveau du destinataire durant les périodes pendant lesquelles aucune trame de voix n'est reçue.

La transmission discontinue (DTX, *Discontinuous transmission*) possède deux avantages principaux. Elle permet d'augmenter la durée de vie de la batterie de l'utilisateur ou d'équiper les terminaux d'une batterie plus petite, pour une durée d'utilisation équivalente. Du point de vue du réseau, cette transmission discontinue permet de réduire le débit moyen, de générer un niveau d'interférence plus faible et d'augmenter ainsi la capacité totale.

La technique AMR possède une fonctionnalité de dissimulation des erreurs (*error concealment*). Le but de la substitution de trames est de masquer les effets de la perte de trames. Dans le cas où plusieurs trames seraient perdues, le terminal du destinataire ne génère aucun son. L'utilisateur est ainsi averti du problème de transmission et cette technique permet aussi d'éviter de générer des sons totalement incompréhensibles pour l'utilisateur [2] [3]. Le codec AMR peut tolérer un taux d'erreur trame (FER, *Frame Error Rate*) de l'ordre de 1 % pour la classe A, sans détérioration de la qualité vocale. Cela correspond à un taux d'erreur binaire (BER, *Bit Error Rate*) de l'ordre de 10^{-4}. Les classes B et C peuvent tolérer des taux FER et BER plus importants.

Le débit AMR peut être modifié par le réseau d'accès en fonction de la charge de l'interface air et de la qualité de bout en bout des communications vocales. Aux heures chargées, pendant lesquelles la charge du réseau est forte, il est possible d'utiliser un débit AMR plus faible afin d'offrir une capacité plus importante tout en réduisant quelque peu la qualité vocale. D'autre part, lorsqu'un mobile quitte la zone de couverture d'une cellule et qu'il utilise déjà sa puissance maximale de transmission, un débit moins important peut être utilisé pour étendre artificiellement la zone de couverture de la cellule. La couverture uplink du codec AMR est présentée dans la section 10.2.1. Grâce à ce codec AMR, il est possible de réaliser un compromis entre la capacité du réseau, la couverture et la qualité vocale en fonction des besoins des opérateurs.

1.3.1.2 Vidéotéléphonie

La vidéotéléphonie possède les mêmes besoins en termes de temps de transfert que la voix. Du fait de la nature même de la compression de la vidéo, le taux d'erreur bit (BER) doit être cependant plus faible que celui admis pour la voix. Concernant l'UMTS, il a été défini que la recommandation ITU-T Rec. H.324 devra être utilisée pour la vidéotéléphonie en mode circuit [4]. Concernant la vidéotéléphonie en mode paquet, deux normes sont à l'heure actuelle candidates. Il s'agit de la recommandation ITU-T Rec. H.323 et du protocole SIP (*Session Initiation Protocol*) de l'IETF (*Internet Engineering Task Force*).

1.3.1.2.1 ITU-T Rec. H.324

A l'origine, la recommandation H.324 fut rédigée pour les communications multimedia s'appuyant sur le réseau téléphonique fixe (RTCP, *Réseau Téléphonique Commuté Public*). Il y fut précisé que, dans ce cas, un modem synchrone V.34 devait être utilisé. Plus tard, lorsque les réseaux mobiles sont apparus, des extensions ont été apportées à cette recommandation afin de rendre notamment le système plus robuste face aux erreurs de transmission. L'architecture d'un tel système est présentée dans la Figure 1.3.

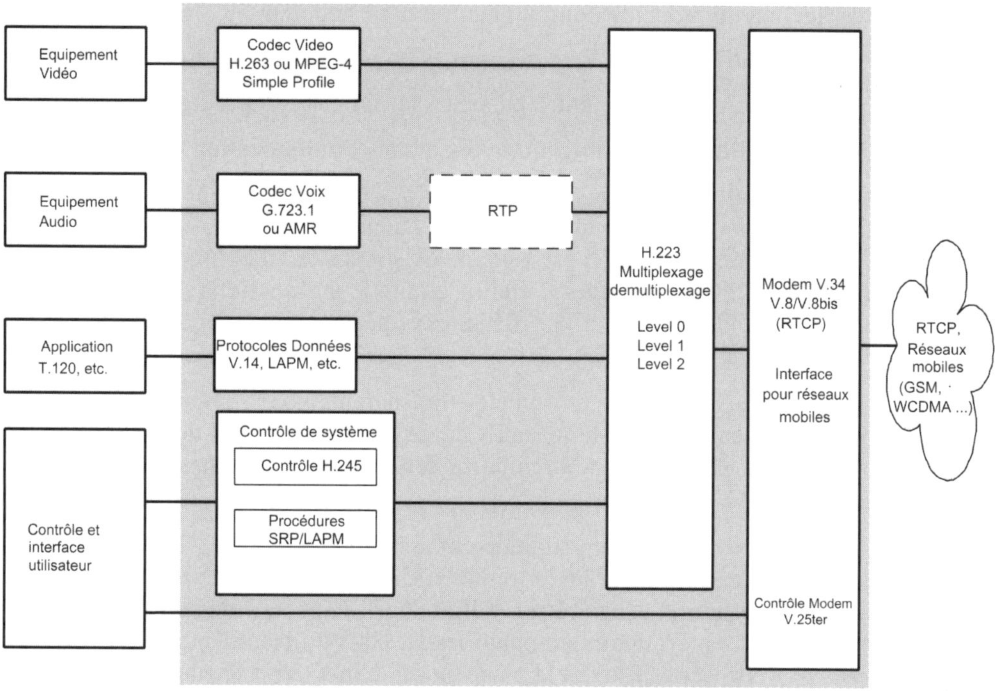

Figure 1.3 Recommandation ITU-T Rec. H.324

La recommandation H.324 s'appuie sur deux autres recommandations : H.223 pour le multiplexage des informations et H.245 pour le contrôle. Ces deux dernières sont obligatoires, leurs spécifications doivent être strictement respectées. Quant aux autres spécifications ou recommandations présentées dans la Figure 1.3, elles sont optionnelles mais bien souvent utilisées. Il s'agit de celles qui définissent les codecs vidéo H.263, audio G.723.1 et V.8bis. A terme, les codecs vidéo MPEG-4 et audio AMR pourront être également utilisés.

La recommandation H.324 définit les sept phases d'un appel : établissement, appel vocal simple, phase d'apprentissage du modem, initialisation, message, fin et relâchement. Notons au passage que le *level* 0 de la norme H.223 est exactement le même que celui de la recommandation H.324, ce qui permet de garantir une compatibilité avec les anciens terminaux H.324. Grâce à une procédure de négociation normalisée, le terminal peut s'adapter aux conditions de transmission en sélectionnant le niveau d'erreur approprié.

Le protocole V.8bis dispose de procédures permettant la reconnaissance et la sélection des caractéristiques et des modes de fonctionnement supportés à la fois par les équipements terminaux de circuit de données (ETCD ou en anglais DCE, *Data Circuit-terminating Equip-*

ment) et les équipements terminaux de traitement de données (ETTD ou en anglais DTE, *Data Terminal Equipment*). Les principales fonctions du protocole V.8bis sont les suivantes :

- sélection du mode de communication par l'appelant ou l'appelé.
- identification automatique des modes communs de fonctionnement.
- sélection automatique entre plusieurs terminaux qui partagent un même circuit.
- passage d'une communication voix à une communication données.

Les fonctionnalités d'échange du protocole V.8bis permettent l'échange entre terminaux d'une liste de modes de fonctionnement. Chaque terminal peut ainsi établir la liste des modes de fonctionnement qu'il est à même de supporter en commun avec la station distante. Cela permet d'éviter de tenter d'établir un mode de fonctionnement qui ne serait pas supporté par l'une des deux stations distantes et par là même d'accélérer le processus de connexion au niveau applicatif.

Afin de proposer des services données transparents pour l'abonné entre le réseau téléphonique et le réseau UMTS, le mécanisme de contrôle d'appel devra prendre en compte les messages V.8bis. Ils devront être interprétés et convertis en messages compréhensibles par le réseau UMTS et vice versa.

Un mode de fonctionnement supplémentaire a été récemment ajouté à la recommandation H.324 permettant d'utiliser un terminal H.324 sur des liens RNIS (*Réseau Numérique à Intégration de Services*). Ce mode est défini dans l'annexe D de la recommandation, il est appelé H.324/I. Les terminaux compatibles H.324/I utilisent l'interface UNI (*User-Network Interface*) RNIS series I.400 à la place du modem V.34. Les modes de fonctionnement définissent des débits allant de 56 kbit/s à 1 920 kbit/s ce qui permet à H.324/I de supporter plusieurs liens 56 kbits/ ou 64 kbit/s simultanément.

H.324/I permet de garantir l'interopérabilité avec les terminaux H.320, les terminaux H.324 sur le GSTN (*General Switched Telephone Network*) à condition qu'ils soient équipés de modems GTSN, les terminaux H.324 fonctionnant sur RNIS et les téléphones classiques sur le GSTN ou RNIS. Les terminaux H.324/I suivent l'annexe F de la recommandation H.324, annexe qui définit l'établissement d'une communication entre deux terminaux audiovisuels multiprotocoles utilisant des canaux numériques à un débit multiple de 64 kbit/s ou 56 kbit/ s [5].

1.3.1.2.2 ITU-T Rec. H.323

Dans la recommandation H.323, les canaux logiques sont multiplexés au niveau de l'adresse de transport du port de destination (voir Figure 1.4). L'adresse de transport est la combinaison de l'adresse du réseau et du numéro de port qui identifie un point de destination au niveau transport. Cela peut être par exemple une adresse IP et un numéro de port UDP (*User Datagram Protocol*). Les paquets sont ainsi transmis d'une adresse de transport source à une adresse de transport destination.

Par exemple, chaque canal logique véhiculant les informations H.245, T.120, audio ou vidéo possède une adresse de transport destination différente. Les paquets correspondant aux différentes informations sont envoyés à des adresses de transport différentes, ce qui permet de s'affranchir du besoin d'une couche de multiplexage et démultiplexage au niveau H.225.0. Si un participant d'une vidéoconférence fait appel au protocole de contrôle H.245 pour ouvrir un canal logique audio et/ou vidéo, le terminal distant renverra sur ce canal le numéro de port qui sera réservé pour le flux d'informations correspondant. Ces informations seront transmises vers ce port par des datagrammes UDP [6].

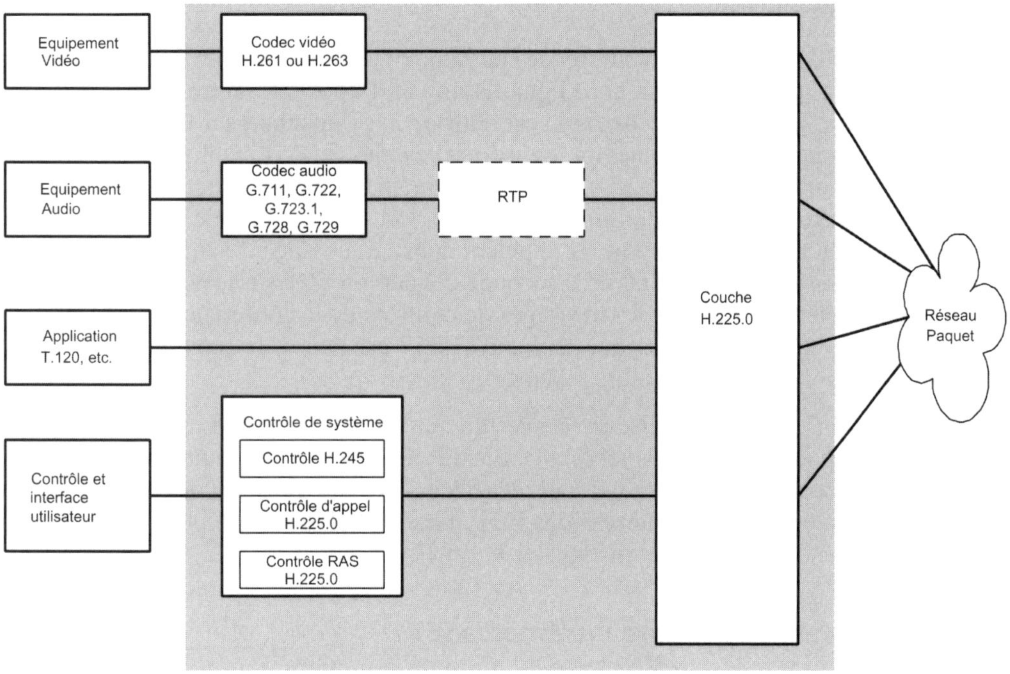

Figure 1.4 Recommandation ITU-T Rec. H.323

Notons que les spécifications actuelles du GPRS ne supportent pas plus d'un *PDP context* (*Packet Data Protocol context*) par adresse IP. Afin d'exploiter pleinement les possibilités de l'UMTS, la notion de port devra être gérée. Cela permettra de proposer une qualité de service par port et par exemple d'allouer un support différent pour la voix et pour la vidéo.

La recommandation H.225.0 utilise les protocoles RTP/RTCP (*Real-time Transport Protocol/Real-time Transport Control Protocol*) pour la paquétisation et la synchronisation des flux multimédia. Notons que l'usage des protocoles RTP/RTCP est associé à celui des protocoles UDP/TCP/IP.

Il est admis que les erreurs bits sont détectées au niveau des couches basses protocolaires et que les paquets erronés ne sont pas transmis jusqu'à la couche H.225.0. Quant aux terminaux H.225.0, ils doivent être capables d'envoyer et de recevoir les informations audio et vidéo sur des adresses de transport différentes, en utilisant des instances RTP distinctes.

Si les deux supports audio et vidéo sont utilisés durant une conférence, ils sont transmis comme deux sessions RTP distinctes; les paquets RTCP sont alors transmis pour les deux supports en utilisant deux paires de port UDP différentes et/ou deux adresses de multi-diffusion différentes. Malgré cette séparation, la synchronisation des sources audio et vidéo peut s'effectuer en utilisant les informations temporelles transmises par les paquets RTCP des deux sessions.

L'établissement d'une conférence H.323 point à point nécessite deux connexions TCP entre les deux terminaux, une pour l'établissement d'appel et l'autre pour le contrôle de la conférence. La première connexion est réalisée par l'appelant sur un port par défaut de la station distante. Cette connexion transporte les messages d'établissement d'appel définis par la recommandation H.225.0 et est communément appelée canal Q.931. Une fois cet appel entrant reçu, l'appelé définit un deuxième port pour la seconde connexion TCP et communique le numéro de ce port à l'appelant dans un message d'acquittement. L'initiateur de la conférence peut alors établir la seconde connexion TCP sur le port ainsi défini. Cette seconde connexion transmet les messages de contrôle de la conférence définis par la recommandation H.245. Une fois que le canal H.245 est établi, la première connexion n'est plus nécessaire et peut être alors relâchée.

Le canal H.245 est utilisé par les terminaux pour échanger les caractéristiques audio et vidéo et pour déterminer quel sera le rôle de chaque terminal (maître ou esclave). Il est ensuite possible d'ouvrir les canaux logiques nécessaires au transport des informations audio et vidéo, en créant autant de sessions RTP. Le canal H.245 reste ouvert durant toute la conférence et est utilisé pour en signaler la fin.

1.3.1.2.3 Architecture multimedia IETF

A l'heure actuelle, la vision que les constructeurs ont de la vidéotéléphonie sur IP est principalement fondée sur la norme ITU-T H.323. Pourtant, il ne s'agit pas nécessairement de la meilleure solution à utiliser sur Internet et en particulier sur les réseaux mobiles, essentiellement du fait de la complexité du contrôle et de la signalisation. En effet, H.323 utilise le contrôle H.245 ainsi que le codage binaire ASN.1/PER (*Abstract Syntax Notation One/ Packet Encoding Rules*). L'IETF, principal organisme de normalisation du monde Internet, a défini à la place des protocoles beaucoup plus simples. Ces nouveaux protocoles et normes font place à un nouveau concept d'architecture multimedia, présenté dans la Figure 1.5 qui couvre les domaines suivants :

- SIP (*Session Initiation Protocol*), protocole de signalisation qui se substitue à H.323/ H.245.

- SAP (*Session Annoucement Protocol*), protocole permettant d'envoyer en diffusion des messages d'avertissement.
- SDP (*Session Description Protocol*), syntaxe permettant de décrire des sessions qui se substitue à l'ASN.1/PER de H.323.
- RTSP (*Real Time Streaming Protocol*), protocole permettant de contrôler des serveurs distants.

Dans cette nouvelle architecture, nous retrouvons les protocoles RTP, pour l'encapsulation, et RTCP, pour le contrôle de la distribution d'information et pour la synchronisation. Le partage d'applications est également possible. Des espaces de travail partagé et des éditeurs de texte accessibles simultanément par plusieurs utilisateurs ont déjà été développés.

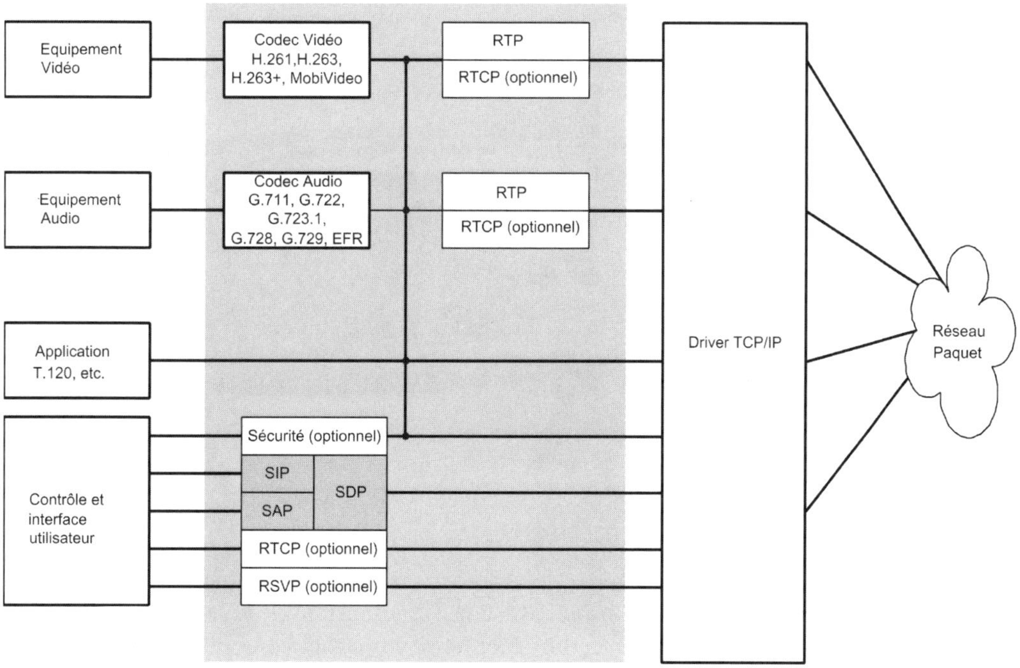

Figure 1.5 Architecture multimedia IETF

Mais revenons au protocole SIP. Il permet entre autre de fournir les services suivants :

- transfert d'appel.
- transfert d'appel sur non réponse.
- transfert d'appel sur occupation.
- transfert d'appel inconditionnel.

- traduction d'adresse.
- authentification de l'appelant et de l'appelé.
- présentation du numéro de l'appelant et de l'appelé.
- gestion de la mobilité (capacité de joindre un abonné à une unique adresse, indépendamment de sa localisation et du terminal utilisé).
- sélection et négociation du type de terminal.
- invitation à des conférence en diffusion.

Le protocole SIP possède la caractéristique d'être indépendant de la couche paquet. Il peut s'appuyer sur un service datagramme peu fiable, puisqu'il fournit ses propres mécanismes de contrôle et de correction [7].

Figure 1.6 Concept de terminal 3G pour la vidéotéléphonie

1.3.2 Classe « streaming »

La technique du *streaming* constitue à envoyer un flux continu d'informations qui seront traitées instantanément. Il s'agit bien souvent de données audio et/ou vidéo. Cette technique est de plus en plus souvent utilisée car la majorité des utilisateurs d'Internet n'ont pas d'accès suffisamment rapide pour télécharger de volumineux fichiers multimédia en un temps raisonnable. Grâce à cette technique de *streaming*, le navigateur client, équipé éventuellement d'un plug-in spécifique, peut commencer à afficher les données avant que l'intégralité du fichier ne soit téléchargée.

Pour que cela fonctionne, le client recevant les données doit être capable de les collecter et de les envoyer, sous la forme d'un flux continu, à l'application qui se chargera de les convertir en sons et en images. Les applications de *streaming* sont généralement fortement asymétriques et peuvent tolérer des temps de transfert plus importants que les services symétriques *conversational* que nous venons d'évoquer précédemment. Cela signifie également qu'elles tolèrent plus de gigue (*jitter*) durant la transmission. Cette gigue qui correspond à une légère fluctuation de la phase du signal, peut être atténuée par l'introduction de *buffers* (mémoire tampon).

Les applications vidéo ainsi que l'ensemble de l'industrie multimédia sur Internet s'adressent à deux cibles principales : la diffusion sur le Web et les services de vidéo à la demande (VOD, *Video On Demand*). Les fournisseurs de diffusion de contenu sur le Web touchent un large marché d'utilisateurs qui se connectent à des serveurs multimédia, même si le débit actuellement offert est faible. Quant aux services de vidéo à la demande, ils sont plus souvent utilisés par de grandes sociétés qui souhaitent stocker des clips vidéo ou des conférences sur des serveurs connectés à un Intranet et disposant d'une bande passante bien supérieure. Ces documents multimédia sont alors rarement consultés par plus d'une centaine d'utilisateurs simultanément.

Les deux types d'applications utilisent la même technologie de compression vidéo mais les caractéristiques des serveurs de diffusion et les bandes passantes nécessaires sont bien supérieures pour les systèmes, pourtant à plus petite échelle, de vidéo à la demande. Les principales sociétés développant et commercialisant des applications de *streaming* multimédia ont adapté leurs produits aux deux marchés. Typiquement, ils ont optimisé leurs applications aux caractéristiques de la diffusion sur le Web (débit limité et variations souvent importantes de ce dernier) ainsi qu'à celle de la vidéo à la demande par Intranet (débit nettement plus important allant de 100 à 7300 kbit/s).

Au niveau du client, le flux multimédia (par exemple, un clip vidéo) est joué par une application spécifique ou un plug-in d'un navigateur Web. Ces applications ou ces plug-ins peuvent être généralement téléchargés gratuitement sur Internet.

En conclusion, l'implémentation de ce genre d'applications sur les systèmes mobiles pourrait se faire sous la forme d'un module applicatif qui pourrait supporter des flux multimédia indépendamment (c'est-à-dire avec une connexion indépendante ou après enregistrement des données) ou en parallèle à un navigateur, c'est alors ce dernier qui activerait le service. Ce module devra s'interfacer directement aux couches de protocole utilisées par le réseau paquet comme UDP/IP ou TCP/IP [8].

1.3.3 Classe « interactive »

Cette troisième classe de qualité de service correspond typiquement à la demande d'information formulée par un utilisateur ou une application, à un serveur distant. Le meilleur exemple est la navigation sur Internet, lorsqu'un utilisateur accède à un serveur distant afin de consulter une page Web ou d'accéder au contenu d'une base de données.

Le trafic *interactive* est typiquement caractérisé par un motif de requête-réponse initié par l'utilisateur. L'utilisateur envoie une requête au serveur distant et en attend une réponse. Le temps d'attente peut être plus ou moins long mais il reste un critère clef de la qualité de service. L'autre caractéristique de cette classe de qualité de service est que le contenu des paquets doit être transmis en mode transparent, c'est-à-dire avec un taux d'erreur réduit.

1.3.3.1 Services fondés sur la localisation

Il est facile de prédire que les services et les applications fondés sur la localisation de l'utilisateur vont devenir les services phares de l'UMTS. Un service fondé sur la localisation est fourni soit par l'opérateur, soit par un fournisseur de services externe qui utilise les informations de localisation du terminal. Le service peut être de type « push » (le terminal reçoit automatiquement et périodiquement des informations de localisation) ou de type « pull » (le terminal demande sa localisation au réseau, dans le cas par exemple d'un appel d'urgence).

D'autres services sont envisageables, comme l'envoi d'informations à tous les utilisateurs d'une cellule ou d'un groupe de cellules ainsi que la recherche d'informations liées à la localisation telles que la station d'essence la plus proche ou le restaurant le plus proche (voir Figure 1.7). En fonction du service, les informations peuvent être rapatriées sur le terminal à la demande de l'utilisateur ou envoyées en tâche de fond. Par exemple, avant d'effectuer un déplacement dans une ville étrangère, l'utilisateur peut décider de télécharger, pendant la nuit qui précède son départ, des informations sur sa future destination selon des critères bien spécifiques. Ces données sont typiquement un plan de la ville et des informations géo-dépendantes matérialisées par exemple par des icônes sur le plan. En cliquant sur ces icônes, l'utilisateur aura accès à des informations plus précises qui n'auront pas été téléchargées au préalable si elles ne correspondent pas aux critères que l'utilisateur a définis.

Notons que les informations de localisation peuvent être entrées par l'utilisateur ou détectées par le réseau ou le terminal mobile. La Release 99 (R99) de l'UMTS spécifie les méthodes de localisation suivantes :

- méthode de localisation au niveau cellule.
- méthode OTDOA-IPDL (*Observed Time Difference Of Arrival – Idle Period Down-Link*).
- méthode de localisation GPS (*Global Positioning System*).

Ces méthodes sont plus complémentaires qu'elles ne sont concurrentes. Elles sont chacune adaptées à différents besoins. Une demande de localisation est caractérisée par de nombreux paramètres tels que la précision horizontale et verticale, le temps de réponse, la priorité, la sécurité ou la confidentialité. Notons que la précision est la plus importante. La détermination de la localisation est un processus statistique. Toutes les mesures ne donnent en effet pas toutes les mêmes résultats. Elles doivent être pondérées et moyennées afin d'obtenir un résultat cohérent et le plus précis possible. A l'heure actuelle, l'UMTS spécifie que la localisation d'un terminal devra avoir une précision de 50 mètres [9] [10].

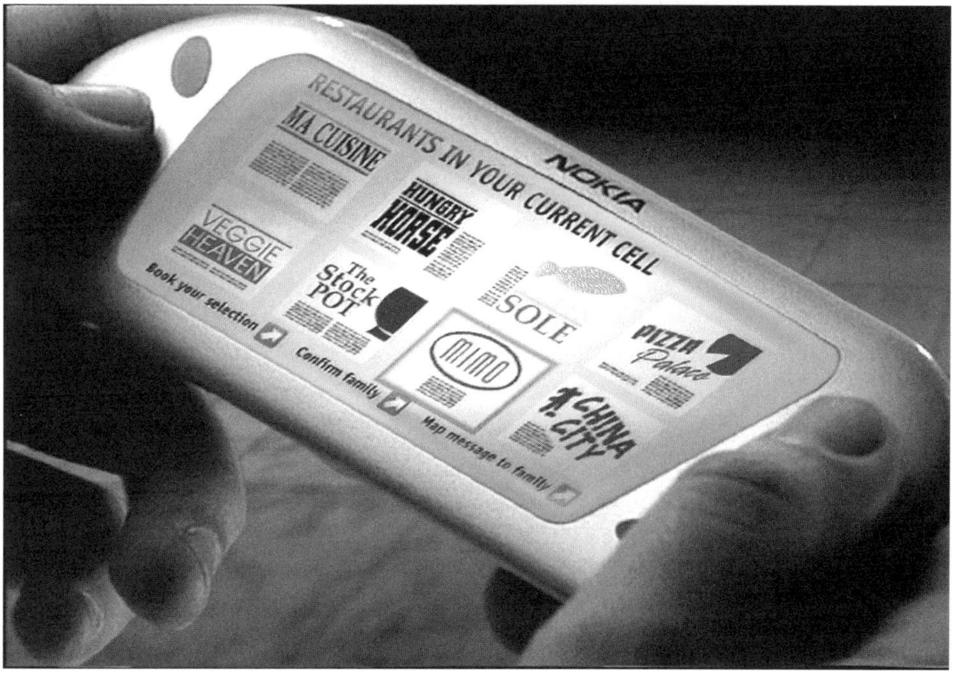

Figure 1.7 Concept de terminal 3G présentant un service basé sur la localisation

1.3.3.1 Jeux en réseau

Les jeux en réseau sont un autre exemple de service *interactive*. Cependant, en fonction de la nature du jeu, c'est-à-dire si les transferts de données entre utilisateurs sont trop importants et nécessitent des temps de transfert faibles, la qualité de service de la classe *conversational* pourrait être plus adaptée.

1.3.4 Classe « background »

La transmission des données des applications e-mail, SMS, de téléchargement de contenu de bases de données ou de mesures peut souvent être réalisée en tâche de fond. Le temps de transfert peut alors se mesurer en secondes, dizaines de secondes voire minutes sans perturber outre mesure l'utilisateur.

Figure 1.8 Concept de terminal 3G présentant une application de cartes postales électroniques

La principale caractéristique des applications de la classe *background* est que leurs utilisateurs n'ont pas besoin de recevoir les informations correspondant à ces applications dans un délai court. Une autre caractéristique est que le contenu des paquets doit être transmis en mode transparent. Les données doivent être exemptes de toute erreur. Le service d'envoi et de réception de cartes postales électroniques est un exemple d'application qui devient de plus en plus populaire sur Internet et qui devrait avoir un succès équivalent en UMTS (voir Figure 1.8). Les nouveaux terminaux devraient intégrer une petite caméra et un écran couleur de dimensions respectables. Deux propriétés qui devraient encourager les utilisateurs à créer eux-mêmes leurs propres cartes postales.

1.4. Capacités de service et classes de terminal

En WCDMA, le principe de classe de terminal (*terminal class mark*), utilisé en GSM, n'est pas employé. Les terminaux WCDMA doivent transmettre au réseau, à l'établissement de la connexion, un ensemble de paramètres indiquant leurs capacités d'accès radio. Ces capacités déterminent, par exemple, le débit utilisateur maximal supporté en fonction de la configuration radio, donné de façon indépendante pour le sens montant et le sens descendant. Afin de faciliter le choix des capacités à appliquer lors de l'établissement d'une connexion, des combinaisons de référence de capacités d'accès radio ont été définies dans les spécifications du 3GPP [11], on parle alors des classes suivantes :

- Classe 32 kbit/s : cette classe a été prévue pour fournir un service voix de base, tel que le service voix AMR, aussi bien que des services données d'un débit allant jusqu'à 32 kbit/s.
- Classe 64 kbit/s : cette classe permet de fournir des services voix et données simultanément.
- Classe 144 kbit/s : cette classe donne la possibilité de fournir, par exemple, un service de vidéotéléphonie ou d'autres services de données.
- Classe 384 kbit/s : cette classe peut être considérée comme une amélioration de la classe 144 kbit/s qui permet de supporter des méthodes évoluées de transfert de données par paquet.
- Classe 768 kbit/s : cette classe a été définie comme une classe intermédiaire entre les classes 384 kbit/s et 2 Mbit/s.
- Classe 2 Mbit/s : cette classe s'applique uniquement pour le sens descendant.

Ces classes ont été définies de telle façon qu'une classe d'un niveau donné comporte toutes les propriétés et les capacités des classes de niveau inférieur. Notons que les terminaux peuvent s'écarter de ces classes lorsqu'ils transfèrent leurs paramètres au réseau, par conséquent un débit de 2 Mbit/s est possible dans le sens montant, bien qu'aucune classe ne le supporte.

1.5. Conclusion

Dans ce chapitre, nous avons fait un rapide tour d'horizon de l'UMTS en termes de services et d'applications. Bien évidemment, la liste que nous venons de voir n'est pas exhaustive mais elle donne un bon aperçu de ce que nous devrons voir apparaître dans les années à venir. Rappelons que l'UMTS permet d'offrir des débits importants tant en mode circuit qu'en mode paquet, une prise en charge efficace de différents supports, des appels multi-parties et bien d'autres fonctionnalités qui rendront possible la création de nouvelles applications à des coûts modérés.

1.6. Références

[1] 3GPP, Technical Specification Group Services and System Aspects, QoS Concept (3G TR 23.907 version 1.3.0), 1999.

[2] 3GPP, Mandatory Speech Codec Speech Processing Functions, AMR Speech Codec: General Description (3G TS 26.071 version 3.0.1), 1999.

[3] 3GPP, Mandatory Speech Codec Speech Processing Functions, AMR Speech Codec: Frame Structure General Description (3G TS 26.101 version 1.4.0), 1999.

[4] 3GPP, Technical Specification Group Services and System Aspects, Codec for Circuit Switched Multimedia Telephony Service: General Description (3G TS 26.110 version 3.0.1), 1999.

[5] ITU-T H.324, Terminal for Low Bitrate Multimedia Communication, 1998.

[6] ITU-T H.323v2, Packet Based Multimedia Communications Systems, 1998.

[7] Handley, M., *et al.*, SIP : Session Initiation Protocol, RFC2543, IETF, 1999.

[8] Honko, H., *Internet Video Prestudy*, 1997.

[9] 3GPP, Technical Specification Group (TSG) RAN, Working Group 2 (WG2), Stage 2 Functional Specification of Location Services in URAN (3G TR 25.923 version 1.4.0), 1999.

[10] 3GPP, Technical Specification Group Services and System Aspects, Location Services (LCS), Service description, Stage 1 (3G TS 22.071 version 3.1.0), 1999.

[11] 3GPP, Technical Specification Group (TSG) RAN, Working Group 2 (WG2), UE Radio Access Capabilities, 3G TS 25.306 version 3.0.0, 2000.

Chapitre 2

INTRODUCTION AU WCDMA

par Peter Muszunski et Harri Holma

2.1. Introduction

Ce chapitre introduit les principes de base de l'interface air WCDMA. Nous porterons une attention particulière aux caractéristiques par lesquelles le WCDMA se différencie du GSM et de l'IS-95. Les principaux paramètres de la couche physique du WCDMA seront introduits dans la section 2.2. Les concepts d'« étalement » et de « désétalement » seront décrits dans la section 2.3, suivis par une présentation du canal radio à trajets multiples et du récepteur Rake, dans la section 2.4. Les autres éléments de l'interface air WCDMA abordés dans ce chapitre seront le contrôle de puissance, les soft handovers et les softer handovers. Enfin, le contrôle de puissance et son implémentation seront décrits dans la section 2.5 et les handovers dans la section 2.6.

2.2. Aperçu des principaux paramètres

Présentons maintenant brièvement les principaux paramètres du WCDMA :

- Le WCDMA est un système d'accès multiple par répartition de code utilisant une modulation par séquence directe (DS-WCDMA, *Direct Sequence Wideband Code Division Multiple Access*). Cela signifie que les bits correspondant aux données utilisateur sont étalés sur une large bande passante en multipliant ces données utilisateur par une séquence pseudo-aléatoire de bits (appelés *chips*) provenant des codes d'étalement CDMA. Afin de pouvoir supporter des débits très élevés (jusqu'à 2 Mbit/s), le WCDMA utilise des transmissions à facteur d'étalement variable et à multiples codes. Ce système est illustré dans la Figure 2.1.
- Le débit *chip* (débit binaire de la séquence de codage) de 3,84 Mc/s donne une bande passante par porteuse de l'ordre de 5 MHz. Les systèmes DS-WCDMA qui utilisent une bande passante d'environ 1 MHz, comme l'IS-95, sont appelés systèmes CDMA bande étroite (*narrowband*). La large bande passante par porteuse inhérente au WCDMA permet de supporter des débits utilisateur importants. Elle a en outre un impact bénéfique sur les performances du système. En fonction de la licence qui lui a été attribuée, l'opérateur peut utiliser plusieurs porteuses pour augmenter la capacité de son réseau. La Figure 2.1 illustre cette possibilité. L'espacement des porteuses peut être alors choisi par pas de 200 kHz, entre 4,4 et 5 MHz, selon le niveau d'interférences entre les porteuses.
- Le WCDMA permet de supporter des débits utilisateur variables. En d'autres termes, il est possible de proposer aux utilisateurs de la bande passante à la demande (BoD, *Bandwith on Demand*). A chaque utilisateur est attribuée une trame d'une durée de 10 ms, durant laquelle le débit est constant. Cependant, ce débit peut varier d'une trame à l'autre. La Figure 2.1 présente également cette fonctionnalité. Cette alloca-

tion dynamique de la capacité est typiquement contrôlée par le réseau afin d'obtenir un débit optimal pour les services paquet.

- Le WCDMA possède deux modes de fonctionnement : le mode FDD (*Frequency Division Duplex*) et le mode TDD (*Time Division Duplex*). Dans le mode FDD, deux bandes passantes de 5 MHz sont utilisées, l'une pour le sens montant (*uplink*), l'autre pour le sens descendant (*downlink*) alors que dans le mode TDD, une seule bande passante de 5 MHz est utilisée pour les deux sens. Le sens montant, uplink, correspond à la transmission du mobile vers la station de base, alors que le sens descendant, downlink, correspond à la transmission de la station de base vers le mobile. Notons que le mode TDD est basé sur les concepts du mode FDD. Il sera décrit en détail dans le chapitre 11.

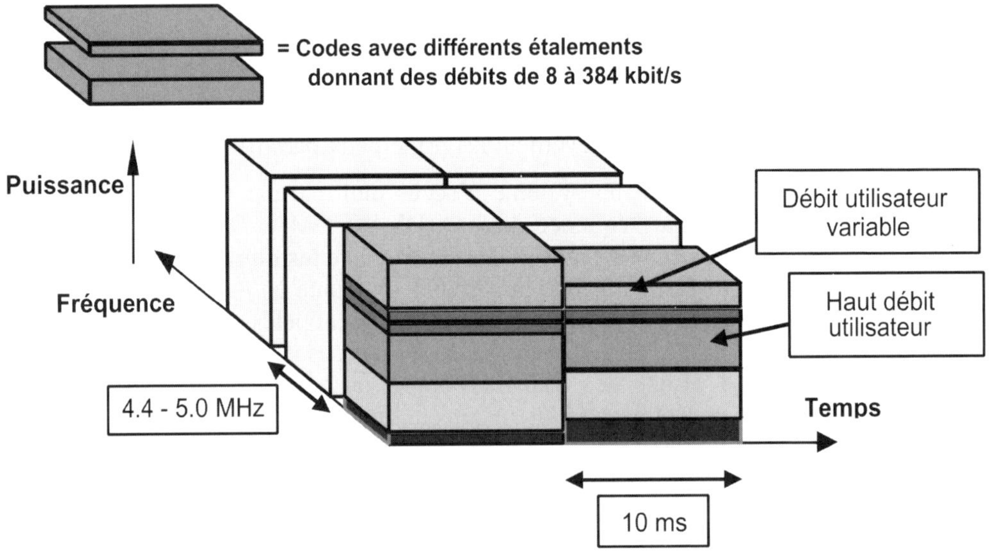

Figure 2.1 Allocation de la bande passante en WCDMA dans l'espace temps-fréquence-code

- Contrairement à l'IS-95, le WCDMA ne nécessite pas de synchronisation des stations de base. Il n'y a donc pas besoin de référence globale de temps, comme le GPS est à même d'en fournir. Le déploiement des stations de base micro ou indoor en est donc facilité.
- L'interface air WCDMA a été conçue de telle façon que certaines fonctionnalités avancées du CDMA, comme la détection multi-utilisateurs et les antennes adaptatives, peuvent être déployées par l'opérateur afin d'accroître la capacité et/ou la couverture de son réseau. Dans la plupart des réseaux de deuxième génération, de telles fonctionnalités associées aux récepteurs n'ont pas été prévues et ne peuvent donc être déployées que difficilement et avec une amélioration minime des performances.

- Le WCDMA a également été conçu pour pouvoir être déployé conjointement avec le GSM. Les handovers entre le GSM et le WCDMA sont possibles et l'introduction du WCDMA pourra ainsi se faire progressivement.

Tableau 2.1 Principaux paramètres WCDMA

Méthode d'accès multiple	DS-CDMA
Méthode de multiplexage	Frequency Division Duplex / Time Division Duplex
Synchronisation des stations de base	Fonctionnement asynchrone
Débit *chip*	3,84 Mc/s
Durée de trame	10 ms
Multiplexage des services	Services multiples possédant une qualité de service différente multiplexés sur une seule connexion
Débit variable	Facteur d'étalement variable et codes multiples
Détection	Cohérente
Détection multi-utilisateurs et antennes adaptatives	Supportées par la norme, implémentation optionnelle

Dans les prochaines sections, nous allons voir brièvement les principes fondamentaux du fonctionnement du CDMA. Les aspects spécifiques du WCDMA seront ensuite présentés et expliqués en détail. Les principes fondamentaux du CDMA sont également décrits dans les documents [1], [2], [3] et [4] donnés en référence à la fin du chapitre.

2.3. Etalement et désétalement

La Figure 2.2 décrit le fonctionnement de base de l'étalement et du désétalement d'un système DS-CDMA.

Nous avons pris pour exemple, un signal initial BPSK (*Binary Phase Shift Keying*) de fréquence *R*. Ce signal est donc composé d'une séquence de bits pouvant prendre les deux valeurs suivantes : « + 1 » et « – 1 ». La méthode d'étalement consiste, dans cet exemple, à multiplier chaque bit du signal initial par une séquence de huit bits, chacun de ces huit bits étant appelé *chip*. Nous voyons dans la Figure 2.2 que le résultat de ce produit est un nouveau signal de fréquence 8 x *R*. Nous dirons donc ici que nous avons utilisé un facteur d'étalement de 8. Notons que le signal final a l'apparence d'un signal aléatoire tout comme le code d'étalement utilisé. Ce signal large bande sera ensuite transmis sur l'interface air

En ce qui concerne la procédure inverse, le désétalement, nous multiplions, bit par bit, le signal étalé par la même séquence de codes que nous avions utilisée précédemment pour l'étalement. Comme le montre la Figure 2.2, nous retrouvons exactement le signal initial et cette méthode n'introduit aucun déphasage entre le signal initial et le signal final.

La multiplication de la fréquence du signal par un facteur 8 engendre un étalement similaire du spectre occupé par le signal résultant. C'est pour cela que les systèmes CDMA sont souvent appelés systèmes à étalement de spectre. Le désétalement permet de restaurer la bande passante initiale, proportionnelle à la fréquence *R* du signal.

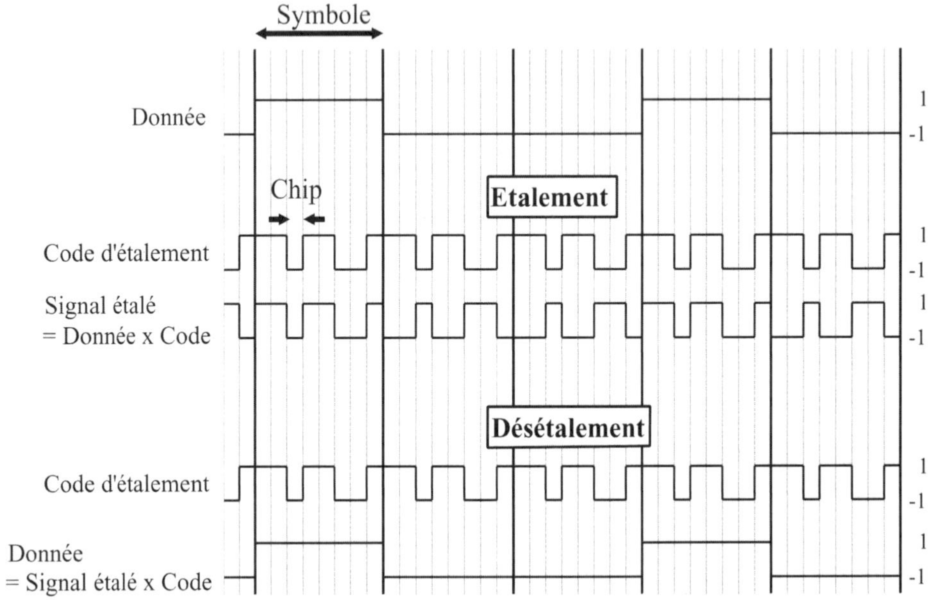

Figure 2.2 Etalement et désétalement en DS-CDMA

Le fonctionnement de base d'un récepteur à corrélation en CDMA est présenté dans la Figure 2.3. La partie supérieure de la figure montre la réception du signal attendu, c'est-à-dire le signal qui correspond au code d'étalement utilisé. Comme précédemment dans la Figure 2.2, nous remarquons l'étalement parfaitement synchronisé réalisé par le code. Ensuite, le récepteur intègre ou plus précisément, somme le produit des bits du signal reçu par ceux du code d'étalement, cela pour chaque symbole.

La partie inférieure de la Figure 2.3 montre l'effet du désétalement quand il est appliqué au signal d'un autre utilisateur pour lequel l'étalement a été effectué avec une autre séquence d'étalement. Le résultat de la multiplication du « mauvais » signal par la séquence d'étalement puis son intégration par le récepteur donne une suite de valeurs proches de 0.

Comme nous pouvons le remarquer, l'amplitude du signal attendu est augmentée en moyenne par un facteur 8 par rapport aux autres signaux qui interfèrent. Cette méthode de détection par corrélation permet donc d'amplifier le signal attendu d'un coefficient égal au facteur d'étalement, ici 8. Cet effet est appelé gain de traitement (*processing gain*). C'est un des aspects fondamentaux de tous les systèmes CDMA et des autres systèmes à étalement de spectre. Ce gain de traitement donne une certaine robustesse aux systèmes CDMA face aux interférences qui sont générées par la réutilisation des mêmes porteuses sur des stations de base proches les unes des autres.

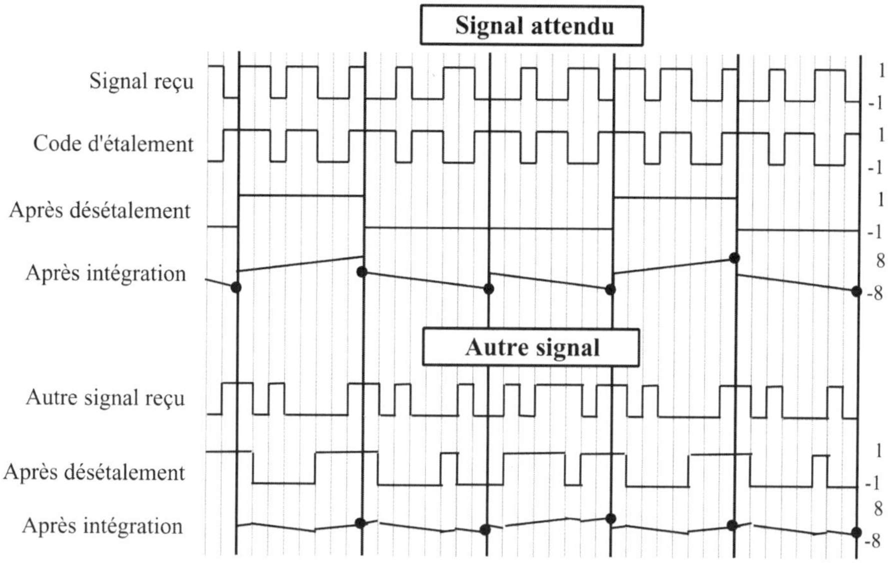

Figure 2.3 Principe de corrélation du récepteur en CDMA

Prenons maintenant un exemple avec de véritables paramètres. Le service voix d'un débit de 12,2 kbit/s présente un gain de fonctionnement de 25 dB = 10 x $\log_{10}(3{,}84e^6/12{,}2e^3)$. Après désétalement, la puissance du signal doit être typiquement supérieure de quelques dB à la puissance des interférences et du bruit. La densité de puissance nécessaire du signal après désétalement divisée par la densité de puissance des interférences est notée « E_b/N_0 », où E_b est l'énergie ou densité de puissance par bit et N_0 la densité de puissance des interférences et du bruit. Pour le service voix, le ratio E_b/N_0 est de l'ordre de 5 dB et le ratio signal sur interférence (SIR, *Signal to Interference Ratio*) est par conséquent de l'ordre de - 20 dB (5 dB moins le gain de traitement). En d'autres termes, même si la puissance du signal est inférieure de - 20 dB à celles des interférences et du bruit, le récepteur pourra encore détecter et récupérer le signal. Notons que le ratio signal sur interférence est aussi noté « C/I » (*Carrier-to-Interference ratio*). Du fait de l'étalement et du désétalement, ce rapport C/I peut être plus faible en WCDMA qu'il ne l'est en GSM. Une communication vocale de bonne qualité nécessite, par exemple en GSM, un C/I de l'ordre de 9 à 12 dB.

Etant donné qu'un signal large bande peut se trouver sous le niveau du bruit thermique, sa détection est difficile sans en connaître la séquence d'étalement. C'est pour cette raison que les premiers systèmes à étalement de spectre ont été développés pour des applications militaires où la nature large bande du signal permet de le « cacher » sous le bruit thermique ambiant.

Notons que pour une bande passante de canal donnée, nous aurons un gain de traitement plus important pour les faibles débits que pour les hauts débits. Par exemple, le gain de traitement pour un débit de 2 Mbit/s est inférieur à 2 (= 3,84 Mc/s / 2 Mbit/s = 1,92 ce qui correspond à 2,8 dB). Dans ce cas, la robustesse des ondes WCDMA aux interférences est clairement compromise. Nous traiterons des performances du WCDMA pour les hauts débits dans le chapitre 10.4.

Les stations de base ainsi que les mobiles utilisent essentiellement des récepteurs à corrélation WCDMA. Toutefois, du fait de la propagation caractérisée par des trajets multiples et éventuellement de l'utilisation de multiples antennes de réception, il est nécessaire d'utiliser plusieurs récepteurs à corrélation afin de récupérer le maximum d'énergie du signal sur les différents trajets et éventuellement au niveau des différentes antennes. Ces récepteurs sont couramment appelés « doigts » (*fingers*) et forment ce que l'on appelle un récepteur Rake (*Rake receiver*). Nous allons décrire en détail le fonctionnement de ce récepteur Rake dans la suite, mais auparavant terminons cette section concernant l'étalement et le désétalement par quelques remarques.

Il est important de bien comprendre que ces méthodes d'étalement et de désétalement n'engendrent par elles-mêmes aucune amélioration du signal. En fait, le gain de traitement provient de l'étalement de la bande passante utilisée pour la transmission.

De manière générale, les avantages du WCDMA proviennent plus des propriétés large bande des signaux quand ils sont observés au niveau du système dans sa globalité que quand ces derniers sont observés du point de vue d'un seul lien radio :

- Le gain de traitement et la nature large bande du système permettent un motif unitaire de réutilisation des fréquences entre les différentes cellules, c'est-à-dire qu'une seule fréquence peut être utilisée sur tous les sites et leurs secteurs. Cette possibilité permet d'obtenir une forte efficacité spectrale.
- Le fait d'avoir plusieurs utilisateurs qui partagent la même porteuse large bande pour leurs communications fournit de la diversité en interférence, c'est-à-dire que les interférences provenant de plusieurs utilisateurs sont moyennées. La capacité du système est alors plus forte que pour les autres systèmes où c'est le niveau maximum d'interférences qui détermine la capacité.
- Toutefois, les deux points précédents nécessitent l'utilisation d'un contrôle de puissance efficace et d'un soft handover afin d'éviter que le signal d'un utilisateur ne perturbe les communications des autres utilisateurs. Le contrôle de puissance et le soft handover seront décrits plus loin dans ce chapitre.
- Les différents trajets de propagation d'un signal radio large bande peuvent être pris en compte avec une meilleure précision que ceux d'un signal bande étroite. Il en résulte une plus forte diversité contre les évanouissements (*fading*) et une amélioration des performances du système.

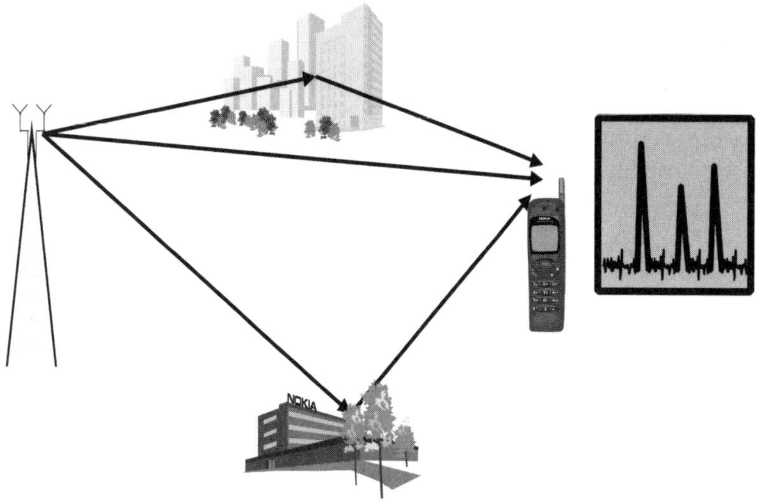

Figure 2.4 Propagation à trajets multiples

2.4. Canal radio à trajets multiples et récepteur Rake

La propagation des ondes radio dans un canal est caractérisée par de multiples réflexions, diffractions et atténuations du signal. Ces phénomènes sont dus aux obstacles naturels, tels que les immeubles et les montagnes qui provoquent une propagation caractérisée par des trajets multiples. Nous allons nous intéresser aux deux principaux effets qui en résultent :

- Le signal (correspondant, par exemple, à un *chip* d'une onde WCDMA) peut mettre plus ou moins de temps à arriver au niveau du récepteur en fonction du parcours qu'il emprunte. Ainsi, la même information peut être reçue plusieurs fois par le récepteur avec une puissance plus ou moins importante (voir Figure 2.4). Il est possible de définir des profils de retard dus à ces trajets multiples. Ce délai varie généralement entre 1 à 2 µs dans les environnements urbains et suburbains, alors que des retards de 20 µs voire plus sont fréquents dans les zones vallonnées ou montagneuses. La durée d'un *chip* étant de 0,26 µs pour un débit de *chips* de 3,84 Mc/s, si la différence de temps observée entre le même signal empruntant différents trajets est d'au moins 0,26 µs, le récepteur WCDMA pourra identifier et séparer ses différentes composantes afin de les combiner de façon cohérente. Cette méthode de recombinaison est appelée diversité de trajets multiples. Ce délai minimal de 0,26 µs est obtenu si la différence de longueur entre deux parcours est d'au moins 78 m (= vitesse de la lumière / débit *chip* = $3.10e^{8}$ m s^{-1} / 3,84 Mc/s). Avec un débit *chip* d'environ 1 Mc/s, la différence de longueur entre deux parcours doit être au minimum de 300 m, ce qui ne peut être obtenu dans des cellules de petite taille. C'est pour cela que le système WCDMA permet de réaliser de la diversité de trajets multiples dans les petites cellules, là où l'IS-95 ne le permettait pas.

- A un instant donné, il est clair qu'une onde peut emprunter plusieurs parcours qui ont chacun une longueur sensiblement équivalente. Rappelons que la durée d'un *chip* équivaut à une distance de 78 m pour un débit *chip* de 3,84 Mc/s. Les ondes qui empruntent des trajets ayant une différence de longueur égale à une demi-longueur d'onde (soit environ 7 cm, à 2 GHz) arrivent donc quasiment au même instant au niveau du récepteur. Or, deux ondes véhiculant le même signal, déphasées d'une demi-longueur, ont la fâcheuse propriété de s'annuler mutuellement. Cette annulation de signal due à des trajets multiples est appelé « fast fading » et intervient lorsque le récepteur est immobile ou se déplace à faible vitesse.

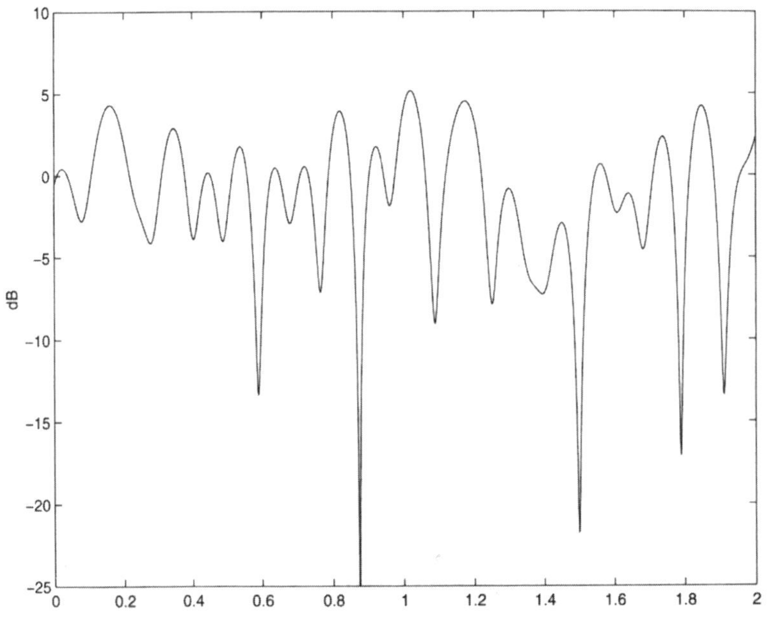

Figure 2.5 Fast fading de Rayleigh dû aux trajets multiples

La Figure 2.5 montre un exemple typique de *fast fading*. La courbe correspond à l'énergie reçue, en fonction du temps, par un récepteur en mouvement à une vitesse de 3 km/h. Nous remarquons que la puissance du signal reçue peut chuter considérablement (-20 à -30 dB) lorsque les ondes correspondant à certains trajets se trouvent en opposition de phase. Notons également que les variations de signal dues au *fast fading* arrivent nettement plus fréquemment que celles dues aux modifications du profil de retard résultant des trajets multiples. Ce type d'atténuation est généralement bien défini par le modèle de distribution de Rayleigh, décrit dans les documents [5] et [6] donnés en référence à la fin du chapitre. Ces baisses soudaines de puissance rendent très difficile la réception sans erreur des données. Par conséquent, il est indispensable d'implémenter des solutions pour y remédier. Intéressons-nous à celles qu'il est possible d'introduire pour le WCDMA :

- L'énergie du signal, dispersée dans le temps, peut être recombinée en utilisant de multiples récepteurs à corrélation. Chaque récepteur doit être paramétré afin de recevoir le signal aux instants où la puissance de ce dernier est maximale.
- Le contrôle de puissance rapide (*fast power control*) et la réception en diversité inhérente au récepteur Rake peuvent être également utilisés pour atténuer l'effet du *fading*.
- Des protocoles de codage, d'entrelacement et de retransmission peuvent aussi être utilisés afin d'ajouter de la redondance et de la diversité temporelle au signal et permettre au récepteur de récupérer au mieux les données utilisateur malgré les atténuations dues au *fading*.

Les principes suivants concernant la réception des signaux CDMA sont fortement suggérés par la problématique de la propagation radio :

- Il est important d'identifier les intervalles de temps durant lesquels une part importante du signal arrive au niveau du récepteur et d'allouer à chacun d'entre eux un récepteur à corrélation (c'est-à-dire un doigt du récepteur Rake). La précision de la grille de mesures pour définir le profil de retard du aux trajets multiples doit être de l'ordre de la durée d'un *chip* (typiquement de ¼ à ½ longueur de *chip*). La remise à jour de ce profil est effectuée toutes les millisecondes ou dizaines de millisecondes.
- Chaque récepteur à corrélation doit détecter les changements de phase et d'amplitude dus au *fast fading* et les corriger. Cette détection et cette correction doivent être effectuées toutes les millisecondes, voire plus fréquemment.
- Les symboles démodulés dont la phase a été éventuellement corrigée provenant des différents doigts du récepteur Rake sont envoyés ensuite au décodeur pour être combinés.

La Figure 2.6 illustre les deux derniers points que nous venons d'aborder, nous y avons représenté l'amplitude et la phase du symbole émis et celles de ce même symbole, reçu au niveau de trois doigts après avoir parcouru trois trajets distincts. Afin de faciliter la tâche du récepteur lors du deuxième point que nous venons de voir ci-dessus, le WCDMA utilise des symboles connus du récepteur, que l'on appelle symboles « pilot » (*pilot symbols*). Ces symboles sont utilisés par chaque doigt afin d'estimer l'état du canal (valeur des déphasages et atténuations). Le déphasage ainsi défini est ensuite inversé. Les symboles correspondant aux données utilisateur reçues sont alors sommés avec les symboles *pilot* modifiés afin d'annuler la rotation de la phase introduite par le canal radio. Cette méthode est appelée MRC (*Maximal Ratio Combining*).

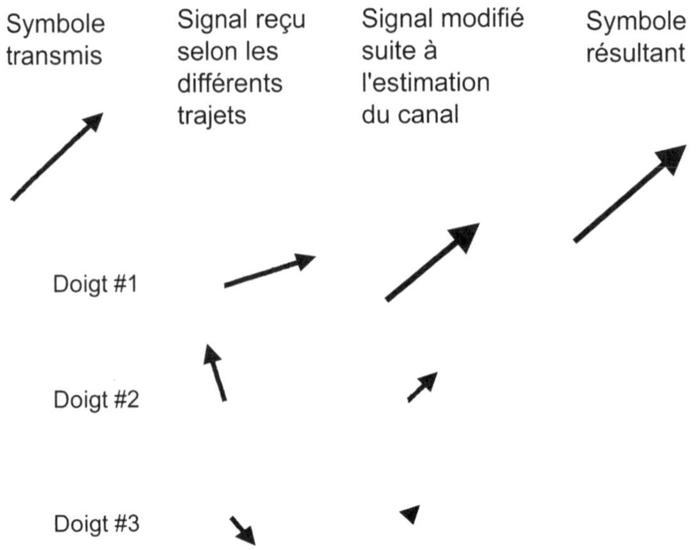

Figure 2.6 Principe de la méthode MRC utilisée par le récepteur Rake

La Figure 2.7 présente l'architecture fonctionnelle d'un récepteur Rake à trois doigts. Les échantillons numériques en entrée du récepteur Rake sont issus des premiers étages RF de la chaîne de réception. Ces échantillons sont représentés dans le plan complexe, c'est-à-dire sur les axes perpendiculaires I et Q. Au niveau de chaque doigt, le générateur de code (*code generator*) et le corrélateur (*correlator*) réalisent les tâches de désétalement et d'intégration des symboles du signal utilisateur. Le module dédié à l'estimation du canal (*channel estimator*) utilise les symboles *pilot* afin de définir l'état du canal et d'en compenser les effets sur les symboles du signal utilisateur ainsi désétalés et intégrés. Le retard entre les temps d'arrivée des symboles sur les différents doigts est ensuite compensé au niveau du module *Delay Equalizer*. Le dernier module de la chaîne de traitement (*Rake combiner*), commun à l'ensemble des doigts, somme les symboles ainsi modifiés en provenance de tous les doigts. C'est cette opération qui apporte la diversité de trajets multiples et qui permet de lutter contre les phénomènes de *fading*. Passons maintenant au dernier élément du récepteur, il s'agit d'un filtre adapté (*matched filter*) qui permet de définir le profil de retard dû aux trajets multiples du canal. Ce profil mesuré qui est moyenné et mis à jour régulièrement, permet d'assigner aux différents doigts du récepteur Rake les périodes de temps durant lesquelles la puissance du signal reçu est maximale.

Les éléments constitutifs des récepteurs Rake, fonctionnant à une fréquence d'horloge proche de celle des *chips*, sont généralement des ASIC (*Application Specific Integrated Circuit*). C'est notamment le cas pour les corrélateurs, générateurs de code et filtres adaptés. Concernant les autres éléments qui traitent essentiellement des symboles, il est courant d'utiliser des DSP (*Digital Signal Processor*). Notons que, bien qu'il existe de nombreuses différences entre les récepteurs Rake qui sont implémentés dans les mobiles et ceux des stations de base, tous les principes qui viennent d'être présentés restent les mêmes quelle que soit la localisation du récepteur.

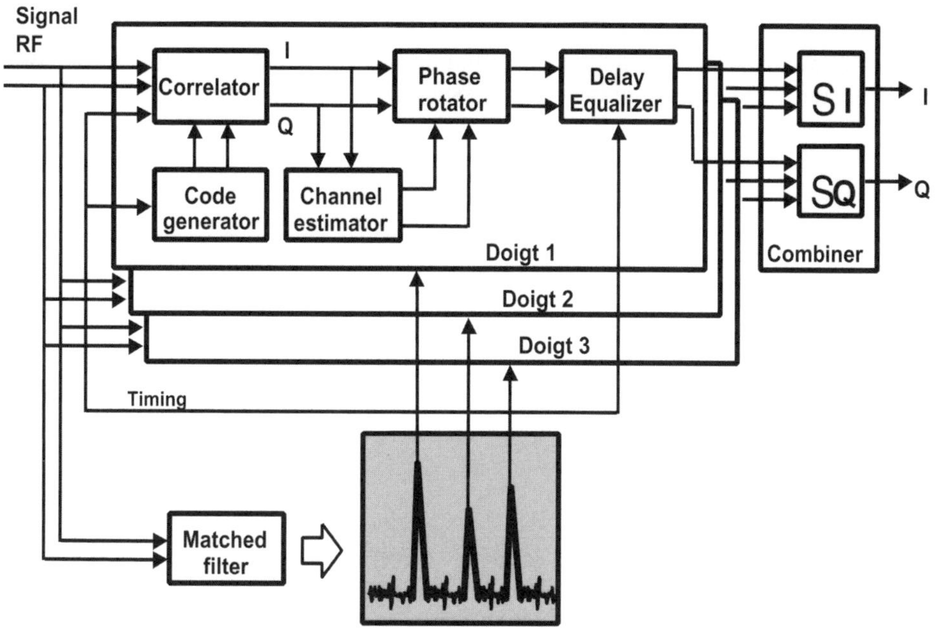

Figure 2.7 Architecture fonctionnelle d'un récepteur Rake

Notons également que la diversité de trajets multiples peut être obtenue en utilisant plusieurs antennes de réception. Cela ne change en rien le fonctionnement du récepteur Rake. Il est même envisageable d'utiliser le principe des doigts de réception sur plusieurs antennes. Il va de soit qu'il sera nettement plus facile d'implémenter cela au niveau des stations de base qu'au niveau des mobiles.

2.5. Contrôle de puissance

Le contrôle de puissance rapide est sans doute l'aspect le plus important du WCDMA, notamment au niveau du sens de transmission montant. Sans lui, un seul mobile émettant à une puissance trop élevée pourrait empêcher tous les autres mobiles de la cellule de communiquer. La Figure 2.8 illustre cet aspect du WCDMA. Les mobiles MS1 et MS2 émettent à la même fréquence. Leurs signaux ne peuvent être distingués que par leur code d'étalement respectif. Il peut arriver que les signaux du mobile MS1, se trouvant en bordure de la cellule, soient fortement atténués, disons de 70 dB, par rapport à ceux du mobile MS2 qui se trouve au pied de la station de base. S'il n'existait pas de mécanisme permettant de contrôler la puissance d'émission des mobiles, il est clair que la puissance du mobile MS2 reçue par la station de base serait telle que cette dernière ne pourrait détecter les signaux du mobile MS1. C'est ce que l'on appelle le problème « near-far » du CDMA. Une grande majorité des mobiles présents dans la cellule ne pourraient ainsi plus communiquer avec la station de base. Il est donc primordial de mettre en œuvre un mécanisme qui garantit qu'au niveau de la station de base, la puissance des signaux issus de n'importe quel mobile soit identique à tout instant.

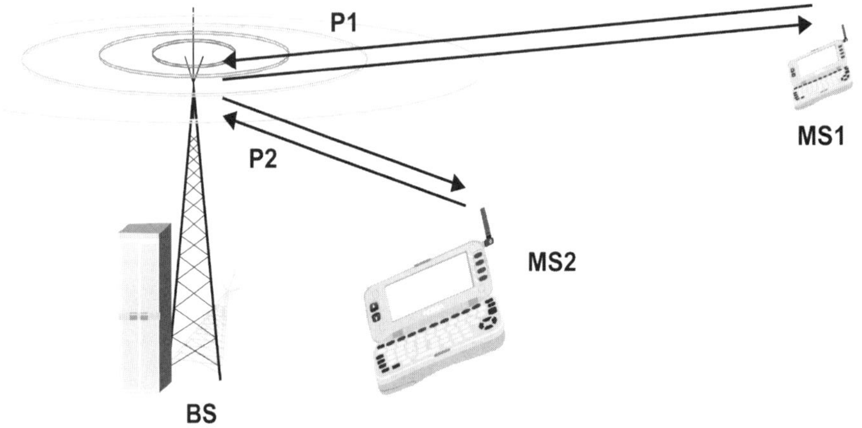

Figure 2.8 Principe du contrôle de puissance en boucle fermée

Il aurait été possible d'implémenter un mécanisme de contrôle de puissance dit « en boucle ouverte » (*open-loop power control*) qui aurait permis de réaliser une estimation des pertes du canal (*path loss*) au niveau du sens descendant, mais cette méthode aurait été trop imprécise. La principale raison en est que le *fast fading* observé sur le sens montant et celui sur le sens descendant sont décorrélés, du fait notamment de la séparation des bandes de fréquence utilisées pour les deux sens. Notons que ce contrôle de puissance en boucle ouverte est néanmoins utilisé par les mobiles, lors de la phase d'établissement d'une connexion, afin de définir approximativement le niveau de puissance auquel ils doivent émettre.

La solution retenue en WCDMA est le contrôle de puissance rapide en boucle fermée (*closed-loop power control*). Dans ce type de contrôle de puissance sur le sens montant, la station de base réalise de fréquentes estimations du rapport signal à interférences (SIR, *Signal-to-Interference Ratio*) et les compare à la valeur SIR cible (*SIR target*). Si la valeur SIR estimée est supérieure à la valeur cible, la station de base demande au mobile de réduire sa puissance d'émission. A l'inverse, si elle est inférieure, il sera demandé au mobile d'augmenter sa puissance d'émission. Cette opération est normalement réalisée 1 500 fois par seconde pour chaque mobile (soit une fréquence de 1,5 kHz). Cette fréquence élevée permet de prendre en compte n'importe quelle variation de l'affaiblissement, même celle due au *fading* de Rayleigh. Ce contrôle de puissance permet ainsi de s'assurer que tous les signaux provenant des mobiles d'une cellule sont reçus par la station de base avec une même puissance.

Le même principe est utilisé sur le sens descendant, bien que dans ce cas la raison soit différente. Dans le sens descendant, les signaux proviennent d'une seule source : la station de base. Il est souhaitable pour minimiser les interférences que la puissance destinée aux mobiles qui se trouvent en bordure de la cellule soit la plus faible possible tout en garantissant une bonne qualité de réception. En pratique, une marge doit être ajoutée à la puissance afin de prendre en compte les effets du *fading* de Rayleigh qui sont encore corrigés par les méthodes actuelles de correction et d'entrelacement.

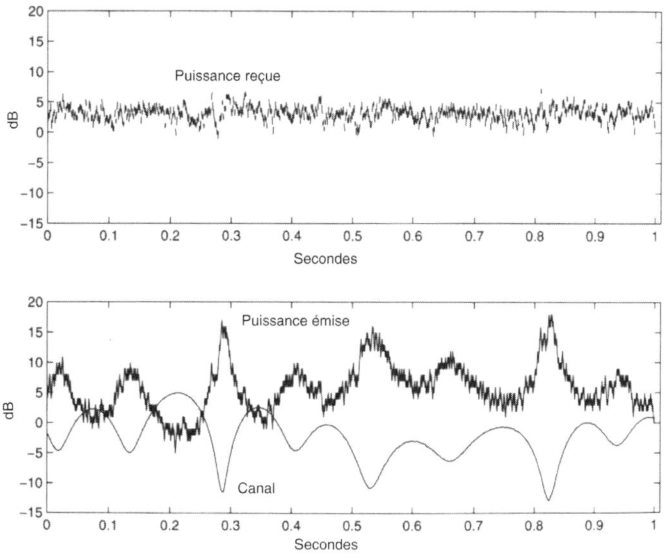

Figure 2.9 Contrôle de puissance appliqué à un canal de fading

La Figure 2.9 montre comment le contrôle de puissance en boucle fermée fonctionne au niveau du sens montant sur un canal de *fading*. Le contrôle de puissance commande au mobile d'utiliser une puissance d'émission inversement proportionnelle à la puissance reçue (ou SIR). Tant que le mobile peut augmenter sa puissance, les effets du *fading* peuvent être ainsi corrigés. La partie supérieure de la Figure 2.9 montre la puissance reçue au niveau de la station de base. On y remarque un niveau de puissance quasiment stable en fonction du temps.

La suppression des effets du *fading* est très importante du point de vue du récepteur mais cela entraîne une augmentation de la puissance moyenne transmise. Un mobile se trouvant dans un trou de *fading* va augmenter sa puissance d'émission et par conséquent le niveau d'interférences au niveau des autres cellules. Nous reviendrons plus en détail sur les avantages du contrôle de puissance dans la section 8.2.1.1.

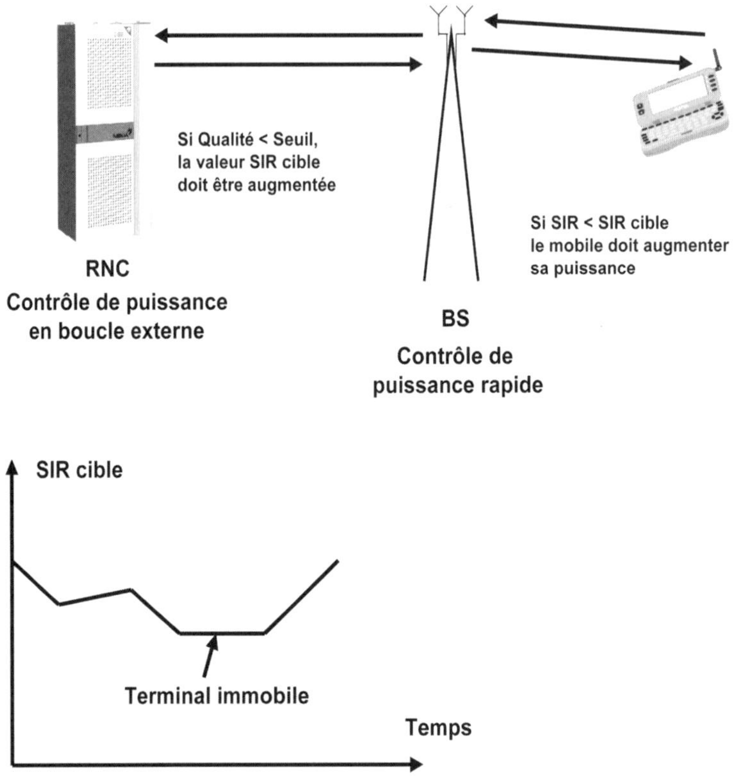

Figure 2.10 Contrôle de puissance en boucle externe

Avant de terminer cette section concernant le contrôle de puissance rapide, introduisons un dernier type de contrôle de puissance : le contrôle de puissance en boucle externe (*outer loop power control*). Ce dernier permet d'ajuster la valeur cible du ratio signal sur interférence (SIR) en fonction des besoins de chaque lien radio et de conserver ainsi une qualité constante. Cette qualité est généralement définie par le taux d'erreur binaire (BER, *Bit Error Rate*) ou le taux d'erreur bloc (BLER, *Block Error Rate*). Mais pourquoi a-t-on besoin de modifier cette valeur SIR ? La valeur SIR dépend en fait de la vitesse du mobile et du profil des trajets multiples. Il serait handicapant de fixer la valeur SIR dans le pire des cas, c'est-à-dire celui correspondant aux mobiles en déplacement à grande vitesse. Cela entraînerait une perte de capacité globale du système. La meilleure stratégie est de laisser la valeur SIR à sa plus basse valeur et de l'augmenter lorsque la vitesse du mobile ou les conditions d'environnement le demandent (voir Figure 2.10). Nous reviendrons sur les avantages du contrôle de puissance en boucle externe dans la section 8.2.2.1.

Décrivons maintenant l'implémentation du contrôle de puissance en boucle externe. La station de base ajoute un indicateur de qualité de trame à chaque trame de données reçue sur le sens montant. Le principe est équivalent au test CRC (*Cyclic Redundancy Check*) des trames des réseaux informatiques. Si cet indicateur indique au RNC (*Radio Network Controller*) que la qualité de la transmission est en baisse, le RNC commandera en retour à la station de base d'augmenter la valeur SIR cible. Notons que cette fonctionnalité est implémentée au niveau du RNC car elle doit être toujours disponible même durant une procédure de soft handover.

2.6. Softer et soft handovers

Durant un softer handover, le mobile se trouve dans une zone de couverture commune à deux secteurs adjacents d'une même station de base. Dans ce cas, les communications entre la station de base et le mobile empruntent simultanément deux canaux radio. Deux codes d'étalement doivent être alors utilisés dans le sens downlink afin que le mobile puisse distinguer les signaux issus des deux secteurs. Ces deux signaux sont reçus par le mobile grâce au récepteur Rake, le générateur de codes doit alors fournir les codes correspondant aux deux signaux afin de désétaler correctement ces derniers. La Figure 2.11 présente le principe du softer handover.

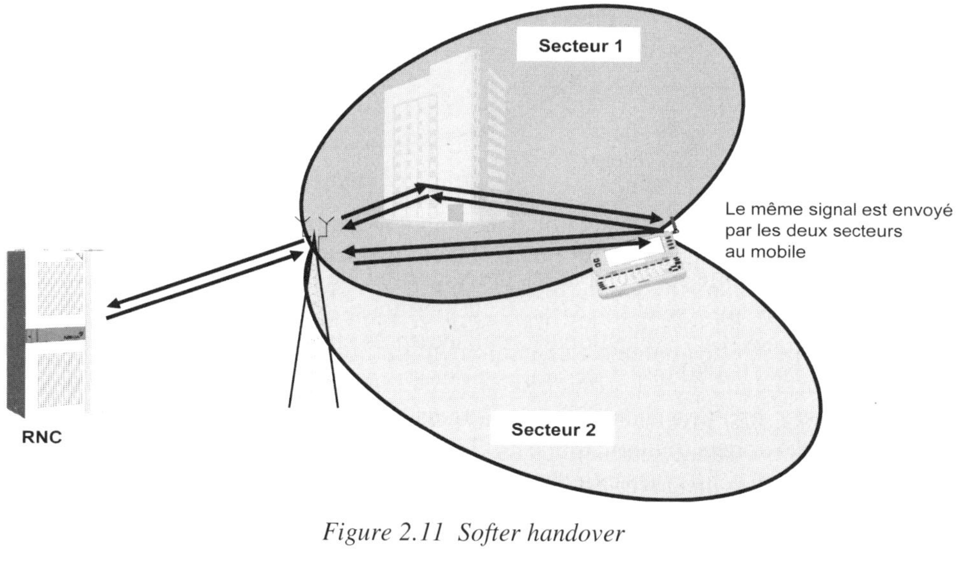

Figure 2.11 Softer handover

Au niveau du sens uplink, les signaux provenant du mobile sont reçus par les deux secteurs de la station de base et routés vers le même récepteur Rake. Les signaux sont ainsi combinés au niveau de la station de base. Notons cependant que durant le softer handover une seule procédure de contrôle de puissance est active. On compte généralement 5 à 10% des mobiles d'une cellule qui sont en situation de softer handover.

Passons maintenant au cas du soft handover, présenté dans la Figure 2.12. Durant un soft handover, le mobile se trouve dans la zone de couverture commune à deux stations de base. Comme dans le cas du softer handover, les communications entre le mobile et les stations de base utilisent simultanément deux canaux radio, un pour chaque station de base. Deux signaux sont donc reçus par le mobile et combinés par le MRC Rake. Notons que du point de vue du mobile, il existe très peu de différence entre un soft handover et un softer handover.

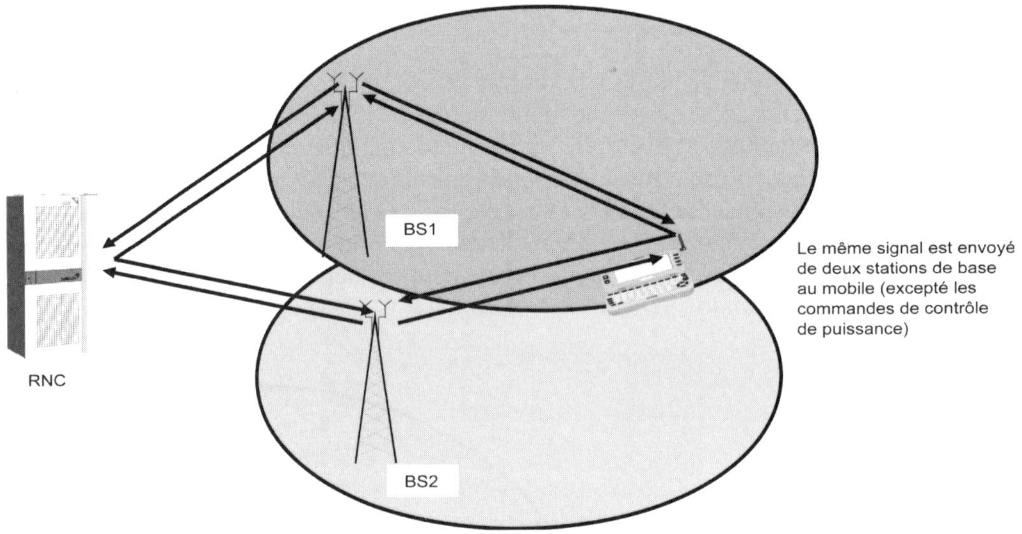

Figure 2.12 Soft handover

Dans le sens uplink, le soft handover diffère de façon significative du softer handover : le canal du mobile est reçu par les deux stations de base et les données reçues sont routées et combinées au niveau du RNC. Cela permet de sélectionner la meilleure trame parmi les deux reçues. Cette sélection est réalisée après chaque période d'entrelacement, c'est-à-dire toutes les 10 à 80 ms.

Notons qu'à l'inverse du softer handover, durant le soft handover deux procédures de contrôle de puissance sont actives au même instant pour un mobile. Le contrôle de puissance durant le soft handover est présenté dans la section 8.2.1.3.

On considère que 20 à 40% des mobiles d'une zone sont en situation de soft handover. Il est indispensable de prendre en compte ces connexions supplémentaires dues au soft handover lors de la phase de dimensionnement du réseau. Il s'agit de prévoir :

- des canaux supplémentaires au niveau des stations de base,
- des liens de transmission supplémentaires entre les stations de base et les RNC,
- des doigts supplémentaires au niveau des récepteurs Rake des mobiles.

Mais pourquoi le CDMA nécessite-t-il ces différents types de handovers ? Ils sont en fait nécessaires pour les mêmes raisons que celles du contrôle de puissance en boucle fermée. Sans soft et softer handover, il existerait de nombreuses situations où la puissance d'émission d'un mobile passant d'une cellule à une cellule adjacente ne pourrait pas être contrôlée de façon correcte. Cette puissance excessive empêcherait la station de base de capter correctement les signaux de tous les autres mobiles de la cellule. Nous reviendrons sur ces soft handovers et softer handovers dans la section 8.3.

Notons cependant dès à présent l'existence de deux autres types de handovers :

- les hard handovers inter-fréquences permettant à un mobile de passer d'une fréquence WCDMA à une autre,
- les hard handovers inter-systèmes permettant à un mobile de passer d'un système à un autre, comme du WCDMA en mode FDD au WCDMA en mode TDD ou au GSM.

2.7. Références

[1] Ojanperä, T. and Prasad, R., *Wideband CDMA for Third Generation Mobile Communications*, Artech House, 1998.

[2] Viterbi, A., *Principles of Spread Spectrum Communication*, Addison-Wesley, 1997.

[3] Cooper, G. and McGillem, C., *Modern Communications and Spread Spectrum*, McGraw-Hill, 1998.

[4] Dixon, R., *Spread Spectrum Systems with Commercial Applications*, John Wiley & Sons, 1994.

[5] Jakes, W., *Microwave Mobile Communications*, John Wiley & Sons, 1974.

[6] Saunders, S., *Antennas and Propagation for Wireless Communication Systems*, John Wiley & Sons, 1999.

Chapitre 3

CONTEXTE ET NORMALISATION

par Antti Toskala

3.1. Introduction

Dans la première phase de normalisation des systèmes de troisième génération, le choix de la meilleure technologie d'accès radio n'a pas été fait au niveau mondial mais plutôt région par région, voire, dans certains cas, pays par pays. Ce chapitre présente le processus de sélection de l'interface radio qui fut mis en place au sein de l'ETSI durant l'année 1997 ainsi que les décisions qui ont été prises par les différents organismes de normalisation au niveau régional jusqu'au début de l'année 1998. Nous nous intéresserons ensuite au 3GPP qui s'est attaché à mettre en place une norme globale pour le WCDMA. Enfin, nous finirons ce chapitre en décrivant les travaux de l'ITU concernant les recommandations IMT-2000 ainsi que les relations privilégiées qui se sont tissées entre l'ITU et les différentes organisations de normalisations régionales.

3.2. Contexte en Europe

En Europe, de longues périodes de recherche ont précédé le choix final de la technologie à employer pour les systèmes de troisième génération. Le premier programme de recherche fut RACE I (*Research of Advanced Communication technologies in Europe*) qui débuta en 1988. Ce programme fut suivi par RACE II, avec le développement des interfaces air CDMA CODIT (*Code Division Testbed*) et ATDMA (*Advanced TDMA Mobile Access*) durant les années 1992 à 1995. En parallèle, de nombreuses autres propositions d'interfaces air large bande ont été étudiées dans le cadre de projets industriels [1].

Le programme européen de recherche ACTS (*Advanced Communication Technologies and Services*) fut lancé à la fin de l'année 1995, afin de favoriser la recherche et le développement des réseaux mobiles [2]. Au sein de l'ACTS, le projet FRAMES (*Future Radio Wideband Multiple Access System*) fut mis sur pied avec comme objectif principal de définir une proposition de réseau d'accès UMTS. Les principaux partenaires industriels de ce projet furent Nokia, Siemens, Ericsson, France Télécom et CSEM/Pro Telecom. De nombreuses universités européennes participèrent également à ce projet.

A partir de la proposition initiale de FRAMES, une plate-forme d'accès multiple fut définie, proposant deux modes de fonctionnement : un mode TDMA et un mode CDMA. Le système large bande TDMA [3] fut baptisé FMA1. Quant au système large bande CDMA [4], il fut appelé FMA2. Ces deux propositions large bande TDMA et CDMA furent soumises aussi bien à l'ETSI qu'à l'ITU en tant qu'interfaces air candidates pour l'UMTS.

Les propositions pour l'interface air UTRA (*UMTS Terrestrial Radio Access*) soumises à l'ETSI durant l'année 1996 furent réparties en cinq groupes, en juin 1997, date de clôture de la phase de soumission.

Les cinq groupes définis par l'ETSI furent les suivants :

- CDMA Large bande (WCDMA, *Wideband CDMA*).
- TDMA Large bande (WTDMA, *Wideband TDMA*).
- TDMA/CDMA.
- OFDMA.
- ODMA.

Ces différents groupes sont décrits par la suite. L'évaluation des différentes interfaces fut faite en fonction des besoins énoncés dans la recommandation ITU-R IMT-2000. L'ETSI a également défini précisément ces besoins dans le document UMTS 21.01 [5], ainsi que les conditions et les principes d'évaluation dans le document UMTS 30.03 [6]. Les résultats de cette évaluation furent consignés dans le document UMTS 30.06 [7].

3.2.1 CDMA Large bande

Le groupe WCDMA a été formé autour des propositions de FRAMES (FMA2), de Fujitsu, de NEC et de Panasonic. D'autres sociétés européennes, japonaises et américaines ont également contribué au développement de ce groupe. La couche physique uplink de cette proposition WCDMA provenait essentiellement du projet FRAMES FMA2, alors que la solution downlink a été modifiée en fonction des principes des autres propositions du groupe.

Les principes de base du système étaient les suivants :

- Bande passante par porteuse de 5 MHz.
- Couche physique souple pour la prise en charge de différents débits sur une seule porteuse.
- Motif unitaire de réutilisation fréquentielle.

Les principales caractéristiques optionnelles incluses dans cette proposition étaient :

- Diversité de transmission.
- Support des antennes adaptatives.
- Structures de réception perfectionnées.

Cette proposition WCDMA eut beaucoup de succès, l'un de ses principaux avantages étant la souplesse de sa couche physique qui permettait le support simultané de différents types de services.

3.2.2 TDMA Large bande

Le groupe WTDMA fut formé à partir de la proposition FMA1 du projet FRAMES. Cette proposition définissait à la base un système TDMA large bande avec un espacement fréquentiel entre porteuses de 1,6 MHz. Ce système avait pour objectif d'offrir une importante capacité grâce au moyennage des interférences sur la bande passante utilisée en introduisant des méthodes de partage de charge et de saut de fréquence.

Les principes de base du système étaient les suivants :

- Egalisation avec séquences d'apprentissage (au niveau des *bursts* TDMA).
- Moyennage des interférences à l'aide du saut de fréquence.
- Adaptation des liaisons.
- Utilisation de deux types de *bursts* (1/16 et 1/64) en fonction du débit offert.
- Faible motif de réutilisation.

Les principales caractéristiques optionnelles incluses dans cette proposition étaient :

- Suppression des interférences inter-cellules.
- Support des antennes adaptatives.
- Fonctionnement TDD.

La principale limitation de ce système était sa faible couverture pour les services à faible débit. Cela est dû au fait que pour un fonctionnement TDMA, la durée d'un *time slot* est d'au moins 1:64 de la durée d'une trame, ce qui implique soit un très fort pic de puissance, soit un niveau de puissance moyenne faible. Cela signifie que pour obtenir une couverture importante pour le service voix, par exemple, le concept de WTDMA n'aurait pas été assez performant et aurait nécessité une mode ou une option bande étroite.

3.2.3 TDMA/CDMA Large bande

Le groupe TDMA/CDMA fut formé à partir de la proposition FMA1 du projet FRAMES. C'est une proposition hybride CDMA et TDMA avec un espacement fréquentiel de 1,6 MHz.

Les principes de base du système étaient les suivants :

- Structure TDMA en *burst* avec estimation du canal.
- Concept CDMA appliqué à la structure TDMA pour une flexibilité accrue du système.
- Réduction des interférence intra-cellulaires par détection multi-utilisateurs au niveau des *time slots* d'une même porteuse.

- Faible motif de réutilisation (inférieur à 3).

Les principales caractéristiques optionnelles incluses dans cette proposition étaient :

- Saut de fréquence,
- Annulation d'interférences inter-cellules,
- Support des antennes adaptatives,
- Fonctionnement TDD,
- Allocation dynamique des canaux (DCA, *Dynamic Channel Allocation*).

Cette proposition, et en particulier les aspects liés à la complexité des récepteurs nécessaires, fut vivement discutée lors du processus de sélection.

3.2.4 OFDMA

Le groupe OFDMA fut formé sur la base de la technologie OFDMA (*Orthogonal Frequency Division Multiple Access*). Telia, Sony et Lucent furent les sociétés les plus dynamiques de ce groupe. Ce système fut influencé par les discussions qui se sont tenues dans différents forums et en particulier à l'ARIB, au Japon.

Les principes de base du système étaient les suivants :

- Multiplexage TDMA et OFDM (*Orthogonal Frequency Division Multiplexing*) avec saut de fréquence.
- Spectre découpé en bande de fréquences de 100 kHz (*band slot*).
- Hauts débits supportés par l'allocation de plusieurs *band slots*.
- Diversité fournie en répartissant le signal sur plusieurs *band slots*.

Les principales caractéristiques optionnelles incluses dans cette proposition étaient :

- Diversité de transmission,
- Annulation des interférences par détection multi-utilisateurs,
- Support des antennes adaptatives.

La principale faiblesse technique de ce système était la transmission uplink. Les variations de l'enveloppe du signal causait de nombreux problèmes de conception concernant les amplificateurs de puissance des terminaux.

3.2.5 ODMA

La société Vodafone proposa un système ODMA (*Opportunity Driven Multiple Access*) qui était en réalité plus un protocole de transmission qu'une véritable méthode d'accès multiple. Ce concept ODMA fut plus tard intégré par les groupes WCDMA et WCDMA/TDMA et ne fut pas considéré comme une proposition à proprement parler lors de la phase de sélection.

Dans le système ODMA, un terminal se trouvant au-delà de la couverture d'une cellule aurait utilisé un autre terminal situé dans la zone de couverture comme relais pour conserver une liaison avec la station de base et transmettre. Ce fonctionnement ODMA a été envisagé pour le mode TDD pour lequel l'émission et la réception se font dans la même bande de fréquences. L'implémentation du concept ODMA en mode FDD aurait nécessité des terminaux capables de recevoir dans leur bande normale d'émission et à l'inverse, d'émettre dans leur propre bande de réception. Ce type de fonctionnement n'est pas réellement souhaitable ni facilement implémentable.

3.2.6 ETSI

Toutes les technologies qui ont été proposées pour les systèmes de troisième génération étaient à même de répondre aux exigences définies pour l'UMTS, mais il a été difficile d'arriver à un consensus concernant des sujets comme la capacité des différents systèmes puisque les résultats des évaluations et des simulations dépendaient fortement des hypothèses prises. Cependant, il est apparu rapidement que les deux propositions WCDMA et TDMA/CDMA se dégageaient du lot. Les questions telles que celle correspondant au potentiel global d'une technologie eurent un impact non négligeable sur le choix final, surtout du fait que les conclusions techniques étaient à l'époque fort limitées. A cet égard, la sélection de la technologie faite par l'ARIB au Japon donna un poids important au WCDMA.

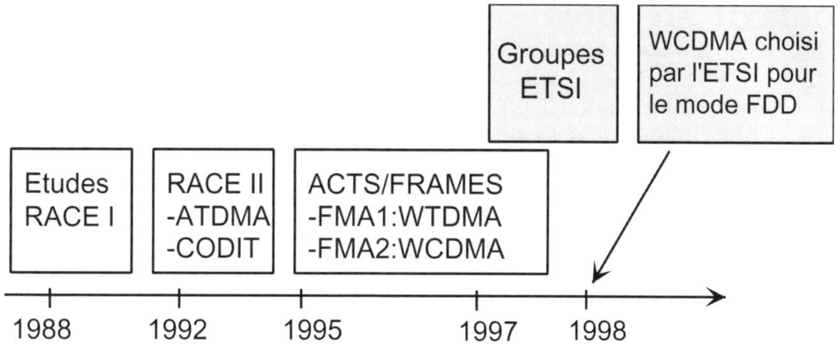

Figure 3.1 Programmes de recherche européens

L'ETSI sélectionna, en janvier 1998, le WCDMA comme le standard pour l'interface air UTRA (*UMTS Terrestrial Radio Access*) pour le mode FDD et le WTDMA/CDMA, pour le mode TDD. La normalisation se poursuivit au niveau de l'ETSI, jusqu'à ce que le flambeau soit repris par le 3GPP au début de l'année 1999.

3.3. Contexte au Japon

Au Japon, c'est l'association ARIB (*Association for Radio Industries and Businesses*) qui évalua les différents systèmes envisageables pour les réseaux de troisième génération. Ces systèmes s'appuyaient essentiellement sur les technologies WCDMA, WTDMA et OFDMA.

La technologie WCDMA étudiée au Japon était très similaire à celle qui était considérée au même moment en Europe par l'ETSI. Certains membres de l'ARIB ont même participé à ce titre au groupe WCDMA de l'ETSI. En retour, de nombreux détails concernant la proposition FMA2 de FRAMES ont été fournis à l'ARIB par les Européens. Les autres technologies considérées avaient également de nombreuses similitudes avec celles étudiées dans le même temps par l'ETSI.

L'ARIB a finalement choisi en 1997 le WCDMA avec ses deux modes de fonctionnement, FDD et TDD, comme interface air standard des réseaux de troisième génération. Ce choix de l'interface WCDMA par l'ARIB a donné à cette interface un avantage certain lors du processus de sélection de l'ETSI. L'ARIB a ensuite contribué aux travaux du 3GPP sur le WCDMA de la même manière que l'ETSI a contribué à ceux concernant l'UTRA au sein du 3GPP. Au Japon, les spécifications des couches hautes ont été prises en charge par le TTC (*Telecommunication Technology Committee*).

3.4. Contexte en Corée

En Corée, l'association TTA (*Telecommunications Technology Association*) a adopté deux approches distinctes pour le développement de la technologie de troisième génération. Les deux propositions d'interface air TTA1 et TTA2 (plus tard renommées respectivement CDMA 1 et CDMA 2) étaient basées sur des technologies CDMA large bande respectivement synchrone et asynchrone. La proposition WCDMA TTA1 était similaire aux technologies WCDMA en étude à l'ETSI, à l'ARIB et au T1P1, alors que TTA2 était plus proche du cdma2000 du TR45.5.

Les nombreux détails techniques qui distinguaient la technologie coréenne des solutions de l'ETSI et de l'ARIB furent soumis à ces deux derniers organismes de normalisation afin d'uniformiser autant que possible les différentes solutions. Les travaux de l'association coréenne se sont poursuivis plus tard au 3GPP et au 3GPP2 au sujet, respectivement, du WCDMA et du cdma2000.

3.5. Contexte aux Etats-Unis

Aux Etats-Unis, où de nombreuses technologies de deuxième génération ont été déployées, les systèmes numériques les plus couramment utilisés s'appuient sur les normes GSM 1900, US-TDMA (ou D-AMPS, *Digital-Advanced Mobile Phone System*) et US-CDMA (IS-95). Pour ces technologies, un processus d'évolution vers la troisième génération a été défini. De plus, une autre proposition CDMA, appelée WIMS W-CDMA (*Wireless Multimedia and Messaging Services WCDMA*), qui n'avait pas de relation directe avec les systèmes de deuxième génération, a été apportée par l'organisme de normalisation TR46.1.

3.5.1 W-CDMA N/A

Les travaux de normalisation sur le GSM 1900 ont été menés au sein du T1P1. Ce dernier soumit à l'ITU-R IMT-2000 une proposition de technologie de troisième génération, appelée WCDMA N/A (*North America*). Cette proposition avait de nombreux points communs avec celles de l'ETSI et de l'ARIB, surtout à partir du moment où ces trois organismes de normalisation ont travaillé conjointement.

3.5.2 UWC-136

Les recherches concernant l'évolution de la technologie IS-136 (Digital AMPS) vers la troisième génération ont été menées au sein de l'organisme TR45.3. Le résultat fut une combinaison des technologies TDMA bande étroite et large bande, avec une composante bande étroite identique à celle du concept EDGE, évolution du GSM définie par l'ETSI et le T1P1. La composante large bande prévue pour fournir des services *indoor* à des débits allant jusqu'à 2 Mbit/s était fondée sur le même concept WCDMA que celui envisagé par l'ETSI. La sélection de la technologie EDGE par le TR45.3 créa une synergie entre les technologies TDMA étudiées au sein du TR45.3, de l'ESTI et du T1P1. Il est prévu que les travaux sur EDGE soient pris en charge dans un proche avenir par le 3GPP.

3.5.3 Cdma2000

La proposition d'interface air cdma2000 qui a été faite à l'ITU est le résultat du travail réalisé par l'organisme de normalisation TR45.5 au sujet de l'évolution de l'IS-95 vers la troisième génération. Cette proposition s'appuyait en partie sur les principes de l'IS-95 avec, en particulier, un fonctionnement synchrone du réseau et l'utilisation de canaux *pilot* communs. Mais la bande passante utilisée était trois fois plus large que celle de l'IS-95. La proposition contenait des options avec plus de bande passante, comme la possibilité d'utiliser plusieurs porteuses pour le sens descendant. Notons que le cdma2000 a de nombreuses similitudes avec le CDMA 1 de l'association coréenne TTA.

Le cdma2000 à porteuses multiples, normalisé maintenant par le 3GPP2, est décrit plus en détail au chapitre 12.

3.5.4 TR46.1

Le WIMS W-CDMA n'était pas fondé sur une technologie de deuxième génération mais était une toute nouvelle technologie développée sans lien direct avec une norme existante. Le WIMS W-CDMA était fondé sur le principe d'un gain de traitement constant avec l'utilisation de nombreux codes multiples. Il présentait à ce titre des différences fondamentales mais également certaines similitudes avec les technologies WCDMA étudiées dans les autres forums.

3.5.5 WP-CDMA

Le WP-CDMA (*Wideband Packet CDMA*) résulta de la convergence des technologies W-CDMA N/A du T1P1 et de WIMS W-CDMA du TR46.1 aux Etats-Unis. Les principales fonctionnalités de WIMS W-CDMA furent intégrées aux principes du W-CDMA N/A. La proposition résultante fut soumise à l'ITU-R IMT-2000 à la fin de l'année 1998 et au 3GPP au début de l'année suivante. Sa principale caractéristique, comparée aux autres propositions WCDMA, était l'utilisation d'un canal commun pour le mode paquet sur le sens montant.

3.6. Création du 3GPP

Comme des technologies similaires étaient en cours de normalisation dans différentes régions du monde, il devenait de plus en plus évident qu'il serait difficile d'arriver à des spécifications identiques permettant une interopérabilité globale des systèmes si plusieurs processus de normalisation continuaient à se faire en parallèle. Le fait de discuter des mêmes sujets à différents endroits était bien évidemment une perte de temps et de ressources pour les sociétés qui participaient à plusieurs forums. Ainsi, il fut décidé de mettre en place un seul forum en charge de la normalisation et des spécifications du WCDMA.

Les organismes de normalisation impliqués dans la création du 3rd Generation Partnership Project (3GPP) [9] furent l'ARIB (Japon), l'ETSI (Europe), le TTA (Corée), le TTC (Japon) et le T1P1 (Etats-Unis). Ils sont présentés dans la Figure 3.2. Ces partenaires se mirent d'accord pour mettre en commun leurs efforts concernant la normalisation de l'UTRA (*Universal Terrestrial Radio Access*). Notons que les sociétés telles que les constructeurs et les opérateurs sont membres du 3GPP au nom de l'organisme régional de normalisation auquel elles appartiennent.

Durant l'année 1999, le CWTS (*China Wireless Telelcommunication Standard Group*) rejoignit le 3GPP et apporta ses connaissances au sujet du TD/SCDMA et CDMA en mode TDD, technologies de troisième génération soumises auparavant à l'ITU-R.

Le 3GPP regroupe également des partenaires tels que le GSM Association, UMTS Forum, Global Mobile Suppliers Association, IPv6 Forum et UWCC (*Universal Wireless Communications Consortium*). La liste de toutes les organisations membres du 3GPP est donnée dans le document [9] donné en référence à la fin du chapitre.

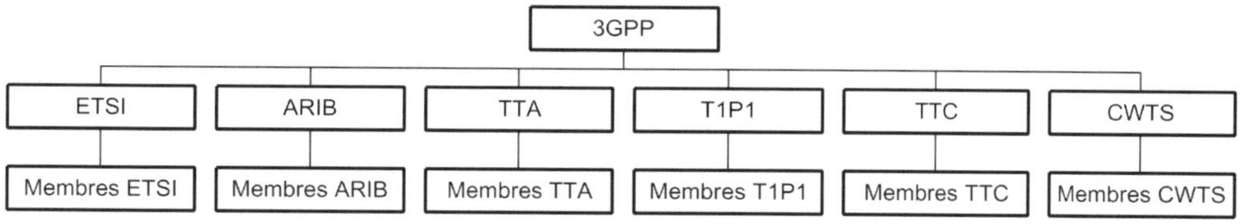

Figure 3.2 Organisation du 3GPP

Les travaux du 3GPP débutèrent officiellement à la fin de l'année 1998 et la rédaction des spécifications, au début de l'année 1999, avec l'objectif d'avoir une première version des spécifications, appelée Release 99 à la fin de cette même année. Au sein du 3GPP, les quatre groupes suivants de spécifications techniques (TSG, *Technical Specification Group*) furent mis en place :

- Radio Access Network TSG.
- Core Network TSG.
- Service and Systems Aspects TSG.
- Terminals TSG.

Parmi ces groupes, celui qui est le plus en prise avec la technologie WCDMA est bien évidemment le Radio Access Network TSG (RAN TSG) qui a été divisé en quatre groupes de travail indépendants (voir Figure 3.3). Le groupe RAN TSG a produit les spécifications de l'interface air UTRA. Le travail accompli par ce groupe de travail est la base de la description de l'interface WCDMA donnée dans cet ouvrage. Au cours de cet ouvrage, de nombreuses références seront faites à ces spécifications du 3GPP.

Durant la première moitié de l'année 1999, les nombreuses contributions de différentes organisations furent regroupées, la deuxième partie de l'année ayant été consacrée à détailler les spécifications de la première Release.

Les différents organismes régionaux de normalisation, membres du 3GPP, sont chargés individuellement de publier les spécifications 3GPP. Ainsi, les spécifications concernant l'UMTS Release 99 de l'ETSI sont identiques à celles du 3GPP. En règle générale, les toutes dernières versions de chaque spécification peuvent être obtenues sur le site Internet du 3GPP [9].

Durant l'année 2000, la responsabilité des travaux concernant l'évolution du GSM ainsi que le GPRS et EDGE, a été transférée de l'ETSI au 3GPP. Un nouveau groupe TSG a été mis en place à cet effet, il s'agit du TSG GERAN.

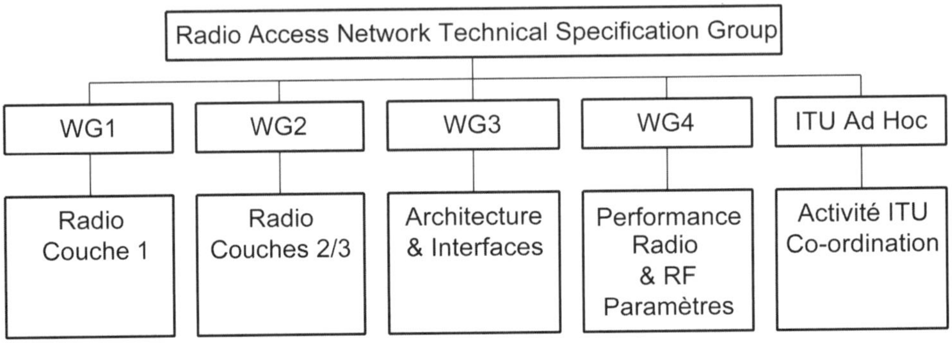

Figure 3.3 Groupes de travail du RAN TSG au sein du 3GPP

3.7. Création du 3GPP2

Les travaux accomplis par le TR45.5 et le TTA ont été fusionnées pour former le 3GPP2 qui s'est essentiellement concentré sur le développement du cdma2000 à séquence directe (DS, *Direct Sequence*) et du cdma2000 à porteuses multiples (MC, *Multi-Carrier*) et ceci toujours dans l'optique de la troisième génération. Cette activité a été menée en parallèle de celle du 3GPP, avec la participation de l'ARIB, le TTC et le CWTS. Depuis peu de temps, le 3GPP2 a concentré ses efforts sur le mode MC à porteuses multiples, suite aux décisions d'harmonisation.

3.8. Phase d'harmonisation

Durant le printemps 1999, plusieurs opérateurs et constructeurs se sont réunis afin de faire converger et d'harmoniser les solutions de troisième génération de type CDMA, telles que le WCDMA et le cdma2000. A cette époque, les concepts développés au sein de l'ETSI, l'ARIB, le TTA et le T1P1 avaient déjà été regroupés en une seule norme, alors que le cdma2000 avait été développé à l'écart au sein du TR45.5. Après de nombreux échanges, les constructeurs et opérateurs adoptèrent une norme globale pour les systèmes de troisième génération composées de trois modes : le mode MC (*Multi-Carrier*), le mode DS (*Direct Spread*) et le mode TDD (*Time Division Duplex*). Le mode MC était fondé sur la solution cdma2000 à porteuses multiples, le mode DS sur le WCDMA (UTRA FDD) et le mode TDD sur l'UTRA TDD. L'objectif était d'adopter une approche modulaire afin que les réseaux cœur soient à même d'utiliser les différentes interfaces, comme nous l'avons vu précédemment dans la Figure 4 de l'Introduction.

La principale conséquence de l'adoption de ces trois modes fut de modifier le débit *chip* des modes UTRA FDD et TDD qui fut passé de 4,096 Mc/s à 3,84 Mc/s et d'ajouter au mode UTRA FDD un canal pilot. Au fil des mois, le 3GPP s'intéressa de plus en plus au mode DS et le mode MC issu du cdma2000 fut progressivement abandonné. Ainsi, le mode DS Wideband CDMA (WCDMA) s'imposa comme une norme globale à l'échelle mondiale.

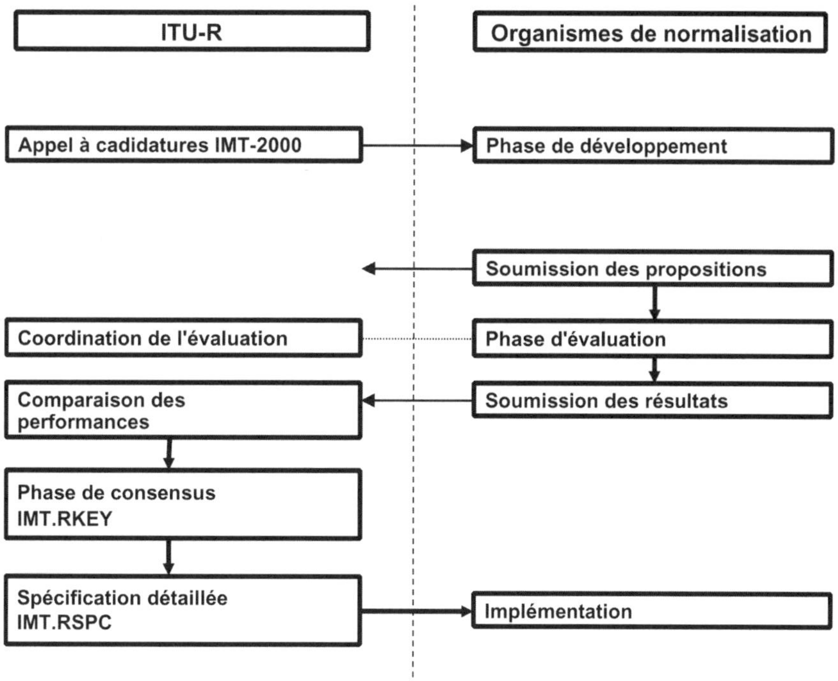

Figure 3.4 Processus ITU IMT-2000

3.9. Processus IMT-2000

Au sein de l'ITU, les recommandations qui avaient été développées pour les réseaux de troisième génération portaient le nom de IMT-2000 [10], anciennement FPLMTS. Le groupe

ITU-R TG8/1 avait travaillé sur tous les aspects radio tandis que les autres domaines avaient été traités par le groupe ITU-T SG11.

Pour les aspects radio, l'ITU-R TG8/1 reçut, au cours du processus de soumission, différentes propositions. Ces propositions furent dans un deuxième temps analysées. Leur évaluation fut menée à la fois par les différentes organisations qui avaient soumis une proposition et par des groupes d'étude indépendants. Durant la première moitié de l'année 1999, la recommandation IMT.RKEY décrivant le concept multi-mode IMT-2000 fut publiée.

Le processus ITU-R IMT-2000 fut finalisé à la fin de l'année 1999 lorsque la spécification détaillée IMT-RSCP fut publiée et que les spécifications de l'interface radio furent approuvées par l'ITU-R [11]. L'implémentation détaillée continua ensuite au niveau des différents organismes régionaux de normalisation. L'ITU-R a joué un rôle moteur dans les activités IMT-2000 de ces organismes de normalisation. Notons que les exigences et les besoins définis par l'ITU ont été appliqués à la lettre par les organismes de normalisation, comme par exemple l'ETSI (voir à ce sujet le document ETSI UMTS 21.01 [5]). Les interactions entre les organismes régionaux et l'ITU sont illustrées dans la Figure 3.4.

La structure de l'ITU-R IMT-2000, fondée sur les deux entités correspondant aux interfaces TDMA et CDMA, est présentée dans la Figure 3.5. L'UTRA FDD (WCDMA) et le cdma2000 sont regroupées dans le groupe CDMA comme « CDMA Direct Spread » et « CDMA Multi-Carrier ». L'UWC-136 et le DECT sont, quant à eux, réunis dans le groupe TDMA comme « TDMA Single Carrier » et « TDMA Multi-Carrier ». La composante « TDD » du CDMA regroupe l'UTRA TDD du 3GPP et le TD-SCAM du CWTS. Pour l'interface CDMA en mode FDD, la normalisation est achevée alors que le processus de normalisation du mode TDD est en cours.

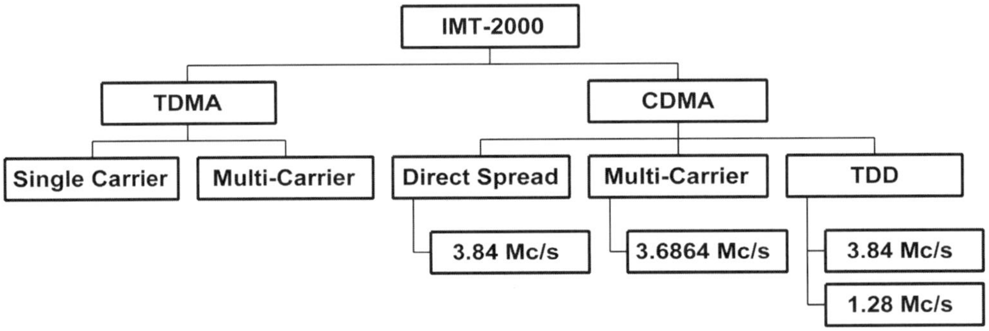

Figure 3.5 Structure ITU-R IMT-2000

3.10. Après la Release 99

Une fois les spécifications de la Release 99 achevées, le travail de normalisation va se concentrer sur les corrections à apporter à cette Release et à l'introduction de nouvelles fonctionnalités et caractéristiques. Typiquement, ces corrections vont se faire sentir suite à l'implémentation et aux premiers tests. Les principales fonctionnalités ont été déjà testées lors de différentes expérimentations réalisées depuis 1995, mais l'implémentation va certainement révéler certaines erreurs et imperfections dans les spécifications.

Au sein du 3GPP, la version des spécifications qui devait suivre la Relase 99 a été appelée, à l'origine, Release 2000. Mais du fait de sa date de publication tardive, elle a été renommé en tant que Release 4. Elle contient des modifications mineures par rapport à la Release 99. Des évolutions nettement plus importantes sont prévues pour la Release 5, telles que la définition de débits allant jusqu'à 10 Mbit/s dans le sens descendant. La Release 5 est, quant à elle, attendue pour la fin de l'année 2001. Les différentes spécifications de la Release 99 possèdent un numéro de version débutant par le chiffre 3 tandis que celles des Releases 4 et 5 débuteront logiquement par les chiffres 4 et 5.

Durant les années à venir, une autre partie du travail consistera à spécifier l'interconnexion de l'UTRA FDD aux réseaux cœur IS-41 ainsi que celle du cdma2000 avec les réseaux cœur GSM. Ces développements offriront plus de souplesse aux opérateurs dans la sélection de l'interface qu'ils souhaitent mettre en œuvre, en supposant que ces derniers ne souhaitent pas lancer de services UMTS à court terme puisque la Release 99 n'offre pas cette possibilité pour l'instant.

Du côté du mode TDD, une harmonisation des modes TDD de l'UTRA et du CWTS est prévue. Il est clair que cet effort d'harmonisation se poursuivra après que le 3GPP aura terminé de spécifier la Release 99, la Release 4 devant également couvrir le mode TDD utilisant un débit *chip* de 1,28 Mc/s.

D'autres développements sont attendus concernant l'utilisation de la technologie IP pour l'UTRA. La première étape devrait se matérialiser par l'apparition d'une option de transport basé sur IP dans la Release 4 alors que par la suite, la technologie IP devrait probablement faire partie intégrante de l'UTRAN. Certains protocoles développés par l'IETF (*Internet Engineering Task Force*) [12], tels que la compression d'en-tête IP bien adaptée aux systèmes cellulaires, devraient être adoptés dans les spécifications de la Release 4.

3.11. Références

[1] Pajukoski, K. and Savusalo, J., 'Wideband CDMA Test System', *Proc. IEEE Int. Conf. on Personal Indoor and Mobile Radio Communications*, PIMRC'97, Helsinki, Finland, 1–4 Septembre 1997, pp. 669–672.

[2] Nikula, E., Toskala, A., Dahlman, E., Girard, L. and Klein, A., 'FRAMES Multiple Access for UMTS and IMT-2000', *IEEE Personal Communications Magazine*, Avril 1998, pp. 16–24.

[3] Klein, A., Pirhonen, R., Sköld, J. and Suoranta, R., 'FRAMES Multiple Access Mode 1 – Wideband TDMA with and without Spreading', *Proc. IEEE Int. Conf. on Personal Indoor and Mobile Radio Communications*, PIMRC'97, Helsinki, Finland, 1–4 Septembre 1997, pp. 37–41.

[4] Ovesjö, F., Dahlman, E., Ojanperä, T., Toskala, A. and Klein, A., 'FRAMES Multiple Access Mode 2 – Wideband CDMA', *Proc. IEEE Int. Conf. on Personal Indoor and Mobile Radio Communications*, PIMRC'97, Helsinki, Finland, 1–4 Septembre 1997, pp. 42–46.

[5] Universal Mobile Telecommunications System (UMTS), Requirements for the UMTS Terrestrial Radio Access System (UTRA), ETSI Technical Report, UMTS 21.01 version 3.0.1, Novembre 1997.

[6] Universal Mobile Telecommunications System (UMTS), Selection Procedures for the Choice of Radio Transmission Technologies of the UMTS, ETSI Technical Report, UMTS 30.03 version 3.1.0, Novembre 1997.

[7] Universal Mobile Telecommunications System (UMTS), UMTS Terrestrial Radio Access System (UTRA) Concept Evaluation, ETSI Technical Report, UMTS 30.06 version 3.0.0, Décembre 1997.

[8] ETSI Press Release, SMG Tdoc 40/98, 'Agreement Reached on Radio Interface for Third Generation Mobile System, UMTS', Paris, France, Janvier 1998.

[9] http://www.3gpp.org

[10] http://www.itu.int/imt/

[11] ITU Press Release, ITU/99-22, 'IMT-2000 Radio Interface Specifications Approved in ITU Meeting in Helsinki', 5 Novembre 1999.

[12] http://www.ietf.org

Chapitre 4

ARCHITECTURE DU RÉSEAU D'ACCÈS RADIO

par Fabio Longoni et Atte Länsisalmi

4.1 Architecture du système UMTS

Ce chapitre donne un vaste aperçu de l'architecture du système UMTS ainsi qu'une introduction des éléments logiques du réseau et des différentes interfaces. L'architecture du système UMTS est similaire à celle de la plupart des réseaux de deuxième génération, voire à celle de certains réseaux de première génération.

Le système UMTS est composé de différents éléments logiques qui possèdent chacun leurs propres fonctionnalités. Dans la norme, ces éléments de réseau ne sont définis qu'à un niveau logique, mais notons que leur implémentation physique par les différents constructeurs est bien souvent similaire, surtout depuis que les principales interfaces sont ouvertes. On parle d'interface ouverte lorsque cette dernière est suffisamment bien définie et avec un niveau de détail tel que les deux équipements de part et d'autre de cette interface peuvent provenir de deux constructeurs différents sans que leur interfonctionnement en soit perturbé. Il est possible de regrouper ces éléments de réseau en fonction de leurs fonctionnalités ou en fonction du sous-réseau auquel ils appartiennent.

Ainsi, fonctionnellement, les éléments de réseau du système UMTS sont répartis en deux groupes. Le premier groupe correspond au réseau d'accès radio (RAN, *Radio Access Network* ou UTRAN, *UMTS Terrestrial RAN*) qui supporte toutes les fonctionnalités radio. Quant au deuxième groupe, il correspond au réseau cœur (CN, *Core Network*) qui est responsable de la commutation et du routage des communications (voix et données) vers les réseaux externes. Pour compléter le système, on définit également le terminal utilisateur (UE, *User Equipment*) qui se trouve entre l'utilisateur proprement dit et le réseau d'accès radio. La Figure 4.1 présente l'architecture globale du système UMTS.

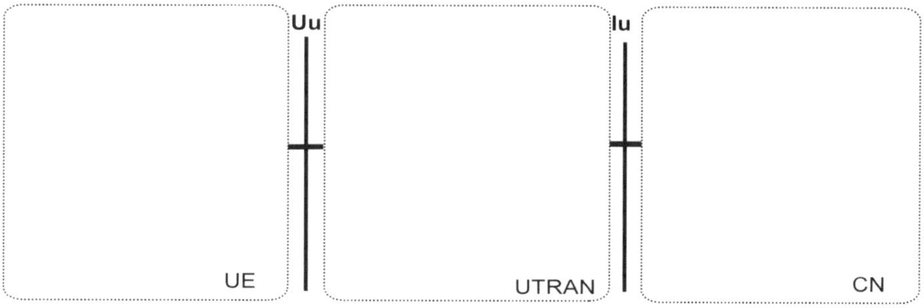

Figure 4.1 Architecture globale du système UMTS

Du point de vue de la normalisation et des spécifications, le terminal utilisateur et le réseau d'accès radio supportent de nouveaux protocoles qui doivent être capables de répondre aux besoins de la nouvelle interface air WCDMA. En revanche, de nombreuses caractéristiques et fonctionnalités du réseau cœur proviennent des réseaux GSM. Ce dernier point est un avantage indéniable qui permettra de faciliter l'introduction de l'UMTS ainsi que le roaming.

Il est courant de regrouper les différents éléments du réseau UMTS en différents sous-systèmes. Le système UMTS est modulaire, c'est-à-dire qu'il est possible d'avoir plusieurs éléments de réseau du même type dans le même réseau. Bien évidemment, un réseau opérationnel doit comprendre au minimum un élément de chaque type. Notons tout de même que du fait que certaines fonctionnalités sont optionnelles, les éléments correspondant le sont aussi. Le fait de pouvoir déployer plusieurs éléments du même type permet de diviser le système UMTS en sous-systèmes qui peuvent soit être indépendants, soit fonctionner en relation avec d'autres sous-systèmes. Il est d'usage d'appeler de tels sous-systèmes, « PLMN » (*Public Land Mobile Network*). Généralement, un PLMN correspond à un opérateur et est connecté à d'autres PLMN ainsi qu'à d'autres types de réseaux tels que les réseaux RTCP (*Réseau Téléphonique Commuté Public*) et RNIS (*Réseau Numérique à Intégration de Services*) et autres réseaux de transmission de données. La Figure 4.2 présente les différents éléments d'un réseau UMTS correspondant à un seul opérateur ainsi que les différentes interfaces.

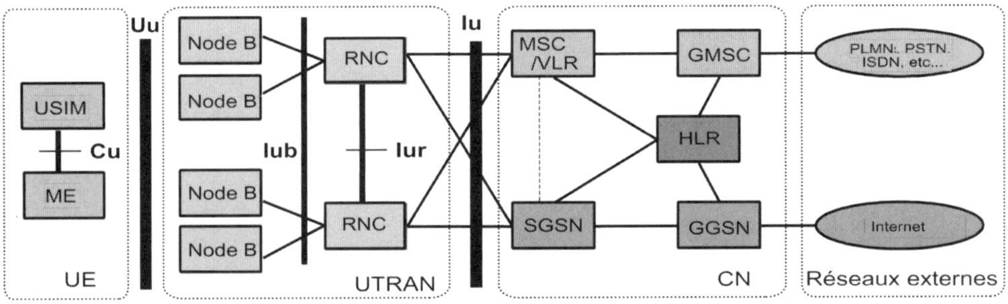

Figure 4.2 Eléments de réseau d'un PLMN UMTS

L'architecture du réseau d'accès radio UTRAN est présentée dans la section 4.2. Mais tout d'abord, présentons brièvement l'ensemble des éléments de réseau.

Le terminal utilisateur (UE) est composé des deux parties suivantes :

- Le terminal mobile (ME, *Mobile Equipment*) correspond au terminal radio utilisé pour les communications radio sur l'interface Uu.
- La carte USIM (*UMTS Subscriber Identity Module*) est une carte à puce qui stocke l'identité de l'abonné, les algorithmes et les clefs d'authentification, les clefs de chiffrement ainsi que certaines données relatives à l'abonnement de l'utilisateur qui sont nécessaires au niveau du terminal.

Le réseau d'accès radio (UTRAN) comporte les deux éléments suivants :

- Le Node B convertit le flux de données entre les interfaces Iub et Uu et participe à la gestion des ressources radio. Notons que le terme « Node B » provient des spécifications du 3GPP et est équivalent au terme « station de base » que nous avons utilisé précédemment.
- Le RNC (*Radio Controller Network*) gère les ressources radio de la zone dont il a le contrôle, c'est-à-dire les ressources de la zone de couverture de tous les Node B auxquels il est rattaché. Le RNC est le point d'accès pour tous les services fournis par l'UTRAN au réseau cœur.

Intéressons-nous maintenant aux principaux éléments du réseau cœur (CN) :

- Le HLR (*Home Location Register*) est la base de données de référence qui gère l'ensemble des abonnés et leurs profils. Le profil d'un abonné regroupe de nombreuses informations telles que son numéro de téléphone, les services qu'il a le droit d'utiliser, les informations relatives aux services supplémentaires tels que les renvois d'appel, les restrictions d'appels, etc. Ce profil est créé lorsque l'abonné souscrit un abonnement et est stocké tant que son abonnement reste valide. Afin de pouvoir router efficacement les appels entrants, le HLR stocke également des données de localisation de l'abonné en termes de zone MSC/VLR et/ou de zone SGSN, c'est-à-dire à un niveau que l'on pourrait qualifier de macroscopique.
- Le MSC/VLR (*Mobile Switching Centre/Visitor Location Register*) correspond au commutateur (MSC) et à la base de données (VLR) qui fournissent des services circuit à un terminal utilisateur présent dans leur zone. Le MSC permet la commutation des connexions circuit alors que le VLR contient une copie du profil de l'abonné et certaines informations plus précises relatives à la localisation de l'abonné. Il est courant d'appeler « domaine circuit », la partie du réseau gérée par le MSC/VLR.
- Le GMSC (*Gateway MSC*) est un commutateur connecté directement aux réseaux externes en mode circuit. Toutes les communications entrantes et sortantes, en mode circuit, passent nécessairement par un GMSC.
- Le SGSN (*Serving GPRS Support Node*) possède des fonctionnalités similaires au MSC/VLR mais est utilisé pour les communications paquet. La partie du réseau gérée par le SGSN est couramment appelée « domaine paquet ».
- Les fonctionnalités du GGSN (*Gateway GPRS Support Node*) sont très proches de celles du GMSC, mais le GGSN fait partie du domaine paquet et non circuit. Il ne traite donc que des connexions en mode paquet.

Quant aux réseaux externes, ils se scindent en deux catégories :

- Les réseaux circuit tels que le Réseau Téléphonique Commuté Public ou le Réseau Numérique à Intégration de Services.
- Les réseaux paquet tels que le réseau Internet et d'autres réseaux publics ou privés de transmission de données.

Les spécifications de l'UMTS sont structurées de telle façon que les fonctionnalités internes des éléments de réseau ne sont pas définies en détail. En revanche, les interfaces entre les éléments logiques du réseau le sont. Voyons les différentes interfaces ouvertes disponibles :

- l'interface Cu qui correspond à l'interface électrique entre la carte USIM et le terminal. Cette interface suit le format standard des cartes à puces.
- l'interface Uu. Il s'agit de l'interface air WCDMA qui est le sujet de la majeure partie de cet ouvrage et grâce à laquelle le terminal utilisateur a accès à la partie fixe du système. Cette interface est ouverte, ce qui permet à de nombreux constructeurs de terminaux de proposer leurs produits sans nécessairement développer leurs propres stations de base.
- l'interface Iu. Celle-ci relie l'UTRAN au réseau cœur. Elle est décrite en détail dans la section 4.4. Similaire aux interfaces A GSM pour le domaine circuit et Gb pour le domaine paquet, l'interface Iu est ouverte et permet aux opérateurs d'employer des équipements UTRAN et CN de différents constructeurs.
- l'interface Iur qui permet le soft handover entre des RNC de différents constructeurs. Cette interface est décrite en détail dans la section 4.5.1.
- l'interface Iub qui relie les Node B au RNC. L'UMTS est le premier système de téléphonie mobile à proposer une interface ouverte à ce niveau. Cela permettra de dynamiser le marché et d'offrir la possibilité à de nouveaux constructeurs de se spécialiser dans le développement et la commercialisation de Node B.

4.2 Architecture UTRAN

L'UTRAN est constitué d'un ou plusieurs sous-systèmes RNS (*Radio Network Sub-system*) qui regroupe chacun un RNC et ses Node B associés. Les RNC de différents sous-systèmes RNS peuvent être connectés entre eux via l'interface Iur. Quant aux RNC et aux Node B, ils sont connectés via l'interface Iub. La Figure 4.3 présente cette architecture.

Avant de commencer la brève description des différents équipements de l'UTRAN et une présentation plus poussée des interfaces, intéressons-nous aux principales caractéristiques de l'UTRAN qui conditionnent l'architecture, les fonctionnalités et les protocoles. Ces caractéristiques peuvent se résumer par les quelques points suivants :

- Support de l'interface air UTRA et de ses fonctionnalités. En particulier, l'architecture de l'UTRAN doit supporter les spécificités du soft handover et de la gestion des ressources radio du WCDMA.
- Mutualisation des supports et de la gestion des domaines circuit et paquet, avec un unique protocole sur l'interface air et une unique interface vers le réseau cœur.
- Développement d'un maximum de similitudes avec le GSM.

- Utilisation de la technologie ATM (*Asynchronous Transfer Mode*) comme principale technologie de transport.

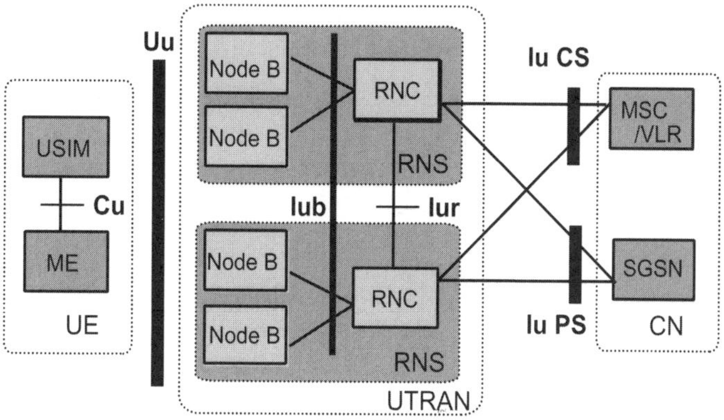

Figure 4.3 Architecture UTRAN

4.2.1 Radio Network Controller

Le RNC (*Radio Network Controller)* est l'élément de réseau en charge du contrôle des ressources radio de l'UTRAN. Il s'interface avec le réseau cœur, généralement à un MSC et à un SGSN et il gère le protocole RRC (*Radio Resource Control*) qui définit les messages et les procédures entre le mobile et l'UTRAN. Le RNC est l'équivalent du BSC (*Base Station Controller*) en GSM.

4.2.1.1 Rôle logique du RNC

Le RNC qui contrôle un Node B, c'est-à-dire le RNC qui est connecté directement à ce Node B par l'interface Iub, est appelé CRNC (*Controlling RNC*). Le CRNC est responsable du contrôle de charge et du contrôle de congestion des cellules des différents Node B auxquels il est connecté. Il est également en charge du contrôle d'admission et de l'allocation des codes pour les nouveaux liens radio qui s'établissent dans les cellules gérées.

Dans le cas où une connexion entre un mobile et l'UTRAN utilise les ressources de plusieurs RNS (voir Figure 4.4), les RNC impliqués dans cette connexion auront les rôles logiques suivants :

- SRNC (*Serving RNC*) : Le SRNC est pour un mobile le RNC qui gère à la fois l'interface Iu avec le réseau cœur et la signalisation RANAP associée (*RAN Application Part*). Le SRNC gère également le protocole de signalisation RRC entre le terminal utilisateur et l'UTRAN. Il est de plus en charge du traitement des données transmises sur l'interface air, au niveau de la couche 2. Les opérations de base de gestion des ressources radio, comme la mise en correspondance des paramètres des supports d'accès radio avec ceux des canaux de transport de l'interface air, les décisions de handovers et le contrôle de puissance en boucle externe sont exécutées au niveau du SRNC. Le SRNC peut être, dans certains cas, le CRNC de certains Node B utilisés par la connexion entre le terminal et l'UTRAN. Dans tous les cas, un terminal utilisateur ne peut avoir qu'un SRNC et un seul.

- DRNC (*Drift RNC*) : Le DRNC peut être n'importe quel RNC, à l'exception du SRNC, qui contrôle certaines cellules utilisées par le mobile. Si nécessaire, le DRNC peut réaliser les fonctions de combinaison en macrodiversité dans le sens montant ou à l'inverse dans le sens descendant, les fonctions de « splitting ». Notons que le DRNC ne gère pas le traitement des données du plan utilisateur, au niveau de la couche 2, mais il route les données de façon transparente entre les interfaces Iub et Iur, sauf si le terminal utilisateur utilise un canal de transport commun ou partagé. A une connexion entre un terminal et l'UTRAN, peuvent correspondre plusieurs DRNC mais dans certains cas, il n'y a pas de RNC qui joue ce rôle logique. Notons qu'un même équipement physique RNC supporte généralement les différentes fonctions logiques de CRNC, SRNC et DRNC.

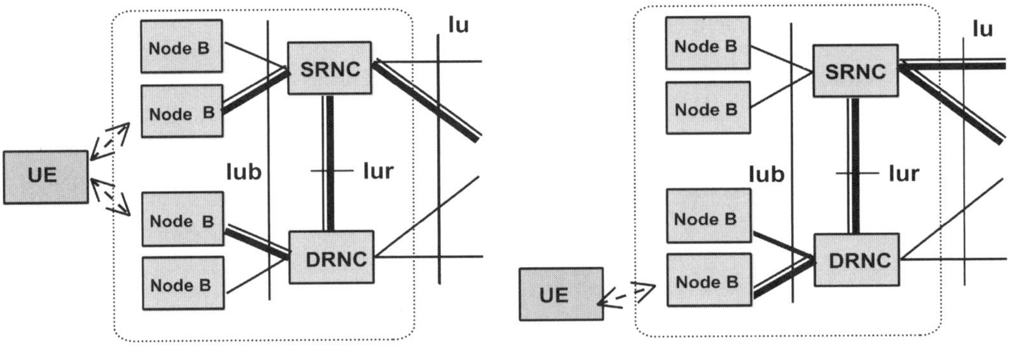

Figure 4.4 Serving RNC et Drift RNC

4.2.2 Node B

La principale fonction du Node B (ou station de base) est de gérer la couche physique de l'interface air. Il s'agit principalement du codage du canal, de l'entrelacement, de l'adaptation du débit et de l'étalement. Le Node B supporte également quelques fonctions de gestion des ressources radio comme le contrôle de puissance en boucle fermée. Le Node B est l'équivalent de la BTS (*Base Transmitter Station*) en GSM.

Le terme de Node B a été adopté de façon temporaire au début du processus de normalisation puis il n'a jamais été remplacé. Le modèle logique du Node B est présenté dans la section 4.5.2

4.3 Modèle des protocoles des interfaces UTRAN

4.3.1 Structure

Les structures des protocoles des interfaces UTRAN ont été définies selon un unique modèle qui est présenté dans la Figure 4.5. Cette structure repose sur le fait que les couches et les plans sont logiquement indépendants les uns des autres et qu'une partie de cette structure pourrait être modifiée dans le futur tandis que le reste pourrait être conservé.

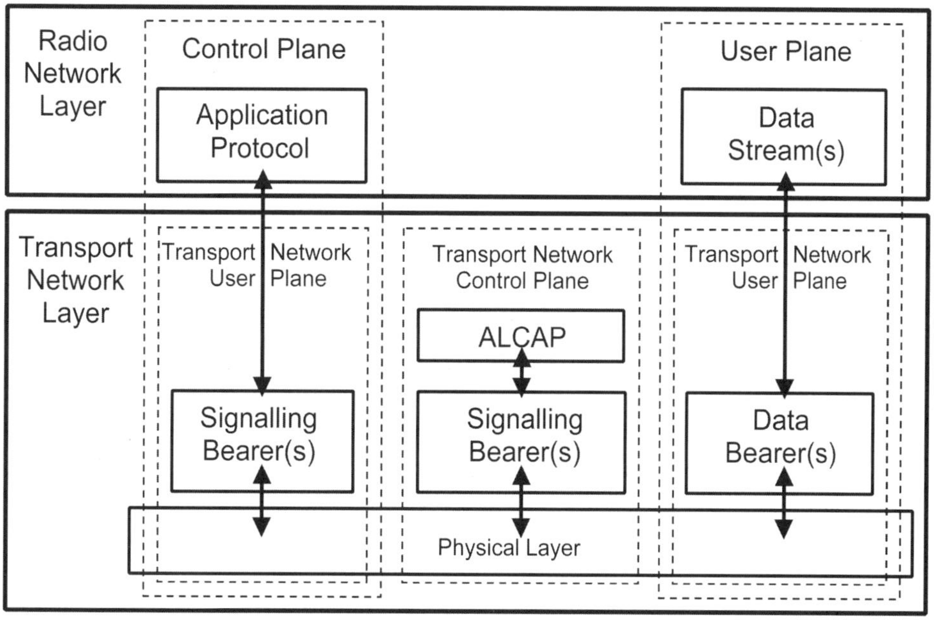

Figure 4.5 Modèle de protocole des interfaces UTRAN

4.3.2 Couches horizontales

La structure des protocoles est constituée de deux couches principales : une couche radio (*Radio Network Layer*) et une couche transport (*Transport Network Layer*). Tous les aspects spécifiques à l'UTRAN ne se retrouvent que dans la première alors que la deuxième correspond à une technologie de transport standard choisie pour l'UTRAN mais qui ne lui est nullement spécifique.

4.3.3 Plans verticaux

4.3.3.1 Control Plane

Le plan de contrôle (*control plane*) est utilisé pour la signalisation de contrôle spécifique à l'UMTS. Il comprend les protocoles applicatifs RANAP (*RAN Application Part*) pour l'interface Iu, RNSAP (*RNS Application Part*) pour l'interface Iur et NBAP (*Node B Application Part*) pour l'interface Iub, ainsi que les supports de signalisation (*signalling bearer*) pour la transmission des messages des protocoles applicatifs.

Le protocole AP (*Application Protocol*) est utilisé, entre autres, pour l'initialisation des supports vers le terminal utilisateur, c'est-à-dire les supports d'accès radio (*radio access bearer*) sur l'interface Iu et le lien radio (*radio link*) sur les interfaces Iub et Iur. Dans la structure à trois plans, les paramètres du support gérés par le protocole AP ne sont pas liés directement à la technologie utilisée pour la plan utilisateur mais aux paramètres du support.

Notons pour finir que le type de support de signalisation pour le protocole AP peut être indépendant du type utilisé par le protocole ALCAP (*Access Link Control Application Part*).

4.3.3.2 User Plane

Toutes les informations reçues et envoyées par l'utilisateur, comme la voix ou les données, transitent par le plan utilisateur (*user plane*). Le plan utilisateur comprend les flux de données (*data stream*) qui utilisent les supports de données (*data bearer*). Chaque flux de transport est caractérisé par un ou plusieurs protocoles de trames définis pour cette interface.

4.3.3.3 Transport Network Control Plane

Le plan de contrôle du réseau de transport (*transport network control plane*) est utilisé pour toute la signalisation de contrôle au niveau de la couche transport. Ce plan ne comporte pas d'information relative à la couche radio (*radio network layer*), mais inclut le protocole ALCAP qui est nécessaire à l'établissement des supports de données (*data bearer*) pour le plan utilisateur. Le plan de contrôle du réseau transport inclut également les supports de signalisation nécessaires au protocole ALCAP.

Le plan de contrôle du réseau de transport se situe entre le plan de contrôle et le plan utilisateur. Il rend possible l'indépendance du protocole AP par rapport à la technologie utilisée par les supports de données du plan utilisateur.

Lorsque le plan de contrôle du réseau de transport est utilisé, les supports de transport pour les supports de données, dans le plan utilisateur, sont établis de la façon suivante. Tout d'abord, une transaction de signalisation est initiée par le protocole AP dans le plan de contrôle ce qui déclenche l'établissement d'un support de données, spécifique à la technologie utilisée dans le plan utilisateur, par le protocole ALCAP.

L'indépendance du plan de contrôle et du plan utilisateur suppose qu'une transaction de signalisation ALCAP peut avoir lieu. Notons que le protocole ALCAP peut ne pas être utilisé pour tous les types de supports données. S'il n'y a pas de transaction ALCAP, cela signifie que l'existence du plan de contrôle du réseau de transport est inutile. C'est le cas quand des supports de données préconfigurés sont utilisés. Notons également que le ou les protocoles ALCAP du plan de contrôle du réseau transport ne sont pas utilisés pour l'établissement des supports de signalisation pour le protocole AP ou pour le protocole ALCAP durant une opération temps-réel.

Le type de support de signalisation pour le protocole ALCAP peut être indépendant de celui utilisé pour le protocole AP. Les spécifications UMTS supposent que le support de signalisation est toujours établi par des interventions des entités d'opération et maintenance.

4.3.3.4 Transport Network User Plane

Le(s) support(s) de données dans le plan utilisateur et le(s) support(s) de signalisation pour le protocole AP appartiennent au plan utilisateur du réseau de transport (*transport network user plane*). Comme nous l'avons vu dans la section précédente, les supports de données dans le plan utilisateur du réseau de transport sont directement contrôlés par le plan de contrôle du réseau transport durant une opération temps-réel, mais les actions de contrôle nécessaires pour l'établissement des supports de signalisation pour le protocole AP sont supposées être réalisées par les entités d'opération et maintenance.

4.4 Interface Iu

L'interface Iu relie le réseau d'accès radio (UTRAN) au réseau cœur (CN). L'interface Iu est une interface ouverte qui sépare donc l'UTRAN, domaine spécifique à la radio, et le CN, domaine chargé de la commutation, du routage et du contrôle des services. Comme le montre la Figure 4.3, l'interface Iu peut être de deux types : Iu Cs (*Iu Circuit Switched*) pour le domaine circuit et Iu Ps (*Iu Packet Switched*) pour le domaine paquet. L'objectif initial était de développer une seule interface commune aux deux modes, mais il s'est très vite avéré que l'optimisation du transport au niveau du plan utilisateur ne pourrait être réalisée que si différentes technologies de transport étaient permises. Par conséquent, le plan de contrôle du réseau de transport est différent, mais le plan de contrôle reste commun aux deux interfaces Iu Cs et Iu Ps.

4.4.1 Structure des protocoles de l'interface Iu Cs

La structure globale de protocoles de l'interface Iu Cs est présentée dans la Figure 4.6. Les trois plans partagent au niveau de l'interface Iu Cs, le même mode de transport ATM. La couche physique (*physical layer*) est l'interface avec le support physique qui peut être de la fibre optique, un lien radio ou un câble de cuivre. L'implémentation de la couche physique peut être choisie parmi différentes technologies standards telles que SONET, STM1 ou E1.

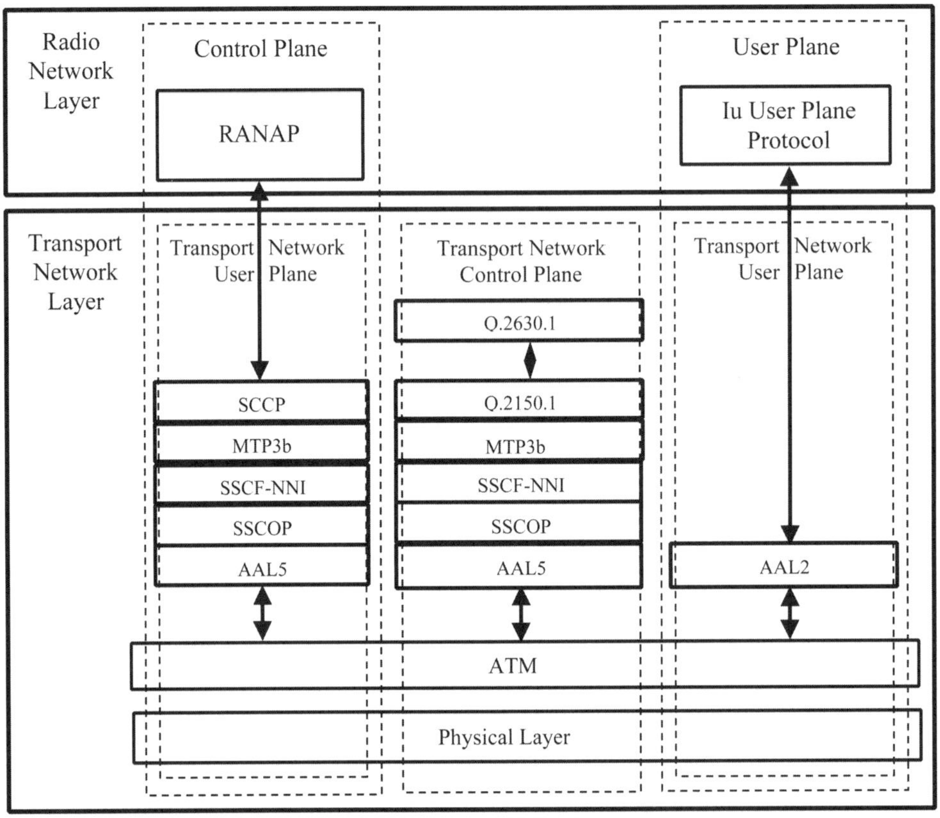

Figure 4.6 Structure des protocoles de l'interface Iu Cs

4.4.1.1 Pile de protocoles du plan de contrôle Iu Cs

La pile de protocoles du plan de contrôle est composée du protocole RANAP s'appuyant sur des couches protocolaires SS7 (*Signalling System #7*) large bande. On y retrouve les protocoles SCCP (*Signalling Connection Control Part*), MTP3-b (*Message Transfer Part*), et SAAL-NNI (*Signalling ATM Adaptation Layer for Network to Network Interfaces*). Ce dernier est divisé en différentes couches : SCCF (*Service Specific Co-ordination Function*), SSCOP (*Service Specific Connection Oriented Protocol*) et ATM AL5 (*ATM Adaptation Layer 5*). Les couches SSCF et SSCOP ont été spécifiquement développées pour le transport de la signalisation au sein des réseaux ATM et gèrent efficacement les connexions de signalisation. La couche AAL5 est utilisée pour la segmentation des données en cellules ATM.

4.4.1.2 Pile de protocoles du plan de contrôle du réseau transport Iu Cs

La pile de protocoles du plan de contrôle du réseau transport est constituée de deux protocoles de signalisation (Q.2630.1 et la couche d'adaptation Q.2150.1) permettant d'établir des connexions AAL2. Ces deux protocoles s'appuient sur les couches SS7 large bande que nous venons de voir précédemment, à l'exception de la couche SCCP, remplacée ici par Q.2150.1.

4.4.1.3 Pile de protocoles du plan utilisateur Iu Cs

Une connexion AAL2 dédiée est allouée à chaque service circuit. Le protocole du plan utilisateur Iu s'appuie directement sur la couche d'adaptation AAL2. Il sera décrit plus en détail à la section 4.4.4.

4.4.2 Structure des protocoles de l'interface Iu Ps

La structure des protocoles de l'interface Iu Ps est présentée dans la Figure 4.7. De nouveau, le mode de transport ATM est commun aux deux plans contrôle et utilisateur. Notons que la couche physique est définie de la même manière que pour l'interface Iu Cs.

4.4.2.1 Pile de protocoles du plan de contrôle Iu Ps

La pile de protocoles du plan de contrôle Iu Ps est similaire à celle de l'interface Iu Cs décrite à la section 4.4.1.1, composée du protocole RANAP sur des couches SS7 large bande. Cependant, il existe une alternative : l'utilisation d'un support de signalisation fondé sur le protocole IP. Notons que la couche SCCP est commune aux deux possibilités. Le support de signalisation fondé sur le protocole IP est constitué des couches M3UA (*SS7 MTP3 - User Adaptation Layer*), SCTP (*Simple Control Transmission Protocol*), IP (*Internet Protocol*) et la couche ATM AL5 qui est commune aux deux options. Notons que la couche SCTP a été conçue spécifiquement pour le transport de la signalisation sur Internet.

4.4.2.2 Pile de protocoles du plan de contrôle du réseau transport Iu Ps

Le plan de contrôle du réseau transport ne s'applique pas à l'interface Iu Ps. L'établissement d'un tunnel GTP (*GPRS Tunnelling Protocol*) ne nécessite qu'un identifiant pour le tunnel et les adresses IP de deux destinations. Ces informations sont déjà présentes au niveau des messages *RANAP RAB Assignment*. Les mêmes éléments d'information qui sont utilisés au niveau de l'interface Iu Cs pour adresser et identifier la signalisation AAL2 sont utilisés pour le plan utilisateur de l'interface Iu Cs.

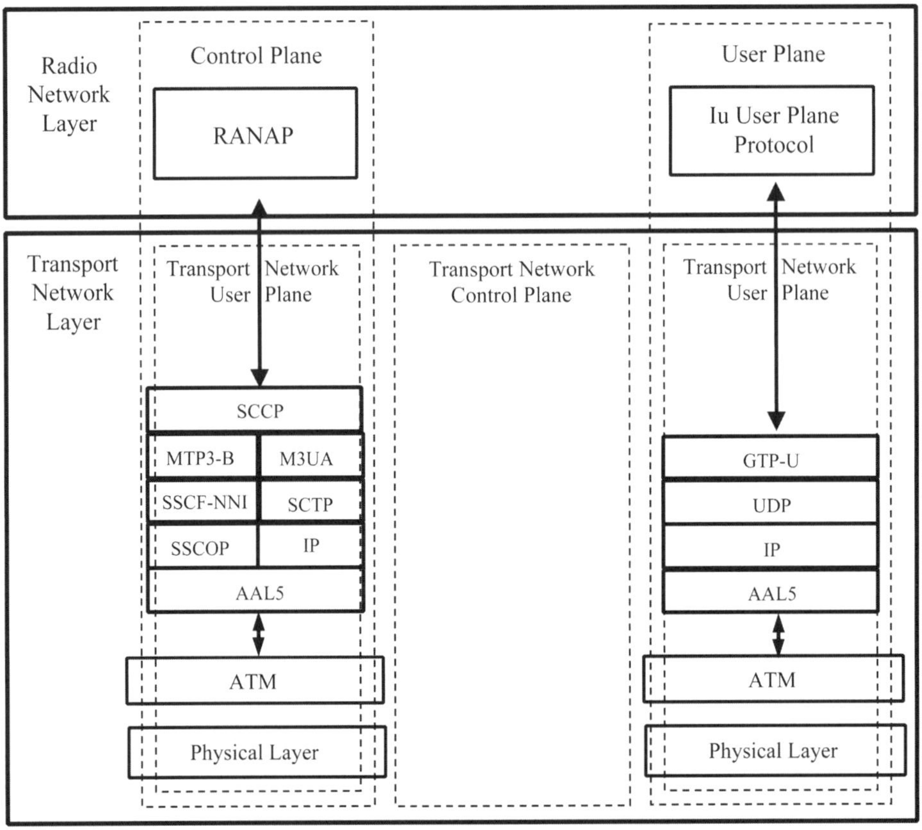

Figure 4.7 Structure des protocoles de l'interface Iu Ps

4.4.2.3 Pile de protocoles du plan utilisateur Iu Ps

Au niveau de l'interface Iu Ps du plan utilisateur, plusieurs flux de paquets sont multiplexés sur un ou plusieurs PVC ATM AL5 (*Pre-defined Virtual Connection*). La couche réalisant le multiplexage est la couche GTP-U (*GPRS Tunnelling Protocol-User Plan*) qui fournit également les identités des différents flux de paquets. Chaque flux utilise un mode de transport UDP (*User Datagram Protocol*) sans connexion et l'adressage IP.

4.4.3 Protocole RANAP

Le protocole RANAP est le protocole de signalisation de l'interface Iu qui contient toutes les informations de contrôle définies pour la couche radio. Les fonctionnalités du protocole

RANAP sont implémentées par ce que l'on appelle des « Elementary Procedures » (EP). Chaque fonction RANAP peut demander l'exécution d'un ou plusieurs *elementary procedure*. Chaque *elementary procedure* consiste soit en une requête (class 2 EP), soit en une requête et une réponse (class 1 EP) ou encore en une requête et plusieurs réponses (class 3 EP). Les différentes fonctions RANAP sont les suivantes :

- *Relocation* : Cette fonction gère la fonction « SRNS Relocation » ainsi que le hard handover, incluant le cas du handover intersystèmes (UMTS/GSM) :
  - *SRNS Relocation* : les fonctionnalités SRNS sont dans ce cas déplacées d'un RNS à un autre, sans modification des ressources radio, ni interruption du flux de données utilisateur. La fonction *SRNS Relocation* n'est possible que si l'ensemble des liens radio sont gérés par le futur DRNC.
  - Hard handover inter-RNS : ce type de handover est utilisé pour transférer les fonctionnalités du *serving* RNS vers un autre RNS, tout en transférant les ressources radio correspondantes, par un hard handover sur l'interface Uu. Le mobile doit se trouver à la frontière des cellules source et destination.
- Gestion des supports d'accès radio (RAB, *Radio Access Bearer*) :
  - Initialisation du support d'accès radio avec la possibilité de gérer des files d'attente.
  - Modification des caractéristiques d'un support d'accès radio existant.
  - Suppression d'un support d'accès radio, cette suppression peut être réalisée le cas échéant par le réseau d'accès.
- Libération de l'interface Iu : cette fonctionnalité permet de libérer toutes les ressources, trafic et signalisation sur l'interface Iu pour un utilisateur donné. Cette libération peut être également déclenchée par le réseau d'accès.
- Remontée d'événements : cette fonctionnalité permet d'informer le réseau cœur de l'impossibilité de transmettre des données. Ce dernier doit alors modifier les comptes rendus d'appel afin de ne pas facturer l'abonné pour les données qu'il n'a pas reçues.
- Gestion d'un identifiant commun de l'abonné : grâce à cette fonctionnalité, l'identifiant permanent du terminal utilisateur est envoyée par le réseau cœur au réseau d'accès lors de procédures de *paging*.
- *Paging* : cette fonctionnalité est utilisée pour rechercher un mobile en mode veille lors d'un appel entrant. Un message de *paging* est envoyé par le réseau cœur au réseau d'accès avec l'identifiant du mobile et celui de la zone de *paging*. Le réseau d'accès recherche alors le mobile en diffusant un message spécifique dans la zone indiquée.
- Localisation : le réseau cœur peut demander au réseau d'accès d'enregistrer toute l'activité d'un mobile donné. Cela est souvent réalisé pour des raisons d'opération et de maintenance.

- Transfert de signalisation : cette fonctionnalité permet de transmettre de façon transparente des messages de signalisation entre le mobile et le réseau cœur sans qu'ils soient interprétés par l'UTRAN. Cette fonctionnalité peut être utilisée dans les trois cas suivants :
  - Transfert du premier message entre le réseau d'accès et le mobile : il peut s'agir, par exemple, d'une réponse à un *paging*, d'une requête correspondant à une demande d'appel sortant ou à un message de re-localisation.
  - Transfert direct : utilisé pour transmettre plusieurs messages de signalisation consécutifs sur une connexion bidirectionnelle de signalisation à travers l'interface Iu.
  - Diffusion d'information : cela permet au réseau cœur de définir des informations relatives au système et de les envoyer de façon répétitive à l'ensemble des utilisateurs d'une zone donnée.
- *Security Mode Control* : cette fonctionnalité permet d'activer ou de désactiver le contrôle d'intégrité et de chiffrement. Lorsque le chiffrement est activé, les connexions véhiculant de la signalisation ou des données utilisateur sont chiffrées par un algorithme utilisant des clefs secrètes. Quand le contrôle d'intégrité est activé, un code d'intégrité est ajouté aux messages de signalisation. Cela permet d'assurer que les deux protagonistes de la connexion n'ont pas changé et que les informations échangées n'ont pas été altérées.
- Contrôle de charge : cette fonctionnalité permet de contrôler la charge de l'interface Iu. Des mécanismes simples sont mis en place pour réduire la charge le cas échéant.
- *Reset* : cette fonctionnalité permet de réinitialiser une connexion du côté du réseau cœur ou du côté de l'UTRAN.
- *Location Reporting* : cette fonctionnalité permet au réseau cœur de recevoir des informations sur la localisation d'un utilisateur donné.

4.4.4 Protocole du plan de contrôle Iu

Le protocole du plan de contrôle Iu se situe dans la couche transport du plan utilisateur Iu. Il a été défini de façon à ce qu'il soit, autant que possible, indépendant du réseau cœur. L'objectif de ce protocole est de véhiculer les données utilisateur relatives aux supports d'accès radio sur l'interface Iu. Chaque support d'accès radio utilise une instance du protocole. Le protocole peut fonctionner sur un mode totalement transparent ou réaliser un tramage (*framing*) des données utilisateur :

- Mode transparent : Dans ce mode de fonctionnement, le protocole ne réalise aucune opération de tramage ni de contrôle.
- Tramage : Dans ce mode, le plan utilisateur réalise un tramage des données utilisateur en segments de taille prédéfinie. La taille de ces segments, appelés SDU (*Service*

Data Unit), correspond à celle des trames de voix AMR ou à celle des trames utilisées pour les services données. Des procédures de contrôle pour l'initialisation et le contrôle du débit sont définies et une fonctionnalité d'indication de la qualité des trames a été spécifiée pour ce mode de fonctionnement.

4.5 Interfaces internes

4.5.1 Interface Iur et protocole RNSAP

La pile de protocole de l'interface Iur, entre deux RNC est présentée à la Figure 4.8.

Cette interface a été définie à l'origine afin de supporter le mécanisme de soft handover inter-RNC, mais d'autres fonctionnalités ont été ajoutées durant le développement de la norme et désormais l'interface Iur est à même de fournir les quatre fonctions suivantes :

- Support de la gestion de la mobilité inter-RNC.
- Support du canal dédié de trafic.
- Support du canal commun de trafic.
- Support de la gestion globale des ressources.

Pour cette raison, le protocole de signalisation RNSAP (*Radio Network System Application Part*) dédié à l'interface Iur est lui-même partagé en quatre modules ou groupes de procédures. Il est en général possible d'implémenter un ou plusieurs modules en fonction des besoins de l'opérateur.

Comme pour l'interface Iu, deux options sont possibles pour le transport de la signalisation RNSAP : la pile SS7 composée des couches SCCP et MTP3b ou une nouvelle pile basée sur les protocoles SCTP et IP.

4.5.1.1 Iur 1 : Support de la gestion de la mobilité inter-RNC

Cette fonctionnalité est décrite dans la spécification 25.423 et nécessite le module appelé « basic » du protocole RNSAP. Cette première brique de l'interface Iur permet de gérer la mobilité d'un utilisateur entre deux RNC mais ne supporte pas l'échange de données utilisateur. Si ce module n'est pas implémenté, c'est-à-dire si l'interface Iur n'existe pas entre deux RNS (RNS1 et RNS2), le seul moyen pour un utilisateur connecté au réseau d'accès via le RNS1 de passer sous la zone de couverture d'une cellule du RNS2 est de se déconnecter temporairement du réseau d'accès puis de se reconnecter via le RNS2. Cela revient à relâcher la connexion RRC courante avant d'en établir une nouvelle.

Les fonctionnalités offertes par le module *basic* de l'interface Iur sont :

- la gestion de la fonction *SRNC Relocation*,
- la gestion de la mise à jour de localisation UTRAN et inter-RNC,
- le *paging* inter-RNC pour le mode paquet,
- la gestion des erreurs protocolaires.

Comme ces fonctions ne nécessitent pas de transmission de données utilisateur sur l'interface Iur, le plan utilisateur et le plan de contrôle du réseau transport ne sont pas nécessaires.

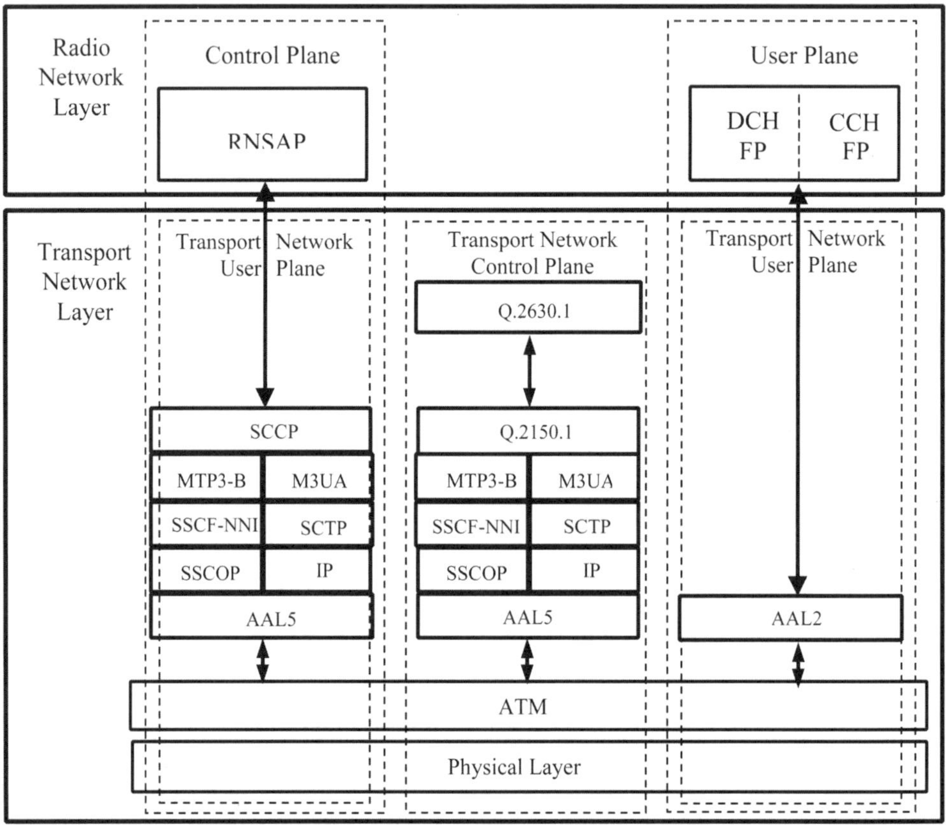

Figure 4.8 Pile de protocoles de l'interface Iur

4.5.1.2 Iur 2 : Support du canal de trafic dédié

Cette fonctionnalité nécessite l'implémentation du module appelé « dedicated channel » du protocole RNSAP et permet l'établissement de canaux de trafic dédiés entre deux RNC.

L'objectif initial de cette fonctionnalité est de supporter le soft handover inter-RNC, mais cette dernière permet également de fixer le *serving* RNC durant le temps où l'utilisateur utilise des canaux dédiés (ressources dédiées au niveau du Node B), c'est-à-dire tant qu'il maintient une connexion active au niveau du domaine circuit.

Cette fonctionnalité nécessite le protocole Frame Protocol au niveau du plan utilisateur pour les canaux dédiés et le protocole Q.2630.1, au niveau du plan de contrôle du réseau transport, pour l'établissement des connexions de transport (connexions AAL2). Chaque canal dédié est véhiculé sur une connexion de transport à l'exception du canal de trafic dédié coordonné (*dedicated DCH*), utilisé pour obtenir une protection d'erreur sur l'interface air.

Le protocole Frame Protocol pour les canaux dédiés (DCH FP, *Dedicated Channel Frame Protocol*) définit la structure des trames de données transportant les données utilisateur (*data frames*) ainsi que celle des trames de contrôle véhiculant les mesures et les informations de contrôle (*control frames*). Les trames de données sont généralement transmises de façon transparente à travers le DRNC. Ce protocole de trame Iur est aussi utilisé sur l'interface Iub. Il est alors appelé Iur/Iub DCH FP.

Les fonctions offertes par le module Iur DCH sont les suivantes :

- Etablissement, modification et relâchement du canal dédié au niveau du *Drift* RNC suite à un hard et soft handover,
- Etablissement et relâchement des connexions de transport dédiées au niveau de l'interface Iur,
- Transfert des blocs de transport entre le *Serving* RNC et le *Drift* RNC,
- Gestion des liens radio au niveau du RNS grâce à des procédures de mesures et de contrôle de puissance.

4.5.1.3 Iur 3 : Support du canal commun de trafic

Cette fonctionnalité permet de supporter au niveau de l'interface Iur, les flux de données communs et partagés. Elle nécessite l'implémentation du module « common transport channel » du protocole RNSAP ainsi que celle du protocole CCH FP (*Common Transport Channel Frame Protocol*). Le protocole de signalisation Q.2630.1 au niveau du plan de contrôle du réseau transport est également nécessaire si des connexions de signalisation AAL2 sont utilisées.

Si cette fonctionnalité n'est pas implémentée, chaque mise à jour de cellule inter-RNC déclenche une procédure *SRNC Relocation*, c'est-à-dire que le *Serving* RNC est toujours le *Controlling* RNC de la cellule qui est utilisée pour le transport du canal commun ou du canal partagé.

Les avantages de cette fonctionnalité ont été longuement discutés au sein des différents organismes de normalisation. D'un côté, elle permet l'implémentation du concept d'ancrage du RNC (*anchor RNC*), évitant la procédure complexe *SRNC Relocation*, via le réseau cœur. Mais d'un autre côté, elle nécessite la séparation de la fonctionnalité de la couche MAC (*Medium Access Control*) dans deux éléments de réseau distincts, impliquant une gestion moins efficace des ressources et une complexité supplémentaire de l'interface Iur. Les membres des organismes de normalisation n'ont pu trouver de terrain d'entente à ce sujet, si bien que cette fonctionnalité a été définie dans la norme, mais elle n'est nullement nécessaire au fonctionnement du système.

Les fonctions offertes par le module *common transport channel* de l'interface Iur sont les suivantes :

- Etablissement et relâchement de la connexion de transport au niveau de l'interface Iur pour les flux de données du canal commun.
- Séparation de la couche MAC entre le SRNC (MAC-d) et le DRNC (MAC-c et MAC-sh).
- Contrôle de flux entre le MAC-d et le MAC-c/MAC-sh.

4.5.1.4 Iur 4 : Support de la gestion des ressources

Cette fonctionnalité fournit la signalisation nécessaire à la gestion des ressources radio et aux fonctions d'opération et de maintenance au niveau de l'interface Iur. Elle est implémentée grâce au module « global » du protocole RNSAP et ne nécessite aucun protocole sur le plan utilisateur s'il n'y a pas de transmission de données utilisateur sur l'interface Iur. Cette fonctionnalité est considérée comme optionnelle et n'est pas intégrée à la Release 99 de l'UTRAN. Elle est prévue pour les Releases suivantes afin de supporter certaines méthodes avancées de localisation. Ses fonctions sont les suivantes :

- Transfert entre deux RNC des mesures concernant les cellules,
- Transfert entre deux RNC des informations temporelles concernant les Node B.

4.5.2 Interface Iub et protocole NBAP

La pile de protocoles de l'interface Iub (entre Node B et RNC) est présentée dans la Figure 4.9.

La principale différence entre les protocoles de l'interface Iub et de l'interface Iur est qu'au niveau des plans de contrôle du réseau radio et du réseau transport, les couches SS7 sont remplacées par les couches SAAL-UNI. Notons également que l'alternative SCTP/IP n'est plus supportée.

Afin de bien comprendre la structure de l'interface Iub, il est nécessaire d'introduire brièvement le modèle logique d'un Node B, présenté dans la Figure 4.10. Un Node B est constitué d'un port commun de contrôle (*common control port*) et d'un ensemble de points de terminaison de trafic (*traffic termination point*), chacun contrôlé par un port de contrôle dédié (*dedicated control port*). Un point de terminaison contrôle plusieurs mobiles possédant chacun leurs ressources dédiées et le trafic correspondant est véhiculé à travers des ports de trafic également dédiés. Il existe aussi des ports de trafic communs qui correspondent au trafic RACH, FACH et PCH, que nous décrirons plus loin dans cet ouvrage.

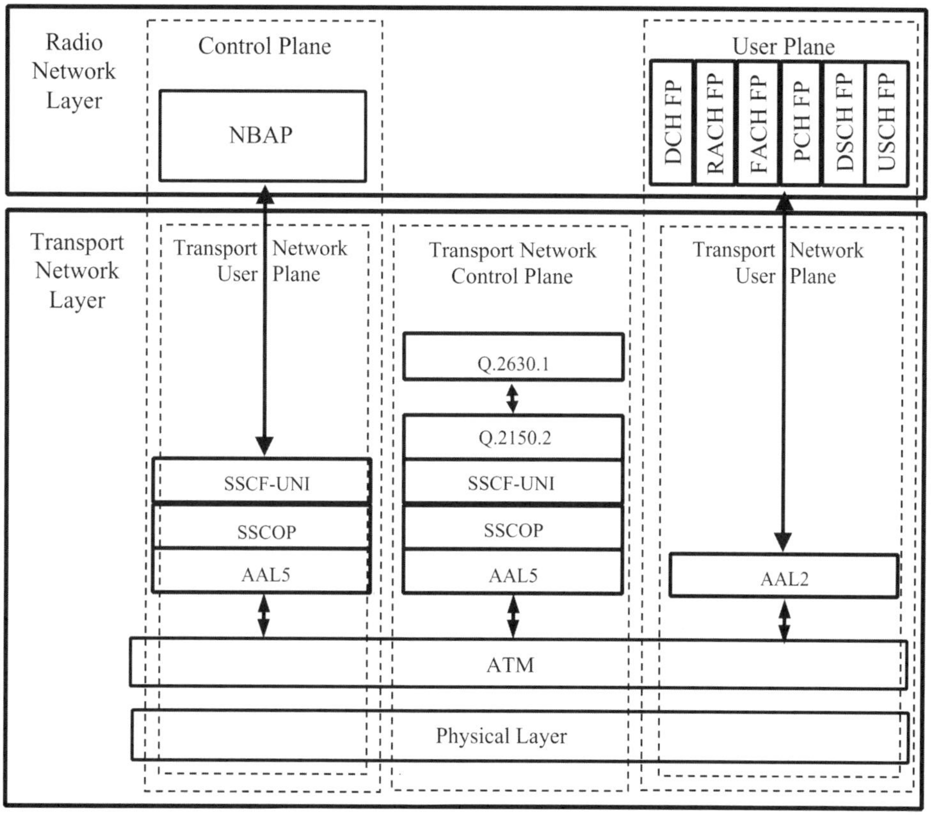

Figure 4.9 Pile de protocole de l'interface Iub

Notons qu'il n'y a aucune relation entre les points de terminaison de trafic et les cellules, c'est-à-dire qu'un point de terminaison de trafic peut contrôler plus d'une cellule et qu'une cellule peut être contrôlée par plus d'un point de terminaison de trafic.

La signalisation de l'interface Iub NBAP (*Node B Application Part*) est divisée en deux composantes essentielles. La première, *common NBAP*, définit les procédures de signalisation au niveau du lien de signalisation commun et la seconde, *dedicated NBAP*, est utilisée sur le lien de signalisation dédié.

Les protocoles de trame du plan utilisateur Iub définissent les structures des trames et les procédures basiques de contrôle *in-band* pour chaque type de canal de transport, c'est-à-dire pour chaque type de port de trafic du modèle logique. Le protocole de signalisation Q.2630.1 est utilisé pour la gestion dynamique des connexions AAL2 utilisées dans le plan utilisateur.

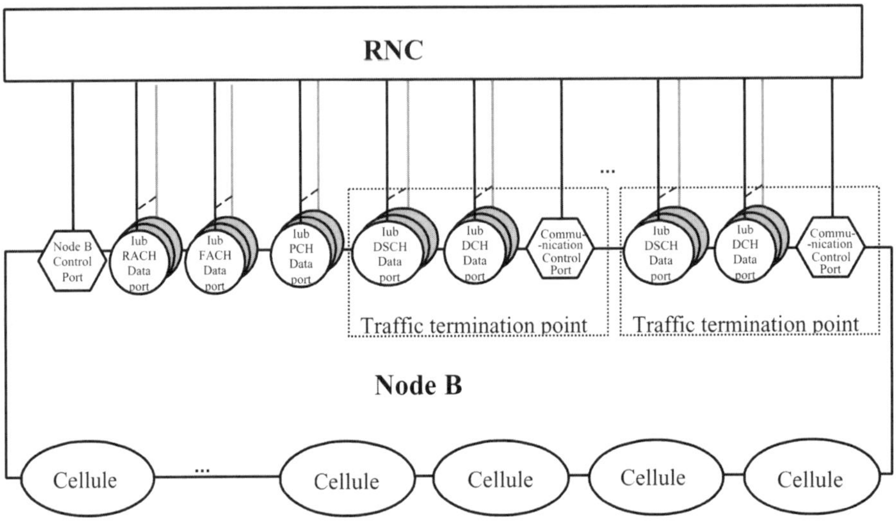

Figure 4.10 Modèle logique d'un Node B en mode FDD

4.5.2.1 Common NBAP

Les procédures de la composante *common NBAP* (C-NBAP) sont utilisées pour la signalisation qui n'est pas relative au contexte d'un terminal spécifique déjà défini dans le Node B. Le C-NBAP définit en particulier toutes les procédures concernant les actions d'opération et de maintenance du Node B, telles que la configuration et la gestion des alarmes.

Les principales fonctions offertes par la composante *common NBAP* sont les suivantes :

- Etablissement du premier lien radio d'un terminal et sélection du point de terminaison de trafic.
- Configuration de la cellule.
- Support des canaux RACH/FACH et PCH.
- Initialisation et remontée des mesures spécifiques à la cellule ou au Node B.
- Gestion des alarmes.

4.5.2.2 Dedicated NBAP

Lorsque le RNC demande l'établissement du premier lien radio d'un terminal donné, via la procédure C-NBAP *Radio Link Setup*, le Node B assigne un point de terminaison trafic pour le support du contexte de ce terminal. Ensuite, chaque échange de signalisation, utilisant des procédures *Dedicated NBAP* (D-NBAP), relatif à ce terminal passe par le point de contrôle dédié de ce point de terminaison de trafic ainsi défini.

Les principales fonctions offertes par la composante *dedicated NBAP* sont les suivantes :

- Ajout, suppression et reconfiguration des liens radio d'un contexte relatif à un terminal déjà existant au niveau du Node B.
- Support des canaux dédiés et partagés.
- Support de la combinaison des données en situation de soft handover.
- Initialisation et remontée des mesures spécifiques à un lien radio.
- Gestion des alarmes des liens radio.

4.6. Références

[1] 3GPP Technical Specification 25.401 UTRAN Overall Description.

[2] 3GPP Technical Specification 25.410 UTRAN Iu Interface: General Aspects and Principles.

[3] 3GPP Technical Specification 25.411 UTRAN Iu Interface: Layer 1.

[4] 3GPP Technical Specification 25.412 UTRAN Iu Interface: Signalling Transport.

[5] 3GPP Technical Specification 25.413 UTRAN Iu Interface: RANAP Signalling.

[6] 3GPP Technical Specification 25.414 UTRAN Iu Interface: Data transport and Transport Signalling.

[7] 3GPP Technical Specification 25.415 UTRAN Iu Interface: CN-RAN User Plane Protocol.

[8] 3GPP Technical Specification 25.420 UTRAN Iur Interface: General Aspects and Principles.

[9] 3GPP Technical Specification 25.421 UTRAN Iur Interface: Layer 1.

[10] 3GPP Technical Specification 25.422 UTRAN Iur Interface: Signalling Transport.

[11] 3GPP Technical Specification 25.423 UTRAN Iur Interface: RNSAP Signalling.

[12] 3GPP Technical Specification 25.424 UTRAN Iur Interface: Data Transport and Transport Signalling for CCH Data Streams.

[13] 3GPP Technical Specification 25.425 UTRAN Iur Interface: User Plane Protocols for CCH Data Streams.

[14] 3GPP Technical Specification 25.426 UTRAN Iur and Iub Interface Data Transport and Transport Signalling for DCH Data Streams.

[15] 3GPP Technical Specification 25.427 UTRAN Iur and Iub Interface User Plane Protocols for DCH Data Streams.

[16] 3GPP Technical Specification 25.430 UTRAN Iub Interface: General Aspects and Principles.

[17] 3GPP Technical Specification 25.431 UTRAN Iub Interface: Layer 1.

[18] 3GPP Technical Specification 25.432 UTRAN Iub Interface: Signalling Transport.

[19] 3GPP Technical Specification 25.433 UTRAN Iub Interface: NBAP Signalling.

[20] 3GPP Technical Specification 25.434 UTRAN Iub Interface: Data Transport and Transport Signalling for CCH Data Streams.

[21] 3GPP Technical Specification 25.435 UTRAN Iub Interface: User Plane Protocols for CCH Data Streams.

Chapitre 5

COUCHE PHYSIQUE WCDMA

par Antti Toskala

5.1. Introduction

Ce chapitre est consacré à la couche physique du WCDMA (UTRA FDD). La couche physique de l'interface air est toujours le principal aspect qui est évoqué lorsque l'on cherche à comparer des systèmes de télécommunications cellulaires. Lorsque l'on considère un seul lien radio entre le terminal et la station de base, la structure de la couche physique a un impact direct sur les performances, mais lorsque l'on s'intéresse aux performances du système dans sa globalité, les protocoles des autres couches, tels que ceux qui sont mis en œuvre pour la gestion des handovers, doivent être pris en compte. Bien évidemment, puisque la couche physique définit les limites fondamentales de la capacité du système, il est essentiel d'avoir, à son niveau, de faibles exigences en termes de rapport signal à interférences (SIR) afin d'obtenir une capacité de lien suffisante quelles que soient les solutions de codage et de diversité utilisées. Les performances de la couche physique sont présentées en détail dans le chapitre 10.

La couche physique a également un impact significatif sur la complexité des équipements, notamment en ce qui concerne la puissance de traitement large bande des terminaux et des stations de base. La nature large bande du WCDMA, bien qu'elle possède des avantages dans la mise en place de solutions de diversité, pose des problèmes dans son implémentation. Comme les systèmes de troisième génération sont large bande du point de vue des services, la couche physique ne peut être conçue autour d'un seul service, comme la voix, par exemple. Une grande flexibilité est nécessaire pour l'introduction future de nouveaux services. Les exigences de ces systèmes 3G ont déjà été abordées dans l'introduction de cet ouvrage. Le présent chapitre présente les solutions mises en place par la couche physique pour respecter ces exigences.

Le terme « terminal » sera utilisé dans ce chapitre pour qualifier le terminal utilisateur (UE). La terminologie du 3GPP utilise les termes « User Equipment » (UE) et « Mobile Equipment » (ME), la principale différence qui existe entre ces deux termes est que le terminal utilisateur englobe la carte SIM (*Subscriber Identification Module*) comme nous l'avons vu précédemment, au chapitre 4. Le terme « station de base » est aussi utilisé dans ce chapitre, bien que dans les spécifications du 3GPP le terme « Node B » représente les entités de la station de base mises en jeu par la couche physique. Les spécifications du 3GPP concernant la couche physique sont données en référence à la fin du chapitre [1-5].

Nous abordons dans ce chapitre, premièrement les canaux de transport dans la section 5.2 et leur correspondance avec les différents canaux physiques. Nous verrons par la suite l'étalement et la modulation dans les sens montant et descendant dans la section 5.3, puis les canaux logiques dédiés aux données utilisateur ou aux informations de contrôle dans les sections 5.4 et 5.5. Enfin, dans la section 5.6, les principaux mécanismes, tels que le contrôle de puissance et les handovers, seront abordés.

5.2. Canaux de transport et canaux physiques

Au niveau du réseau d'accès UTRA, les données générées par les couches hautes sont transmises sur l'interface air par des canaux de transport (*transport channel*) qui s'appuient sur différents canaux physiques (*physical channel*). La couche physique doit pouvoir supporter différents débits afin d'offrir des services de bande passante à la demande et d'être à même de multiplexer plusieurs services sur une même connexion. Cette section présente la correspondance qui existe entre les canaux de transport et les canaux physiques, et comment les deux exigences que nous venons de voir sont prises en compte.

Chaque canal de transport comporte un indicateur TFI (*Transport Format Indicator*) à chaque instant où des données sont sensées arriver en provenance des couches hautes et à destination du canal de transport. La couche physique combine les informations des indicateurs TFI des différents canaux de transport en un nouvel indicateur, l'indicateur TFCI (*Transport Format Combination Indicator*). L'indicateur TFCI est transmis par le canal physique de contrôle (*physical control channel*) afin d'informer le récepteur quels sont les canaux de transport actifs au niveau de la trame courante. Il existe cependant une exception, il s'agit de l'utilisation du BTFD (*Blind Transport Format Detection*). Dans ce cas, l'indicateur TFCI n'est pas traité au niveau des canaux dédiés du sens descendant. Sinon, dans le cas d'un fonctionnement normal, l'indicateur TFCI est décodé par le récepteur et les indicateurs TFI correspondant à chaque canal de transport actifs de la connexion sont transmis aux couches hautes. Dans la Figure 5.1, deux canaux de transport s'appuient sur un seul canal physique. A la réception, les blocs de transport sont restitués aux couches hautes ainsi que des indications relatives à d'éventuelles erreurs pour chaque bloc. Les canaux de transport peuvent avoir un nombre de blocs différents et ils ne sont pas nécessairement actifs à chaque instant.

Un canal physique de contrôle et un ou plusieurs canaux physiques de données (*physical data channel*) peuvent être codés et multiplexés par la même entité de traitement, il en résulte ce que l'on appelle un canal de transport CCTrCh (*Coded Composite Transport Channel*). Il peut exister plus d'un canal CCTrCh pour une connexion donnée mais un seul canal physique de contrôle est transmis dans ce cas.

L'interface entre la couche physique et les couches hautes provient essentiellement de la méthode de spécification. Elle intervient peu au niveau de l'implémentation du terminal dans lequel toutes ces couches sont gérées par un seul équipement. En ce qui concerne le réseau, cette interface est plus importante. L'interface entre la couche physique et les couches hautes se situe en effet entre la station de base et le RNC, c'est-à-dire au niveau de l'interface Iub, comme nous l'avons vu précédemment, au chapitre 4. Dans les spécifications du 3GPP, l'interface entre la couche physique et les couches hautes est décrite dans le document [6] donné en référence à la fin du chapitre.

Il existe deux types de canaux de transport : les canaux dédiés (*dedicated channel*) et les canaux communs (*common channel*). La principale différence réside dans le fait qu'un canal commun est une ressource partagée par différents utilisateurs d'une même cellule alors qu'un canal dédié est une ressource, identifiée par un certain code ou une certaine fréquence, réservée à un seul utilisateur. Les canaux de transport pour la transmission de données sont abordés plus en détail dans la section 9.3.

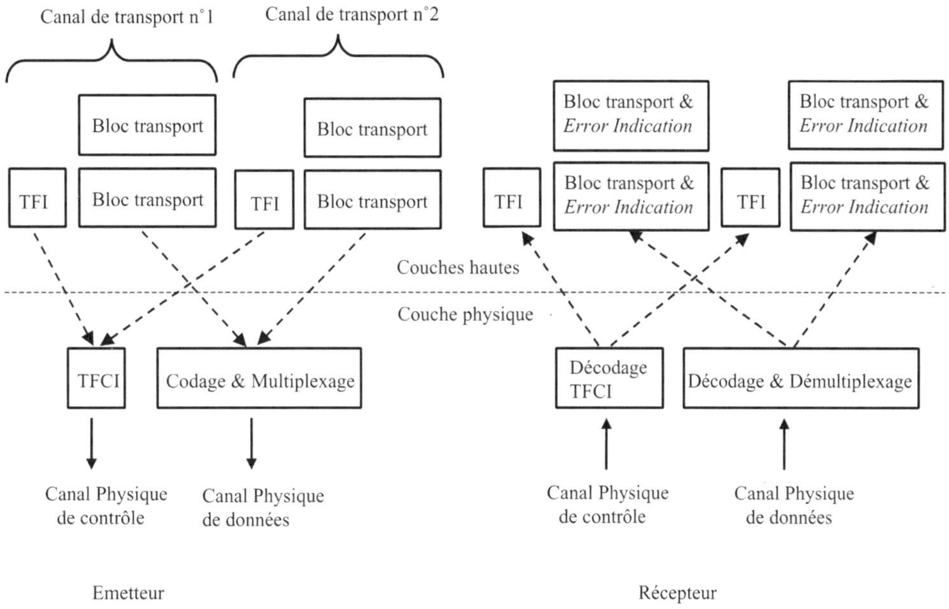

Figure 5.1 Interface entre la couche physique et les couches hautes

5.2.1. Canal de transport dédié

Il existe un seul canal de transport dédié. Il est noté DCH (*Dedicated Channel*) dans les spécifications de la série 25 de l'UTRA. Ce canal de transport dédié véhicule toutes les informations provenant des couches situées au-dessus de la couche physique et destinées à un utilisateur donné. Cela inclut aussi bien les données correspondant au service utilisé que des informations de contrôle issues des couches hautes. La nature des informations transmises n'est pas visible au niveau de la couche physique. Les données utilisateur et les données de contrôle sont ainsi traitées exactement de la même manière. Naturellement, les paramètres de la couche physique établis par l'UTRAN peuvent varier pour les données utilisateur ou pour les informations de contrôle.

Le canal de trafic TRCH (*Traffic Channel*) et le canal associé de contrôle ACCH (*Associated Control Channel*), utilisés en GSM, n'existent pas dans la couche physique de l'UTRA. Le canal de transport dédié véhicule depuis le terminal à la fois les données de service, comme les trames de voix, et les informations de contrôle, comme les commandes de handovers et les remontées de mesures. En WCDMA, un canal séparé de transport n'est pas nécessaire du fait de la capacité du système à supporter des débits variables et un multiplexage des services.

Le canal de transport dédié est caractérisé par certaines fonctionnalités, comme celles nécessaires au contrôle de puissance, à la modification du débit trame par trame et à la possibilité de privilégier certaines zones de la cellule grâce à des antennes à gains variables, les antennes adaptatives. Notons également que le canal de transport dédié supporte le soft handover.

5.2.2 Canaux de transport communs

Six types de canaux de transport communs ont été définis pour l'UTRA. Ils présentent peu de différences par rapport à ceux définis pour les systèmes de deuxième génération. Notons que les canaux communs ne supportent pas le soft handover et que certains d'entre eux peuvent supporter le contrôle de puissance.

5.2.2.1 Broadcast Channel

Le canal BCH (*Broadcast Channel*) ou canal de diffusion est un canal de transport utilisé pour transmettre des informations spécifiques au réseau d'accès ou à une cellule donnée. Les données les plus fréquemment nécessaires dans tout type de réseau mobile sont les codes d'accès aléatoires disponibles ou les slots d'accès disponibles au niveau de la cellule, ou encore, les méthodes de diversité en transmission utilisées avec d'autres canaux pour une cellule donnée. Le terminal ne peut pas s'inscrire dans une cellule s'il n'a pas la possibilité de décoder ce canal *broadcast*. C'est pour cela que la puissance de ce canal est généralement élevée afin qu'il puisse être capté par l'ensemble des utilisateurs de la cellule. D'un point de vue pratique, le débit des informations du canal *broadcast* est limité par la capacité des terminaux à décoder le canal. Ainsi, le débit du canal *broadcast* est généralement faible et adapté aux terminaux de plus faible capacité.

5.2.2.2 Forward Access Channel

Le canal FACH (*Forward Access Channel*) est un canal de transport du sens descendant qui véhicule des informations de contrôle aux terminaux localisés dans une cellule donnée. C'est par exemple le cas après qu'un message de demande d'accès aléatoire (*random access*) a été reçu de la part d'un terminal par la station de base. Il est également possible de transmettre des données par paquet sur le canal FACH. Il peut y avoir plus d'un canal FACH par cellule. Un des canaux FACH doit cependant avoir un débit relativement faible afin qu'il puisse être reçu par l'ensemble des utilisateurs de la cellule. Lorsqu'il y a plus d'un canal FACH par cellule, les canaux FACH supplémentaires peuvent avoir un débit plus élevé. Le canal FACH n'utilise pas le contrôle de puissance et les messages transmis doivent comprendre des informations d'identification afin d'assurer leur correcte réception.

5.2.2.3 Paging Channel

Le canal PCH (*Paging Channel*) est également un canal de transport du sens descendant assurant le transport des informations nécessaires à la procédure de *paging* lorsque le réseau souhaite initier une communication avec un terminal. Le plus simple exemple est le cas d'un appel voix vers un terminal : le réseau transmet alors un message de *paging* grâce au canal PCH sur toutes les cellules de la zone de localisation où est sensé se trouver le terminal que le réseau d'accès souhaite joindre. Ce message de *paging* est alors transmis sur une ou plusieurs cellules, selon la configuration du système et celle des zones de localisation. Les terminaux doivent bien évidemment pouvoir recevoir l'information de *paging* dans toute la cellule. Notons que la configuration du canal de *paging* affecte directement la consommation d'énergie des terminaux en mode veille. Moins le récepteur du terminal a à écouter le canal PCH pour savoir si un message de *paging* lui est destiné, plus la batterie du terminal aura une durée de vie importante en mode veille.

5.2.2.4 Random Access Channel

Le canal RACH (*Random Access Channel*) est un canal de transport du sens montant qui est utilisé pour transporter des informations de contrôle provenant du terminal, telles que les demandes d'établissement de connexion. Il peut être utilisé également pour transmettre une faible quantité de données par paquet du terminal vers le réseau. Pour un fonctionnement correct, le canal RACH doit bien évidemment être reçu par la station de base quelle que soit la localisation du terminal dans la cellule, ce qui implique que le débit utilisé sur ce canal doit être suffisamment faible, du moins pour les premières procédures d'accès et de contrôle. La couverture du canal RACH comparée à celle du canal dédié est présentée dans la section 10.2.2.

5.2.2.5 Common Packet Channel

Le canal CPCH (*Common Packet Channel*) est une extension du canal RACH qui permet de transmettre des données utilisateur par paquet dans le sens montant. Le canal correspondant sur le sens descendant est le canal FACH que nous avons présenté précédemment. Au niveau de la couche physique, la principale différence qui réside entre les canaux CPCH et RACH est que le premier utilise le contrôle de puissance, un mécanisme de détection de collision ainsi qu'une procédure de gestion d'état CPCH. La transmission sur le canal CPCH peut être maintenue sur un grand nombre de trames alors que celle s'appuyant sur le canal RACH ne peut excéder une ou deux trames.

5.2.2.6 Downlink Shared Channel

Le canal DSCH (*Downlink Shared Channel*) est un canal de transport du sens descendant permettant de transporter des informations utilisateur ou des informations de contrôle dédiées. Il peut cependant être partagé par plusieurs utilisateurs. A certains égards, ce canal est similaire au canal FACH, mais le canal DSCH utilise le contrôle de puissance aussi bien qu'un débit qui peut varier d'une trame à l'autre. Le canal DSCH peut ne pas être reçu dans toute la cellule et peut utiliser les différentes méthodes de diversité de transmission utilisées par le canal associé DCH. Le canal DSCH est toujours associé à un canal DCH du sens descendant.

5.2.2.7 Canaux de transports nécessaires

Les canaux RACH, FACH et PCH sont les trois canaux communs de transport nécessaires au bon fonctionnement du système. L'utilisation des canaux DSCH et CPCH reste, quant à elle, optionnelle.

5.2.3 Correspondance des canaux de transport et des canaux physiques

Les différents canaux de transport que nous venons d'aborder s'appuient sur différents canaux physiques. La correspondance entre ces canaux de transport et canaux physiques est donnée dans la Figure 5.2.

En plus des canaux de transport introduits plus haut, il existe des canaux physiques qui ne véhiculent que des informations propres aux procédures de la couche physique. Il s'agit des canaux SCH (*Synchronisation Channel*), CPICH (*Common Pilot Channel*) et AICH (*Acquisition Indication Channel*) qui ne sont pas visibles du point de vue des couches hautes mais qui sont cependant nécessaires au système et doivent être transmis par chaque station de base. Les autres canaux, CSICH (*CPCH Status Indication Channel*) et CD/CA-ICH (*Collision Detection/Channel Assignement Indication Channel*) ne sont nécessaires que si le canal CPCH est utilisé.

Notons que le canal de transport DCH s'appuie sur deux canaux physiques. Le canal physique DPDCH (*Dedicated Physical Data Channel*) transporte les information des couches hautes ainsi que les données utilisateur alors que le canal physique DPCCH (*Dedicated Physical Control Channel*) véhicule les informations de contrôle nécessaire à la couche physique. Ces deux canaux dédiés sont essentiels au support de débits variables au niveau de la couche physique. Le débit du canal DPCCH est en revanche constant alors que celui du canal DPDCH peut varier d'une trame à l'autre.

5.2.4 Structure de trame des canaux de transport

Les canaux du réseau d'accès UTRA utilisent une structure de trame radio d'une durée de 10 ms. La plus longue période de temps utilisée par le système est celle qui est appelée

« system frame period ». En effet, certaines procédures de la couche physique, comme celles correspondant au *paging* ou à la demande d'établissement de connexion, nécessite une durée d'exécution plus importante que celle d'une simple trame. La durée de cette trame système est définie par le paramètre SFN (*System Frame Number*) qui est codé sur 12 bits.

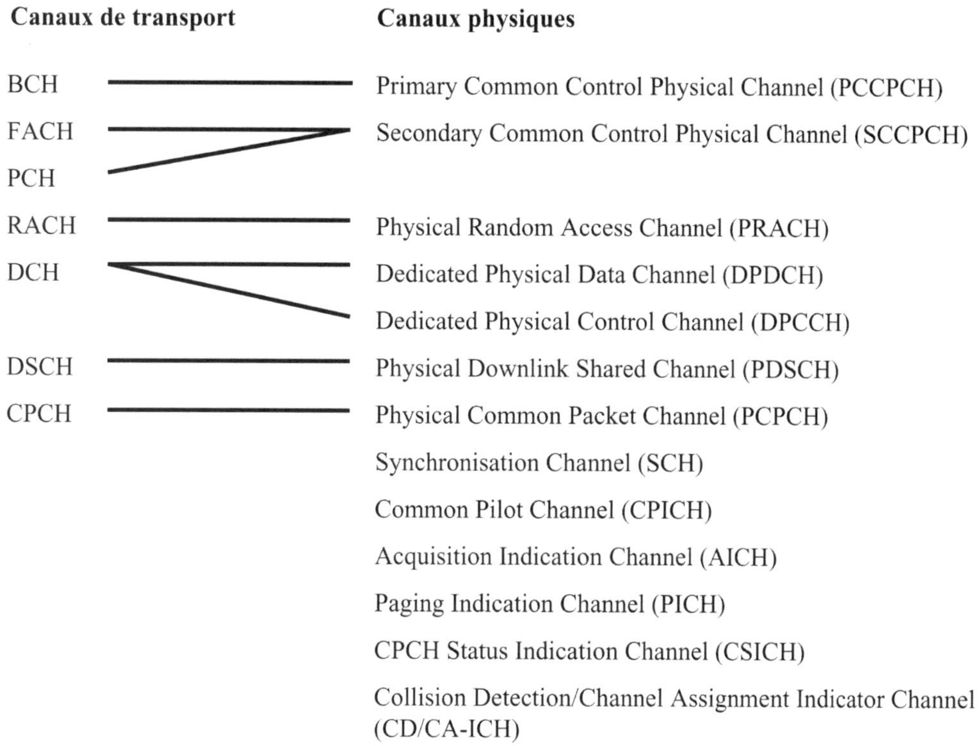

Figure 5.2 Correspondance entre canaux de transport et canaux physiques

5.3. Etalement et modulation

5.3.1 Scrambling

Le concept d'étalement de l'information a été introduit au chapitre 2. Mais, outre l'étalement, le processus réalisé par l'émetteur comprend une opération dite de « scrambling » ou de brouillage. Cette dernière est essentielle au bon fonctionnement du système car elle permet de séparer les différents signaux d'un même terminal ou d'une même station de base. Le *scrambling* est réalisé juste après l'étalement et ne modifie en rien la bande passante du signal, son rôle se limite à séparer les différents signaux, les uns des autres. Avec cette procédure de *scrambling*, l'étalement peut être effectué par plusieurs émetteurs avec le même code de « channelisation » sans pour autant compromettre la détection des signaux par le récepteur. La Figure 5.3 présente les opérations d'étalement et de *scrambling* ainsi que l'impact de ces dernières sur le débit utilisateur. Notons que le *scrambling* n'a pas d'influence sur le débit de *chip* introduit par l'étalement. Le concept de code de *channelisation* est introduit dans la section suivante.

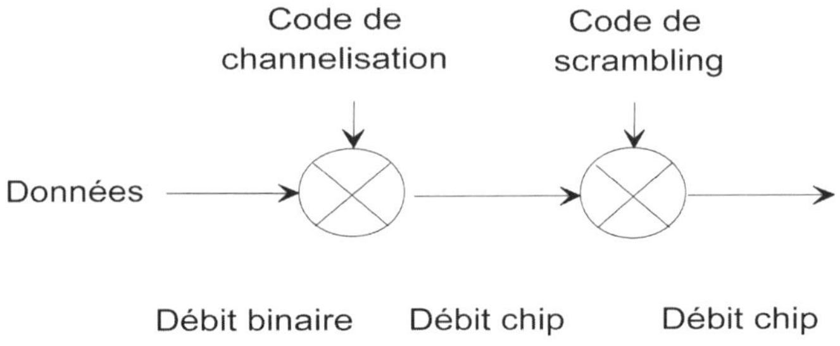

Figure 5.3 Relation entre l'étalement et le scrambling

5.3.2 Codes de channelisation

Les émissions issues d'une même source sont séparées grâce aux codes de *channelisation*. Il peut s'agir, par exemple, des différentes connexions provenant d'un même secteur dans le sens descendant et le canal physique dédié d'un terminal dans le sens montant. Les codes d'étalement et de *channelisation* sont fondés sur la technique OVSF (*Orthogonal Variable Spreading Factor*), définie dans le document [7] donné en référence à la fin du chapitre.

L'utilisation de ces codes OVSF permet de modifier le facteur d'étalement et de maintenir l'orthogonalité des différents codes d'étalement même si ces derniers sont de longueur différente. Ces codes sont choisis parmi ceux de « l'arbre des codes » qui est présenté dans la Figure 5.4. Dans le cas d'une connexion utilisant un facteur d'étalement variable, l'utilisation de l'arbre des codes permet également que le désétalement soit effectué selon le plus petit facteur d'étalement. Cela nécessite simplement que les codes de *channelisation* utilisés soient choisis parmi ceux de la branche qui correspond au code utilisé pour le plus petit facteur d'étalement.

Il existe cependant certaines restrictions quant à l'utilisation des codes de *channelisation*. Un canal physique ne peut utiliser un code donné que si aucun code de la branche qui en découle n'est utilisé par un autre canal physique, c'est-à-dire si aucun autre canal physique n'utilise un facteur d'étalement plus grand généré à partir du code que le premier canal souhaite utiliser. Notons que les codes orthogonaux correspondant au sens descendant utilisés par chaque station de base sont gérés par le RNC.

Les fonctionnalités et les caractéristiques du *scrambling* et des codes de *channelisation* sont résumées dans le tableau 5.1. Leur utilisation est décrite en détail dans la section 5.3.3.

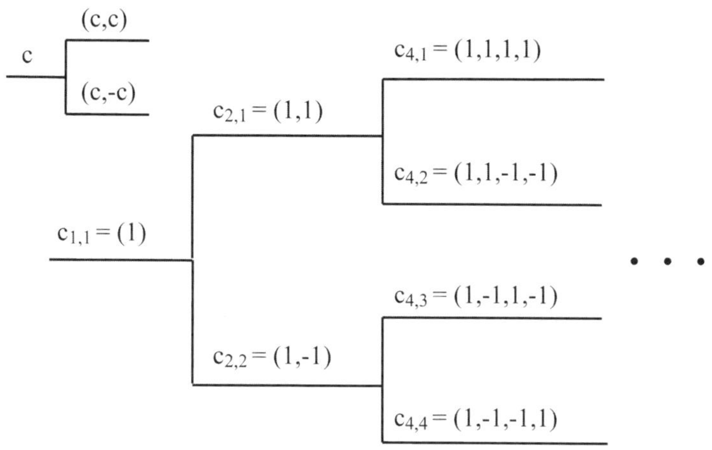

Figure 5.4 Début de l'arbre des codes de channelisation

Tableau 5.1 Fonctionnalités des codes de *scrambling* et de *channelisation*

Fonctionnalités	Code de *channelisation*	Code de *scrambling*
Utilisation	Uplink : séparation des canaux DPDCH et DPCCH provenant d'un même terminal Downlink : séparation des connexions des différents utilisateurs d'une même cellule	Uplink : séparation des terminaux Downlink : séparation des cellules
Longueur	Uplink : 4 à 252 *chips* (1 à 66,7 µs) Downlink : 512 *chips*	Uplink : 10 ms = 38 400 *chips* ou 66,7 µs = 256 *chips* Downlink : 10 ms = 38 400 *chips*
Nombre de codes	Nombre de codes égal au facteur d'étalement	Uplink : plusieurs millions Downlink : 512
Famille de codes	Orthogonal Variable Spreading Factor (OVSF)	10 ms : Gold code 66,7 µs : Extended S(2) code
Etalement	Oui Augmentation de la bande passante	Non Aucune modification de la bande passante

Notons que pour la transmission provenant d'une même source, qu'il s'agisse d'un terminal ou d'une station de base, il existe un arbre de codes de *channelisation* pour chaque code de *scrambling*. Cela signifie que différents terminaux et différentes stations de base peuvent utiliser leurs arbres de codes indépendamment, il n'y a nul besoin de coordonner les ressources en termes d'arbre de codes entre les différents terminaux ou stations de base.

5.3.3 Etalement et modulation uplink

5.3.3.1 Modulation uplink

Dans le sens montant, il existe deux critères supplémentaires à prendre en compte dans la définition des méthodes de modulation et d'étalement. La modulation uplink doit en effet être conçue afin de maximiser l'efficacité de l'amplificateur du terminal et de minimiser les interférences dites « audibles » générées par le terminal.

La transmission discontinue uplink peut causer des interférences audibles avec des équipements audio qui se trouvent à proximité du terminal comme, par exemple, des haut-parleurs. Il s'agit ici d'interférences qui n'ont rien à voir avec les interférences radio qui apparaissent au niveau de l'interface air. Les interférences audibles sont des nuisances perceptibles par l'utilisateur mais qui ne perturbent en rien les performances du réseau. Avec un terminal GSM, il est courant d'observer des interférences audibles avec des équipements audio qui ne sont pas correctement protégés. L'interférence due au GSM a une fréquence de 217 Hz, qui est déterminée par la fréquence de trame GSM. Cette fréquence tombe dans la bande de fréquences audibles par les êtres humains. Avec un système CDMA, les mêmes problèmes apparaissent lorsque la transmission discontinue uplink est activée, par exemple pour le service voix. Durant les périodes de silence, aucun bit de données utilisateur n'est transmis, seules des informations propres au lien sont transmises comme celles relatives au contrôle de puissance, à une fréquence de 1,5 KHz. Avec une telle fréquence, la transmission des symboles *pilot* et ceux du contrôle de puissance, multiplexés temporellement sur le sens montant causerait des interférences audibles au milieu de la bande de fréquences utilisée pour la voix. Par conséquent, les deux canaux physiques dédiés sur le sens montant ne sont pas multiplexés de façon temporelle mais grâce à un multiplexage complexe I/Q.

La Figure 5.5 présente le cas de la transmission continue d'un canal de contrôle multiplexé par un code I/Q. Ainsi, puisque la signalisation correspondant aux symboles *pilot* et au contrôle de puissance sont transmis de façon continue sur un canal séparé, aucun pic de transmission n'a lieu. Les seuls pics qui se produisent correspondent à l'activation et à la désactivation du canal DPDCH mais cela n'intervient que rarement. Notons qu'avec ce type de modulation, les interférences vers les autres utilisateurs et la capacité cellulaire restent en moyenne les mêmes qu'avec une solution de multiplexage temporel. De plus, les performances au niveau du lien radio sont les mêmes quel que soit le type de multiplexage choisi, si naturellement l'énergie allouée au *pilot* et au contrôle de puissance est similaire.

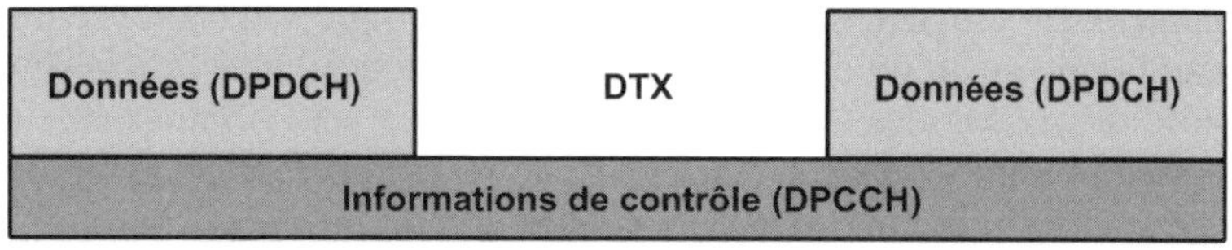

Figure 5.5 Transmission en parallèle des canaux DPDCH et DPCCH

Pour atteindre la meilleure efficacité possible de l'amplificateur de puissance, l'émission au niveau du terminal doit avoir un ratio PAR (*peak-to-average* ou ratio maximum sur moyenne) aussi faible que possible afin que le terminal ait à fournir le moins de puissance possible et que par conséquent la batterie ait une durée de vie aussi longue que possible. Avec le multiplexage I/Q, appelé aussi modulation QPSK bi-canal (*dual-channel Quadrature Phase Shift Keying*), les niveaux de puissance des canaux DPDCH et DPCCH sont généralement différents, en particulier lorsque les débits augmentent et mènent, dans les cas extrêmes, à une transmission de type BPSK (*Binary Phase Shift Keying*). La transmission sur les deux branches se fait alors indépendamment. Mais cela est évité en utilisant une procédure de *scrambling* à valeurs complexes après étalement par les codes de *channelisation*.

La constellation correspondant au multiplexage I/Q, avant la procédure de *scrambling*, est présentée dans la Figure 5.6. La même constellation est obtenue après *descrambling* au niveau du récepteur.

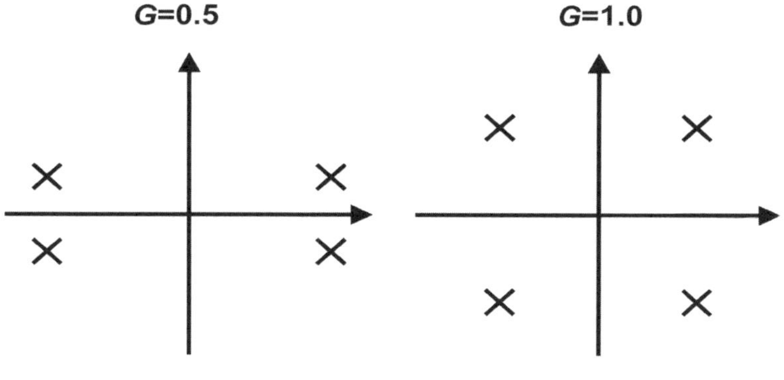

Figure 5.6 Constellation du multiplexage I/Q avant scrambling

Notons que dans la Figure 5.6, le paramètre *G* correspond au facteur de gain relatif entre les branches DPCCH et DPDCH.

La transmission des deux canaux parallèles, DPDCH et DPCCH, correspond à une transmission multicodes, qui augmente le ratio de puissance *peak-to-average*, appelé aussi « crest factor ». Dans la Figure 5.6, ce ratio *peak-to-average* est modifié lorsque le paramètre G varie, c'est-à-dire lorsque les puissances relatives des canaux DPDCH et DPCCH changent. En utilisant la solution de modulation présentée dans la Figure 5.7, l'efficacité de l'amplificateur de puissance de l'émetteur est similaire à celle d'une transmission QPSK équilibrée. Les codes complexes de *scrambling* sont organisés de telle façon que les rotations entre deux *chips* consécutifs d'une même période de symbole soient limitées à +90° ou –90°. Une rotation de 180° ne peut intervenir qu'entre deux symboles consécutifs. Cette méthode réduit le ratio *peak-to-average* du signal émis par une modulation QPSK classique.

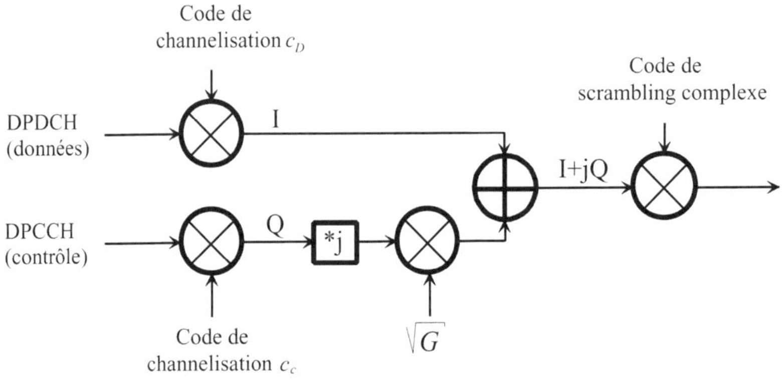

Figure 5.7 Multiplexage I-Q avec scrambling complexe

L'efficacité de l'amplificateur de puissance reste constante indépendamment de la différence de puissance G entre les canaux DPDCH et DPCCH. Cela est expliqué par la Figure 5.8 qui présente la constellation du signal pour un canal de contrôle multiplexé par un code I/Q associé à un *scrambling* complexe. Avec un paramètre G égal à 0,5, les points possibles de la constellation sont, durant une période symbole donnée, soit les cercles, soit les croix. La constellation est similaire à celle de la modulation QPSK, pivotée de quelques degrés. De cette façon, les variations de l'enveloppe du signal avec étalement complexe sont très proches de celles d'une transmission QPSK quelles que soient les valeurs du paramètre G. La solution de multiplexage I/Q associée au *scrambling* complexe entraîne des besoins en énergie moins importants pour l'amplificateur de puissance, besoins qui sont fonction de la différence de puissance entre les canaux DPDCH et DPCCH.

Cette différence de puissance entre les canaux DPDCH et DPCCH est définie, dans les spécifications de la couche physique, sur 4 bits, soit 16 valeurs distinctes. A un instant donné, la valeur de gain pour le canal DPDCH ou pour le canal DPCCH est réglée à la valeur 1. Ensuite, une valeur comprise entre 0 et 1 est attribuée à l'autre canal afin de régler la différence de puissance souhaitée. Le nombre de valeurs possibles a été limité à 16 afin de simplifier l'implémentation de l'émetteur du terminal. La différence de puissance peut alors prendre 15 valeurs comprises entre –23,5 dB et 0,0 dB, la seizième valeur étant réservée dans le cas où aucune donnée n'est à transmettre sur le canal DPDCH.

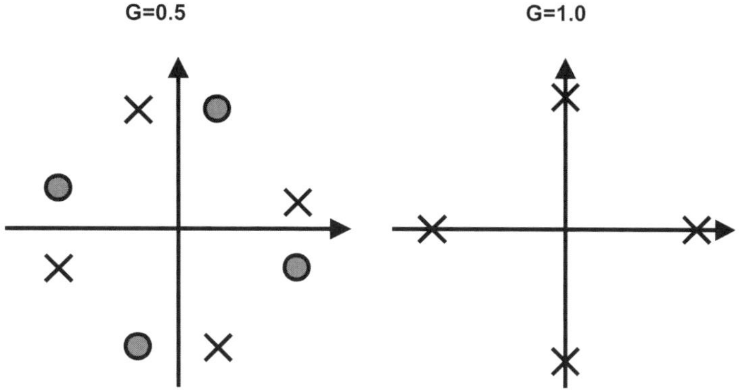

Figure 5.8 Constellation pour un canal de contrôle auquel sont appliqués un multiplexage I/Q et un scrambling complexe.

Comparé au GSM, l'UTRA doit relever un nouveau défi concernant l'efficacité de l'amplification. La modulation utilisée en GSM est la modulation GMSK (*Gaussian Minimum Shift Keying*) qui possède une enveloppe constante et qui est, de ce fait, optimisée pour le ratio *peak-to-average*. Comme tout système bande étroite, les signaux GSM peuvent être assez largement étalés dans le domaine fréquentiel. Cela permet d'utiliser un amplificateur moins linéaire avec une meilleure efficacité de conversion de puissance. L'amplificateur bande étroite est en outre plus facile à linéariser si cela s'avère nécessaire. En pratique, l'efficacité d'un amplificateur de puissance en WCDMA est légèrement plus faible que celle d'un amplificateur utilisé en GSM. D'autre part, le WCDMA utilise un contrôle de puissance rapide sur le sens montant, qui réduit la puissance moyenne d'émission nécessaire sur ce même sens montant.

Au lieu d'appliquer un multiplexage I/Q associé à un *scrambling* complexe, il serait possible d'utiliser un simple multiplexage par code. Avec un multiplexage par code, la transmission multicodes a lieu sur des canaux parallèles de données et de contrôle. Cette approche augmente les variations de l'enveloppe du signal transmis et exige une meilleure linéarité de l'amplificateur de puissance. Le canal de contrôle peut avoir ainsi, surtout pour les services à faible débit, une amplitude supérieure à la moitié de celle du canal de données, ce qui implique plus de variations de l'enveloppe du signal que pour un multiplexage I/Q.

5.3.3.2 Etalement uplink

Il existe une restriction supplémentaire pour le code d'étalement du canal uplink DPCCH. Le même code ne peut être utilisé par un autre canal même s'il appartient à une autre branche I ou Q. L'origine de cette restriction est que des canaux physiques transmis, avec le même code de *channelisation* sur les branches I et Q et avec le principe de double canal QPSK ne peuvent être distingués avant que le canal DPCCH ait été détecté et que les estimations de la phase du canal aient été réalisées.

Au niveau du sens montant, le facteur d'étalement du canal DPDCH peut varier à chaque trame. Les codes d'étalement sont toujours issus de l'arbre des codes que nous avons vu précédemment. Lorsque le code de *channelisation* utilisé pour l'étalement est toujours pris sur la même branche de l'arbre, l'opération de désétalement en est simplifiée. Le terminal fournit des informations concernant le débit utilisé grâce à l'indicateur TFCI (*Transport Format Combination Indicator*) sur le canal DPCCH, afin de permettre la détection des données avec un facteur d'étalement variable sur le canal DPDCH.

5.3.3.3 Codes de scrambling uplink

Les émissions issues de différentes sources sont séparées par les codes de *scrambling*. Au niveau du sens montant, il existe deux types de codes de *scrambling* : les codes courts et les codes longs. Les codes longs sont tronqués en une longueur correspondant à la durée d'une trame de 10 ms, soit une longueur de 38 400 *chips* pour un débit *chip* de 3,84 Mc/s. Les codes courts ont, quant à eux, une longueur de 256 *chips*. Si des détecteurs multi-utilisateurs ou des récepteurs à annulation d'interférences sont utilisés au niveau de la station de base, les codes courts de *scrambling* peuvent être utilisés afin de simplifier l'implémentation de ces structures avancées de réception. Les algorithmes de détection multi-utilisateurs utilisés au niveau des stations de base sont abordés dans la section 10.5.2. Ces deux familles de codes de *scrambling* possèdent plusieurs millions de codes distincts ce qui rend la planification des codes au niveau du sens montant inutile.

Les codes courts proviennent de la famille de code S(2) (*extended S(2) code family*) alors que les codes longs sont appelés « Gold codes ». La séquence de *scrambling* à valeurs complexes est formée dans le cas des codes courts par l'association de deux codes et dans le cas des codes longs par l'association de deux fois le même code, décalés dans le temps.

Le code de *scrambling* à valeur complexe peut être constitué de deux codes à valeur réelle c_1 et c_2, grâce à la méthode suivante :

$$c_{scrambling} = c_1 \times (w_0 + jc_2(2k)w_1), (k = 0, 1, 2\ldots)$$

où les séquences w_0 et w_1 sont définies par :

$$w_0 = \{1\ 1\} \qquad w_1 = \{1\ -1\}$$

Le facteur de décimation du deuxième code est de 2. Cette méthode de création des codes de *scrambling* réduit les passages dans la constellation à la valeur 0 et réduit également les variations d'amplitude dans le processus de modulation.

5.3.3.4 Etalement et modulation sur les canaux communs uplink

Le canal RACH (*Random Access channel*) contient les préambules (*preamble*) qui sont envoyés en utilisant la même séquence de *scrambling* que pour la transmission uplink, la seule différence étant que seuls les 4 096 premiers *chips* de la période de code sont nécessaires et que les transitions entre les états de la modulation sont restreintes. Le processus d'étalement et de *scrambling* sur le canal RACH est de type BPSK, c'est-à-dire qu'une seule séquence est utilisée pour l'étalement et le *scrambling*, sur les branches en phase et en quadrature de phase. Cela a été choisi afin de réduire la complexité des filtres présents au niveau de la station de base dédiés à la réception du canal RACH.

L'étalement, la modulation ainsi que le *scrambling* sont les mêmes pour le canal RACH que pour le canal dédié. Les codes disponibles pour le *scrambling* du RACH sont transmis sur le canal BCH de chaque cellule.

Pour réduire le ratio *peak-to-average*, une rotation supplémentaire est appliquée au préambule RACH, elle est définie par :

$$b(k) = a(k) \times e^{j\left(\frac{Pi}{4} + \frac{Pi}{2}\right)} \qquad k = 0, 1, 2, \ldots, 4095$$

où a(k) est le préambule binaire et b(k) le préambule à valeur complexe correspondant, avec une limitation de changement de phase de 90° entre deux *chips*. Les propriétés d'autocorrélation ne sont pas affectées par cette opération.

A ces préambules RACH sont appliqués une modulation appelée « séquence de signature ». Ces dernières sont définies en prenant les fréquences de Doppler les plus élevées. Ces séquences sont générées à partir de 16 symboles qui sont entrelacés sur la durée du préambule afin d'éviter les autocorrélations inter-séquences. Les 16 séquences de signature ont été spécifiées pour le canal RACH, mais il peut s'agir de codes de *scrambling* utilisant chacun le même jeu de signatures.

L'étalement et la modulation du canal CPCH sont identiques à ceux du canal RACH afin de simplifier l'implémentation des terminaux et des stations de base. Nous y reviendrons en détail dans la section 5.6.

5.3.4 Etalement et modulation downlink

5.3.4.1 Modulation downlink

Pour le sens descendant, une modulation classique QPSK a été choisie avec des flux de données et de contrôle multiplexés temporellement. La modulation temporelle n'est pas utilisée dans le sens montant car elle générerait des interférences audibles en cas de transmission discontinue. En revanche, ce problème d'interférences audibles n'intervient pas dans le sens descendant car les canaux communs n'utilisent pas cette méthode de transmission discontinue. De plus, comme il existe plusieurs émissions parallèles dans le sens descendant, une optimisation similaire du ratio *peak-to-average* à celle recherchée dans le sens montant n'est pas utilisée. Réserver un code de *channelisation* juste pour le canal DPCCH résulterait alors d'une mauvaise utilisation de la ressource en codes lorsque plusieurs émissions sont issues de la même source.

Puisque les branches I et Q ont la même puissance, l'opération de *scrambling* ne fournit pas une différence similaire pour les variations de l'enveloppe par rapport au sens montant. La transmission discontinue est implémentée simplement, en interrompant la transmission.

5.3.4.2 Etalement downlink

L'étalement au niveau du sens descendant est fondé sur les codes de *channelisation* comme pour le sens montant. L'arbre de codes issu d'un même code de *scrambling* est partagé par plusieurs utilisateurs. Typiquement, un seul code de *scrambling* et donc un seul arbre de codes est utilisé par secteur. Les canaux communs et dédiés partagent ainsi les mêmes ressources en codes. Il existe une exception pour les canaux physiques. En effet, le canal de synchronisation SCH (*Synchronisation channel*) n'utilise pas de code de *scrambling*. Les codes d'étalement concernant le canal SCH seront abordés plus loin.

Dans le sens descendant, le facteur d'étalement du canal dédié ne varie pas d'une trame à l'autre : la variation du débit est prise en charge par une autre opération d'appariement du débit ou plus simplement par la transmission discontinue qui peut être appliquée sur une partie du *slot*.

Dans le cas de la transmission multicodes pour un seul utilisateur, les canaux parallèles utilisent des codes de *channelisation* différents mais qu'un seul code de *scrambling*. Toujours dans le cas de la transmission multicodes, le facteur d'étalement est le même pour tous les codes. Chaque canal de transport CCTrCH (*Coded Composite Transport Channel*) peut avoir cependant un facteur d'étalement différent, même s'ils sont reçus par le même terminal.

Il existe une autre particularité au niveau du sens descendant. Il s'agit du cas du canal DSCH (*Downlink Shared Channel*) qui peut utiliser un facteur d'étalement variable d'une trame à l'autre. Dans ce cas, les codes de *channelisation* nécessaires à l'étalement sont pris sur une même branche afin de faciliter l'implémentation des terminaux. Cela est illustré dans la Figure 5.9 qui montre le facteur d'étalement (SF, *Spreading factor*) utilisé pour le débit maximum et la partie de l'arbre qui peut être utilisée par le réseau pour allouer des codes lorsqu'un débit moins important est nécessaire. Avec un tel fonctionnement, le canal DPCCH du canal dédié véhicule d'une part l'indicateur TFCI qui permet d'informer le récepteur du code d'étalement utilisé et d'autre part les paramètres de transport pour le canal DSCH.

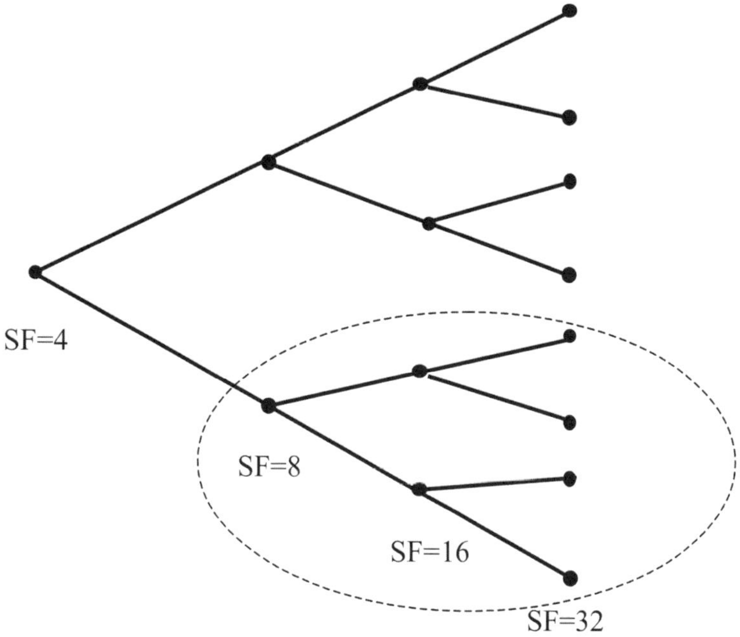

Figure 5.9 Exemple d'arbre de codes DSCH

5.3.4.3 Scrambling downlink

Le *scrambling* pour le sens descendant utilise des codes longs, les mêmes codes Gold que pour le sens montant. Le code de *scrambling* à valeur complexe est formé par un même code décalé dans le temps pour les branches I et Q. La période du code est de 10 ms. Notons que les codes courts ne sont pas utilisés pour le sens descendant. Un premier ensemble de codes de *scrambling* comprend 512 codes. Ces derniers sont appelés « codes primaires ». Les codes de *scrambling* sont alloués aux différents secteurs lors de la phase de planification du réseau. Comme le nombre de codes est important, ils peuvent être attribués automatiquement par l'outil de planification. Ces 512 codes primaires devraient être suffisant pour la planification cellulaire. Cependant, le cas échéant, une deuxième série de codes, dits « secondaires » est disponible. Cela permettra d'augmenter la capacité en utilisant, par exemple, les techniques d'antennes adaptatives sans modifier l'attribution initiale des codes.

Comme pour le sens montant, la période des codes est très longue mais seuls les 38 400 *chips* sont utilisés pour l'instant. Cette limitation a été choisie afin que les terminaux puissent retrouver rapidement le bon code parmi les 512 disponibles.

Le second ensemble de codes de *scrambling* pour le sens descendant pourra être à terme utilisé sur certains canaux, à l'exception des canaux communs qui doivent être captés par l'ensemble de la cellule. En effet, un seul code de *scrambing* peut être utilisé par secteur afin de maintenir l'orthogonalité entre les différents canaux downlink. Les faisceaux des antennes adaptatives fourniront suffisamment d'isolation spatiale pour que l'orthogonalité des différents canaux soit moins essentielle. Toutefois, la meilleure stratégie est de conserver le plus d'utilisateurs possibles sous un même code de *scrambling* afin de minimiser les interférences au niveau du sens descendant. Si un deuxième code de *scrambling* doit être introduit dans la cellule, seuls les utilisateurs qui ne pourraient pas utiliser le premier code pourront utiliser le second. L'orthogonalité est encore plus dégradée si les utilisateurs partagent uniformément les deux codes de *scrambling*.

5.3.4.4 Etalement et modulation du canal SCH

Le canal de synchronisation downlink SCH (*Synchronisation Channel*) est un type particulier de canal physique qui n'est visible que de la couche physique. Il contient deux canaux, un primaire et un secondaire. Ces canaux sont utilisés par le terminal pour repérer les cellules et n'utilisent pas le code de *scrambling* primaire spécifique à la cellule. Le terminal doit en effet être capable de se synchroniser avec la cellule avant de connaître le code de *scrambling* à utiliser.

Le canal primaire SCH (*primary SCH*) utilise un code à 256 *chips*, ce même code est utilisé par toutes les cellules. Le code du canal primaire SCH est transmis sans modulation. Il est construit à partir de séquences d'une longueur de 16 *chips* afin de simplifier l'implémentation du terminal. Lorsque le terminal détecte cette séquence, il ne dispose a priori d'aucune information temporelle préalable. Pour la détection, un simple filtre adapté est nécessaire. Il est cependant préférable d'optimiser cette séquence de synchronisation afin que, pour des raisons de consommation d'énergie et de complexité du terminal, ce filtre adapté soit le plus simple possible.

Les codes secondaires SCH sont des séquences similaires, mais varient d'une station de base à l'autre. On compte 16 séquences différentes. Ces séquences sont utilisées pour générer un total de 64 codes différents. Comme pour le canal primaire SCH, le canal secondaire SCH (*secundary SCH*) n'utilise pas le code de *scrambling* de la cellule associée, les séquences utilisées pour générer les codes n'utilisent pas non plus ce code de *scrambling*.

5.3.5 Caractéristiques de l'émetteur

La méthode de mise en forme de l'impulsion appliquée aux symboles transmis est un filtrage en racine de puissance de cosinus (*root-raised cosine*) avec un facteur *roll-off* de 0,22. Le même facteur de *roll-off* est utilisé pour les terminaux et les stations de base. Nous allons introduire ici d'autres paramètres radio qui ont un impact non négligeable aussi bien sur l'implémentation que sur le comportement du système en général.

L'espacement nominal en WCDMA entre deux porteuses est de 5 MHz, mais la fréquence des porteuses peut être ajustée par pas de 200 kHz. La fréquence centrale de chaque porteuse WCDMA est donc définie avec une précision de 200 KHz. Le but de cet ajustement est d'offrir plus de flexibilité au niveau de l'espacement des canaux dans la bande attribuée aux opérateurs.

Le ratio ACLR (*Adjacent Channel Leakage Ratio*) détermine quelle est la puissance transmise d'une porteuse donnée qui peut se retrouver dans la bande de fréquences d'une première et d'une deuxième porteuse adjacente. Le concept de ce ratio ACLR est illustré dans la Figure 5.10, où les paramètres $ACLR_1$ et $ACLR_2$ correspondent au niveau de puissance reçue au niveau de la première et de la deuxième porteuse adjacente, séparées respectivement de 5 MHz et de 10 MHz de la porteuse considérée. Aucune autre valeur n'est spécifiée pour d'autres espacements de porteuses.

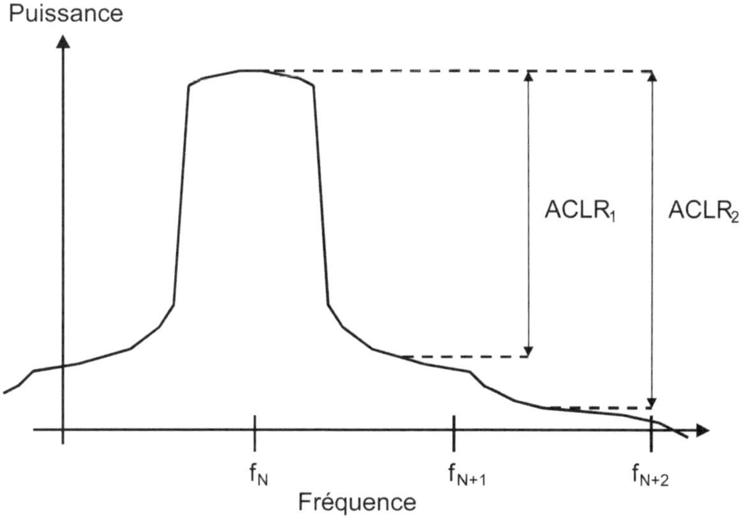

Figure 5.10 Ratio ACLR pour la première et la deuxième porteuse adjacente

Au niveau du terminal, les valeurs du ratio ACLR, pour les classes de puissances 21 dBm et 24 dBm, ont été fixées à 33 dB et à 43 dB pour $ACLR_1$ et $ACLR_2$. Du côté de la station de base, ces valeurs ont été fixées à 45 dB et à 50 dB. Dans la première phase de déploiement du réseau, il est probable que la grande majorité des terminaux fasse partie de la classe 21 dBm, le réseau devra donc être déployé en conséquence.

Plus les exigences du ratio ACLR sont fortes, plus l'amplificateur de puissance doit être linéaire et plus l'efficacité de l'amplificateur est faible. Les valeurs fixées au niveau du terminal doivent permettre une efficacité correcte de l'amplificateur. L'impact de ce ratio ACLR sur les performances du système est étudié dans la section 7.5.

Les exigences en termes de précision fréquentielle ont une relation directe avec le coût d'implémentation, en particulier au niveau des terminaux. La précision pour les terminaux a été fixée à plus ou moins 1 pour mille (± 0,1%) de la fréquence de la porteuse reçue. En ce qui concerne les stations de base, cette précision a été fixée à plus ou moins 0,5 (± 0,05%). La précision concernant les stations de base est plus contraignante. Cela est en partie dû au fait que la fréquence délivrée par ces stations de base fait office de référence pour les terminaux. Les terminaux doivent être aussi capables de déterminer la zone d'incertitude en fréquence causée par le glissement toléré de la fréquence émise par la station de base et celui provoqué par le mouvement du terminal. Avec un pas de 200 kHz, la fréquence « approximative » d'une station de base pourrait commencer à poser de sérieux problèmes. Le 3GPP a spécifié ces paramètres radio dans les documents [8] et [9] donnés en référence à la fin de ce chapitre.

5.4. Transmission de données utilisateur

Concernant la transmission des données utilisateur par les systèmes de deuxième génération, une seul service pouvait être activé à la fois, le service voix ou le service de transmission de données, avec un débit faible. La couche physique de ces technologies ont dû être définies jusqu'au moindre détail, sans réelle flexibilité. Par exemple, les méthodes de *puncturing* ont été définies en GSM, bit par bit. Une telle définition pour tous les services et les débits possibles n'est pas envisageable pour l'UTRA. A la place, il a été défini des algorithmes pour générer ces motifs. En outre, la technologie de traitement du signal a bien évolué, ainsi il n'est plus utile d'implémenter de telles méthodes de *puncturing* au niveau hardware comme aux premiers jours du GSM.

5.4.1 Canal dédié uplink

Comme nous l'avons vu précédemment, la direction uplink utilise un multiplexage I/Q pour les données utilisateur et les informations de contrôle de la couche physique. Ces informations de contrôle sont véhiculées par le canal DPCCH (*Dedicated Physical Control Channel*) avec un facteur d'étalement fixe de 256. Les informations de contrôle issues des couches hautes ainsi que les données utilisateur sont, quant à elles, transmises sur le canal DPDCH (*Dedicated Physical Data Channel*) qui utilise un facteur d'étalement variable, compris entre 4 et 256. La transmission dans le sens uplink peut être constituée d'un ou plusieurs canaux DPDCH avec un facteur d'étalement variable et d'un seul canal DPCCH au facteur d'étalement constant.

Le débit du canal DPDCH peut varier d'une trame à l'autre. Pour un service à débit variable, le débit du canal DPDCH est indiqué sur le canal DPCCH. Le canal DPCCH est transmis de façon continue et l'information du débit est transmise par l'indicateur TFCI. Par conséquent, si cet indicateur TFCI n'est pas décodé correctement, l'intégralité de la trame sera perdue. Puisque l'indicateur TFCI n'indique que le format de transport de la trame courante, la perte d'un indicateur TFCI d'une trame n'affectera pas les autres trames. L'intégrité de l'indicateur TFCI doit être donc plus forte que celle des données utilisateur sur le canal DPDCH. Ainsi, la perte d'un de ces indicateurs TFCI est relativement rare. La Figure 5.11 présente la structure du canal dédié uplink en détail.

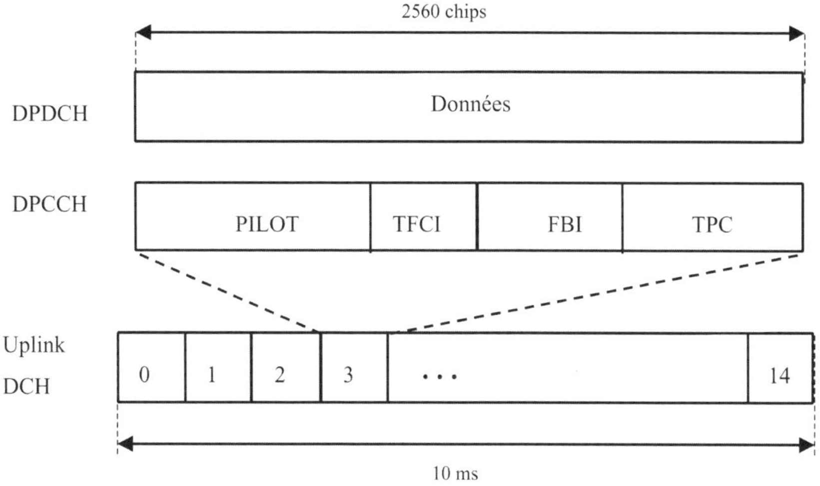

Figure 5.11 Structure du canal dédié uplink

Le canal DPCCH utilise une structure à 15 slots sur une durée de trame radio de 10 ms. Cela représente une durée de *slot* de 2 560 *chips*, soit environ 666 µs. Cela est en fait assez proche de la durée d'un *burst* GSM qui a une durée de 577 µs. Chaque *slot* possède quatre champs utilisés pour transmettre les bits *pilot*, l'indicateur TFCI, les bits TPC (*Transmission Power Control*) et les bits FBI (*Feedback Information*). Les bits *pilot* sont utilisés pour l'estimation du canal au niveau du récepteur, comme nous l'avons vu dans le chapitre 2 et les bits TPC, pour véhiculer les commandes du contrôle de puissance downlink. Les bits FBI sont, quant à eux, utilisés quand de la diversité de transmission est mise en place sur le sens descendant. L'utilisation de ces bits est décrite dans la section 5.6. Il existe en fait six structures de slots différentes pour le canal uplink DPCCH. Les champs FBI et TFCI peuvent en effet être constitués de 1 ou de 2 bits ou même être absents. Les champs *pilot* et TPC sont toujours présents mais leur longueur varie en fonction de celle des champs FBI et TFCI, si bien que le *slot* DPCCH est toujours complètement utilisé.

Il est préférable de transmettre avec un seul canal DPDCH aussi longtemps que possible, et cela toujours pour des raisons d'efficacité de l'amplificateur de puissance, car la transmission multicodes augmente le ratio *peak-to-average*. Le débit maximum des données utilisateur pour un seul code provient directement du débit maximum du canal qui est de

960 kbit/s, sans codage du canal et avec un facteur d'étalement de 4. Avec le codage du canal, le débit maximum des données utilisateur pour un seul code est de l'ordre de 400 à 500 kbit/s.

Lorsque des débits utilisateur plus élevés sont nécessaires, il faut utiliser des canaux parallèles. Il est possible d'utiliser jusqu'à 6 codes en parallèle ce qui permet d'atteindre un débit de transmission de 5 740 kbit/s, soit un débit utilisateur de 2 Mbit/s voire plus si le taux de codage est de ½. Ainsi, il est bien possible d'offrir un débit utilisateur de 2 Mbit/s, même après retransmission. Les débits que nous venons de donner supposent un taux de codage de ½ et n'incluent pas les bits de détection d'erreur CRC (*Cyclic Redundancy Check*). L'impact des ces bits CRC n'est vraiment significatif que pour les débits faibles.

Tableau 5.2 Débits DPDCH uplink

Facteur d'étalement DPDCH	Débit du canal DPDCH (kbit/s)	Débit utilisateur maximum (kbit/s)
256	15	7,5
128	30	15
64	60	30
32	120	60
16	240	120
8	480	240
4	960	480
4 (avec 6 codes)	5 740	2 300

Les débits utilisateur maximums sont donnés dans le Tableau 5.2 avec un taux de codage de ½.

Le récepteur uplink situé au niveau de la station de base doit réaliser les tâches suivantes lorsqu'il reçoit les signaux d'un terminal :

- Le récepteur commence à recevoir la trame et désétale le DPCCH puis mémorise le DPDCH en fonction du débit maximum, correspondant au plus petit facteur d'étalement.
- Pour certains *slots*, le récepteur doit :
  - estimer le canal à partir des bits *pilot* du DPCCH.
  - estimer le ratio SIR à partir des bits *pilot* de chaque *slot*.
  - envoyer la commande TPC au terminal afin qu'il puisse contrôler sa puissance d'émission.

  - décoder les bits TPC de chaque *slot* et ajuster la puissance d'émission de la station de base.
- Tous les deux ou les quatre *slots* :
  - décoder les bits FBI, s'ils sont présents, et ajuster les phases des antennes utilisées en diversité ou les phases et les amplitudes, selon la méthode de diversité utilisée.
- Pour chaque trame de 10 ms :
  - décoder l'indicateur TFCI afin d'obtenir le débit et les paramètres permettant le décodage du canal DPDCH.
- Pour chaque intervalle TTI (*Transmission Time Interval*) qui correspond à la période d'entrelacement (soit 10, 20, 40 ou 80 ms) :
  - décoder les données du canal DPDCH.

Les fonctions ci-dessus sont également à réaliser dans le sens descendant, à part les exceptions suivantes :

- Dans le sens descendant, le facteur d'étalement du canal dédié est constant, comme pour les canaux communs. La seule exception est le canal DSCH (*Downlink Shared Channel*) qui autorise un facteur d'étalement variable.
- Les bits FBI ne sont pas utilisés sur le sens descendant.
- Sur le sens descendant, un canal commun *pilot* est disponible en plus des bits *pilot* du canal DPCCH. Les bits de ce canal commun *pilot* peuvent être également utilisés pour l'estimation du canal.
- La transmission dans le sens descendant peut utiliser deux antennes dans le cas de la diversité d'espace. Le récepteur effectue l'estimation du canal à partir des données issues des deux antennes et par conséquent doit réunir les données désétalées en provenance des deux antennes. Notons que l'impact de cette fonction supplémentaire est faible sur la complexité des terminaux.

5.4.2 Multiplexage uplink

Dans le sens montant, les services sont multiplexés de façon dynamique de telle façon que le flux de données est continu sauf lorsqu'aucune donnée n'est à transmettre. Les symboles sur le DPDCH sont envoyés avec une puissance égale pour tous les services. Cela signifie en pratique que le codage du service et le multiplexage du canal doivent ajuster les débits symbole pour les différents services afin d'équilibrer en puissance les différents symboles. La fonction d'adaptation du débit dans la chaîne de multiplexage, présentée dans la Figure 5.12, est utilisée pour ces opérations d'équilibrage entre les services sur un seul canal DPDCH. Il n'existe pas d'emplacements prédéfinis pour les différents services au niveau du canal DPDCH uplink, la trame est constituée en fonction de la sortie des opérations d'adaptation de débit et d'entrelacement. Le multiplexage uplink est constitué de 11 étapes et est présenté dans la Figure 5.12.

Après la réception d'un bloc de transport provenant des couches hautes, la première opération est d'ajouter un code CRC. Le CRC (*Cyclic Redundancy Check*) est utilisé pour la détection d'erreurs réalisée au niveau du récepteur sur les blocs de transport. La longueur de ce code CRC est de 0, 8, 12, 16 ou 24 bits. Plus le code CRC est long, plus la probabilité qu'une erreur ne soit pas détectée est faible. La couche physique fournit aux couches hautes, toujours au niveau du récepteur, le bloc de transport ainsi qu'une information sur la présence ou non d'erreur détectée.

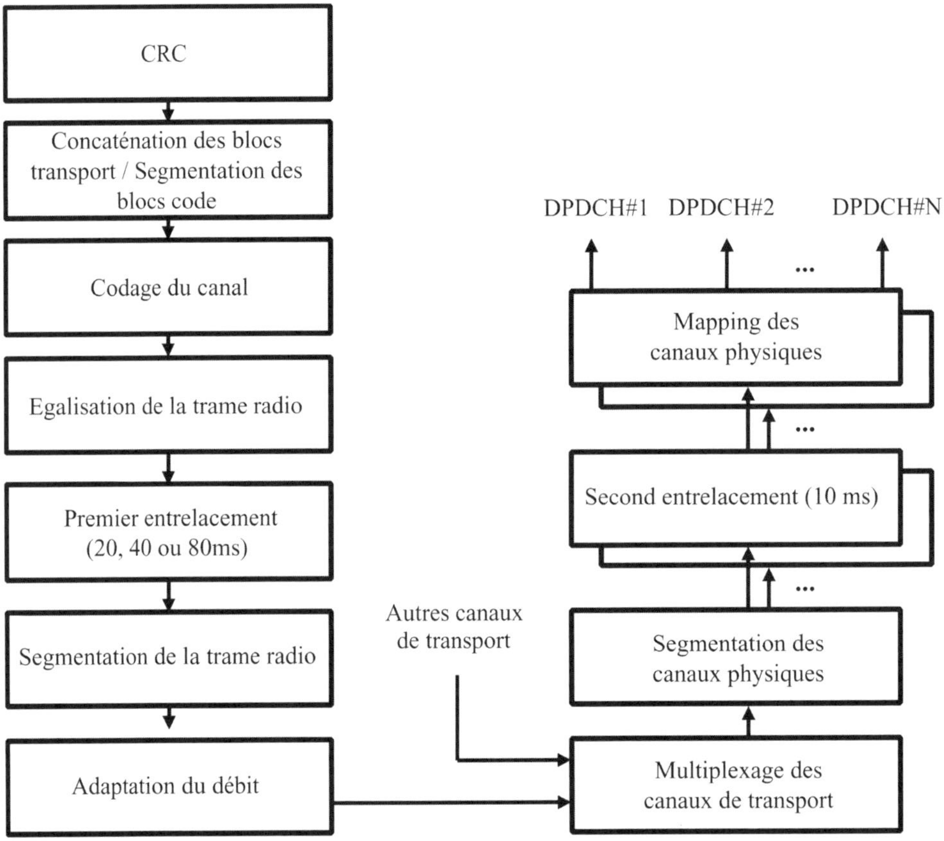

Figure 5.12 Chaîne de codage et de multiplexage uplink

Après l'ajout d'un code CRC, les blocs de transport sont soit concaténés les uns aux autres, soit segmentés en différents blocs de codage. Cela dépend si le bloc de transport correspond à la taille du bloc de codage disponible défini par la méthode de codage du canal. La concaténation permet de minimiser la taille des *overheads* et dans certains cas d'améliorer l'efficacité du codage du canal. La segmentation permet d'éviter les blocs de taille trop importante qui compliqueraient sensiblement les opérations qui suivent. Si le bloc de transport assorti de son code CRC dépasse la taille maximum du bloc de codage, il sera divisé en plusieurs blocs de taille inférieure.

Le codage du canal est réalisé sur les blocs de codage après concaténation ou segmentation. Pour certains services ou classes de bits, aucun codage n'est appliqué. Dans ce cas, il n'y a pas de limitation de taille de blocs de codage.

La fonction d'égalisation de la trame radio permet de garantir que les données sont divisées en blocs de taille égale lorsqu'elles doivent être transmises sur plus d'une trame de 10 ms. Cela est réalisé en ajoutant des bits de bourrage afin que chaque bloc ait la même taille.

Le premier entrelacement ou entrelacement inter-trame est utilisé lorsque la transmission peut supporter un entrelacement de plus de 10 ms. La longueur de cet entrelacement peut être alors de 20, 40, 60 ou 80 ms. La période d'entrelacement est directement liée à l'intervalle TTI qui indique la périodicité de transfert des données en provenance des couches hautes. Les positions de départ des intervalles TTI pour différents canaux de transport multiplexés sont alignées dans le temps. Ces intervalles ont obligatoirement un point de départ commun. Cela est nécessaire pour limiter les combinaisons de formats de transport. La relation en temps des différents intervalles TTI est présentée dans la Figure 5.13. Si cette fonction d'entrelacement est utilisée, la segmentation de trame répartira les données sur 2, 4 ou 8 trames consécutives en fonction de la longueur d'entrelacement.

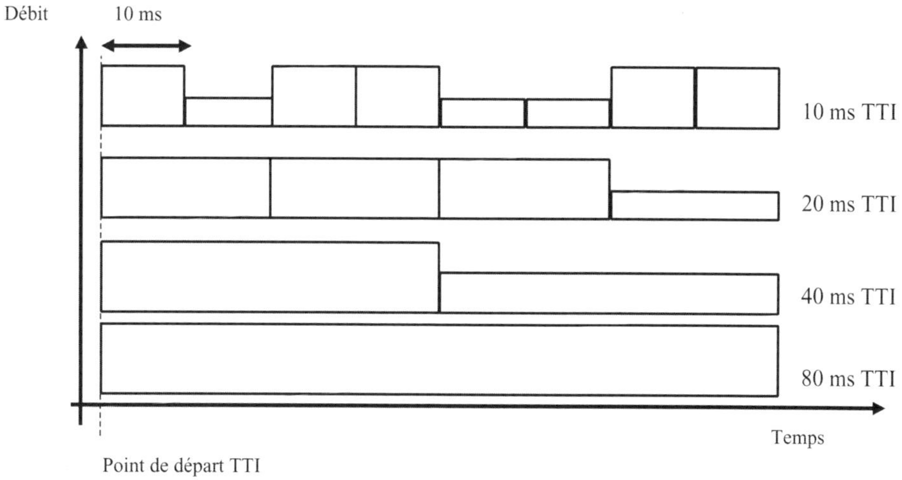

Figure 5.13 Relation entre différents TTI d'une même connexion

L'adaptation du débit permet d'adapter le nombre de bits à transmettre au nombre de bits disponibles sur une trame. Cela est réalisé soit par *puncturing* soit par répétition. Dans le sens montant, la répétition est préférée et la seule raison d'utiliser le *puncturing* est de faire face aux limitations du terminal ou de la station de base. La fonction d'adaptation du débit doit prendre en compte également le nombre de bits provenant des autres canaux de transport qui sont actifs dans la même trame. L'adaptation du débit sur le sens montant est une opération dynamique qui varie trame après trame. Quand le débit du service utilisant le plus petit TTI varie, comme dans la Figure 5.13, l'adaptation dynamique du débit permet aussi d'ajuster les paramètres des autres canaux afin que tous les symboles de la trame radio soient utilisés. Par exemple, si deux canaux de transport n'ont plus de données à transmettre, la fonction d'adaptation du débit va augmenter le débit symbole pour les autres services afin que tous les symboles soient utilisés, en supposant que le facteur d'étalement reste le même.

Les couches hautes fournissent un paramètre semi-statistique, appelé « attribut d'adaptation du débit », permettant de contrôler l'adaptation du débit entre les différents canaux. Il est utilisé pour calculer la valeur d'adaptation du débit lorsque plusieurs canaux de transport sont multiplexés sur une même trame. Lorsque ce paramètre est utilisé, le récepteur peut retrouver les paramètres d'adaptation du débit, grâce à cet attribut et à l'indicateur TFCI. En ajustant cet attribut, la qualité des différents services peut être finement réglée afin d'obtenir un niveau de puissance égal pour tous les symboles.

Les différents canaux de transport sont ensuite multiplexés. Il s'agit ici d'une simple opération de multiplexage en série effectuée trame après trame. Chaque canal de transport fournit ses données dans des blocs d'une durée de 10 ms. Dans le cas où plusieurs canaux physiques (plusieurs codes d'étalement) sont utilisés, une opération de segmentation est nécessaire. Cette opération consiste simplement à répartir uniformément les données sur les codes d'étalement disponibles, car actuellement rien n'a été spécifié pour les cas où les facteurs d'étalement seraient différents lors de transmission multicodes. L'utilisation d'un multiplexage en série signifie aussi que dans le cas d'une transmission multicodes, les débits faibles peuvent être implémentés en envoyant moins de codes que pour le cas de débits plus importants.

La seconde opération d'entrelacement réalise un entrelacement de la trame radio par période de 10 ms, elle est appelée « entrelacement intra-trame ». Notons que ce second entrelacement est effectué séparément sur chaque canal physique, dans le cas où plus d'un canal est utilisé. A la sortie de cette opération, les bits sont directement transmis sur les canaux physiques. Le nombre de bits émis pour un canal physique est exactement le nombre que le facteur d'étalement de la trame peut transmettre. Si aucun bit n'est à transmettre, le canal physique correspondant n'est pas transmis.

5.4.3 Canal RACH

Nous avons vu que les données utilisateur peuvent être transportées par le canal dédié uplink, mais elles peuvent également l'être par le canal RACH (*Random Access Channel*) qui s'appuie sur le canal physique PRACH (*Physical Random Access Channel*). Cela a été prévu pour les cas d'une transmission de données par paquet à faible débit où une connexion continue n'est nécessaire. Le débit qui peut être utilisé est choisi parmi un ensemble de débits définis par des négociations préalables avec le réseau d'accès. Le canal RACH ne supporte pas le contrôle de puissance. Le niveau de puissance défini par la procédure PRACH n'est donc valide que sur une très courte période, de l'ordre de une à deux trames, selon l'environnement.

Le canal PRACH possède un préambule spécifique qui est envoyé avant la transmission de donnés. Il utilise un facteur d'étalement de 256 et contient une séquence de signature de 16 symboles, soit une longueur totale de 4 096 *chips*. Une fois que ce préambule a été détecté et acquitté grâce au canal AICH (*Acquisition Indicator Channel*), le message en lui-même, d'une durée de 10 ou 20 ms est transmis. Le facteur d'étalement de ce message peut varier entre 256 et 32 selon les besoins de la transmission, mais il reste toujours sujet à un accord préalable du réseau UTRA. La longueur du message de 20 ms a été définie pour optimiser le rayon de couverture, nous y reviendrons en détail dans la section 10.2. La structure du canal AICH est, quant à elle, décrite dans la section 5.5 alors que la procédure RACH l'est dans la section 5.6.

5.4.4 Canal CPCH uplink

Une autre méthode de transmission a été définie. Il s'agit d'une extension du canal RACH. Les principales différences de cette méthode par rapport au canal RACH est la réservation du canal durant plusieurs trames et l'utilisation du contrôle de puissance rapide qui n'est pas utilisé dans le cas du canal RACH où seule une ou deux trames sont envoyées. Le canal uplink CPCH (*Common Packet Channel*), qui est l'équivalent du canal downlink DPCCH dans le sens montant, fournit des informations de contrôle de puissance. Ainsi, le réseau peut demander aux terminaux d'envoyer un préambule d'une longueur de 8 *slots* pour le contrôle de puissance avant la transmission du message à proprement parler. Cela permet, dans certains cas, de faire converger le contrôle de puissance avant de débuter la transmission des messages.

La signalisation issue des couches hautes est fournie au terminal en utilisant le canal FACH (*Forward Access Channel*). La principale raison de ne pas utiliser le canal DPDCH du canal dédié est que le canal CPCH est un canal à établissement et relâchement rapides, supporté de façon similaire à celle du canal RACH au niveau de la station de base. Le contenu du canal DPDCH est pris en charge par les protocoles de signalisation des couches hautes du RNC.

5.4.5 Canal dédié downlink

Le canal dédié downlink est transmis sur le canal physique DDPCH (*Downlink Dedicated Physical Channel*). Ce canal Downlink DPCH applique un multiplexage temporel sur les informations de contrôle et les données utilisateur, comme le montre la Figure 5.14. Comme pour le sens montant, les termes DPDCH (*Dedicated Physical Data Channel*) et DPCCH (*Dedicated Physical Control Channel*) sont utilisés dans les spécifications du 3GPP pour les canaux du sens descendant.

Le facteur d'étalement utilisé pour le débit maximum détermine le code de *channelisation* à réserver. La transmission à débit variable peut être implémentée selon l'une des deux façons suivantes :

- Dans le cas où l'indicateur TFCI est absent, les positions des bits DPDCH dans la trame sont fixées. Comme le facteur d'étalement est également toujours fixe dans le canal downlink DPCH, les débits faibles sont implémentés grâce à une transmission discontinue réalisée en interrompant périodiquement la transmission. Si cela est réalisé sur un intervalle d'un *slot*, le taux de *gating* résultant est de 1 500 Hz. Comme il existe dans le sens montant 15 *slots* par trame radio de 10 ms, il est possible d'obtenir différents taux de *gating*. Le débit utilisateur est déterminé grâce au BTFD (*Blind Transport Format Detection*) qui est basé sur l'utilisation d'un ou plusieurs canaux de transport dans lesquels les positions des codes CRC sont différentes selon les TFC (*Transport Format Combination*) utilisés. Pour un terminal, il est obligatoire de supporter le BTFD, du moins pour les faibles débits, comme ceux du service voix AMR. Pour des débits plus élevés, l'avantage de ne pas utiliser les *overheads* TFCI est négligeable et la complexité de la gestion BTFD devient trop importante.
- Dans le cas où l'indicateur TFCI est disponible, il est possible d'utiliser des positions variables et c'est au réseau de sélectionner le mode de fonctionnement à utiliser. Avec des positions variables, il est possible de conserver une transmission continue.

La transmission discontinue a également un impact sur la chaîne de multiplexage, présentée dans la Figure 5.16. Des bits d'indication DTX sont ajoutés juste avant le premier entrelacement.

Pour le sens descendant, le facteur d'étalement peut varier de 4 à 512, avec certaines restrictions quant à l'utilisation du facteur d'étalement de 512 dans le cas du soft handover. Ces restrictions sont dues au pas d'ajustement temporel d'une durée de 256 *chips* utilisé lors de la procédure de soft handover.

La modulation provoque quelques différences entre les débits des sens montant et descendant. Le canal DPDCH uplink est en effet composé de symboles BPSK alors que le canal DPDCH downlink l'est de symboles QPSK. Bien qu'une partie du canal DPDCH downlink soit réservée pour le canal DPCCH, en particulier lorsque le débit est important, le débit du canal DPDCH downlink est presque le double de celui du canal DPDCH uplink utilisant le même facteur d'étalement. Ces débits downlink sont donnés dans le Tableau 5.3 ainsi que les débits bruts calculés à partir des symboles QPSK réservés pour les données utilisateur.

Tableau 5.3 Débits symboles et binaires du canal Downlink DPCH

Facteur d'étalement	Débit symbole du canal (kbit/s)	Débit binaire du canal (kbit/s)	Débit binaire du canal DPDCH (kbit/s)	Débit utilisateur maximum (kbit/s)
512	7,5	15	3-6	1-3
256	15	30	12-24	6-12
128	30	60	42-51	20-24
64	60	120	90	45
32	120	240	210	105
16	240	480	432	215
8	480	960	912	456
4	960	1 920	1 872	936
4, avec 3 codes	2 880	5 760	5 616	2 300

Dans le Tableau 5.3, les débits utilisateur maximums sont donnés avec un taux de codage de ½.

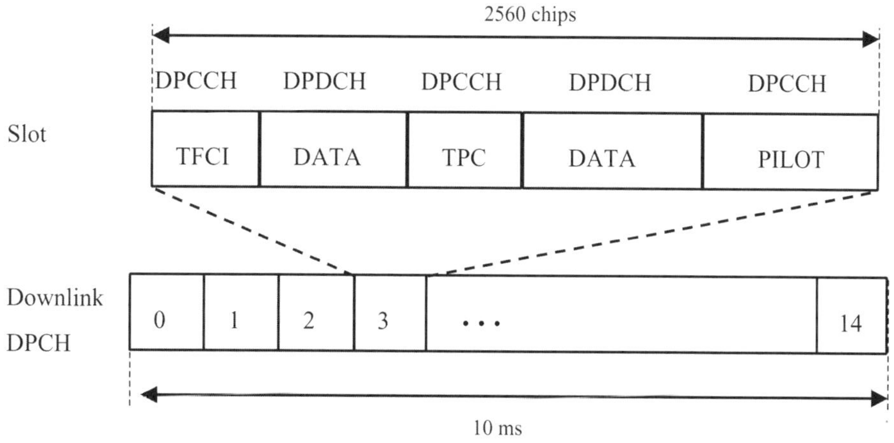

Figure 5.14 Multiplexage DPDCH et DPCCH sur le canal Downlink DPCH

Le canal Downlink DPCH peut utiliser deux méthodes de diversité d'émission pour améliorer les performances : une méthode en boucle ouverte (*open loop*) ou une méthode en boucle fermée (*closed loop*). L'utilisation de ces méthodes n'est pas nécessaire au niveau du réseau mais est cependant obligatoire pour les terminaux. Cela est devenu obligatoire à partir du moment où il est apparu que ce genre de fonctionnalités avaient de fortes répercussions sur la planification du réseau et la capacité globale du système. Le principe de codage de la diversité d'émission en boucle ouverte est présenté dans la Figure 5.15 où l'information est codée pour être envoyée par deux antennes. Cette méthode est appelée, dans les spécifications du 3GPP, diversité d'émission STTD (*Space Time Transmit Diversity*). L'autre méthode consiste à utiliser les bits FBI (*Feeback Information*) issus du terminal. Cette méthode est appelée « feedback mode transmit diversity ». Les signaux transmis alors par les deux antennes comportent des différences de phase et d'*offset* ainsi que, dans certains cas, d'amplitude. Cette méthode est décrite plus en détail dans la section 5.6.

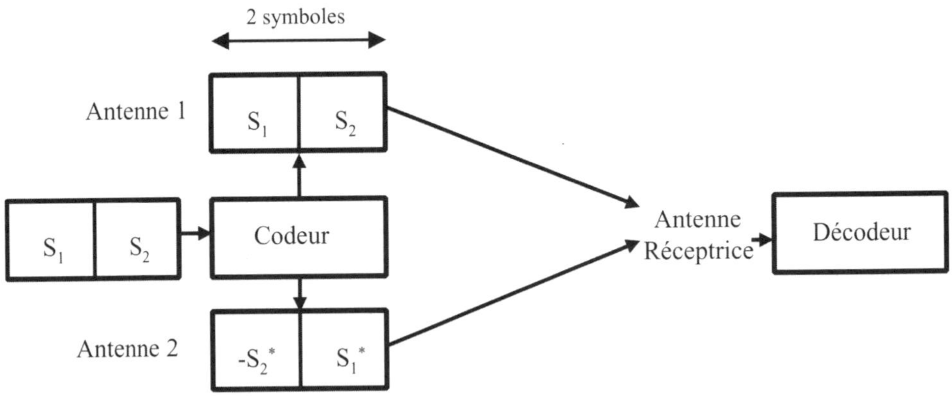

Figure 5.15 Diversité de transmission en boucle ouverte

5.4.6 Multiplexage downlink

La chaîne de multiplexage correspondant au sens descendant est très similaire à celle du sens montant bien que certaines opérations soient réalisées différemment. Comme pour le sens montant, l'opération d'entrelacement est effectuée en deux étapes : un entrelacement intra-trame puis un entrelacement inter-trame. L'adaptation du débit est également réalisée afin d'équilibrer l'énergie des symboles des différents services. Ces services peuvent s'appuyer sur plusieurs codes, si la capacité d'un code n'est pas suffisante.

Notons que l'ordre dans lequel sont effectuées les opérations d'adaptation de débit et de segmentation est inversé par rapport au sens montant. Notons également que les bits indiquant la transmission discontinue (DTX) ne sont pas transmis sur l'interface air. Ils sont juste insérés afin d'informer l'émetteur du moment auquel la transmission doit être interrompue. De tels bits ne sont pas nécessaires sur le sens montant car l'adaptation est faite d'une façon plus dynamique, en remplissant toujours la trame par les données à transmettre sur le canal DPDCH.

L'utilisation de positions fixes pour un canal de transport donné signifie que, pour chaque trame, les mêmes symboles sont utilisés. Si le débit de transmission est inférieur au maximum, les bits DTX sont insérés à la place de ces symboles. Les différents canaux de transport n'ont donc pas d'impact dynamique sur les valeurs d'adaptation du débit des autres canaux, et tous ces canaux de transport peuvent, le cas échéant, utiliser simultanément leur débit maximal. L'utilisation des positions fixes est en partie liée à l'utilisation éventuelle de la détection « blind rate ». Lorsqu'un canal de transport a toujours la même position, indépendamment de son débit, son décodage peut être fait d'une seule traite, la seule chose à déterminer étant la position du champ CRC. Cela nécessite naturellement que les différents débits aient un nombre de symboles différent.

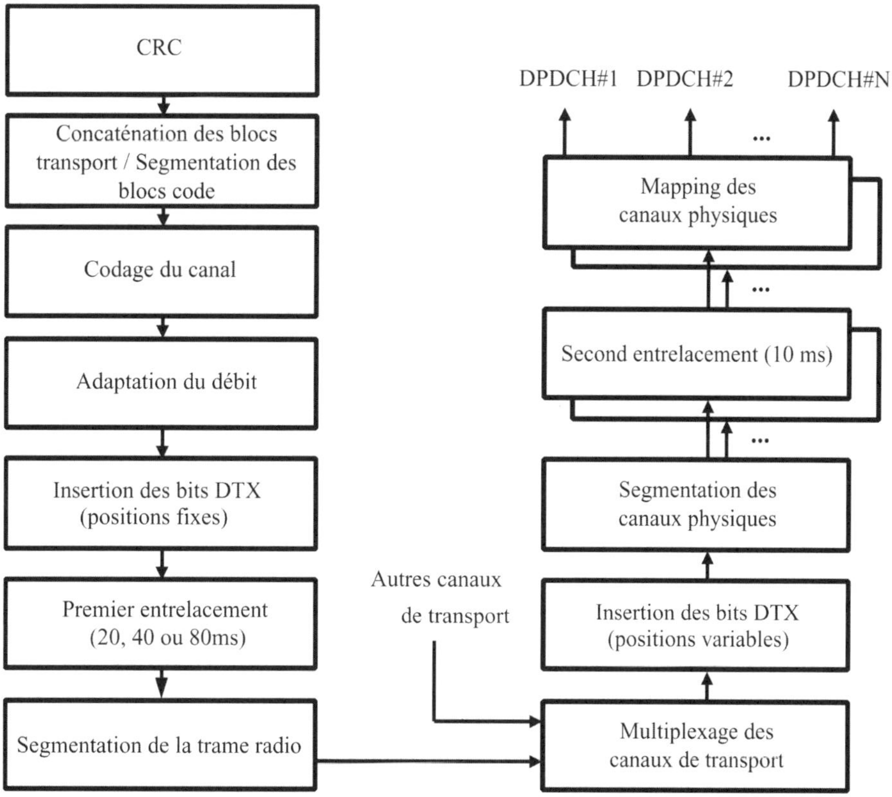

Figure 5.16 Chaîne de codage et de multiplexage downlink

Avec des positions variables, la situation est différente puisque maintenant les bits du canal inutilisés par un service peuvent être utilisés par un autre service. Cela est utile lorsqu'il est courant d'avoir une combinaison de canaux de transport qui n'atteignent pas tous en même temps leur débit maximal. Cela permet de réduire l'occupation du code d'étalement pour le sens descendant. Le concept de positions fixes et variables est illustré dans la Figure 5.17. L'utilisation de la détection *blind rate* est aussi possible avec des positions variables, mais n'est pas obligatoire selon les spécifications. Si le débit n'est pas trop élevé et le nombre de débits possibles pas trop important, le terminal peut effectuer le décodage de toutes les combinaisons et traiter correctement le résultat CRC.

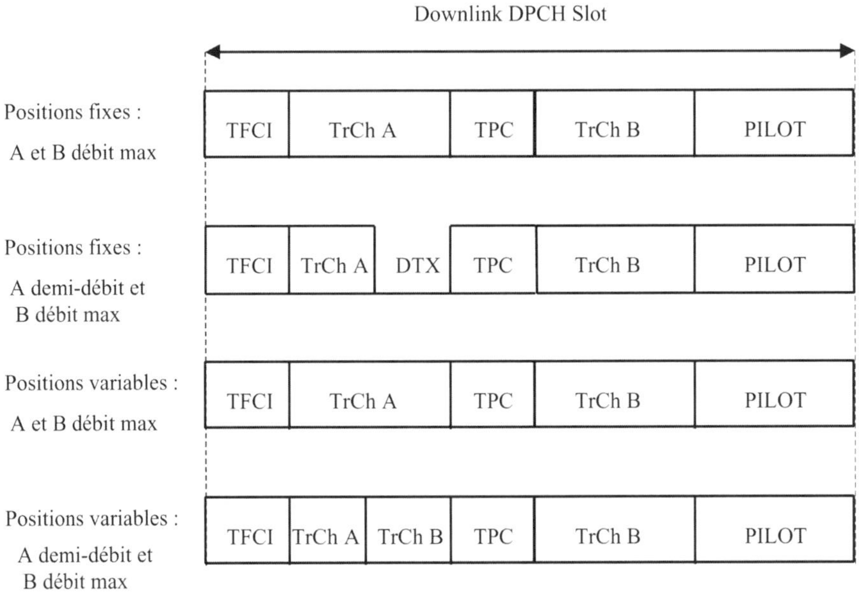

Figure 5.17 Positions des canaux de transport au sein du slot Downlink DPCH

5.4.7 Canal DSCH

Transmettre des données dans le sens descendant avec de forts pics de débit et un faible cycle d'activité demande beaucoup de ressources en termes de codes de *channelisation* sous un même code de *scrambling*. Afin d'éviter ce problème, il existe principalement deux méthodes : utiliser d'autres codes de *scrambling* ou utiliser des canaux communs. L'utilisation de codes de *scrambling* supplémentaires fait perdre l'avantage des transmissions orthogonales issues d'une même source et cela doit être évité. En revanche, l'utilisation de canaux communs permet de conserver cet avantage et de réduire dans le même temps la consommation de codes dans le sens descendant. Comme il n'est pas possible de garantir une disponibilité totale de ces canaux communs, leur utilisation est généralement limitée aux services paquet.

Comme l'utilisation du contrôle de puissance est fortement recommandée pour les systèmes CDMA, le canal DSCH (*Downlink Shared Channel*) est toujours associé à un canal Downlink DCH (*Downlink Dedicated Channel*). Le canal DCH fournit non seulement les informations relatives au contrôle de puissance, mais il indique aussi au terminal quand ce dernier doit décoder le canal DSCH et quel facteur d'étalement il doit utiliser. Deux solutions ont été spécifiées pour réaliser cette dernière opération : soit utiliser l'indicateur TFCI trame après trame, soit utiliser un message sur une plus longue durée issu des couches hautes. Ainsi, le débit du canal DSCH sans codage est identique au débit du canal Downlink DCH que nous avons vu précédemment dans le Tableau 5.3. La seule différence est que le facteur d'étalement 512 n'est pas supporté par le canal DSCH. Le canal DSCH permet également de mélanger des terminaux supportant différents débits sous une seule branche de codes. L'arbre de codes du canal DSCH est présenté dans la Figure 5.9.

Avec le canal DSCH, il est possible d'allouer à l'utilisateur différents débits, par exemple un débit de 384 kbit/s avec un facteur d'étalement de 8 et ensuite un débit de 192 kbit/s avec un facteur d'étalement de 16. La définition de l'arbre de codes DSCH permet de partager la capacité du canal DSCH, trame après trame. Il est ainsi possible d'obtenir des débits importants pour un seul utilisateur actif ou plusieurs débits plus faibles pour plusieurs utilisateurs en parallèle. Le canal DSCH supporte la transmission multicodes, par exemple, trois codes de *channelisation* avec un facteur d'étalement de 4 fournissent un canal DSCH ayant un débit de 2 Mbit/s.

Dans le sens montant, une telle utilisation des codes n'existe pas. Il est plutôt question de résoudre les problèmes de niveau d'interférences et même dans certains cas, de l'utilisation des ressources du côté du récepteur. Par conséquent, la transmission multicodes au niveau du canal DSCH dans le sens montant n'est pas spécifiée pour le mode FDD.

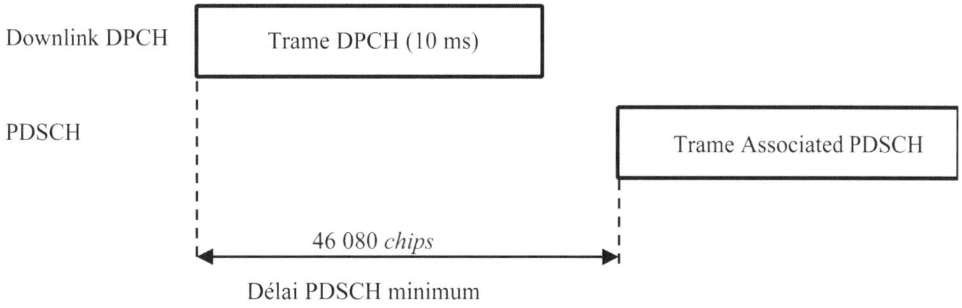

Figure 5.18 Relation temporelle entre les canaux PDSCH et DPCH

Le canal physique qui supporte le canal DSCH est le canal PDSCH (*Physical Downlink Shared Channel*). La relation temporelle entre le canal PDSCH et le canal associé DPCH (*Downlink Dedicated Physical Channel*) est présentée dans la Figure 5.18. La trame PDSCH ne doit pas démarrer avant que trois *slots* ne se soient écoulés après la fin de la trame du canal dédié associé. Cela a été spécifié afin que la mémorisation des informations du canal DSCH soit équivalente à celle des autres canaux au niveau du récepteur.

5.4.8 Canal FACH

Le canal FACH (*Forward Access Channel*) peut être utilisé pour la transmission de données utilisateur en mode paquet. Ce canal est multiplexé avec le canal PCH (*Paging Channel*) sur le même canal physique, mais il peut aussi exister en tant que canal autonome. La principale différence de ce canal avec les canaux dédiés et partagés est qu'il ne supporte pas le contrôle de puissance rapide mais tout au plus le contrôle de puissance lent. Dans certains cas, le contrôle de puissance n'est même pas utilisé. Le contrôle de puissance lent est en fait possible si un grand nombre de données sont échangées entre la station de base et le terminal et si ce dernier fournit des informations sur la qualité des paquets reçus. Ce type de contrôle de puissance ne peut combattre les effets du *fading* mais peut tout de même permettre de prendre en compte les modifications de propagation dues à l'environnement. Pour des transmissions de courte durée, le canal FACH doit généralement utiliser le niveau de puissance maximal. Le contrôle de puissance est en fait vraiment lent puisque la transmission des données sur le canal FACH est contrôlée par le RNC, ce qui implique des délais importants pour le traitement des données issues de la station de base.

Le canal FACH peut contenir des symboles *pilot*, cela dépend principalement de l'emploi ou non d'antennes adaptatives. Normalement, le canal FACH n'en contient pas et le récepteur utilise plutôt les informations du canal CPICH (*Common Pilot Channel*).

Comme le canal FACH doit être reçu par tous les terminaux, le canal primaire FACH (*primary FACH*) ne doit pas utiliser un débit important. Si des débits plus élevés sont souhaités sur le canal FACH, l'utilisation d'un canal physique séparé est alors nécessaire. Cette configuration risque de devenir complexe lorsque plusieurs types de terminaux aux performances diverses seront introduits. Le canal FACH utilise un facteur d'étalement constant et le fait de réserver des canaux FACH supplémentaires pour des débits plus élevés n'optimise pas l'utilisation des ressources de codes, en particulier si la majorité des terminaux ne peuvent pas décoder ces canaux FACH au débit important.

Les messages sur le canal FACH nécessitent normalement une signalisation *in-band* afin de préciser à l'utilisateur qui est le destinataire des messages. Afin de prendre connaissance de cette information, le terminal doit décoder tous les messages FACH. Cette procédure de décodage systématique n'est bien évidemment pas souhaitable à cause de la consommation d'énergie du terminal qui en résulte, surtout pour les débits FACH élevés.

5.4.9 Codage de canal pour la transmission de données

Au niveau de l'UTRA, deux méthodes de codage de canal ont été définies. Les codages convolutifs demi-débit et tiers-débit sont généralement utilisés pour les débits utilisateur relativement faibles, équivalents aux débits fournis par les réseaux de deuxième génération actuels. Pour les débits plus élevés, un codage appelé « Turbo » peut être appliqué. Ce dernier est d'autant plus efficace que les blocs traités sont de taille importante. Il a été montré que le *turbo*-codage apporte un véritable gain par rapport au codage convolutif à partir du moment où plus de 300 bits sont transmis par intervalle TTI. Cela peut varier en fonction du niveau de qualité souhaité et de l'environnement de fonctionnement.

Le codage convolutif est fondé sur un codage utilisant une longueur de contrainte K égale à 9. La méthode de *turbo*-codage et de *turbo*-décodage est une méthode PCCC (*Parallel Concatened Convolutional Code*) à huit états. Le codage *turbo* est utilisé pour les hauts débits pour des raisons de performance. Les principales raisons pour lesquelles le codage *turbo* n'est pas utilisé pour les faibles débits sont les moins bonnes performances de ce codage pour les faibles débits et les blocs de petite taille ainsi que la volonté d'utiliser la détection *blind rate* pour les services à faible débit, comme la voix. Cette détection *blind rate* nécessite, lorsqu'elle est utilisée avec le codage *turbo*, la détection de tous les débits de transmission, alors qu'avec le codage convolutif, des méthodes existent permettant de n'utiliser qu'un seul paramètre de Viberti pour déterminer quel débit est utilisé. Cela est réalisé avec l'aide du code CRC tout en appliquant une technique d'entrelacement spécifique.

Le codage *turbo* possède une fonctionnalité d'entrelacement qui a été développée pour supporter différents débits. La taille du bloc de codage maximum a été fixée à 5 114 bits. En dépassant cette valeur, seule la mémoire nécessaire au traitement des données augmente, les performances, quant à elles, n'augmentent pas de manière significative. Pour des volumes importants de données, plusieurs blocs sont utilisés avec une taille aussi proche que possible de 5 114 bits. La taille des blocs pour les données est en réalité un tout petit peu plus petite du fait de la présence du code CRC.

Tableau 5.4 Options de codage des différents canaux

DCH	Codage *turbo* ou convolutif
CPCH	Codage *turbo* ou convolutif
DSCH	Codage *turbo* ou convolutif
FACH	Codage *turbo* ou convolutif
Autres canaux communs	Codage convolutif avec un taux de codage de ½

La taille minimum des blocs pour le codage *turbo* a été définie initialement à 320 bits, qui correspondent à un débit de 32 kbit/s avec une période d'entrelacement de 10 ms ou à un débit de 4 kbit/s pour une période de 80 ms. La taille minimale a été ensuite descendue à 40 bits car avec une connexion à débit variable, il n'est pas souhaitable de changer le codec au cours d'une même trame. Il est en effet conseillé de modifier la méthode de codage d'un canal de transport au niveau d'une trame. Il est en outre possible de descendre en dessous de cette valeur de 40 bits en utilisant des bits de bourrage.

Concernant le service voix, le codec AMR utilise un système de protection d'erreurs dit « inégal » (*unequal error protection*). Cela signifie que les trois classes de bits, que nous avons vues dans le chapitre 1, possèdent des protections différentes face aux erreurs. Les bits de la classe A qui contribuent le plus à la qualité vocale possèdent la plus forte protection, alors que ceux de la classe C sont transmis sans codage. Cette méthode permet de gagner 1 dB pour le rapport E_b/N_0 comparé au système de protection d'erreurs dit « égal » (*equal error protection*). Les méthodes de codage utilisables par les différents canaux sont résumées dans le Tableau 5.4. Bien que le canal FACH supporte les deux méthodes de codage, l'utilisation du canal FACH pour l'accès au réseau est généralement basé sur le codage convolutif car tous les terminaux ne supportent pas le codage *turbo*.

5.4.10 Codage TFCI

L'indicateur TFCI (*Transport Format Combination Indicator*) peut transmettre, dans le cas d'un fonctionnement classique, des informations concernant le format de transport, d'une longueur allant de 1 à 10 bits. Dans certains cas, l'indicateur TFCI peut être envoyé en utilisant deux codes différents et chaque cellule n'envoie pas nécessairement les deux codes. Dans ce cas, les deux codes sont à même de transmettre 5 bits chacun. Ce mode de fonctionnement, appelé « split », peut être utilisé lorsque que deux RNC contrôlent, l'un un canal dédié downlink, l'autre un canal DSCH. Ce mode de fonctionnement *split* n'est possible que dans le sens descendant.

Le codage dans le mode de fonctionnement normal est réalisé grâce à un code Reed Muller de deuxième ordre ramené à 30 bits pouvant transmettre 10 bits d'information. Le codage TFCI est illustré dans la Figure 5.19. Notons que le codage dans le mode *split* utilise un code bi-orthogonal (16,5).

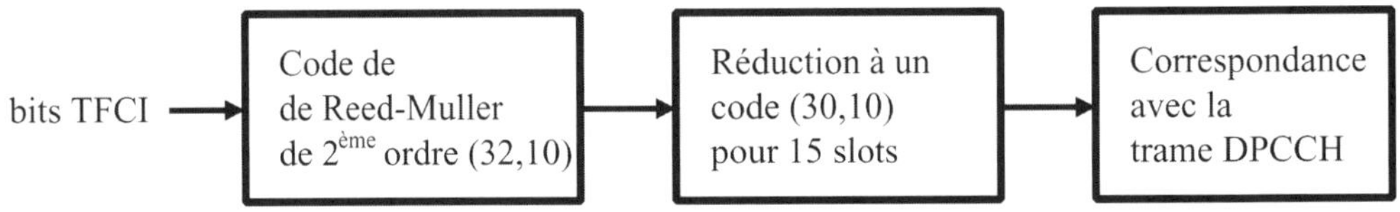

Figure 5.19 Codage des informations TFCI

5.5. Signalisation

Pour les besoins de la signalisation, de nombreuses informations doivent être transmises entre le réseau et les terminaux. Cette section décrit d'une part les méthodes utilisées pour transmettre ces messages de signalisation, générés par les couches hautes et d'autre part les canaux de contrôle de la couche physique nécessaires au bon fonctionnement du système.

5.5.1 Canal CPICH

Le canal CPICH (*Common Pilot Channel*) est un canal non modulé mais qui est codé par le code de *scrambling* primaire spécifique à la cellule. La fonction du canal CPICH est d'aider à l'estimation du canal, réalisée au niveau du terminal pour le canal dédié, ainsi que de fournir une référence pour l'estimation du canal pour les canaux communs quand ils ne sont pas associés avec des canaux dédiés.

Il a été défini deux types de canaux CPICH pour l'UTRA : les canaux primaires et les canaux secondaires. Le canal primaire CPICH utilise un code primaire de *scrambling* avec une allocation fixe du code de *channelisation*. Il n'existe qu'un seul canal de ce type par site ou cellule. Le canal CPICH secondaire peut utiliser un code de *channelisation* d'une longueur de 256 et un code de *scrambling* secondaire. Ce canal CPICH secondaire pourrait être typiquement utilisé pour les antennes directives, adaptées aux zones à forte densité de trafic.

La configuration du canal CPICH primaire conditionne les mesures pour les handovers ainsi que les sélections et resélections de cellules. Le niveau de réception du canal CPICH au niveau des terminaux joue un rôle important dans les mesures de handovers. En ajustant la puissance du canal CPICH, il est possible d'équilibrer la charge entre plusieurs cellules. Réduire la puissance du canal CPICH d'une cellule entraîne certains terminaux à sélectionner une cellule adjacente alors qu'augmenter la puissance du canal CPICH d'une cellule invite plus de terminaux à accéder au réseau par cette même cellule.

Le canal CPICH ne transmet aucune information issue des couches hautes et aucun canal de transport ne s'y appuie. Le canal CPICH utilise un facteur d'étalement de 256 et il peut être transmis par deux antennes lorsque des méthodes de diversité en émission sont utilisées par la station de base. Dans ce cas, les émissions issues des deux antennes sont séparées par une simple modulation appliquée au canal CPICH.

5.5.2 Canal SCH

Le canal SCH (*Synchronisation Channel*) est nécessaire lors de la recherche des cellules par les terminaux. Il est composé également de deux canaux, le canal SCH primaire et le canal SCH secondaire.

Le canal SCH primaire utilise une séquence d'étalement d'une longueur de 256 *chips*, identique pour chaque cellule. Cette séquence a été optimisée pour faciliter l'implémentation des filtres adaptés au niveau des terminaux, comme nous l'avons vu précédemment dans ce chapitre.

Le canal SCH secondaire utilise des séquences possédant différentes combinaisons de codes, rassemblées en groupes de codes. Une fois que le terminal a identifié le canal SCH secondaire, il a obtenu la synchronisation de trame et de *slot* ainsi que l'information précisant le groupe auquel appartient la cellule. Il existe 64 groupes identifiables par les séquences d'une longueur de 256 *chips* envoyées sur le canal SCH secondaire. Cette méthode de recherche de cellule n'est effectuée que lorsque le terminal vient d'être allumé ou lorsque qu'il pénètre dans la zone de couverture du réseau, sinon le terminal dispose d'assez d'informations sur les cellules voisines pour s'affranchir de cette procédure.

Comme pour le canal CPICH, le canal SCH ne supporte aucun canal de transport. Il est multiplexé en temps avec le canal PCCPCH (*Primary Common Control Physical Channel*). Le canal SCH possède une longueur de 256 *chips*, à comparer à 2 560 *chips* qui est la longueur d'un *slot*. Les canaux SCH primaire et secondaire sont transmis en parallèle comme le montre la Figure 5.20. Plus de détails concernant la procédure de recherche de cellule seront donnés dans la section 5.6.

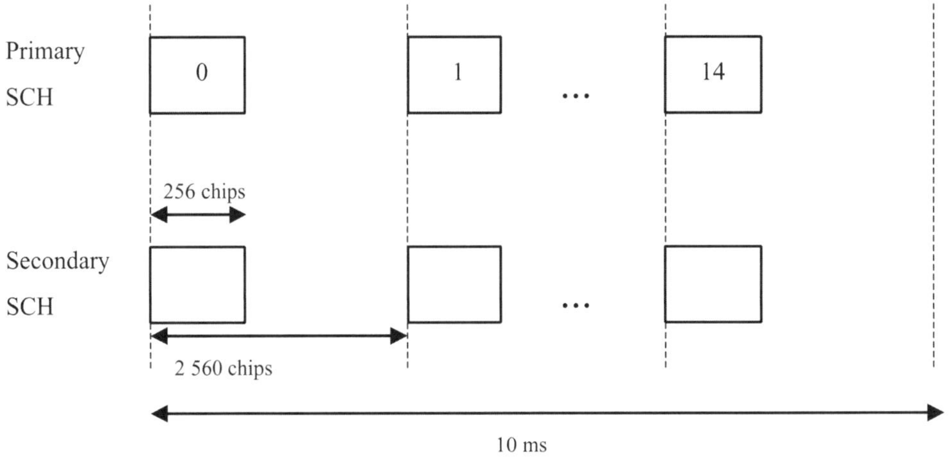

Figure 5.20 Canaux SCH primaire et secondaire

5.5.3 Canal Primary CCPCH

Le canal Primary CCPCH (*Primary Common Control Physical Channel*) est le canal physique qui transporte le canal BCH (*Broadcast Channel*). Il est nécessaire qu'il soit démodulé par tous les terminaux. Ainsi, les paramètres correspondant au codage du canal et à l'étalement ont été rigoureusement définis dans la Release 99 des spécifications du 3GPP. Le contenu des messages possède en revanche un peu plus de flexibilité. De nouveaux messages pourront le cas échéant être définis tant que leur structure ne cause pas de problèmes au niveau des terminaux qui seront utilisés.

Le canal CCPCH primaire ne contient pas d'informations de contrôle, puisque son débit est fixe et qu'il ne supporte pas le contrôle de puissance. Les symboles *pilot* ne sont pas utilisés car le canal CCPCH primaire doit être reçu par l'intégralité de la cellule et qu'il n'est pas utilisé en association avec les techniques d'antennes adaptatives. Il est à cet égard similaire au canal CPICH (*Common Pilot Channel*).

Le débit de ce canal est de 30 kbit/s avec un facteur d'étalement de 256. Le débit est en fait réduit à 27 kbit/s car le canal CCPCH est transmis en alternance avec le canal SCH. Cela est illustré dans la Figure 5.21, où l'on y voit la période de 256 *chips* qui est utilisée pour la transmission du canal SCH.

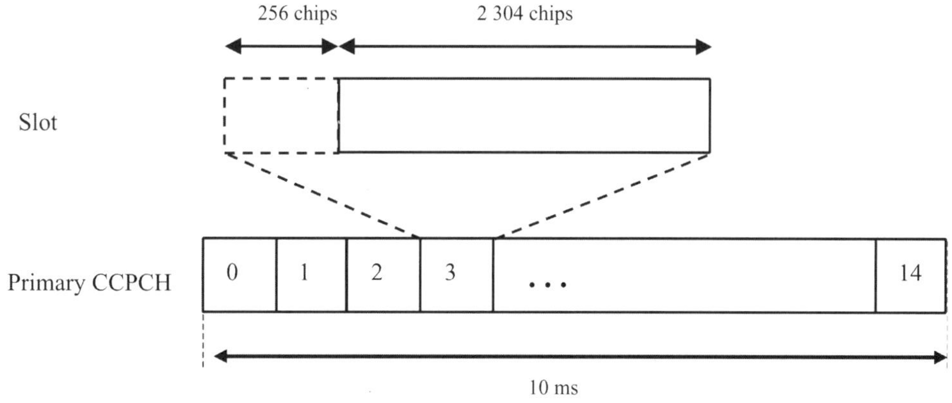

Figure 5.21 Structure de trame du canal CCPCH primaire

Le codage utilisé pour le canal CCPCH primaire est un codage convolutif demi-débit auquel est appliqué un entrelacement de 20 ms, réalisé sur deux trames consécutives. Il est important de conserver, pour ne pas pénaliser la capacité du système, un débit assez faible sur le canal CCPCH puisqu'en pratique, il est transmis avec une puissance importante par la station de base afin d'atteindre tous les terminaux. Le canal CCPCH primaire a un rôle primordial. S'il n'est plus possible de le décoder, les terminaux ne peuvent pas avoir accès au réseau, étant incapables d'obtenir les paramètres indispensables tels que les codes utilisés par les autres canaux communs.

Afin d'améliorer les performances, il est possible d'appliquer au canal CCPCH primaire une méthode de diversité de transmission en boucle ouverte. L'utilisation de cette méthode est indiquée plus haut, dans la section relative à la modulation du canal SCH secondaire.

5.5.4 Canal Secondary CCPCH

Le canal physique Secondary CCPCH (*Secondary Common Control Physical Channel*) supporte deux canaux communs de transport : le canal FACH (*Forward Access Channel*) et le canal PCH (*Paging channel*). Ces deux canaux peuvent partager le même canal CCPCH secondaire ou utiliser deux canaux physiques distincts. En d'autres termes, chaque cellule a au minimum un canal CCPCH secondaire. Dans le cas où un seul canal CCPCH secondaire est utilisé, cela donne peu de degrés de liberté concernant le débit puisque tous les terminaux du réseau doivent être à même de détecter les canaux FACH et PCH. En revanche, lorsque plusieurs canaux CCPCH secondaires sont utilisés, les débits peuvent varier pour les canaux additionnels, les terminaux n'étant pas capables de démoduler de forts débits peuvent dans ce cas toujours se rabattre sur le premier canal CCPCH secondaire dont le débit reste faible.

Le facteur d'étalement utilisé pour le canal CCPCH secondaire est fixe et déterminé en fonction du débit maximum. Le débit peut varier selon les paramètres d'adaptation de débit ou si la transmission discontinue est activée, mais le code de *channelisation* est toujours défini en fonction du débit maximum. Le débit maximum utilisable dépend bien évidemment de la capacité de traitement des terminaux.

Comme pour le canal CCPCH primaire, le codage utilisé est un codage convolutif demi-débit lorsque le canal CCPCH secondaire est utilisé pour le transport des canaux FACH et PCH. Lorsqu'il est utilisé pour le transport du canal PCH, la période d'entrelacement est de 10 ms. Pour la transmission de données avec le canal FACH, un codage *turbo* ou un codage convolutif tiers-débit peut être indifféremment appliqué.

Le canal CCPCH secondaire ne contient pas d'informations de contrôle de puissance. En ce qui concerne les informations de contrôle de la couche physique, les combinaisons suivantes peuvent être utilisées :

- Ni symbole *pilot* ni indicateur TFCI : cette configuration est utilisée avec les canaux PCH et FACH lorsqu'aucune antenne adaptative n'est utilisée et qu'un canal doit être détecté par tous les terminaux.
- Pas de symbole *pilot* mais un indicateur TFCI : cette configuration est typiquement utilisée lorsque le canal FACH est utilisé pour la transmission de données avec un format de transport et un débit variables. Dans ce cas, les variations de débit sont implémentées grâce à la transmission discontinue ou par répétition.
- Symboles *pilot* avec ou sans indicateur TFCI : cette configuration est typique des cas où un canal uplink est utilisé pour récupérer les informations utiles aux antennes adaptatives.

Les canaux FACH et PCH peuvent être multiplexés sur un seul canal CCPCH secondaire, puisque les indicateurs utilisés avec le canal PCH sont multiplexés sur un canal physique différent, appelé PICH (*Paging Indicator Channel*). Le multiplexage des canaux a un effet non négligeable sur le bilan de puissance de la station de base. Les deux canaux doivent être transmis à un niveau de puissance élevé pour être reçus par tous les terminaux. Afin de rendre possible ce multiplexage, les canaux FACH et PCH doivent nécessairement être gérés au niveau du RNC.

La méthode de diversité de transmission en boucle ouverte peut également être appliquée au canal CCPCH secondaire. L'amélioration des performances issue de l'utilisation de cette méthode est encore plus importante que pour les autres canaux communs, du fait que ni le canal CCPCH primaire ni le canal CCPCH secondaire n'utilise le contrôle de puissance rapide. Ainsi, comme ils sont transmis à un niveau de puissance élevé, le fait de réduire le niveau de puissance de transmission améliore de façon significative la capacité du système dans le sens descendant.

5.5.5 Canal RACH

Le canal RACH (*Random Access Channel*) est typiquement utilisé pour la signalisation, lors de l'inscription d'un terminal lorsqu'il vient d'être allumé ou lors d'une procédure de mise à jour de localisation lorsqu'il vient de changer de zone ou encore lors de l'initialisation d'une communication.

La structure du canal physique RACH pour la transmission de signalisation est la même que quand ce canal est utilisé pour véhiculer des données utilisateur, structure que nous avons déjà vue plus haut. Dans le cas de la signalisation, le débit doit être maintenu à une valeur assez basse, autrement la portée du canal RACH de signalisation commencerait à limiter la couverture du système. La couverture du canal RACH est étudiée en détail dans le chapitre 10. La procédure RACH est quant à elle décrite dans la section 5.6 de ce chapitre.

Le canal RACH qui peut être utilisé lors de l'établissement d'un appel possède une taille de *payload* relativement faible puisqu'il doit être compatible avec tous les terminaux. Le canal RACH doit obligatoirement supporter un débit de 16 kbit/s pour tous les terminaux indépendamment du service offert.

5.5.6 Canal AICH

Le canal AICH (*Acquisition Indicator Channel*) est utilisé pour indiquer la réception de la séquence de signature du canal RACH. Le canal AICH utilise une même séquence de signature que le canal RACH sur l'un des codes de *channelisation* de la station de base à laquelle appartient le canal RACH. Une fois que la station de base a détecté le préambule utilisé par la tentative d'établissement de communication, la même séquence de signature qui a été émise dans le préambule est retournée sur le canal AICH. La structure du canal AICH est la même que celle utilisée par le préambule RACH, soit un facteur d'étalement de 256 et une séquence de signature à 16 symboles. Il peut y avoir jusqu'à 16 séquences de signatures autorisées sur le canal AICH au même moment et deux jeux de signatures peuvent être utilisés. Le fonctionnement des canaux AICH et RACH est présenté dans la section 5.6 de ce chapitre.

Pour pouvoir détecter le canal AICH, le terminal doit obtenir au préalable la référence de phase à partir du canal CPICH. Le canal AICH doit être reçu par tous les terminaux et doit par conséquent être envoyé à un niveau de puissance élevé, sans contrôle de puissance.

Le canal AICH n'est pas visible du point de vue des couches hautes. Il est contrôlé directement par la couche physique au niveau de la station de base. Notons qu'un fonctionnement qui aurait mis en jeu le RNC aurait été trop long, en particulier pour la réponse au préambule RACH. La détection du préambule RACH et la réponse au terminal doivent se faire en seulement quelques *slots*.

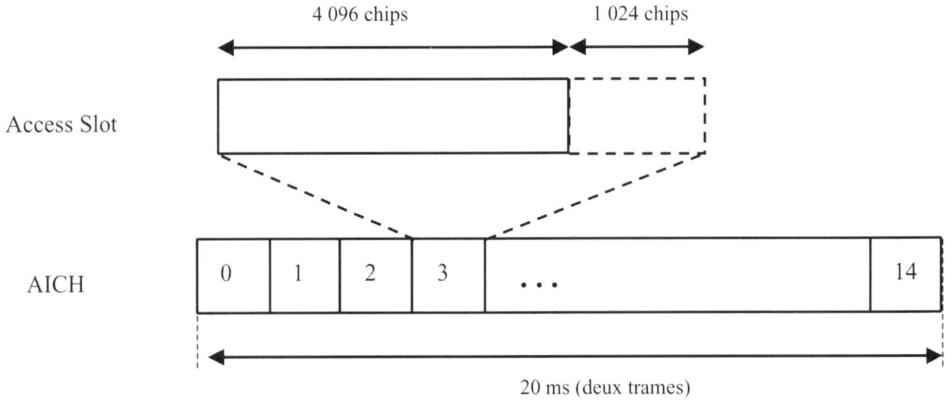

Figure 5.22 Structure du canal AICH

5.5.7 Canal PICH

Le canal PCH (*Paging channel*) fonctionne en association avec le canal PICH (*Paging Indicator Channel*) afin de fournir aux terminaux un fonctionnement en veille efficace. Les indicateurs de *paging* utilisent un code de *channelisation* d'une longueur de 256 *chips* et ils sont transmis une fois par *slot* sur le canal physique PICH. Chaque trame PICH transporte 288 bits, les 12 bits restants n'étant pas utilisés. En fonction du ratio de répétition des indicateurs de *paging* et du paramètre SFN (*System Frame Number*), il peut y avoir 18, 36, 72 ou 144 indicateurs de *paging* par trame PICH.

Pour détecter le canal PICH, le terminal doit obtenir la référence de phase du canal CPCIH et, comme pour le canal AICH, le canal PICH doit être reçu par l'ensemble des terminaux de la cellule. Il doit être en conséquence envoyé à un niveau de puissance élevé et sans contrôle de puissance. La structure de trame du canal PICH est présentée dans la Figure 5.23.

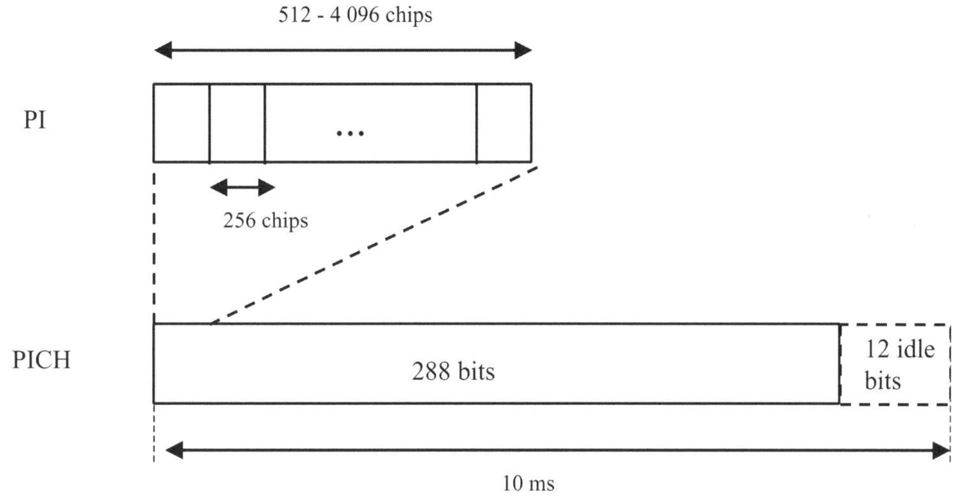

Figure 5.23 Structure du canal PICH

5.5.8 Canaux physiques de la procédure d'accès CPCH

Pour la procédure d'accès CPCH (*Control Physical Channel*), un ensemble de canaux CPCH spécifiques a été spécifié. Ces canaux ne supportent pas de canaux de transport, mais uniquement les informations nécessaires à la procédure d'accès. Ces canaux sont les suivants :

- CPCH *Status Indication Channel* (CSICH)
- CPCH *Collision Detection Indicator Channel* (CD-ICH)
- CPCH *Channel Assignment Indicator Channel* (CA-ICH)
- CPCH *Access Preamble Acquisition Channel* (AP-AICH)

Le canal CSICH utilise la partie du canal AICH que ce dernier n'utilise pas (voir Figure 5.22). Les bits CSICH indiquent la disponibilité de chaque canal CPCH et sont utilisés pour indiquer au terminal d'initier un accès sur un canal libre ainsi que pour accepter les commandes d'assignement de canal. Le canal CSICH partage les ressources en termes de codes de *channelisation* downlink avec le canal AP-AICH.

Le canal CD-ICH transporte les informations propres à la détection de collision. Lorsque le canal CA-ICH est utilisé, les canaux CD-ICH et CA-ICH sont transmis en parallèle au terminal. Des combinaisons à 16 bits ont été spécifiées à leurs égards.

Le canal AP-AICH est identique au canal AICH utilisé avec le canal RACH et lorsqu'il partage les ressources d'accès avec le RACH, il peut également partager le même code de *channelisation*. Dans ce cas, le canal CSICH utilise aussi le même code de *channelisation* que les canaux CPCH et RACH AICH.

5.6. Procédures de la couche physique

La couche physique d'un système CDMA regroupe de nombreuses procédures essentielles au bon fonctionnement du système. Citons comme exemple les procédures de contrôle de puissance rapide et d'accès aléatoire. Il en existe bien évidemment d'autres, associées au *paging*, aux mesures pour les handovers ainsi qu'aux méthodes de diversité de transmission. Ces procédures sont naturellement issues des propriétés CDMA spécifiques à la couche physique UTRA en mode FDD.

5.6.1 Contrôle de puissance rapide en boucle fermée

La procédure de contrôle de puissance rapide est appelée « inner loop power control » dans les spécifications de l'UTRA. Le contrôle de puissance rapide est essentiel au système CDMA à cause du problème *near-far* que nous avons déjà abordé au chapitre 2. Le contrôle de puissance rapide fonctionne au rythme d'une commande par *slot*, soit à une fréquence 1 500 Hz, et par pas de 1 dB. Des multiples de ce pas de 1 dB peuvent être utilisés et des pas plus petits peuvent être également émulés. L'émulation consiste à utiliser un pas de 1 dB sur deux *slots*, ce qui revient à un pas de 0,5 dB par *slot*. De véritables pas inférieurs à 1 dB sont difficiles à implémenter sans augmenter la complexité des équipements. De toute façon, la précision d'un tel pas serait en outre difficile à assurer. Les spécifications définissent une précision de ± 0,5 dB pour le pas de 1 dB du contrôle de puissance. Notons qu'un pas de 2 dB a également été spécifié.

Le contrôle de puissance rapide possède deux cas de fonctionnement particuliers : d'un part lors d'un soft handover et d'autre part lorsqu'il est utilisé avec le mode compressé lors des mesures de handover. Le soft handover pose quelques problèmes puisque le terminal reçoit des commandes de contrôle de puissance de plusieurs stations de base alors que dans le cas du mode compressé, le flux de commandes de contrôle de puissance est périodiquement interrompu.

Dans le cas du soft handover, le principal problème est de savoir comment le terminal doit réagir à plusieurs commandes issues de sources différentes. Cela a été résolu en spécifiant comment le terminal doit combiner les différentes commandes qu'il reçoit et comment il doit estimer leur fiabilité afin de déterminer s'il doit augmenter ou diminuer sa puissance d'émission.

Dans le cas du mode compressé, le contrôle de puissance rapide utilise un pas plus important pour les périodes qui suivent une trame compressée. Cela permet de faire converger plus rapidement le niveau de puissance vers la valeur optimale, juste après l'interruption du flux de contrôle. Cette méthode est plus ou moins nécessaire en fonction de l'environnement et n'est pas spécialement pertinente pour les terminaux peu évolués ou pour les communications où les périodes d'interruption de l'émission sont de très courte durée.

La valeur cible SIR (*Signal to interference Ratio*) pour le contrôle de puissance en boucle fermée est réglée par le contrôle de puissance en boucle externe (*outer loop power control*). Ce dernier est introduit dans la section 2.5 et est décrit plus en détail dans la section 8.2.2.

Du côté du terminal, le fonctionnement du contrôle de puissance rapide a été rigoureusement spécifié. En revanche, du côté du réseau, il existe plus de liberté en ce qui concerne ce que doit décider une station de base lorsqu'elle reçoit une commande de contrôle de puissance et comment elle doit indiquer au terminal d'augmenter ou diminuer sa puissance d'émission.

5.6.2 Contrôle de puissance en boucle ouverte

Outre le contrôle de puissance en boucle fermée, il existe également un contrôle de puissance en boucle ouverte pour le mode FDD de l'UTRA. Ce type de contrôle de puissance est seulement appliqué avant l'initialisation de la transmission sur les canaux RACH et CPCH. Le contrôle de puissance en boucle ouverte n'est pas très précis puisqu'il est difficile de mesurer avec précision une forte variation de puissance au niveau du terminal. L'émission et la réception ont lieu à des fréquences différentes et la précision interne du terminal est la principale source d'incertitude. La précision du contrôle de puissance en boucle ouverte doit être tout de même inférieure à ± 9 dB selon les spécifications.

Le contrôle de puissance en boucle ouverte était utilisé dans les premiers systèmes CDMA, tels que l'IS-95, en parallèle au contrôle de puissance en boucle fermée. Cette utilisation combinée des deux types de contrôle de puissance permet de couvrir certains effets de bord ainsi que les modifications brutales des conditions environnementales. Comme le contrôle de puissance rapide de l'UTRA a presque doublé la fréquence de commandes, il a été estimé qu'un écart de 15 dB ne nécessitait pas l'utilisation du contrôle de puissance en boucle ouverte. Le pas d'incrémentation du contrôle de puissance rapide peut être passé de 1 à 2 dB, ce qui permet d'apporter une correction de 30 dB en l'espace d'une trame de 10 ms.

L'utilisation du contrôle de puissance en boucle ouverte lorsque le terminal est en mode actif a un impact sur la qualité du lien radio. La faible précision de ce type de contrôle de puissance peut engendrer des ajustements de la puissance émise qui ne sont pas toujours nécessaires. Comme un tel comportement dépend des tolérances du terminal et de nombreuses variables environnementales, le fait d'utiliser le contrôle de puissance en boucle ouverte rend encore plus difficile du point de vue du réseau de prédire comment le terminal pourra réagir dans certaines configurations.

5.6.3 Procédure de Paging

Intéressons-nous maintenant à la procédure de *paging* associée au canal PCH (*Paging Channel*). Chaque terminal, une fois enregistré par le réseau, est affecté à un groupe de *paging* (*paging group*). A un groupe de *paging* sont associés des indicateurs de *paging* PI (*Paging Indicator*) qui apparaissent périodiquement sur le canal PICH (*Paging Indicator Channel*) lorsqu'un ou plusieurs messages de *paging* sont envoyés à un ou plusieurs terminaux appartenant au groupe de *paging* en question.

Une fois que les indicateurs de *paging* ont été détectés, le terminal décode la trame PCH suivante transmise sur le canal CCPCH secondaire afin de savoir si un message de *paging* lui est adressé. Le terminal peut également avoir besoin de décoder la trame PCH courante, si la réception des indicateurs de *paging* lui semble incertaine. Les indicateurs de *paging* et le message en lui-même sont séparés par 7 680 *chips* comme le montre la Figure 5.24.

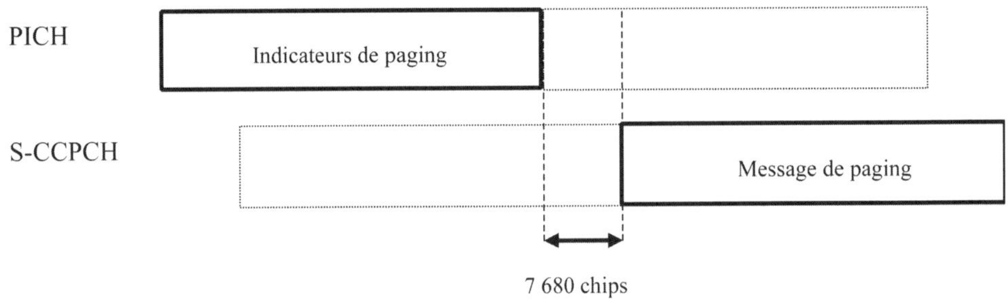

Figure 5.24 Relation entre les indicateurs et les messages de paging

Moins ces indicateurs PI apparaissent, plus le terminal peut rester en mode veille et en conséquence, plus la durée de vie de sa batterie sera importante. En revanche, le temps de réponse du terminal à un appel entrant sera plus important. Notons qu'un intervalle de *paging* infini n'impliquerait pas une durée de vie illimité puisque bien d'autres tâches sont effectuées par un terminal en mode veille.

5.6.4 Procédure RACH

La procédure d'accès aléatoire des systèmes CDMA doit faire face au problème *near-far*, puisqu'à l'initialisation d'une transmission aucune donnée n'est disponible pour déterminer la puissance d'émission nécessaire. Dans l'UTRA, la procédure RACH suit les phases suivantes :

- Le terminal décode le canal BCH afin de récupérer les sous-canaux RACH disponibles ainsi que leurs signatures et leurs codes de *scrambling*.
- Le terminal choisit de façon aléatoire l'un des sous-canaux RACH parmi ceux que sa classe d'accès lui permet d'utiliser. La signature est également choisie de façon aléatoire parmi celles qui sont disponibles.
- Le niveau de puissance downlink est mesuré et le niveau de puissance RACH initial est défini avec une marge due au manque de précision de la boucle ouverte.
- Un préambule RACH d'une durée de 1 ms est envoyé avec la signature choisie.
- Le terminal décode le canal AICH afin de s'assurer que la station de base a bien reçu le préambule.
- Dans le cas où aucun préambule AICH n'est détecté, le terminal augmente la puissance de transmission du préambule en utilisant le pas défini par la station de base. Ce pas est un multiple de 1 dB. Le préambule est retransmis sur le slot d'accès libre suivant.
- Lorsqu'un préambule AICH issu de la station de base est détecté, le terminal envoie le message RACH. Rappelons que ce message RACH a une durée de 10 ms ou de 20 ms.

La procédure RACH est illustrée dans la Figure 5.25, où le terminal envoie le préambule RACH jusqu'à son acquittement reçu sur le canal AICH et transmet ensuite le message RACH proprement dit.

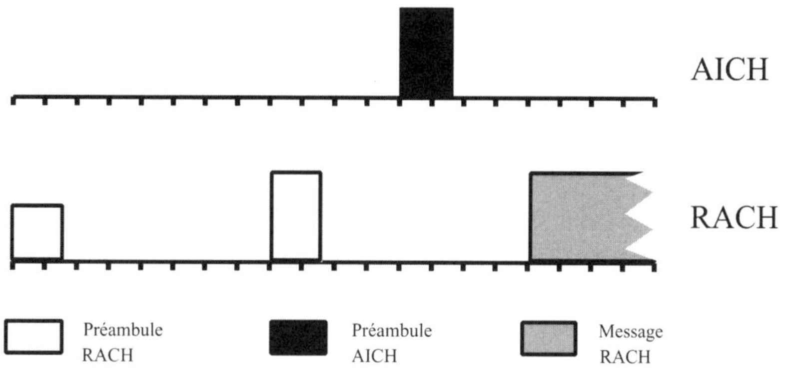

Figure 5.25 Procédure RACH

Dans le cas de la transmission de données sur le canal RACH, le facteur d'étalement et donc le débit utilisateur peuvent varier. Cette variation est indiquée par l'indicateur TFCI sur le canal DPCCH s'appuyant sur le canal physique PRACH. Les facteurs d'étalement variant de 32 à 256 ont été définis. Une simple trame sur le canal RACH peut donc contenir jusqu'à 1 200 symboles qui, en fonction du codage de canal utilisé, correspondent à 400 ou 600 bits. Pour le nombre maximum de bits, la portée du canal est naturellement inférieure à celle qui peut être atteinte avec des débits plus modestes. Cela est accentué par le fait que les messages RACH n'utilisent pas de méthodes de macrodiversité comme le canal dédié.

5.6.5 Fonctionnement CPCH

Le fonctionnement du canal CPCH uplink (*Common Packet Channel*) est très similaire à celui du canal RACH. La principale différence réside dans le fait qu'une détection de collision sur la couche 1 est utilisée. Le fonctionnement suit la procédure RACH jusqu'à ce que le terminal détecte l'acquittement AICH (voir Figure 5.26). Ensuite, un préambule CD (*Collision Detection*) est renvoyé avec le même niveau de puissance, mais avec une nouvelle signature, choisie de façon aléatoire parmi celles qui sont disponibles. La station de base est ensuite censée renvoyer cette signature au terminal sur le canal CD-ICH (*Collision Detection-Indication Channel*). Cette méthode permet de réduire la probabilité de collision sur la couche 1. Après que le préambule CD correspondant au mobile a été reçu, le mobile peut commencer la transmission du message CPCH proprement dit. Ce dernier peut avoir une durée correspondant à plusieurs trames. C'est cette possibilité de transmission sur une certaine durée qui nécessite l'implémentation d'une méthode de détection de collision. Dans la procédure RACH, un seul message peut se retrouver perdu du fait d'une collision, alors que pour le fonctionnement CPCH, une collision non détectée entraîne la retransmission de plusieurs trames et génère des interférences supplémentaires.

Le contrôle de puissance rapide sur le canal CPCH permet également de réduire les interférences dues à la transmission de données. La détection de collision est d'autant plus importante qu'un terminal transmettant des données sur plusieurs trames et suivant le flux de commandes de contrôle de puissance d'un autre terminal pourrait provoquer de très importants problèmes d'interférences dans la cellule, aggravés si des débits élevés sont utilisés. Au début de la transmission CPCH, un préambule optionnel concernant le contrôle de puissance peut être envoyé avant que la transmission de données à proprement parler ne soit initiée. Cela permet au contrôle de puissance de converger plus rapidement puisqu'il existe ainsi un plus long délai, avec le canal CPCH qu'avec le canal RACH, entre l'acquittement et la transmission de données. Ce préambule de contrôle de puissance, codé sur 8 bits, utilise aussi des pas de 2 dB pour une convergence plus rapide.

La transmission sur le canal CPCH a nécessairement une durée limitée puisque le canal CPCH ne supporte ni le soft handover, ni le mode compressé pour permettre des mesures inter-fréquences et intersystèmes. L'UTRAN fixe la durée maximale de transmission CPCH durant la négociation du service.

En outre, le fonctionnement CPCH utilise des fonctionnalités d'assignement de canal et de gestion de statuts. Le canal physique CSICH (*CPCH Status Indication Channel*) envoyé par la station de base transporte des indicateurs concernant le statut des différents canaux

CPCH. Cela permet d'éviter des tentatives d'accès infructueuses lorsque tous les canaux CHCP sont utilisés, augmentant en conséquence le débit total CPCH. La fonctionnalité d'assignement de canal est optionnelle. Si elle est utilisée, un message CA (*Channel Assignment*) peut diriger le mobile vers un canal CPCH, autre que ceux utilisés pour la procédure d'accès. Le message CA est envoyé en parallèle du message de détection de collision.

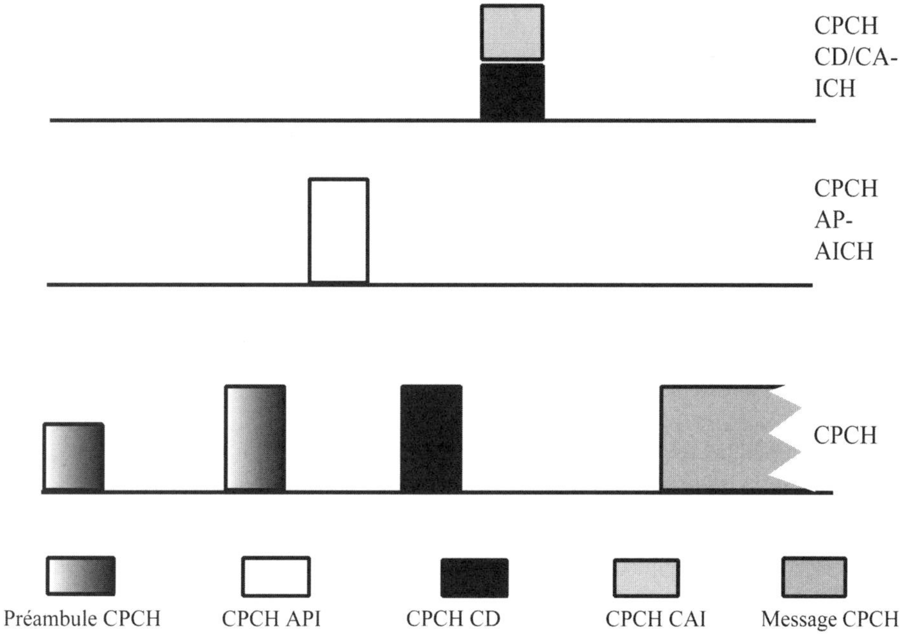

Figure 5.26 Fonctionnement de la procédure d'accès CPCH

5.6.6 Procédure de recherche de cellule

La procédure de recherche de cellule ou procédure de synchronisation utilisée dans un système asynchrone CDMA diffère beaucoup de celle d'un système synchrone comme l'IS-95. Puisque les cellules du système asynchrone UTRA CDMA utilisent différents codes de *scrambling*, les terminaux ne pourraient pas rechercher parmi les 512 codes disponibles lequel correspond à la cellule dans laquelle ils se trouvent, sans avoir à leur disposition certaines informations au préalable. Cela prendrait beaucoup trop de temps et les utilisateurs trouveraient beaucoup trop longue la durée entre l'instant où ils auraient allumé leur terminal et l'instant où ils pourraient s'en servir.

La procédure de recherche de cellule utilisant le canal de synchronisation est composée de trois étapes, bien que, du point de vue de la norme, il n'existe pas d'exigences particulières qui aient été formulées à ce sujet. Les étapes suivantes proviennent plutôt de différentes expérimentations et de tests :

- Le terminal recherche le code de synchronisation primaire, d'une longueur de 256 *chips*, qui est identique pour toutes les cellules. Comme ce code de synchronisation est le même à chaque *slot*, le pic détecté correspond aux limites du *slot*.
- En se basant sur les pics détectés pour le code primaire de synchronisation, le terminal cherche le pic le plus large sur le canal SCH secondaire (*Secondary Synchronisation Channel*). Il existe 64 possibilités pour le code de synchronisation secondaire. Le terminal doit vérifier les 15 positions, puisque les limites de la trame ne sont pas disponibles avant que le code SCH secondaire ne soit détecté.
- Une fois que le code de synchronisation secondaire a été détecté, c'est-à-dire que la trame est entièrement détectée, le terminal recherche les codes de *scrambling* primaires qui appartiennent au groupe de code défini par le code de synchronisation secondaire. Chaque groupe est composé de 8 codes de *scrambling* primaires.

Lorsque les paramètres du réseau sont définis, les propriétés du système de synchronisation doivent être prises en compte afin d'optimiser les performances. Pour la recherche initiale de cellule, ces paramètres ont peu d'impact. En revanche, la recherche de cellule cible dans le cas des handovers peut être optimisée. Puisqu'il existe un nombre important de groupes de codes, il est possible, lors de la phase de planification du réseau, d'attribuer à toutes les cellules voisines d'une cellule donnée un groupe de codes différent. Ainsi, le terminal peut rechercher la cellule cible et s'affranchir de la troisième étape que nous venons de décrire, en confirmant simplement la détection sans avoir à comparer les différents codes de *scrambling* primaires.

D'autres méthodes pour améliorer les performances de la recherche de cellule utilisent la possibilité de récupérer des informations temporelles concernant des cellules. Ce genre d'informations qui sont mesurées par les terminaux pour les besoins du soft handover peuvent être utilisées pour optimiser la deuxième phase. Plus ces informations sont précises, plus le nombre de *slots* à tester pour détecter le code SCH secondaire est faible.

5.6.7 Procédure de diversité en transmission

Comme nous l'avons vu précédemment au sujet des canaux du sens descendant, l'UTRA utilise deux types de diversité en transmission. Nous y reviendrons plus en détail dans le chapitre 10. Ces méthodes sont dites en boucle ouverte et en boucle fermée. Dans cette section, nous nous intéressons à la méthode de diversité en transmission en boucle fermée. La méthode en boucle ouverte a été traitée plus haut dans ce chapitre.

Dans le cas de la diversité en boucle fermée, la station de base utilise deux antennes pour transmettre les données utilisateur. La transmission est fondée sur les informations que renvoie en retour le terminal, transmises sous la forme des bits FB (*Feedback*) sur le canal DPCCH. La méthode de diversité en transmission possède deux modes de fonctionnement.

Dans le premier mode, les commandes *feedback* du terminal permettent d'ajuster la phase des signaux afin de maximiser la puissance reçue au niveau du terminal. La station de base conserve la phase des signaux émis par la première antenne et ajuste progressivement la phase des signaux issus de la deuxième antenne entre deux commandes *feedback*. Avec cette méthode, quatre valeurs de phases différentes peuvent être appliquées à la deuxième antenne.

Dans le deuxième mode, l'amplitude des signaux est modifiée, en plus de la phase. Le même débit d'information de contrôle est utilisé, mais maintenant la commande est étalée sur 4 bits ainsi que sur 4 *slots* DPCCH uplink, avec 1 bit pour l'amplitude et 3 bits pour la phase. Cela donne au total, 8 phases et 2 amplitudes différentes, soit 16 combinaisons pour le signal émis à partir de la station de base. Les valeurs d'amplitude définies sont 0,2 et 0,8. En ce qui concerne la phase, les valeurs se répartissent régulièrement entre -135° et +180°. Dans ce mode de fonctionnement, les trois derniers *slots* de la trame contiennent les informations propres à la phase, tandis que les quatre *slots* précédents contiennent celles correspondant à l'amplitude.

La méthode en boucle fermée ne peut être appliquée qu'aux canaux dédiés ou à un canal DSCH associé à un canal dédié. La méthode en boucle ouverte peut, quant à elle, être utilisée sur les canaux communs et dédiés.

5.6.8 Procédure de mesures de handovers

Au niveau de l'UTRA en mode FDD, plusieurs types de handovers ont été définis :

- Handover intra-mode qui peut être un soft handover, un softer handover ou un hard handover. Ce dernier peut être un handover intra ou inter-fréquences.
- Handover inter-modes, comme le handover vers le mode TDD.
- Handover intersystèmes qui correspond dans la Release 99 à un handover vers le GSM. Il concerne les systèmes GSM fonctionnant à 900 MHz, 1 800 MHz et 1 900 MHz. La Release 2000 devrait spécifier un handover vers les systèmes CDMA à multiples porteuses, systèmes décrits au chapitre 12.

Le principal rapport qui existe entre ces handovers et la couche physique sont les critères de handovers et les mesures qui doivent être réalisées.

5.6.8.1 Handover intra-mode

Le handover intra-mode de l'UTRA en mode FDD repose sur les mesures E_c/N_0 réalisées sur le canal CPCIH (*Common Pilot Channel*). Les paramètres à mesurer par le terminal sont les suivants :

- RSCP (*Received Signal Code Power*) qui correspond à la puissance reçue sur un code après désétalement, mesurée sur les symboles *pilot*.

- RSSI (*Received Signal Strength Indicator*) qui correspond à la puissance reçue au niveau de la bande passante du canal.
- E_c/N_0 qui correspond à la puissance du signal reçue pour un code divisée par la puissance totale reçue sur la bande passante du canal. Le paramètre E_c/N_0 est défini comme le ratio RSCP/RSSI.

Il existe aussi d'autres paramètres qui peuvent être utilisés pour les décisions de handover au niveau de l'UTRAN, l'implémentation des algorithmes de décision de handover n'étant pas précisément spécifiée. Le paramètres SIR (*Signal to Interference Ratio*), donnant des informations sur l'orthogonalité de la cellule et qui est utilisé pour le contrôle de puissance, peut par exemple être utilisé pour les handovers intra-mode.

Une information supplémentaire et essentielle pour les soft handovers est typiquement l'information de décalage temporel entre les cellules. Comme le réseau est asynchrone, il est nécessaire d'ajuster ce décalage afin de combiner correctement les différents signaux dans le récepteur Rake, sinon les émissions des différentes stations de base seraient difficile à combiner et le contrôle de puissance souffrirait d'un délai supplémentaire. La mesure de ce décalage temporel est illustré dans la Figure 5.27. La station de base cible ajuste le décalage temporel par pas de 256 *chips* en fonction des informations reçues du RNC.

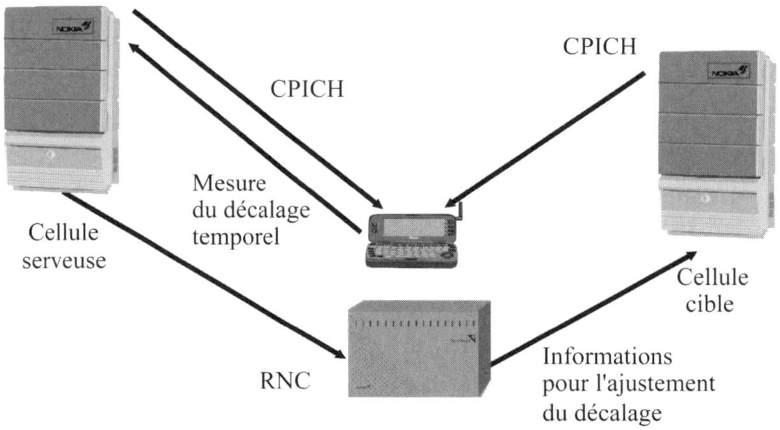

Figure 5.27 Mesure du décalage temporel pour le soft handover

Lorsque les signaux des cellules mises en jeu dans le soft handover se retrouvent dans une fenêtre temporelle de 10 ms, le décalage temporel peut être mesuré à partir de la phase du code de *scrambling* primaire, la période de code utilisée étant de 10 ms. Si l'incertitude est plus importante, le terminal doit décoder le paramètre SFN (*System Frame Number*) du canal CCPCH. Cela prend toujours du temps et n'est pas exempt d'erreurs. C'est pour cela que le contrôle de CRC doit être effectué sur le paramètre SFN. Cette méthode utilisant une fenêtre de 10 ms n'a pas d'intérêt si l'information concernant le décalage temporel provient d'une cellule voisine, puisque les cellules voisines sont déjà synchronisées au niveau des *chips*. Dans ce cas, seule la différence de phase des codes de *scrambling* primaires est à considérer.

Pour le hard handover inter-fréquences, ce décalage temporel au niveau *chip* n'est pas à prendre en compte. Obtenir les mesures correspondantes serait difficile puisque le terminal devrait procéder à ces mesures sur une fréquence différente. Cela est réalisé grâce au mode compressé que nous allons décrire plus loin dans ce chapitre.

5.6.8.2 Handover inter-mode

Sur la demande de l'UTRAN, les terminaux bi-mode FDD-TDD fonctionnant en mode FDD peuvent réaliser des mesures du niveau de puissance des cellules TDD présentes aux environs. Les *bursts* envoyés sur le canal TDD CCPCH, deux fois par trame TDD d'une durée de 10 ms, peuvent être utilisés à cet effet. Les cellules TDD d'une même zone de couverture étant synchronisées, il suffit donc de détecter un *slot* d'une des cellules pour connaître les informations temporelles des autres cellules. Le mode TDD est présenté plus en détail dans le chapitre 11.

5.6.8.3 Handover intersystèmes

Le handover UTRA-GSM possède à peu près les mêmes exigences que le handover GSM-GSM. Normalement, le terminal reçoit le canal GSM SCH (*GSM Synchronisation Channel*) durant les trames compressées au niveau de l'UTRA en mode FDD, afin de pouvoir réaliser certaines mesures sur d'autres fréquences. Notons que le GSM 1 800 a des exigences particulières en ce qui concerne le mode compressé et nécessite que ce mode compressé soit utilisé également pour le sens montant. Cela est également nécessaire pour les mesures TDD.

D'autres systèmes seront concernés par les handovers intersystèmes à partir de la Release 2000. Le système CDMA à multiples porteuses (mode MC) en fait notamment partie. La principale préoccupation pour le mode FDD est de mesurer le niveau de réception du canal *pilot* au niveau du sens descendant du mode MC. Les handovers entre l'UTRA FDD et le mode MC sont toujours des hard handovers, comme ceux vers le GSM. L'utilisation du mode compressé est nécessaire selon le type de terminal utilisé et la position de la bande de fréquences utilisée par le mode MC. En règle générale, les mêmes principes sont valables du point de vue des mesures tant que les informations suffisantes concernant les paramètres du système en mode MC sont correctement transmises au terminal par l'intermédiaire de l'UTRAN. Les procédures de mesures définies dans la Release 99, comme la technique du mode compressé, sont censées pouvoir être utilisées pour les mesures en mode MC.

5.6.9 Procédure de mesures en mode compressé

Le mode compressé, souvent appelé « slotted mode », est nécessaire dans un système CDMA lorsque des mesures doivent être réalisées sur une autre fréquence que celle couramment utilisée, le terminal n'ayant pas à sa disposition deux chaînes de réception distinctes. Lorsque le mode compressé est utilisé, la transmission et la réception sont interrompues durant une courte période, de l'ordre de quelque millisecondes, afin de pouvoir réaliser des mesures sur d'autres fréquences. Le but est de ne pas perdre de données, il faut donc compresser les données dans le temps. Cette compression de trame peut être réalisée à l'aide d'une des trois méthodes suivantes :

- En diminuant le débit des données issues des couches hautes puisque ces dernières ont connaissance du moment où le mode compressé est activé.
- En augmentant le débit des données en modifiant le facteur d'étalement utilisé. Par exemple, l'utilisation d'un facteur d'étalement de 64 au lieu de 128 permet de doubler le nombre de symboles disponibles et permet d'obtenir simplement et efficacement le ratio de compression de trame souhaité.
- En réduisant le débit symbole par la méthode de *puncturing* au niveau de la chaîne de multiplexage de la couche physique. En pratique, cette méthode est limitée aux petites longueurs TGL (*Transmission Gap Length*) car la méthode de *puncturing* possède ses propres limites. L'avantage de cette méthode est de conserver le facteur d'étalement et de ne pas complexifier le codage.

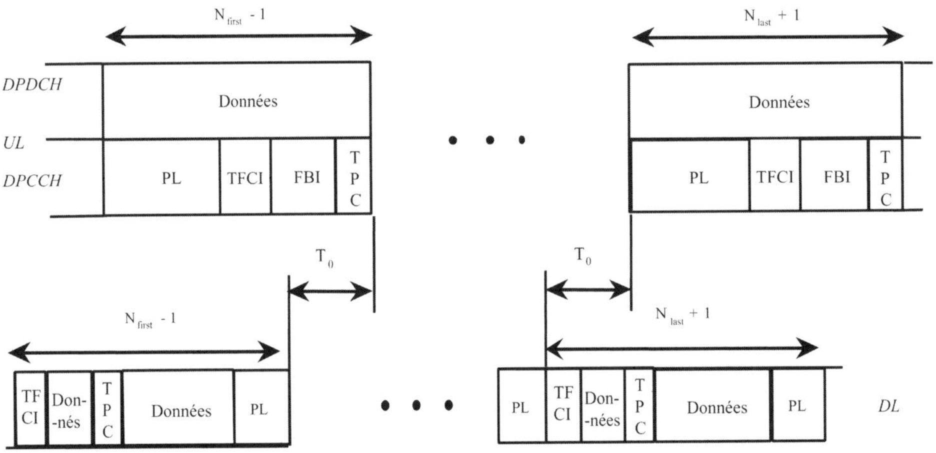

Figure 5.28 Trames compressées uplink et downlink

Les trames compressées sont prévues normalement pour le sens descendant mais peuvent être également utilisées dans le sens montant. Si elles sont utilisées dans le sens montant, elles le sont obligatoirement dans le sens descendant (voir Figure 5.28).

Les longueurs TGL spécifiées, c'est-à-dire le nombre de *slots* consécutifs vides, sont de 3, 4, 7, 10 et 14 *slots*. Les trois premières longueurs peuvent être obtenues soit sur une trame, soit sur deux trames. Quant aux trois dernières, elles ne peuvent être obtenues que sur deux trames.

Dans la Figure 5.29, remarquons que la première et la quatrième trame ne sont pas modifiées. Les bits libérés sont situés à la fin de la seconde trame et au début de la troisième.

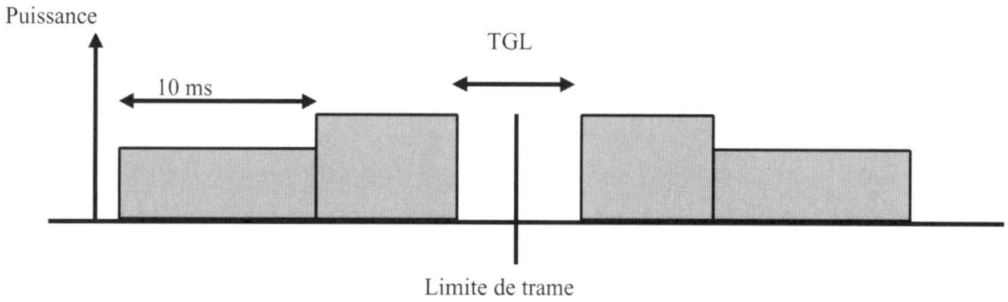

Figure 5.29 Mode compressé sur deux trames

Notons que le mode compressé est nécessaire dans les deux sens de transmission lorsque des mesures sont à réaliser dans la bande de fréquences GSM 1 800. Les bandes de fréquences GSM 1 800 downlink et UTRA FDD uplink sont en effet trop proches pour pouvoir permettre l'émission et la réception simultanément.

L'utilisation du mode compressé sur le sens montant lors de mesures sur la bande de fréquences GSM 900 dépend, quant à elle, du terminal. Pour maintenir l'émission sur le sens montant, le terminal doit être à même de générer en parallèle des fréquences additionnelles. En pratique, cela signifie que des oscillateurs supplémentaires doivent être implémentés et que certains composants doivent être dupliqués, entraînant des terminaux plus complexes et consommant plus d'énergie.

L'utilisation du mode compressé a un impact inévitable sur les performances du lien radio. Ces influences ont été étudiées et sont décrites dans les deux documents [10] et [11] données en référence à la fin du chapitre. Les performances ne sont néanmoins que peu dégradées si le terminal ne se situe pas en bordure de cellule. Les performances peuvent en effet être compensées par le contrôle de puissance. Les impacts sont donc plus importants en bordure de cellule. La différence de performance, au niveau du sens montant, entre le mode compressé et le mode non-compressé est en effet minime tant que la valeur de « headroom » est inférieure à 4 dB. Pour une valeur de *headroom* de 0 dB, la différence avec un mode de transmission normal est de 2 à 4 dB. La valeur de *headroom* de 0 dB correspond au fonctionnement à pleine puissance d'un terminal en bordure de cellule qui n'a pas de possibilité de (soft) handover et qui n'a donc plus de réserve de puissance pour le contrôle de puissance rapide. L'utilisation du soft handover (ou du handover en général) améliore les performances puisque les situations où la valeur de *headroom* est faible n'arrivent que rarement sauf dans le cas où le terminal est à la limite de la zone de couverture du réseau.

Notons que le temps disponible pour réaliser des mesures est réduit du fait du temps que les composants prennent pour passer d'une fréquence à l'autre. C'est pour cela que la longueur TGL est généralement d'au moins 3 slots.

5.6.10 Autres mesures

Au niveau de la station de base, d'autres mesures sont nécessaires afin de fournir au RNC les informations suffisantes concernant notamment l'utilisation des ressources en puissance de la station de base. Les mesures suivantes ont été spécifiées pour la station de base et doivent être supportées par la signalisation véhiculée entre la station de base et le RNC :

- Le RSSI (*Received Signal Strength Indicator*) qui fournit des informations sur la charge uplink.
- Le SIR uplink du canal DPCCH.
- La puissance totale émise par porteuse au niveau de la station de base, permettant de connaître l'état des ressources en puissance de la station de base.
- La puissance émise par code et par terminal, afin par exemple d'équilibrer la puissance pour les liens radio utilisés en soft handover.
- Les estimations des BLER (*Block Error Rate*) et BER (*Bit Error Rate*) pour les différents canaux physiques.

La mesure du taux d'erreur bloc (BLER) doit être également supportée par le terminal. Le principal but des mesures BLER au niveau du terminal est de fournir les informations nécessaires au contrôle de puissance *outer loop* en définissant la valeur cible du SIR pour le contrôle de puissance rapide.

La localisation des terminaux permettant, comme nous l'avons vu dans le chapitre 1, d'offrir des services personnalisés et liés à la localisation de l'abonné, nécessite également des mesures réalisées au niveau de la couche physique. Pour cela, un second type de mesures a été spécifié qui donnent le décalage temporel entre les codes de *scrambling* primaires de différentes cellules avec une précision d'un quart de *chip*. La précision de la localisation est donc, en théorie, d'environ 70 mètres. Dans les systèmes cellulaires, il existe d'autres facteurs qui contribuent à atteindre une telle précision. Afin de réduire l'impact du problème *near-far* pour un terminal qui est très proche de la station de base, les spécifications proposent une méthode introduisant des périodes durant lesquelles la station de base ne transmettrait pas. Cela rend possibles les mesures des autres stations de base qui n'auraient pas été possibles du fait de la proximité de la station de base serveuse.

5.6.11 Fonctionnement avec les antennes adaptatives

L'UTRA a été conçu pour permettre l'utilisation d'antennes adaptatives dans les sens montant et descendant. Ces antennes adaptatives permettent de former des faisceaux directifs. Il existe deux types de faisceaux qui peuvent être utilisés. Soit un faisceau utilise le canal *pilot* secondaire (S-CPICH), soit il utilise seulement les symboles *pilot* dédiés. Du point de vue de la couche physique, l'utilisation des antennes adaptatives est définie dans la Release 99, mais les besoins en termes de performance des terminaux selon différents scénarios de fonctionnement ne seront définis que dans les Releases suivantes.

Tableau 5.5 Application du concept d'antennes adaptatives aux canaux physiques downlink

Canal physique	Faisceau (avec S-CPICH)	Faisceau (avec S-CPICH)
P-CCPCH	Non	Non
SCH	Non	Non
S-CCPCH	Non	Non
DPCH	Oui	Oui
PICH	Non	Non
PDSCH (avec DPCH associé)	Oui	Oui
AICH	Non	Non
CSICH	Non	Non

Le fait que le concept d'antennes adaptatives puisse être appliqué à un canal physique dépend de certains facteurs. Par exemple, est-ce que le canal véhicule des symbole *pilot* dédiés ? Est-ce que la station de base sait à quel terminal sont destinées les données à transmettre dans le sens descendant ? Le Tableau 5.5 montre quel canal physique peut être utilisé avec le concept d'antennes adaptatives.

Notons que si l'on souhaite utiliser des antennes adaptatives et introduire de la diversité d'émission, le canal S-CPICH doit être transmis par le même faisceau.

5.7. Capacité d'accès radio des terminaux

Comme nous l'avons vu dans le chapitre 1, la classification des terminaux utilisée en GSM n'est pas appliquée de la même manière en UMTS. A la place, un terminal, durant la phase d'établissement d'appel, transmet au réseau un ensemble de paramètres définissant ses capacités et non plus seulement, comme en GSM, une ou plusieurs valeurs définissant sa classe. Cela est dû au large éventail de capacités et de débits des terminaux UMTS, et cela aurait entraîné la création d'un trop grand nombre de classes. Pourtant pour des raisons pratiques, un certain nombre de classes de référence ont été définies, mais les terminaux peuvent s'en écarter.

Les classes de référence [12] possèdent quelques valeurs communes qui ne sont pas décrites dans ce chapitre. Par exemple, le support du facteur d'étalement 512 n'est pas prévu par défaut dans aucune des classes. En ce qui concerne les méthodes de codage de canal, le codage *Turbo* est supporté par les classes supérieures à la classe 32 et pour les débits supérieurs à 64 kbit/s, les paramètres du codage *Turbo* sont donnés dans le Tableau 5.6 et le Tableau 5.7. Pour le codage convolutif, toutes les classes possèdent une valeur de 640 bits, pour un instant donné et pour le codage et le décodage. Cela est nécessaire dans tous les cas pour le décodage des canaux de diffusion (*broadcast*). Toutes les classes, à l'exception de la classe 32, supportent au moins 8 canaux de transport parallèles.

Tableau 5.6 Combinaisons de paramètres d'accès radio des terminaux pour le décodage dans le sens descendant

Classes (en kbit/s)	**32**	**64**	**128**	**384**	**768**	**2048**
Paramètres de canal de transport						
Somme maximum du nombre de bits de tous les blocs de transport reçus à un instant donné	640	3840	3840	6400	10240	20480
Somme maximum du nombre de bits de tous les blocs de transport reçus (utilisant le codage *Turbo*) à un instant donné	Non supporté	3840	3840	6400	10240	20480
Nombre maximum de canaux CCTrCH simultanés / Plus forte valeur avec support du canal PDSCH	1	2/1	2/1	2/1	2	2
Nombre total maximum de blocs de transport reçus pendant les TTI qui se terminent au même instant	8	8	16	32	64	96
Nombre maximum de TFC dans le TFC Set	32	48	96	128	256	1024
Nombre maximum de TF	32	64	64	64	128	256
Paramètres des canaux physiques						
Nombre maximum de codes DPCH-PDSCH reçus simultanément / Plus forte valeur avec support du canal DSCH	1	2/1	2/1	3	3	3

Tableau 5.6 Combinaisons de paramètres d'accès radio des terminaux pour le décodage dans le sens descendant

Classes (en kbit/s)	32	64	128	384	768	2048
Nombre maximum de bits reçus par intervalle de 10 ms, issus des canaux physiques (DPCH, PDSCH, S-CCPCH) / Plus forte valeur avec support du canal DSCH	1200	3600/ 2400	7200/ 4800	19200	28800	57600
Support du canal physique DSCH	Non	Oui/ Non	Oui/ Non	Oui/ Non	Oui	Oui

Tableau 5.7 Combinaisons de paramètres d'accès radio des terminaux pour le décodage dans le sens montant

Classes (en kbit/s)	32	64	128	384	768
Paramètres de canal de transport					
Somme maximum du nombre de bits de tous les blocs de transport émis à un instant donné	640	3840	3840	6400	10240
Somme maximum du nombre de bits de tous les blocs de transport émis (utilisant le codage *Turbo*) à un instant donné	Non sup-porté	3840	3840	6400	10240
Nombre total maximum de blocs de transport émis pendant les TTI qui se terminent à un même instant	4	8	8	16	32
Nombre maximum de TFC dans le TFC Set	16	32	48	64	128
Nombre maximum de TF	32	32	32	32	64
Paramètres des canaux physiques					
Nombre maximum de bits DPDCH émis par intervalle de 10 ms	1200	2400	4800	9600	19200

La valeur donnée pour le nombre de bits reçus à un instant donné doit être convertie en un débit maximum supporté en considérant, à cet instant donné, la durée d'entrelacement ou l'intervalle TTI, selon la terminologie du 3GPP. Par exemple, la valeur de 6400 bits pour la classe 384 kbit/s peut être convertie en débit maximum selon la durée de l'intervalle TTI. Si le débit de l'application est de 256 kbit/s, le nombre de bits par intervalle de 10 ms est par conséquent de 2560 bits. Avec des intervalles TTI de 10 ou 20 ms, le nombre de bits par durée d'entrelacement reste inférieur à 6400 bits. Mais avec un intervalle TTI de 40 ms, la limite de 6400 bits est dépassée et le terminal n'aura pas suffisamment de mémoire pour fonctionner avec cette configuration. De même, un débit de 384 kbit/s pourra être supporté par un terminal de la même classe avec un intervalle TTI de 10 ms, mais avec un intervalle de 20 ms la limite sera atteinte.

Les plages de valeurs données dans le document [12] donné en référence à la fin de ce chapitre, vont au-delà de ce que la classe contient. Par exemple, il est possible pour un terminal d'indiquer des valeurs permettant un débit de 2 Mbit/s avec un intervalle TTI de 80 ms. Les valeurs minimales ont été déterminées par les capacités nécessaires à l'accès au système permettant, par exemple, d'écouter le canal BCH ou d'accéder au canal RACH.

Le principal paramètre d'un canal physique est le nombre maximum de bits émis et reçus par intervalle de 10 ms. Cela détermine quels facteurs d'étalement sont supportés. Par exemple, une valeur de 1200 bits pour la classe 32 kbit/s indique que dans le sens descendant, les facteurs d'étalement 256, 128 et 64 seront supportés tandis que dans le sens montant, la plus petite valeur supportée sera 64. Cette différence provient de l'utilisation de la modulation QPSK dans le sens descendant et de la modulation BPSK dans le sens montant, comme nous l'avons vu plus haut dans ce chapitre.

Il existe également des paramètres qui ne dépendent pas d'une combinaison de référence particulière. De tels paramètres peuvent indiquer, par exemple, le support de certaines méthodes de localisation, ou pour la partie purement radio, les bandes de fréquences supportées ou la classe de puissance du terminal.

Les paramètres présentés dans le Tableau 5.6 et dans le Tableau 5.7 couvrent le mode FDD, tandis que pour le mode TDD il existe des paramètres supplémentaires spécifiques, tels que le nombre de slots supportés [12].

5.8. Références

[1] 3GPP Technical Specification 25.211, Physical Channels and Mapping of Transport Channels onto Physical Channels (FDD).

[2] 3GPP Technical Specification 25.212, Multiplexing and Channel Coding (FDD).

[3] 3GPP Technical Specification 25.213, Spreading and Modulation (FDD).

[4] 3GPP Technical Specification 25.214, Physical Layer Procedures (FDD).

[5] 3GPP Technical Specification 25.215, Physical Layer – Measurements (FDD).

[6] 3GPP Technical Specification 25.302, Services Provided by the Physical Layer.

[7] Adachi, F., Sawahashi, M. and Okawa, K., 'Tree-structured Generation of Orthogonal Spreading Codes with Different Lengths for Forward Link of DS-CDMA Mobile', *Electronics Letters*, 1997, Vol. 33, No. 1, pp. 27–28.

[8] 3GPP Technical Specification 25.101, UE Radio Transmission and Reception (FDD).

[9] 3GPP Technical Specification 25.104, UTRA (BS) FDD; Radio Transmission and Reception.

[10] Toskala, A., Lehtinen, O. and Kinnunen, P., 'UTRA GSM Handover from Physical Layer Perspective', *Proc. ACTS Summit 1999*, Sorrento, Italy, Juin 1999.

[11] Gustafsson, M., Jamal, K. and Dahlman, E., 'Compressed Mode Techniques for Inter-Frequency Measurements in a Wide-band DS-CDMA System', *Proc. IEEE Int. Conf. on Personal Indoor and Mobile Radio Communications*, PIMRC'97, Helsinki, Finland, 1–4 Septembre 1997, Vol. 1, pp. 231–235.

[12] 3GPP Technical Specification 25.306, UE Radio Access Capabilities, version 3.0.0., December 2000.

Chapitre 6

LES PROTOCOLES DE L'INTERFACE RADIO

par Jukka Vialen

6.1. Introduction

Les protocoles de l'interface radio que nous allons présenter dans ce chapitre sont indispensables à l'établissement, à la reconfiguration et au relâchement des services support radio, tant en mode FDD qu'en mode TDD.

Les deux couches protocolaires qui se situent au-dessus de la couche physique sont appelées « couche liaison de données » (*data link layer*) et « couche réseau » (*network layer*) qui sont, respectivement, de niveau 2 et 3. Pour l'interface radio UTRA FDD, la couche de niveau 2 est découpée en plusieurs sous-couches. Pour le plan de contrôle, les sous-couches MAC (*Medium Access Control*) et RLC (*Radio Link Control*) ont été définies. Et dans le plan utilisateur, en plus des couches MAC et RLC, deux protocoles ont été ajoutés. Il s'agit du protocole PDCP (*Packet Data Convergence Protocol*) et du protocole BMC (*Broadcast/Multicast Control Protocol*). La couche de niveau 3 est constituée, en outre, du protocole RRC (*Radio Resource Control*) qui appartient au plan de contrôle. Les autres protocoles de la couche de niveau 3, tels que *Call Control*, *Mobility Management*, *Short Message Service*, sont transparents du point de vue de l'UTRAN et ne sont pas abordés dans cet ouvrage.

Ce chapitre présentera tout d'abord l'architecture des protocoles de l'interface radio puis décrira plus en détail chaque protocole. Pour chacun d'entre eux, l'architecture logique et les principales fonctions seront alors présentées. Dans la section concernant le protocole MAC, les canaux logiques et la correspondance entre ceux-ci et les canaux de transport seront abordés. Nous nous intéresserons ensuite, dans la partie concernant les protocoles MAC et RLC, à la manière dont un paquet de données est géré par ces différents protocoles. Pour finir, nous verrons les différents états de service RRC ainsi que les principales fonctions et procédures de signalisation du protocole RRC.

6.2. Architecture

L'architecture globale des protocoles de l'interface radio est présentée dans la Figure 6.1 [1]. Cette figure ne présente que les protocoles qui sont visibles de l'UTRAN. La couche physique que nous avons présentée en détail au chapitre 5 offre des services à la couche MAC par l'intermédiaire des canaux de transport [2]. La couche MAC offre, à son tour, des services à la couche supérieure RLC via les canaux logiques. Ces canaux logiques sont décrits dans la section 6.3. Ensuite, la couche RLC offre des services aux couches hautes via des SAP (*Service Access Point*) qui décrivent comment la couche RLC supporte les paquets de données et si, par exemple, la fonction ARQ (*Automatic Repeat Request*) est utilisée. Dans le plan de contrôle, les services RLC sont utilisés par la couche RRC pour le transport de la signalisation. Dans le plan utilisateur, les services RLC sont utilisés soit par les couches spécifiques PDCP ou BMC, soit par d'autres fonctions propres aux couches hautes du plan utilisateur, comme par exemple le codec voix. Les services RLC sont appelés

« supports radio de signalisation » (SRB, *Signalling Radio Bearer*) dans le plan de contrôle et « supports radio » (RB, *Radio Bearer*) dans le plan utilisateur lorsqu'ils n'utilisent pas les protocoles PDCP ou BMC. Le protocole RLC possède trois modes de fonctionnement : transparent, avec acquittement et sans acquittement. Nous y reviendrons dans la section 6.4.

Le protocole PDCP existe uniquement pour les services du domaine paquet. Ses principales fonctions concernent la compression d'en-tête (*header compression*). Les services offerts par ce protocole PDCP sont également appelés supports radio.

Le protocole BMC est, quant à lui, utilisé pour transmettre sur l'interface radio les messages provenant du CBC (*Cell Broadcast Centre*). Dans les spécifications de la Release 99 du 3GPP, le seul service de diffusion spécifié est le service *SMS Cell Broadcast* issu du GSM. Les services offerts par le protocole BMC sont appelés, tout comme pour les protocoles RLC et PDCP, supports radio.

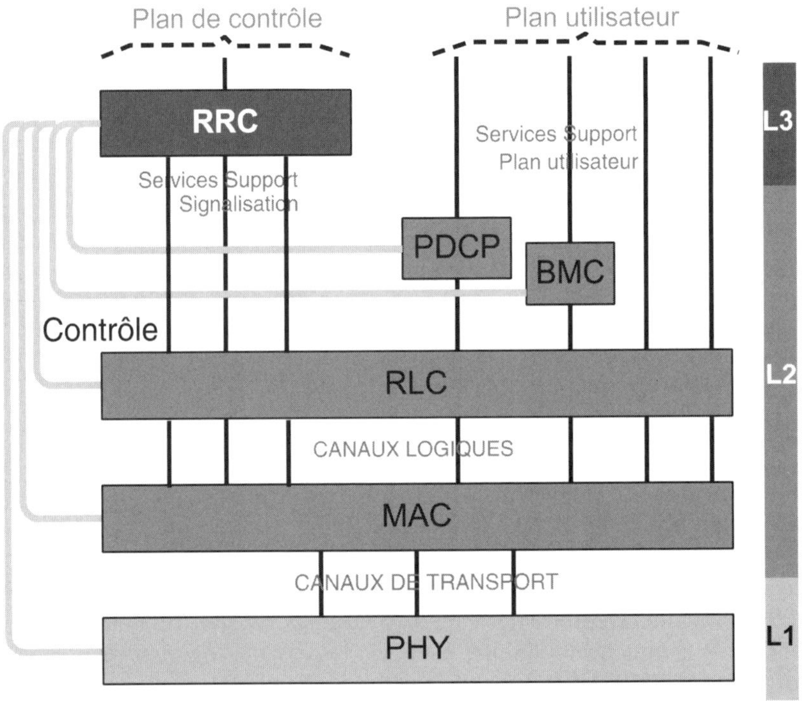

Figure 6.1 Architecture des protocoles de l'interface radio UTRA FDD

La couche RRC offre des services aux couches hautes, parfois appelées « Non Access Stratum » via les SAP qui sont utilisés par les protocoles des couches hautes au niveau du terminal et par le protocole RANAP de l'interface Iu au niveau du réseau. Tous les messages de signalisation des couches hautes (*Mobility Management*, *Call Control*, *Session Ma-*

nagement, etc.) sont encapsulés dans des messages RRC avant d'être transmis sur l'interface radio.

Les interfaces de contrôle entre le protocole RRC et tous les protocoles des couches basses sont utilisées par la couche RRC pour configurer les caractéristiques des entités des couches basses, telles que les paramètres des canaux logiques, des canaux de transport ainsi que des canaux physiques. Les mêmes interfaces de contrôle sont utilisées d'une part, par la couche RRC pour demander aux couches basses de réaliser, par exemple, certains types de mesures et d'autre part, par les couches basses pour transmettre à la couche RRC les résultats de ces mesures ou des erreurs détectées.

6.3. Protocole MAC

La couche MAC (*Medium Access Control*) permet de faire la correspondance entre les canaux logiques et les canaux de transport [5]. La couche MAC est responsable de la sélection du format de transport (TF, *Transport Format*) approprié à chaque canal de transport en fonction du ou des débits instantanés des canaux logiques. Ce format de transport est choisi en rapport avec le TFCS (*Transport Format Combination Set*) qui est défini lors de la procédure de contrôle d'admission propre à chaque connexion.

6.3.1 Architecture de la couche MAC

L'architecture logique de la couche MAC est présentée dans la Figure 6.2.

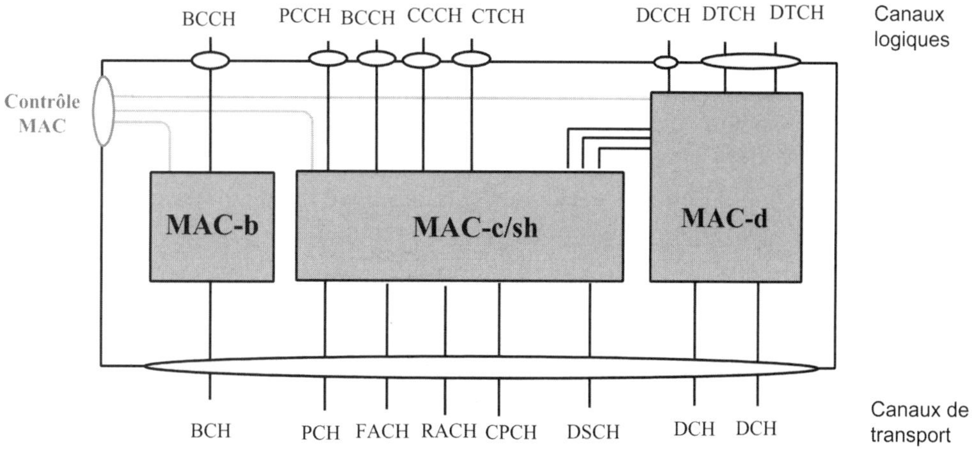

Figure 6.2 Architecture de la couche MAC

La couche MAC est constituée des trois entités logiques suivantes :

- L'entité MAC-b qui supporte le canal de transport BCH (*Broadcast Channel*). Il existe une entité MAC-b dans chaque terminal et une autre pour chaque cellule, située au niveau de l'UTRAN, dans le Node B.
- L'entité MAC-c/sh qui supporte les canaux communs et les canaux partagés, c'est-à-dire les canaux PCH (*Paging Channel*), FACH (*Forward Link Access Channel*), RACH (*Random Access Channel*), CPCH (*uplink Common Packet Channel*) ainsi que le canal DSCH (*Downlink Shared Channel*). Il existe une entité MAC-c/sh dans chaque terminal qui utilise des canaux partagés et une même entité MAC-c/sh pour chaque cellule, située dans le *controlling* RNC. Notons que le canal BCCH peut s'appuyer indifféremment sur le canal de transport BCH ou FACH. Comme le format de l'en-tête MAC pour le BBCH dépend du canal de transport utilisé, deux canaux BCCH figurent dans la Figure 6.2. En revanche pour le PCCH, il n'y a pas d'en-tête MAC. Par conséquent, la seule fonction de la couche MAC est de transmettre directement les données reçues du canal PCCH vers le canal PCH.
- L'entité MAC-d qui supporte les canaux dédiés DCH (*Dedicated Channel*) alloués au terminal en mode connecté. Il existe une entité MAC-d dans le terminal et une autre au niveau du *serving* RNC pour chaque terminal.

6.3.2 Fonctions MAC

Les fonctions de la couche MAC sont les suivantes :

- Mise en correspondance des canaux logiques avec les canaux de transport appropriés.
- Sélection du format de transport (TF) approprié pour chaque canal de transport en fonction du débit instantané. Le format de transport est choisi parmi l'ensemble des formats qui sont définis dans le TFCS (*Transport Format Combination Set*).
- Gestion de priorité entre les flux de données au niveau du terminal. Cela est réalisé en choisissant des formats de transport « high bit rate » et « low bit rate » pour les différents flux.
- Gestion de priorité entre plusieurs terminaux par programmation dynamique (*dynamic scheduling*). La fonction de programmation dynamique peut être appliquée pour les canaux de transport downlink communs et partagés, FACH et DSCH.
- Identification des terminaux sur les canaux de transport communs. Lorsqu'un canal de transport commun (RACH, FACH ou CPCH) transporte des données provenant d'un canal logique dédié (DCCH, DTCH), l'identification du terminal est réalisée par la couche MAC, grâce aux identifiants C-RNTI (*Cell Radio Network Temporary Identity*) ou U-RNTI (*UTRAN Radio Network Temporary Identity*).
- Multiplexage des PDU (*Protocol Data Unit*) des couches hautes en des blocs de transport délivrés aux canaux de transport communs et démultiplexage des blocs de

transport en PDU transmis aux couches hautes. La couche MAC supporte le multiplexage des services pour les canaux de transport RACH, FACH et CPCH. Cela n'est cependant pas obligatoire puisque la couche physique ne le fait pas.

- Multiplexage des PDU (*Protocol Data Unit*) des couches hautes en des ensembles de blocs de transport délivrés aux canaux de transport communs et démultiplexage des ensembles de blocs de transport en PDU transmis aux couches hautes. La couche MAC permet également le multiplexage de services pour les canaux de transport dédiés. Alors que la couche physique peut multiplexer n'importe quel type de service ayant des paramètres de qualité de service différents, la couche MAC ne supporte que le multiplexage de services ayant les mêmes paramètres de qualité de service. Le multiplexage de la couche physique est décrit dans le chapitre 5.
- Gestion du volume de trafic. La couche MAC reçoit les PDU de la couche RLC avec des données sur le volume de données contenu dans les buffers de la couche RLC. La couche MAC compare alors le volume de données correspondant au canal de transport avec les seuils définis par le protocole RRC. Si ce volume de données est trop important ou trop faible, la couche MAC envoie un rapport de mesures à la couche RRC par l'intermédiaire d'un état (*status*). La couche RRC peut aussi demander à la couche MAC de lui envoyer périodiquement ces rapports de mesures. Elle les utilise pour déclencher la reconfiguration des supports radio ou/et des canaux de transport.
- Modification dynamique du type de canal de transport. Le passage entre canaux de transport communs et dédiés est à l'initiative de la couche RRC.
- Chiffrement. Si un canal logique utilise le mode transparent, le chiffrement est réalisé par l'entité MAC-d de la couche MAC. Le chiffrement est une opération de type XOR, comme pour le GSM et le GPRS, où aux données est appliquée une opération logique XOR avec un masque de chiffrement défini par un algorithme spécifique. Pour le chiffrement MAC, le paramètre COUNT-C de l'algorithme de chiffrement est incrémenté au même rythme que le SFN, c'est-à-dire toutes les 10 ms. Chaque canal logique est chiffré indépendamment. Cette opération de chiffrement est présentée plus en détail dans le document [10] donné en référence à la fin de ce chapitre .
- Sélection de la classe d'accès au service pour la transmission RACH. Les ressources PRACH, c'est-à-dire les *slots* d'accès et les signatures des préambules pour le mode FDD, peuvent être réparties en plusieurs classes ASC (*Access Service Class*) afin d'offrir différentes priorités RACH. Il a été défini 8 classes différentes. La couche MAC indique à la couche physique la classe associée à chaque PDU.

6.3.3 Canaux logiques

Les services de transfert de données de la couche MAC sont fournis sur les canaux logiques. Un ensemble de types de canaux logiques a été défini pour les différents types de services de transfert de données offerts par la couche MAC. Il est courant de scinder ces canaux logiques en deux groupes : les canaux de contrôle (*control channel*) qui sont utilisés pour le transfert des informations du plan de contrôle et les canaux de trafic (*traffic channel*) pour les informations du plan utilisateur.

Les canaux de contrôle sont les suivants :

- Le canal BCCH (*Broadcast Control Channel*), canal downlink pour la diffusion d'informations de contrôle du système.
- Le canal PCCH (*Paging Control Channel*), canal downlink qui transfert les informations de *paging*.
- Le canal DCCH (*Dedicated Control Channel*), canal bidirectionnel point à point qui transporte les informations de contrôle dédiées entre un terminal et le réseau. Ce canal est établi durant la procédure RRC d'établissement de connexion.
- Le canal CCCH (*Common Control Channel*), canal bidirectionnel commun qui transporte les informations de contrôle entre le réseau et les terminaux. Ce canal logique s'appuie toujours sur les canaux de transport RACH et FACH. L'identité U-RNTI est ici nécessaire pour permettre le routage uplink des messages vers le *serving* RNC même si le RNC qui reçoit le message n'est pas le *serving* RNC du terminal considéré.

Le canaux de trafic sont les suivants :

- Le canal DTCH (*Dedicated Traffic Channel*), canal point à point, dédié à un terminal, servant au transport des données utilisateur. Un canal DTCH peut exister sur le sens montant et sur le sens descendant.
- Le canal CTCH (*Common Traffic Channel*), canal point-multipoint unidirectionnel qui transporte pour un groupe de terminaux des données utilisateur dédiées.

6.3.4 Correspondance entre les canaux logiques et les canaux de transport

La correspondance entre les canaux logiques et les canaux de transport est donnée dans la Figure 6.3. Notons les relations suivantes entre les canaux logiques et les canaux de transport :

- Le canal PCCH est connecté au canal PCH.
- Le canal BCCH est connecté au canal BCH et peut être aussi connecté au canal FACH.
- Les canaux DCCH et DTCH peuvent être connectés, respectivement dans le sens uplink et downlink, soit aux canaux RACH et FACH, soit aux canaux CPCH et FACH, soit aux canaux RACH et DSCH, soit aux canaux DCH et DSCH ou encore aux canaux DCH et DCH.
- Le canal CCCH est connecté aux canaux RACH et FACH.

- Le canal CTCH est connecté au canal FACH.

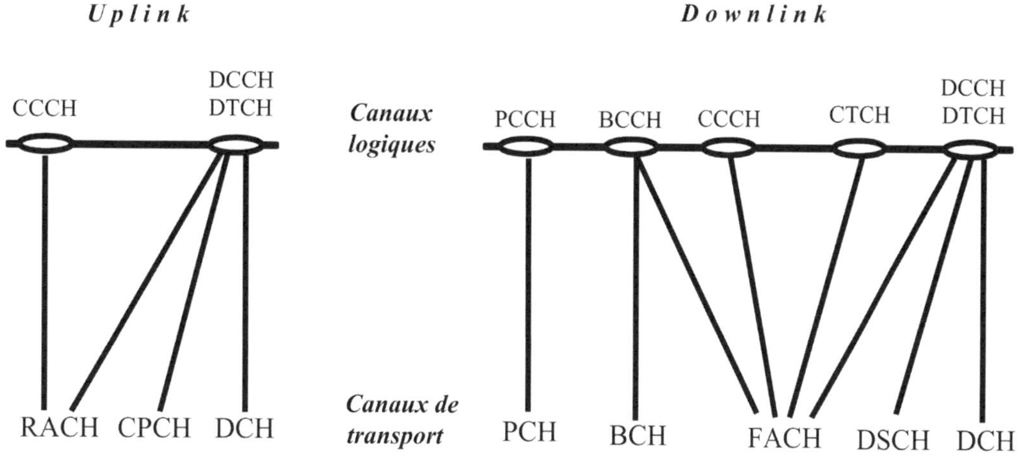

Figure 6.3 Correspondance des canaux logiques et des canaux de transport

6.3.5 Exemple de flux de données traversant la couche MAC

Afin d'illustrer le fonctionnement de la couche MAC, la Figure 6.4 présente les fonctions MAC lorsqu'elles traitent un flux de données. Afin que la figure reste lisible, nous n'y avons fait figurer que la partie émettrice du côté du réseau d'accès, les canaux de transport uplink RACH et CPCH n'y sont donc pas représentés. La partie droite de la figure montre la construction d'un PDU MAC lorsqu'un paquet est reçu sur le canal logique DCCH ou DTCH, et la partie gauche l'enchaînement des fonctions MAC. Dans cet exemple, le PDU MAC ainsi mis en place est transmis sur le canal de transport FACH.

Un paquet provenant du canal logique DCCH/DTCH déclenche automatiquement la fonction de sélection du type de canal de transport de la couche MAC. Dans cet exemple, le canal de transport FACH est choisi. Ensuite, l'unité de multiplexage ajoute un champ C/T indiquant l'instance du canal logique d'où proviennent les données. Pour les canaux de transport communs, comme le FACH, ce champ est toujours nécessaire. Pour les canaux de transport dédiés, cela est nécessaire seulement si plusieurs instances de canaux logiques sont configurées pour utiliser le même canal de transport. Le champ C/T a une longueur de 4 bits, permettant d'avoir simultanément jusqu'à 15 canaux logiques par canal de transport. La valeur « 1111 » du champ C/T est réservée pour une utilisation future. Le *tag* de priorité pour les canaux FACH et DSCH est défini au niveau de l'entité MAC-d et utilisé par l'entité MAC-c/sh pour la programmation des données sur les canaux de transport. Cette priorité peut être définie par terminal pour le canal FACH, et par PDU pour le canal DSCH. Une unité de contrôle de flux est ensuite nécessaire pour limiter la mise en mémoire des informations entre les entités MAC-d et MAC-c/sh. Ces dernières peuvent être localisées dans deux RNC distincts. Après avoir reçu les données de l'entité MAC-d, l'entité MAC-c/sh ajoute le type d'identification du terminal (2 bits) et l'identification à proprement parler du terminal (C-RNTI sur 16 bits ou U-RNTI sur 32 bits) ainsi que le champ TCFT (*Target Channel Type Field*) qui est, dans cet exemple, codé sur 2 bits et qui est nécessaire pour définir le type de canal logique utilisant le canal de transport. Pour le canal FACH, il est possible d'utiliser les canaux logiques BCCH, CCCH, CTCH ou DCCH/DTCH. Maintenant, le PDU MAC est prêt et la tâche de gestion de programmation et de priorité consiste à décider l'instant exact où le PDU peut être envoyé sur la couche physique via le canal de transport FACH.

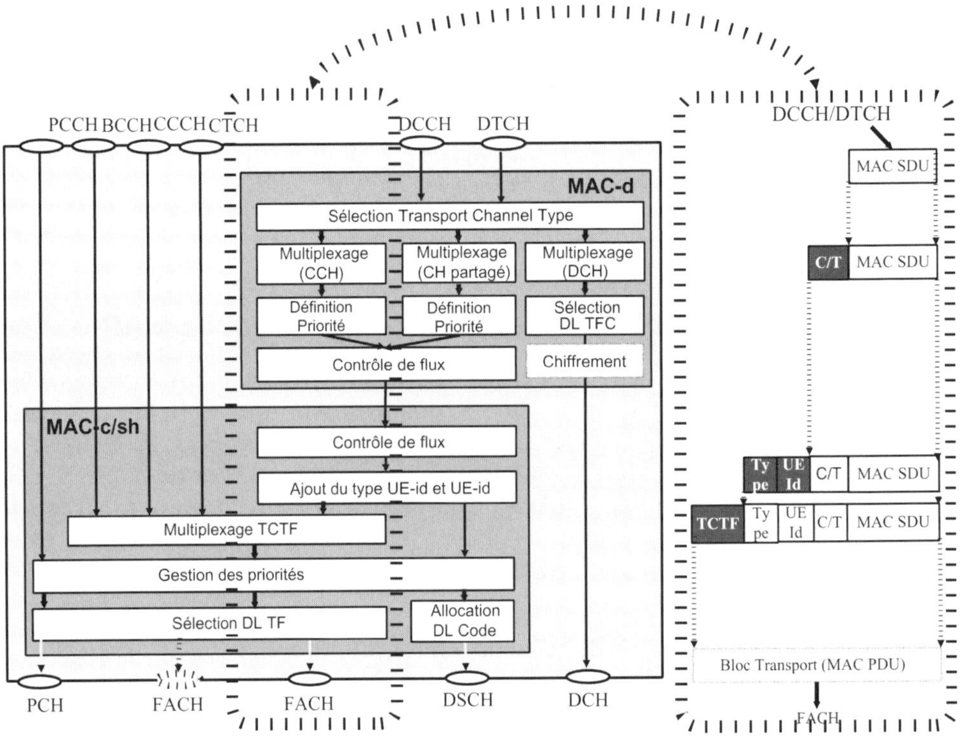

Figure 6.4 Entité MAC UTRAN (à gauche) et construction d'un PDU MAC (à droite)

6.4. Protocole RLC

Le protocole RLC (*Radio Link Protocol*) fournit des services de segmentation et de retransmission pour les données utilisateur et les informations de contrôle [6]. Chaque instance RLC est configurée par la couche RRC pour fonctionner dans l'un des trois modes suivants : mode transparent (Tr), mode sans acquittement (UM, *Unacknowledged Mode*) ou mode avec acquittement (AM, *Acknowledged Mode*). Le service fourni par la couche RLC dans le plan de contrôle est appelé SRB (*Signalling Radio Bearer*). Dans le plan utilisateur, il est appelé RB (*Radio Bearer*), seulement si les protocoles PDCP et BMC ne sont pas utilisés par ce service, sinon le service RB est fourni par les protocoles PDCP ou BMC.

6.4.1 Architecture de la couche RLC

L'architecture de la couche RLC est présentée dans la Figure 6.5. Les trois types d'entités RLC et leur connexion avec les RLC-SAP (*Service Access Point*) ainsi qu'avec les canaux logiques (MAC-SAP) y sont présentés. Notons que les entités RLC correspondant aux modes transparent et sans acquittement sont unidirectionnelles alors que l'entité correspondant au mode avec acquittement est bidirectionnelle.

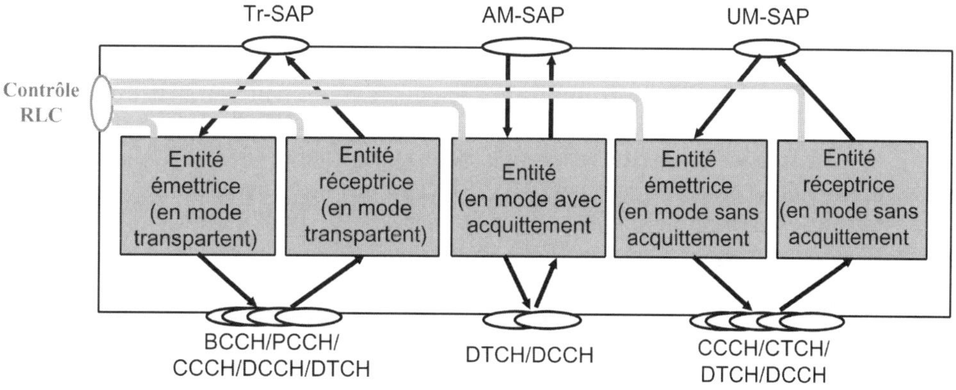

Figure 6.5 Architecture de la couche RLC

Pour tous les modes RLC, la détection d'erreur CRC est réalisée au niveau de la couche physique et les résultats du contrôle CRC sont fournis à la couche RLC en même temps que les données correspondantes.

Dans le mode transparent, aucun en-tête de protocole n'est ajouté aux données transférées aux couches hautes. Les PDU (*Protocol Data Unit*) comportant des erreurs peuvent être supprimés ou marqués comme PDU erronés. La transmission peut être de type *streaming* pour lequel les données des couches hautes ne sont pas segmentées, bien que dans certains cas la transmission avec une capacité limitée de segmentation et réassemblage puisse être réalisée. Si la segmentation et le réassemblage sont utilisés, cela doit être négocié au moment de la procédure d'établissement de support radio. Les classes de qualité de service UMTS dont fait partie la classe *streaming* ont été décrites dans le chapitre 1.

Dans le mode sans acquittement, aucun protocole de retransmission n'est utilisé et la distribution des données n'est donc pas garantie. Les données reçues erronées sont supprimées ou marquées selon la configuration. D'autre part, au niveau de l'émetteur, les RLC SDU (*Service Data Unit*) qui ne sont pas transmis sont retirés du buffer de transmission au bout d'un certain laps de temps. La structure des PDU comprend cependant une séquence permettant de tester l'intégrité des PDU des couches hautes. La segmentation et la concaténation sont réalisées au moyen d'en-têtes ajoutés aux données. Une entité RLC dans le mode sans acquittement est définie comme unidirectionnelle, car aucune association entre les sens montant et descendant n'est nécessaire. Le mode sans acquittement est utilisé, par exemple, pour certaines procédures de signalisation RRC où l'acquittement et la retransmission sont déjà gérées par la procédure RRC elle-même. Les exemples de services utilisateur pouvant utiliser ce mode sans acquittement sont typiquement le service *Cell Broadcast*, décrit à la section 6.6, et le service de voix sur IP.

Dans le mode avec acquittement, un mécanisme ARQ (*Automatic Repeat Request*) est utilisé pour la correction des erreurs. Les performances de la couche RLC en termes de qualité et de délai peuvent être contrôlées par la couche RRC en fixant le nombre de retransmissions fournies par la couche RLC. Dans le cas où la couche RLC est incapable de fournir correctement les données, c'est-à-dire quand le nombre maximal de retransmissions a été atteint ou quand le temps maximal de transmission a été atteint, la couche supérieure est notifiée et le RLC SDU est supprimé. De plus, l'entité paire RLC est informée de la suppression du SDU par la commande *More Receiving Window* transportée par un message *STATUS*. Ainsi, l'entité réceptrice peut supprimer tous les AMD PDU (*Acknowledged Mode Data*) correspondant au RLC SDU supprimé. Une entité RLC en mode avec acquittement est bidirectionnelle et est donc capable de transmettre une indication sur l'état du lien du sens opposé, en parallèle aux données utilisateur.

La couche RLC peut délivrer les informations selon deux méthodes, appelées « in-sequence » et « out-of-sequence ». Avec la première méthode, l'ordre des PDU issus des couches hautes est maintenu alors que pour la deuxième méthode, les PDU des couches hautes sont délivrés dès qu'ils sont complètement reçus. En plus de la livraison des PDU, des états et des procédures de contrôles sont échangés entre entités RLC paires. Ces procédures de contrôle peuvent même utiliser un canal logique séparé. Une entité AM RLC peut utiliser un ou deux canaux logiques. Le mode avec acquittement est le mode standard pour les services paquet, comme la navigation sur Internet ou la consultation de mails, par exemple.

6.4.2 Fonctions RLC

Les fonctions de la couche RLC sont les suivantes :

- Segmentation et réassemblage. Cette fonction réalise la segmentation des PDU qui sont de taille variable en RLC PU (*Payload Unit*) de plus petite taille ainsi que le réassemblage des RLC PU en PDU. Un RLC PDU transporte un PU. La taille du RLC PDU est définie en fonction du plus petit débit possible pour le service utilisant l'entité RLC. En conséquence, pour des services à débit variable, plusieurs RLC PDU doivent être transmis durant un intervalle de transmission lorsque le débit est plus important que le débit minimal qui a servi à fixer la taille du RLC PDU.

- Concaténation. Si le contenu du RLC SDU ne remplit pas intégralement le RLC PU, le premier segment du RLC SDU suivant peut être concaténé dans le même RLC PU avec le dernier segment du RLC SDU précédent.
- *Padding*. Lorsque la concaténation n'est pas réalisable et que les données restant à transmettre ne remplissent pas un RLC PDU entier, le reste du champ est rempli par des bits de bourrage (*padding bit*).
- Transfert de données utilisateur. La couche RLC supporte les modes de transfert de données transparent, sans acquittement et avec acquittement et le transfert est défini par des paramètres de qualité de service.
- Correction d'erreur. Pour le mode avec acquittement, la correction d'erreurs est réalisée par retransmission.
- Transfert *in-sequence* des PDU issus des couches hautes. Cette fonction conserve l'ordre d'arrivée des PDU issus des couches hautes pour le mode avec acquittement. Si cette fonction n'est pas utilisée, le transfert *out-of-sequence* est fourni par défaut.
- Détection des doublons. Cette fonction détecte les RLC PDU reçus plusieurs fois et assure qu'un même PDU n'est transmis aux couches hautes qu'une seule fois.
- Contrôle de flux. Cette fonction permet à un récepteur RLC de contrôler le débit avec lequel l'entité paire RLC émettrice peut envoyer les informations.
- Vérification du numéro de séquence en mode sans acquittement. Cette fonction garantit l'intégrité des PDU après réassemblage et détecte les RLC SDU erronés en vérifiant le numéro de séquence propre aux RLC PDU lorsqu'ils sont réassemblés en RLC SDU. Les RLC SDU erronés sont éliminés.
- Détection des erreurs de protocole et correction. Cette fonction détecte et corrige les erreurs issues du fonctionnement du protocole RLC.
- Chiffrement. Le chiffrement est réalisé au niveau de la couche RLC pour les modes avec et sans acquittement. Le même algorithme de chiffrement est utilisé pour le chiffrement MAC, la seule différence étant que le paramètre COUNT-C de l'algorithme est incrémenté avec le nombre de RLC PDU. Pour la retransmission, le même paramètre COUNT-C est utilisé que pour le premier envoi, cela signifie que le même masque de chiffrement est utilisé. Notons que cela ne serait pas réalisé de la même façon si le chiffrement était réalisé par la couche MAC. L'utilisation d'un même masque de chiffrement pour la retransmission est essentielle, par exemple pour l'ARQ Hybride Type II qui ne fait pas partie de la Release 99 mais qui devrait être introduit dans la norme plus tard. Le chiffrement est décrit plus en détail dans le document [10] donné en référence à la fin du chapitre.
- Fonction de suspension et de reprise pour le transfert de données. La suspension du transfert de données est nécessaire durant la procédure de contrôle de la sécurité pour

laquelle les mêmes clés de chiffrement sont utilisées par les deux entités paires RLC. Les interruptions et les reprises sont commandées par la couche RRC via l'interface de contrôle.

6.4.3 Exemple de flux de données traversant la couche RLC

Cette section montre plus précisément comment les paquets de données passent à travers la couche RLC. La Figure 6.6 présente un diagramme simplifié d'une entité AM-RLC (*Acknowledged Mode-RLC*). Cette figure ne montre que la façon dont un AMD PDU est créé, elle ne montre pas comment les PDU de contrôle (*status, reset*) sont créés entre entités RLC.

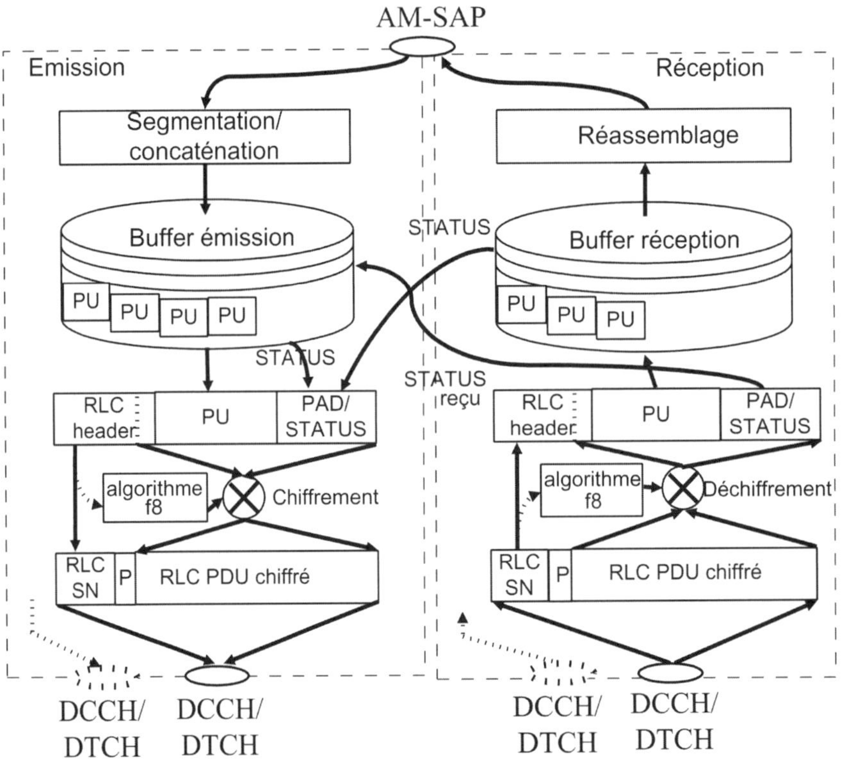

Figure 6.6 Diagramme simplifié d'une entité RLC AM

Les paquets de données (RLC SDU) reçus des couches hautes via le point AM-SAP sont segmentés et/ou concaténés en PU (*Payload Unit*) de taille fixe. La longueur des PDU est une valeur semi-statistique qui est fixée durant la procédure d'établissement du support radio (*radio bearer*) et qui ne peut être modifiée que par la procédure de reconfiguration du support radio, gérée par la couche RRC. Pour les besoins de la concaténation et du bourrage, les bits transportant l'information sont insérés au début du dernier PU où les données relatives à un SDU ont été incluses. Si plusieurs SDU tiennent dans un seul PU, ils sont concaténés et les indicateurs de longueur appropriée sont insérés au début du PU. Les PU sont ensuite placés dans le buffer de transmission qui, dans cet exemple, prend en charge la gestion des retransmissions.

Un RLC AMD PDU est construit en prenant un PU du buffer de transmission, en lui ajoutant un en-tête et, si les données du PU ne remplissent pas complètement le RLC AMD PDU, en lui ajoutant un champ PADDING ou un message STATUS. Ce message STATUS peut provenir soit du récepteur, si l'entité paire a demandé un rapport d'état, soit de l'émetteur. L'en-tête contient un numéro de séquence (SN, *Sequence Number*) codé sur 12 bits, un bit, appelé « poll » qui est utilisé par l'entité paire pour demander un rapport d'état ainsi qu'un indicateur de longueur (*length indicator*) optionnel, codé sur 7 ou 15 bits qui est utilisé si la concaténation ou le *padding* a été utilisé pour le RLC PDU concerné.

Ensuite, le RLC PDU est chiffré, à l'exception des deux premiers octets qui comprennent le numéro de séquence et le bit *poll*. Le numéro de séquence du PDU est un des paramètres d'entrée de l'algorithme de chiffrement qui forme les bits les moins significatifs du paramètre COUNT. Ce numéro doit être lisible par l'entité paire afin de pouvoir réaliser correctement la procédure de déchiffrement. La procédure de chiffrement est décrite plus en détail dans la spécification TS33.102 du 3GPP [10].

Ensuite, le PDU est prêt à être transféré à la couche MAC via un canal logique. Dans la Figure 6.6, des canaux logiques supplémentaires sont représentés par des lignes en pointillé afin d'indiquer qu'une entité RLC peut être configurée pour envoyer des PDU de contrôle et des PDU de données en utilisant plusieurs canaux logiques. Notons cependant que la Figure 6.6 ne décrit pas comment les PDU de contrôle sont construits.

Intéressons-nous maintenant à la réception, l'entité réceptrice, en mode avec acquittement, reçoit, de la part de la couche MAC, les RLC AMD PDU via un des canaux logiques. Les erreurs sont détectées grâce au code CRC qui est calculé sur l'ensemble du RLC PDU. Cette vérification est effectuée au niveau de la couche physique et l'entité RLC reçoit le résultat de cette vérification en même temps que les données. Après déchiffrement, l'en-tête et éventuellement le message STATUS sont extraits du RLC PDU. Si le PDU est un message de contrôle, le message STATUS est transféré à l'entité émettrice. Le numéro de séquence du PDU issu de la couche RLC est nécessaire pour déchiffrer correctement et le PU déchiffré est stocké dans le buffer de réception. Une fois que tous les PU appartenant à un même SDU ont été reçus et stockés dans le buffer, le SDU est réassemblé. Ensuite, les opérations de vérification *in-sequence* et de détection de SDU redondant sont effectuées avant que le RLC SDU ne soit transmis aux couches hautes.

6.5. Protocole PDCP

Le protocole PDCP (*Packet Data Convergence Protocol*) n'est utilisé qu'au niveau du plan utilisateur et seulement pour les services du domaine paquet. Le protocole PDCP comprend différentes méthodes de compression qui sont nécessaires à l'amélioration de l'efficacité spectrale des services nécessitant la transmission de paquets IP sur l'interface radio. Le 3GPP a défini dans les spécifications de la Release 99 une méthode de compression d'en-têtes ainsi que plusieurs algorithmes de compression. Il faut savoir que cette compression d'en-tête est très importante puisque l'en-tête RTP/UDP/IP a une taille, pour le protocole IPv4, d'au moins 40 octets et d'au moins 60 octets, pour le protocole IPv6.

6.5.1 Architecture de la couche PDCP

L'architecture de la couche PDCP est présentée dans la Figure 6.7. Le multiplexage des supports radio au niveau de la couche PDCP n'est pas spécifié dans la Release 99 du 3GPP, mais il est prévu qu'il soit inclus dans les prochaines Releases. Ce multiplexage est illustré dans la Figure 6.7 où l'on remarque deux PDCP SAP dont l'un dessiné en pointillés, fournis par une seule entité PDCP utilisant le mode RLC avec acquittement. Chaque entité PDCP peut utiliser un ou plusieurs types d'algorithmes de compression d'en-tête. Ces algorithmes peuvent être configurés grâce à un ensemble de paramètres. Notons que dans certains cas, l'entité PDCP peut ne pas utiliser d'algorithme de compression et que plusieurs entités PDCP peuvent utiliser le même type d'algorithme simultanément. Ces types d'algorithmes et leurs paramètres associés sont définis durant les procédures RRC d'établissement des supports radio et de reconfiguration. Ils sont indiqués à la couche PDCP via le PDCP *Control* SAP.

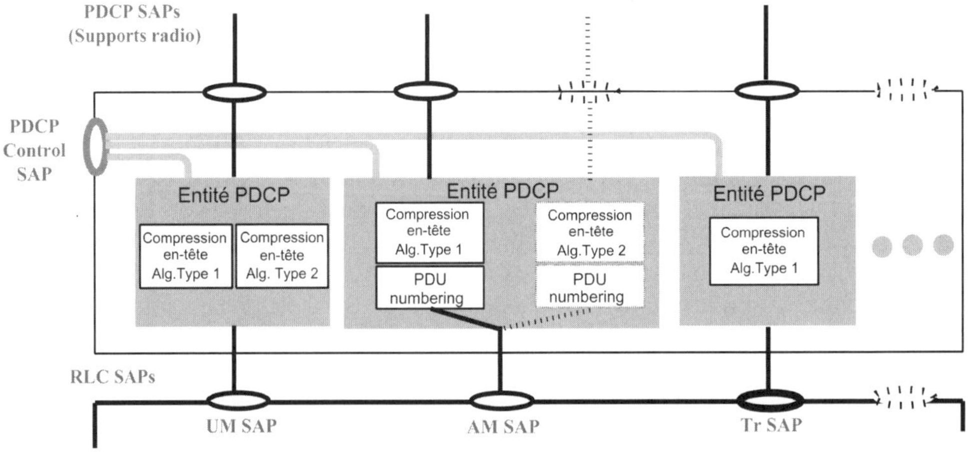

Figure 6.7 Architecture de la couche PDCP

6.5.2 Fonctions PDPC

Les principales fonctions du protocole PDCP sont les suivantes :

- Compression des informations de contrôle redondantes au niveau de l'entité d'émission (par exemple les en-têtes TCP/IP et RTP/UDP/IP) et décompression au niveau de l'entité réceptrice. La méthode de compression d'en-tête est spécifique à la combinaison de protocoles utilisés pour les couches réseau, transport et les couches supérieures. Cependant, une seule méthode a été définie dans la spécification RFC2507 de la Release 99 [13].
- Transport de données utilisateur. La couche PDCP gère la réception de PDCP SDU de la couche appelée « Non Access Stratum » et la transmission de ces mêmes PDCP SDU à l'entité RLC appropriée et vice-versa.
- Support de la procédure *SRNS Relocation* sans perte d'informations. En pratique, cela signifie que les entités PDCP qui sont configurées pour supporter la procédure *SRNS Relocation* sans perte possèdent des numéros de séquence PDU qui sont envoyés avec les paquets PDU non-confirmés au nouveau SRNC durant la procédure de *relocation*. Cela n'est possible que dans le cas où la couche PDCP utilise le mode RLC avec acquittement, associé à une méthode *in-sequence*.

6.6. Protocole BMC

Un autre protocole spécifique à la couche 2 existe au niveau du plan utilisateur. Il s'agit du protocole BMC (*Broadcast/Multicast Control Protocol*) qui a été développé pour prendre en charge les services de diffusion sur l'interface radio. Dans la Release 99, le seul service utilisant ce protocole est le service de messages courts *SMS Cell Broadcast*. Ce service provient directement du GSM. Il utilise le mode RLC sans acquittement et le canal logique CTCH (*Common Traffic Channel*) qui s'appuie sur le canal de transport FACH. Chaque message SMS CB a non pas pour destination un abonné, mais tous les abonnés d'une zone géographique particulière. C'est au RNC de déterminer les cellules qui correspondent à cette zone.

6.6.1 Architecture de la couche BMC

L'architecture de la couche BMC est présentée dans la Figure 6.8.

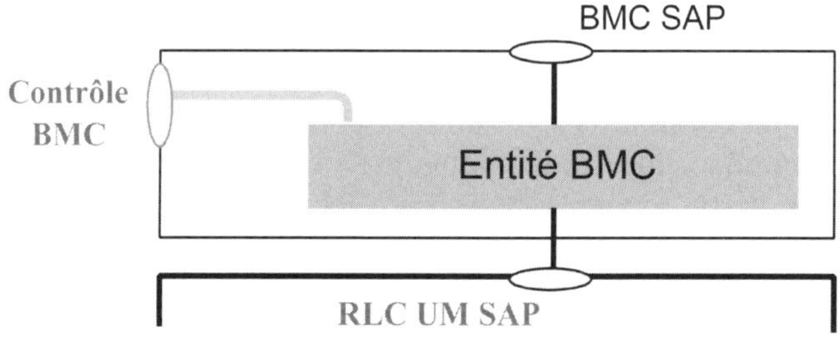

Figure 6.8 Architecture de la couche BMC

6.6.2 Fonctions BMC

Les principales fonctions du protocole BMC sont les suivantes :

- Stockage des messages *Cell Broadcast*. La couche BMC au niveau du RNC stocke les messages *Cell Broadcast* reçus sur l'interface CBC-RNC pour ensuite les transmettre.
- Gestion du trafic et demande de ressources radio. Du côté de l'UTRAN, le protocole BMC permet de calculer le débit d'émission nécessaire pour le service *Cell Broadcast* en fonction des messages reçus sur l'interface CBC-RNC et permet de demander à la couche RRC les ressources CTCH et FACH correspondantes.
- Gestion des messages BMC. La couche BMC reçoit des informations de programmation avec chaque message *Cell Broadcast* sur l'interface CBC-RNC. En fonction de ces informations, la couche BMC génère du côté de l'UTRAN les messages. Du côté du terminal, la couche BMC détermine les paramètres de programmation qui sont utilisés par la couche RRC afin de configurer les couches basses pour la réception des messages CBS.
- Transmission des messages BMC vers le terminal. Cette fonction transmet les messages BMC (messages *Scheduling* et messages *Cell Broadcast*) en fonction de leur programmation.
- Remise des messages *Cell Broadcast* aux couches hautes. Cette fonction au niveau du terminal transmet les messages *Cell Broadcast* reçus et exempts d'erreurs aux couches hautes.

Lors du premier envoi de messages SMS CB vers une cellule donnée, la capacité correspondant au volume de données doit être allouée au niveau de la cellule. Le canal CTCH doit être configuré et le canal de transport utilisé doit être indiqué à tous les terminaux de cette même cellule par le canal BCH. La capacité allouée aux messages SMS CB est spécifique à chaque cellule et peut varier en fonction du temps afin de gérer efficacement les ressources radio.

6.7. Protocole RRC

La majorité des échanges de signalisation entre le terminal et l'UTRAN utilisent des messages RRC (*Radio Resource Control*) [3], [9]. Ces messages RRC transportent tous les paramètres nécessaires à l'établissement, la modification et au relâchement des entités protocolaires de couches 1 et 2. Ces messages véhiculent dans leur *payload* toute la signalisation issue des couches hautes (MM, CM, SM, etc.). Notons également que la mobilité des utilisateurs en mode connecté est gérée par la signalisation RRC (rapports de mesures, handovers, mises à jour de localisation, etc.).

6.7.1 Architecture de la couche RRC

L'architecture de la couche RRC est présentée dans la Figure 6.9.

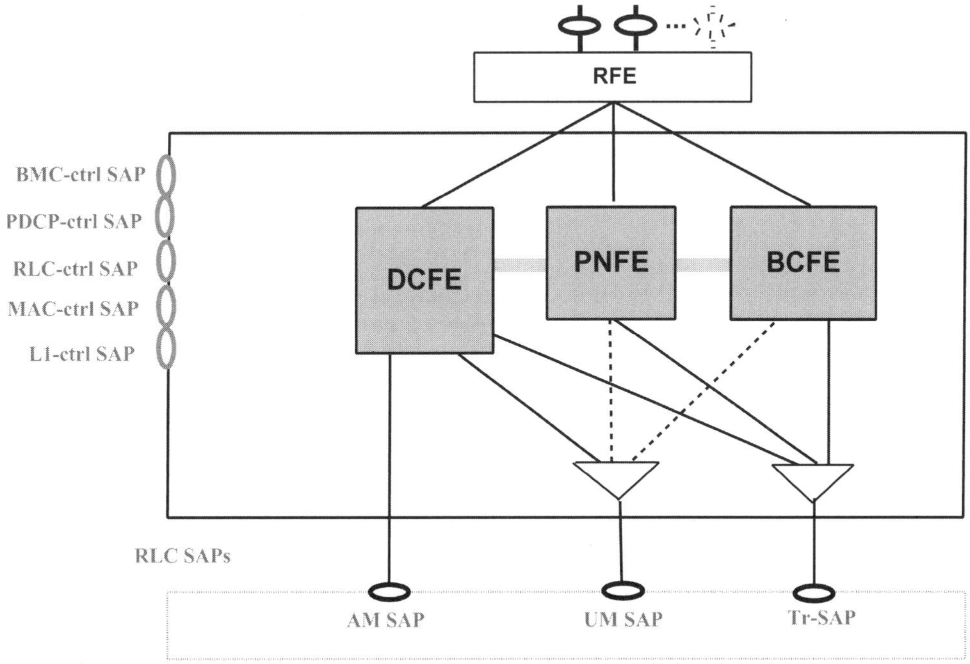

Figure 6.9 Architecture de la couche RRC

La couche RRC est composée des quatre entités fonctionnelles suivantes :

- L'entité DFCE (*Dedicated Control Function Entity*) qui supporte toutes les fonctions et la signalisation propres à un terminal. Au niveau du *serving* RNC, il existe une entité DFCE pour chaque terminal utilisant une connexion RRC avec ce même RNC. L'entité DFCE utilise essentiellement le mode RLC avec acquittement (AM-SAP) mais certains messages sont envoyés en utilisant le mode sans acquittement (UM-SAP) comme le message *RRC Connection Release*, ou le mode transparent (Tr-SAP) comme le message *Cell Update*. L'entité DFCE peut utiliser les services de tous les supports radio de signalisation. Nous y reviendrons dans la section 6.7.3.4.
- L'entité PNFE (*Paging and Notification control Function Entity*) qui supporte le *paging* des terminaux en mode veille. Il existe au moins une entité PNFE au niveau du RNC pour chaque cellule contrôlée par ce même RNC. L'entité PNFE utilise le canal logique PCCH via le Tr-SAP (*Transparent SAP*) de la couche RLC. Les spécifications définissent également que l'entité PNFE peut utiliser l'UM-SAP. Dans cet exemple d'architecture, l'entité PNFE du RNC, lorsqu'elle reçoit un message de *paging* sur l'interface Iu, doit vérifier avec l'entité DCFE si le terminal a déjà une connexion RRC ou non. Si c'est le cas, le message de *paging* est envoyé par l'entité DFCE en utilisant la connexion RRC active.
- L'entité BCFE (*Broadcast Control Function Entity*) qui supporte la diffusion des informations du système. Il existe au moins une entité BCFE au niveau du RNC pour chaque cellule. L'entité BCFE utilise le canal logique BCCH ou FACH, normalement via le Tr-SAP.
- La quatrième entité est dessinée dans la Figure 6.9, à l'extérieur du protocole RRC. Elle fait partie de la couche *Non Access Stratum* mais également, de façon logique, de la couche RRC, puisque les informations nécessaires à cette entité font partie des messages RRC. Cette quatrième entité est appelée RFE (*Routing Function Entity*) et sa tâche essentielle est le routage des messages des couches hautes vers les différentes entités MM/CM (du côté du terminal) ou vers les différents domaines du réseau cœur (du côté UTRAN). Tous les messages des couches hautes sont transportés par des messages RRC appelés « Direct Transfert ». Trois types de messages *Direct Transfer* ont été définis : les messages *Initial Direct Transfert* dans le sens montant, les messages *Uplink Direct Transfer* et *Downlink Direct Transfer*.

6.7.2 Etats de service RRC

Les deux modes de fonctionnement de base d'un terminal sont les modes veille (*idle mode*) et connecté (*connected mode*). Le mode connecté peut être divisé en plusieurs états de service (*service state*) qui définissent quels types de canaux physiques sont utilisés par le terminal. La Figure 6.10 présente les principaux états de service RRC pour le mode connecté ainsi que les changements d'états possibles.

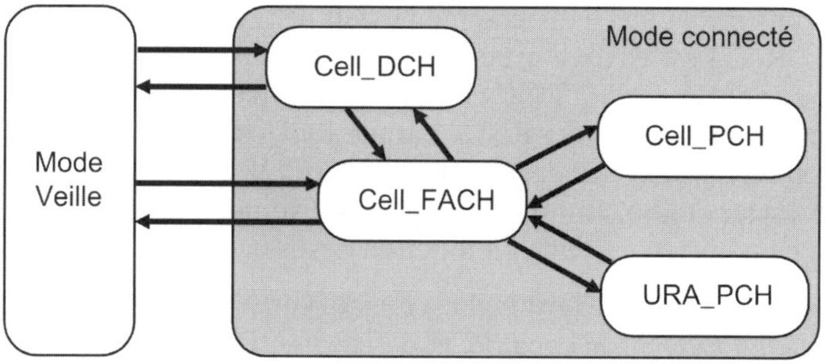

Figure 6.10 Modes de fonctionnement et états de service d'un terminal

En mode veille [4], lorsque le terminal vient d'être allumé, ce dernier sélectionne un réseau (PLMN) à contacter. Cette sélection peut s'effectuer soit automatiquement, soit manuellement par l'utilisateur. Le terminal recherche alors les cellules du PLMN sélectionné, puis choisit celle qui est la plus appropriée et règle son canal de contrôle. Cette procédure est souvent appelée « camping ». La procédure de recherche de cellule décrite dans le chapitre 5 est en réalité une des phases de cette procédure de *camping*. A partir de cet instant, le terminal est à même de recevoir des informations du système ainsi que des messages de diffusion. Le terminal reste en mode veille jusqu'à ce qu'il émette une demande d'établissement de connexion RRC (voir la section 6.7.7.4 à ce sujet). En mode veille, le terminal n'est connu que sous une identité issue de la couche *Non Access Stratum* telle que l'IMSI (*International Mobile Subscriber Identity*), le TMSI (*Temporay Mobile Subscriber Identity*) ou le P-TMSI (*Packet-TMSI*). En outre, l'UTRAN ne possède aucune information individuelle sur les terminaux en veille et ne peut s'adresser qu'à un groupe de terminaux en veille, par exemple, tous les terminaux en veille d'une cellule ou tous les terminaux engagés dans une procédure de *paging*.

Intéressons-nous maintenant aux états de service du mode connecté.

Dans l'état Cell_DCH, un canal physique dédié est alloué au terminal. Ce dernier est connu de son *serving* RNC au niveau de la cellule ou à un niveau dit « active set » qui correspond au groupe de cellules utilisées pour le soft handover. Le terminal réalise des mesures et envoie des rapports de mesures en fonction des informations de contrôle reçues de la part du RNC. Le canal DSCH peut également être utilisé dans cet état Cell_DCH et certains terminaux sont capables de gérer le canal FACH pour les messages d'information du système.

Dans l'état Cell_FACH, aucun canal physique dédié n'est alloué au terminal, mais les canaux RACH et FACH sont utilisés à la place pour transmettre à la fois des messages de signalisation et une petite quantité de données du plan utilisateur. Dans cet état, le terminal est capable d'écouter le canal BCH et peut aussi utiliser le canal CPCH quand l'UTRAN le demande. Le terminal réalise des resélections de cellule et envoie après chaque resélection un message *Cell Update* au RNC afin que ce dernier connaisse la position du terminal à tout instant à un niveau cellule. Concernant l'identification des terminaux, un identifiant C-

RNTI est utilisé au niveau de l'en-tête MAC des PDU afin de pouvoir distinguer les terminaux les uns des autres dans une même cellule. Lorsqu'un terminal resélectionne une cellule, le U-RNTI est envoyé avec le message *Cell Update* afin que l'UTRAN puisse router le message vers le *serving* RNC courant du terminal, même si le premier RNC à recevoir le message n'est pas le *serving* RNC courant. Le U-RNTI est transmis dans le message à proprement parler et non pas dans l'en-tête MAC. Si la nouvelle cellule fait partie d'un autre système d'accès radio, comme le GPRS par exemple, le terminal repasse en mode veille et accède à ce nouveau système en fonction des procédures en vigueur dans ce dernier.

Dans l'état Cell_PCH, le terminal est connu à un niveau cellule par le *serving* RNC mais ne peut être joint que par le canal PCH de *paging*. Dans cet état, la consommation d'énergie du terminal est moindre que dans l'état Cell_FACH puisque la gestion du canal de *paging* ne nécessite qu'une réception discontinue (DRX, *Discontinuous Reception*). Le terminal écoute également le canal BCH. Un terminal supportant le service *Cell Broadcast* est capable de recevoir des messages BMC dans cet état. Si le terminal resélectionne une cellule, il passe automatiquement dans l'état Cell_FACH afin d'exécuter la procédure *Cell Update*, après quoi il retourne à l'état Cell_PCH si aucune autre opération n'est déclenchée par la procédure *Cell Update*. Si le terminal resélectionne une cellule faisant partie d'un autre système, tout comme dans l'état Cell_FACH, il passe en mode veille avant de suivre les procédures du nouveau système.

L'état URA_PCH est très similaire à l'état Cell_PCH, sauf que le terminal n'exécute pas la procédure *Cell Update* après chaque resélection de cellule, il se contente de récupérer l'identité URA (*UTRAN Registration Area*) de la cellule courante sur canal BCH. Si l'identité URA change d'une cellule à l'autre, le terminal informe le *serving* RNC de la modification de sa localisation. Cela est réalisé par la procédure *URA Update* qui est similaire à la procédure *Cell Update*. A cet instant, le terminal passe dans l'état Cell_FACH pour exécuter cette procédure *URA Update* avant de repasser dans l'état URA_PCH. Une même cellule peut appartenir à un ou plusieurs URA. Si le terminal ne peut trouver l'URA de la cellule précédente dans la liste des URA de la nouvelle cellule, il doit exécuter une procédure *URA Update*. Plusieurs URA peuvent être définis au niveau d'une même cellule. Cela est typiquement fait afin d'éviter les effets ping-pong dans certaines zones géographiques où les stations de base sont contrôlées par différents RNC.

Le terminal quitte le mode connecté pour retourner en mode veille lorsque la connexion RRC est relâchée ou perdue.

6.7.2.1 Etats de service pour les terminaux multi-modes

La Figure 6.11 présente un aperçu des états possibles et des transitions entre ces derniers pour un terminal multi-mode. La Figure 6.11 correspond à un terminal bi-mode UTRA FDD-GSM/GPRS. Avec ce type de terminaux, il est possible de réaliser des handovers intersystèmes entre l'UTRA FDD et le GSM et de resélectionner de cellules de l'UTRA FDD vers le GPRS. Les procédures de signalisation mises en jeu dans de tels cas seront décrites dans la section 6.7.3.

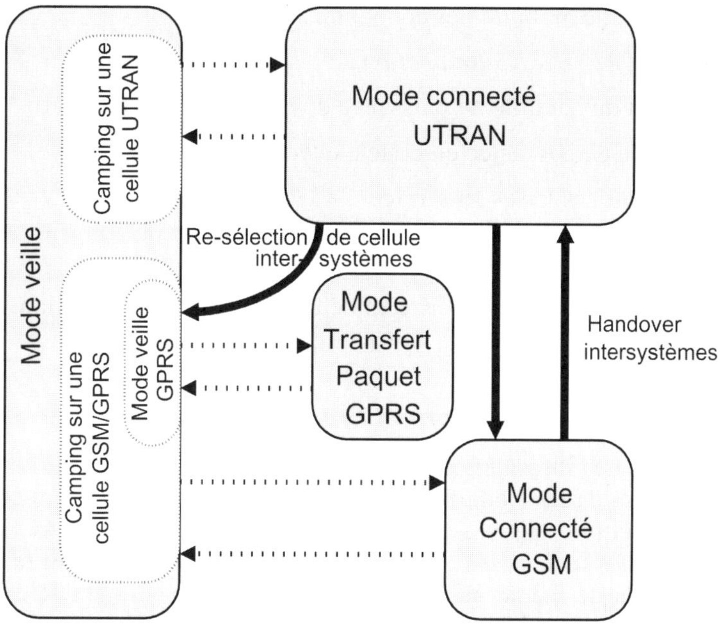

Figure 6.11 Etats RRC pour un terminal bi-mode UTRA FDD - GSM/GPRS

6.7.3 Procédures et fonctions RRC

Puisque la couche RRC supporte la majorité des échanges de signalisation entre les terminaux et l'UTRAN, la liste des fonctions qu'elle fournit en est quelque peu longue. La plupart de ces fonctions font partie des algorithmes RRM (*Radio Resource Management*) qui seront présentés dans les chapitres 8 et 9. Bien que les informations soient transportées par la couche RRC, les fonctions correspondantes font partie du protocole RRC. Elles sont les suivantes :

- Diffusion des informations du système.
- *Paging*.
- Sélection de la première cellule et resélection en mode veille.
- Etablissement, maintien et relâchement d'une connexion RRC entre un terminal et l'UTRAN.
- Contrôle des supports radio, canaux de transport et canaux physiques.
- Contrôle des fonctions de sécurité (chiffrement et protection de l'intégrité).
- Protection de l'intégrité des messages de signalisation.

- Gestion et contrôle des rapports de mesures effectuées par le terminal.
- Fonction de mobilité des connexions RRC.
- Support de la *SRNS Relocation*.
- Support du contrôle de puissance downlink en boucle externe du terminal.
- Contrôle de puissance en boucle ouverte.
- Fonctions associées au service *Cell Broadcast*.
- Support des fonctions de localisation.

Dans la suite, nous allons décrire en détail ces différentes fonctions et les procédures associées.

6.7.3.1 Diffusion des informations du système

La diffusion des informations du système (*System Information*) a pour origine le réseau cœur, les RNC et les Node B. Les messages correspondants sont envoyés sur un canal logique BCCH qui s'appuie sur un canal de transport BCH ou FACH. Les messages *System Information* véhiculent des SIB (*System Information Block*) qui rassemblent des éléments d'information de même nature. Les paramètres dynamiques, c'est-à-dire les paramètres dont la valeur change fréquemment sont en conséquence regroupés dans des blocs différents de ceux qui transportent les paramètres statiques. Un message *System Information* peut transporter plusieurs SIB ou une partie d'un SIB, en fonction de la taille des SIB à transmettre. Il correspondra toujours à la taille d'un bloc de transport BCH ou FACH. Si des bits de bourrage sont nécessaires, ils seront insérés au niveau de la couche RRC.

Les SIB sont organisés sous la forme d'un arbre comme le présente la Figure 6.12. Un MIB (*Master Information Block*) donne des informations de référence et de programmation (*scheduling information*) à un certain nombre de SIB d'une cellule donnée. Il peut aussi comporter des informations à destination d'un ou de deux blocs de programmation (*scheduling blocks*) qui donnent alors des informations de référence et de programmation à tous les SIB associés. Le MIB est envoyé régulièrement sur le canal BCH et sa programmation est statique. En plus des informations de programmation, le MIB contient les paramètres correspondant aux types et aux identités des PLMN supportés, qui peuvent être le GSM et/ou l'IS-41. Notons que les SIB contiennent toutes les autres informations du système.

Les informations de programmation (véhiculées par le MIB ou présentes dans les *scheduling blocks*) pour les SIB, contenant des paramètres variables, possèdent des timers spécifiques qui peuvent être utilisés par le terminal pour déclencher la lecture de chaque bloc.

Pour les autres SIB comportant des paramètres plus « statiques », le MIB ou le SIB « parent » contient en plus des informations de programmation un paramètre appelé « value tag » que le terminal doit comparer au dernier paramètre *value tag* qu'il a reçu précédemment. Si le *value tag* a changé entre temps, le terminal doit relire le SIB en question.

Cela permet au terminal de détecter facilement si un des paramètres statiques a changé sans avoir à prendre connaissance systématiquement de tous les paramètres statiques.

L'UTRAN peut également indiquer si un des paramètres a changé en envoyant un message de *paging* sur le canal de transport PCH (voir la section 6.7.3.2 à ce sujet) ou un message *System Information Change Indication* sur le canal de transport FACH. Avec ces deux messages, tous les terminaux qui ont besoin de connaître le changement d'un des paramètres peuvent être joints, quel que soit leur état (Cell_FAC, Cell_PCH et URA_PCH).

Le nombre de *system information blocks* défini dans la Release 99 du 3GPP est d'un MIB, deux *scheduling blocks* et de 17 SIB. Seul le SIB numéro 10, contenant des informations nécessaires aux terminaux dans l'état Cell_DCH, est envoyé sur le canal de transport FACH. Tous les autres SIB, MIB et *scheduling blocks* inclus, sont envoyés sur le canal BCH. Les informations de programmation de chaque SIB ne peuvent être présentes qu'à un seul endroit, soit au niveau du MIB, soit au niveau d'un des deux *scheduling blocks*.

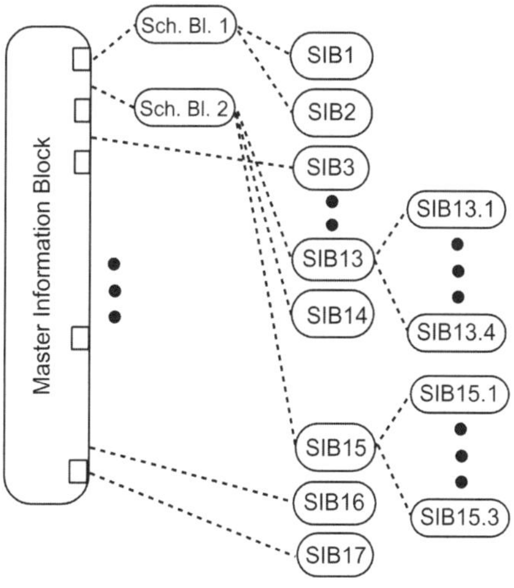

Figure 6.12 Structure des SIB dans la Release 99 du 3GPP

6.7.3.2 Paging

La couche RRC peut diffuser des informations de *paging* sur le canal PCCH à certains terminaux d'une cellule donnée. La procédure de *paging* peut être utilisée pour les trois objectifs suivants :

- Durant un appel entrant ou l'établissement d'une session à l'initiative du réseau cœur. Dans ce cas, la demande initiant le *paging* provient du réseau cœur via l'interface Iu.

- Pour changer l'état du terminal et passer de l'état Cell_PCH ou URA_PCH à l'état Cell_FACH. Cela peut être déclenché par exemple par la transmission downlink de données en mode paquet.
- Pour indiquer la modification d'informations du système. Dans ce cas, le RNC envoie un message de *paging* sans donnée propre au *paging* mais avec des informations décrivant les nouvelles valeurs à prendre en compte au niveau du *master information block*. Ce type de *paging* s'adresse à l'ensemble des terminaux d'une cellule.

6.7.3.3 Sélection de la première cellule et resélection en mode veille

Durant la sélection de la première cellule et la resélection en mode veille, la meilleure cellule est choisie en fonction des mesures effectuées en mode veille et des critères de sélection de cellules. Notons au passage que la procédure de recherche de cellule décrite au chapitre 5 fait partie du processus de sélection de cellule.

6.7.3.4 Gestion des connexions RRC

L'établissement d'une connexion RRC et de supports radio de signalisation (SRB) entre le terminal et l'UTRAN, en particulier le RNC, est initié par une requête issue des couches hautes, au niveau du terminal. Dans le cas où l'établissement est initié par le réseau cœur, c'est un message *RRC Paging* qui est utilisé. La requête de la couche *Non Access Stratum* est en réalité une demande d'établissement d'une connexion de signalisation entre le terminal et le réseau cœur. Une connexion de signalisation consiste en une connexion RRC et une connexion au niveau de l'interface Iu. S'il existe plus d'une connexion de signalisation entre le terminal et le réseau cœur, elles partagent la même connexion RRC.

Le maintien d'une connexion RRC fait référence à la procédure *RRC Connection Re-establishment* qui permet de réétablir une connexion perdue après la coupure d'un lien radio. Des timers sont utilisés pour exécuter une procédure de reétablissement après une certaine période d'attente. Cette fonction de réétablissement est incluse dans la procédure *Cell Update* que nous verrons dans la section 7.7.3.9.

Cette procédure de reétablissement est illustrée dans la Figure 6.13. Il n'y a pas besoin ici d'étape de résolution de contention comme pour le GSM [12], puisque l'identifiant du terminal utilisé dans les messages de demande et d'établissement de connexion est un identifiant unique qui peut être la concaténation du P-TMSI et du RAI (*Routing Area Identity*) ou celle du TMSI et du LAI (*Location Area Identity*) ou plus simplement l'IMSI. Dans la procédure d'établissement de connexion RRC, cet identifiant n'est utilisé que pour son unicité et est abandonné à la fin de la procédure. Par conséquent, lorsque ces identifiants de terminal sont nécessaires à la signalisation des couches hautes, ils doivent être à nouveau envoyés. Le message *RRC Connection Setup* peut indiquer au mobile d'utiliser un canal physique dédié (passage à l'état Cell_DCH) ou un canal commun (passage à l'état Cell_FACH). Dans ce dernier cas, une identité temporaire de réseau (U-RNTI ou C-RNTI) est allouée au terminal pour les canaux communs de transport.

Les noms de canaux utilisés dans la Figure 6.13 indiquent soit les canaux logiques, soit les canaux de transport utilisés pour chaque message.

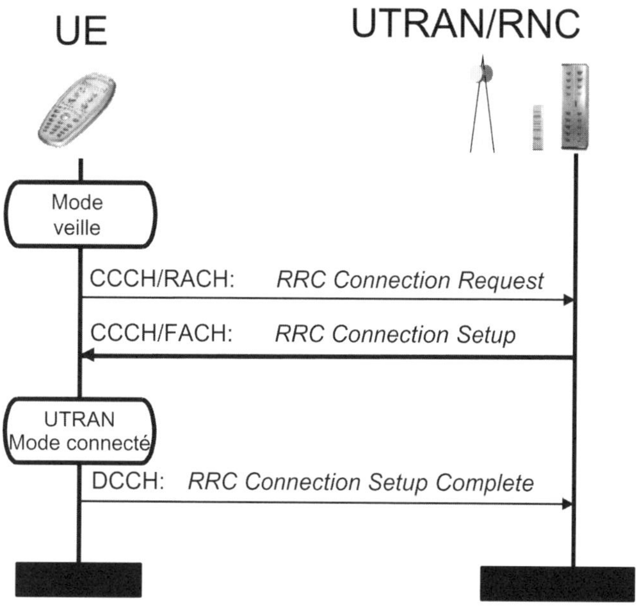

Figure 6.13 Procédure d'établissement de connexion RRC

La procédure d'établissement de connexion RRC crée trois (de façon optionelle quatre) supports radio de signalisation (SRB), numérotés de RB#1 à RB#4, le RB#0 étant réservé pour la signalisation du canal CCCH. Les SRB peuvent être ensuite créés, reconfigurés ou même supprimés avec les procédures normales de contrôle de support radio. Les SRB sont utilisés pour la signalisation RRC selon les règles suivantes :

- RB#1 est utilisé pour tous les messages envoyés sur le canal DCCH en mode RLC sans acquittement.
- RB#2 est utilisé pour tous les messages envoyés sur le canal DCCH en mode RLC avec acquittement, à l'exception des messages *Direct Transfer*.
- RB#3 est utilisé pour les messages *Direct Transfer* (utilisant le canal DCCH en mode RLC avec acquittement), qui transporte la signalisation des couches hautes. La raison pour laquelle un support radio dédié à la signalisation est réservé pour les messages *Direct Transfer* est que cela permet de rendre prioritaire la signalisation échangée entre le terminal et l'UTRAN par rapport à celle véhiculée entre le terminal et le réseau coeur en utilisant les services RLC et en s'affranchissant par là même d'une fonctionnalité RRC supplémentaire.

- RB#4 est optionnel et s'il existe, il est aussi utilisé pour les messages *Direct Transfer* (utilisant le canal DCCH en mode RLC avec acquittement). Avec deux SRB transportant la signalisation des couches hautes, l'UTRAN peut gérer deux niveaux de priorité, RB#4 pouvant être utilisé pour les messages de signalisation *Non Access Stratum* (NAS) de faible priorité et RB#3 pour les messages de haute priorité. Le niveau de priorité est indiqué à la couche RRC avec un message NAS. Un exemple de signalisation à faible priorité est typiquement les SMS.
- Pour les messages RRC utilisant le mode RLC transparent et le canal logique CCCH (par exemple les messages *Cell Update*, *RRC Connection Re-establishment*), le RB#0 est utilisé. Une fonction spéciale est nécessaire au niveau de la couche RRC. Cette dernière permet d'ajouter des bits de bourrage pour que la taille des messages soit égale à celle des blocs de transport. Cette fonctionnalité n'est en effet pas réalisée par la couche RLC en mode transparent.

6.7.3.5 Gestion des supports radio, canaux physiques et de transport

La couche RRC est en charge de l'établissement, de la reconfiguration et du relâchement des supports radio, lorsque les couches hautes en font la demande. Lors de l'établissement et de la reconfiguration, le RNC réalise un contrôle d'admission et sélectionne les paramètres décrivant le fonctionnement des supports radio au niveau des couches 1 et 2. Les SRB sont normalement établis lors de la procédure d'établissement de connexions RRC (voir la section 6.7.3.4 à ce sujet) mais peuvent être aussi contrôlés avec les procédures normales, propres aux supports radio.

Les paramètres du canal de transport et du canal physique sont déterminés par les procédures des supports radio mais peuvent être aussi configurés séparément par les procédures propres au canal de transport et par celles propres au canal physique dédié. Ces dernières sont nécessaires, par exemple, si le réseau est temporairement saturé ou lorsque le terminal passe de l'état Cell_DCH à l'état Cell_FACH ou vice-versa.

6.7.3.6 Contrôle des fonctions de sécurité

La procédure RRC *Security Mode Control* est utilisée pour initier le chiffrement et la protection de l'intégrité entre le terminal et l'UTRAN ainsi que pour déclencher la modification des clés de chiffrement et d'intégrité durant la connexion.

La clé de chiffrement est spécifique à chaque domaine du réseau coeur. Ainsi, pour une configuration typique de réseau (voir chapitre 4), deux clés de chiffrement peuvent être utilisées simultanément pour un seul terminal, l'une pour les services du domaine circuit et l'autre pour ceux du domaine paquet. Pour la signalisation qui utilise les supports radio communs aux deux domaines, la plus récente des deux clés est utilisée. Le chiffrement est réalisé au niveau de la couche RLC pour les services utilisant les modes RLC avec et sans acquittement et au niveau de la couche MAC pour les services utilisant le mode RLC transparent.

La protection de l'intégrité, qui est présentée dans la section suivante, est utilisée uniquement pour la signalisation. Dans une configuration de réseau typique, deux clés d'intégrité sont disponibles, mais puisqu'il ne peut exister qu'une seule connexion RRC par terminal, toute la signalisation est protégée par une même clé, qui est toujours la plus récente parmi les clés IK_{CS} et IK_{PS}.

6.7.3.7 Protection de l'intégrité de la signalisation

La couche RRC insère, au niveau des RRC PDU, un code CRC d'une longueur de 32 bits, appelé MAC-I (*Message Authentication Code*). Il est utilisé par l'entité RRC réceptrice afin de vérifier l'origine et l'intégrité des messages. Cette entité calcule le code MAC-I et le compare avec celui reçu par le message de signalisation. Les messages reçus avec un code d'authentification erroné ou manquant sont écartés. Puisque la signalisation des couches hautes est véhiculée dans des messages *RRC Direct Transfer*, l'intégrité de tous les messages des couches hautes est automatiquement protégée. Seul le premier message transporté par le message *Initial Direct Transfer* échappe à cette protection.

Le code CRC est calculé en utilisant l'algorithme UMTS UIA qui fonctionne avec une clé d'intégrité secrète IK, codée sur 128 bits, comme paramètre d'entrée. La clé est générée en même temps que la clé de chiffrement, durant la procédure d'authentification [11]. La Figure 6.14 présente la manière dont est utilisé l'algorithme d'intégrité f9 [15]. En plus de la clé IK, d'autres paramètres sont utilisés comme paramètres d'entrée de l'algorithme. Il s'agit des paramètres COUNT-I, qui est incrémenté de 1 à chaque nouveau message, d'un nombre aléatoire FRESH généré par le RNC, d'un bit DIRECTION qui correspond au sens downlink ou uplink et du message de signalisation à proprement parler. Notons que l'identité du support radio de signalisation (SRB) peut aussi affecter le calcul. Comme l'algorithme f9 était prêt lorsque ce besoin a été identifié, aucun nouveau paramètre n'a pu être ajouté à l'algorithme. Ainsi, l'identité du SRB est insérée au MESSAGE avant qu'il ne soit fourni à l'algorithme d'intégrité.

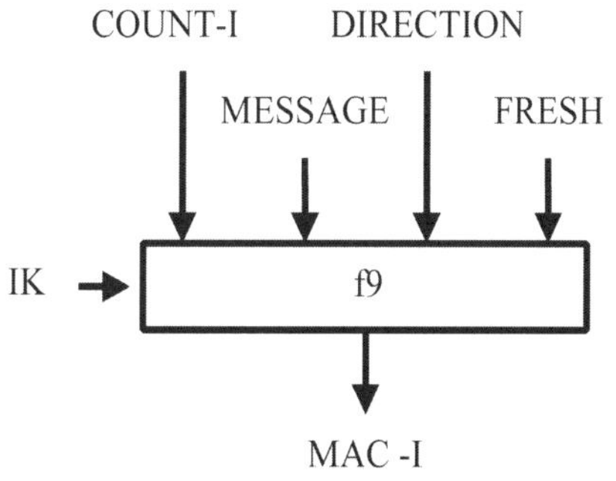

Figure 6.14 Calcul du code d'authentification MAC-I

Notons que certains messages RRC ne peuvent pas être protégés : il s'agit par exemple des messages échangés durant la procédure *RRC Connection Establishment* puisque les algorithmes et les paramètres ne sont pas encore négociés lorsque le message est envoyé.

6.7.3.8 Contrôle et remontée des mesures

Les mesures réalisées par le terminal sont contrôlées par le RNC en utilisant la couche RRC. Cette dernière détermine ce qui doit être mesuré, quand et qu'est-ce qui doit être remonté à l'UTRAN. La couche RRC réalise également l'analyse des mesures remontées du terminal vers le RNC.

6.7.3.8.1 Contrôle des mesures

Les procédures de contrôle des mesures (*measurement control*) et des remontées des mesures (*measurement reporting*) ont été développées afin d'être particulièrement flexibles. Le RNC peut initier, arrêter ou modifier plusieurs mesures en parallèle au niveau du terminal et chacune de ces mesures peut être contrôlée indépendamment. Les informations propres sont dans les SIB de type 11 et type 12. Pour les terminaux dans l'état Cell_DCH, un message *Measurement Control* dédié peut être utilisé. Cela est illustré dans la Figure 6.15.

Les informations spécifiques au contrôle des mesures sont les suivantes :

- *Measurement identity number* : il s'agit d'une référence utilisée par l'UTRAN lors de la modification des mesures et par le terminal pour la remontée des mesures.
- *Measurement command* : il s'agit d'une commande d'établissement, de modification ou de relâchement.
- *Measurement type* : il s'agit du type de mesure à effectuer, sélectionné parmi une liste de sept types prédéfinis qui sont les suivants :
  - Mesures intra-fréquence : mesures sur les canaux physiques downlink à la fréquence utilisée.
  - Mesures inter-fréquences : mesures sur les canaux physiques downlink à des fréquences différentes de celle utilisée.
  - Mesures intersystèmes : mesures sur les canaux physiques downlink appartenant à un système d'accès radio autre que l'UTRAN, le GSM par exemple.
  - Mesures de volume de trafic : mesures sur volume de trafic uplink, par exemple la charge du buffer RLC pour chaque support radio.
  - Mesures de qualité : mesures des paramètres de qualité, par exemple le taux d'erreurs bloc des canaux de transport downlink ou le taux d'erreurs bit sur les canaux physiques downlink.
  - Mesures internes : mesures de la puissance d'émission du terminal et du niveau de signal reçu au niveau du terminal.

  - Mesures pour les services de localisation (LCS, *Location Services*) [14]. Les mesures généralement fournies par le terminal pour la méthode réseau de localisation OTDOA-IPDL sont les OTD (*Observed Time Difference*) des SFN (*System Frame Number*) entre les différentes cellules mesurées.
- *Measurement objects* : il s'agit de l'objet que le terminal doit mesurer et de certaines informations indispensables aux mesures. Dans le cas des mesures de handovers, il s'agit de l'information de cellule nécessaire au terminal pour réaliser des mesures intra-fréquence, inter-fréquences ou intersystèmes. Dans le cas de mesures de volume de trafic, il s'agit typiquement de l'identification du canal de transport.

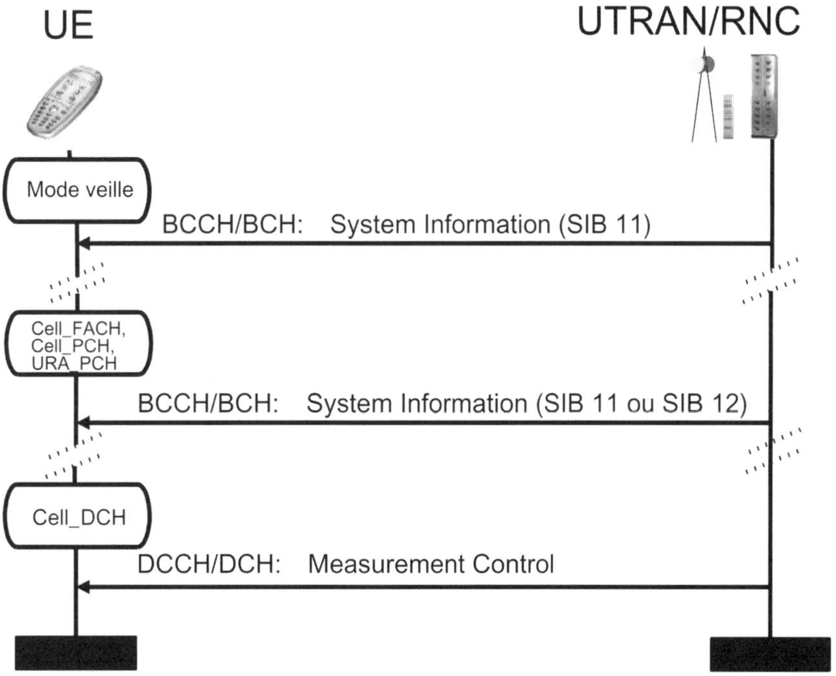

Figure 6.15 Procédures de contrôle des mesures en fonction des états du terminal

- *Measurement quantity* : il s'agit du volume de mesures à réaliser par le terminal.
- *Measurement reporting quantities* : il s'agit du volume de mesures à inclure par le terminal dans le rapport de mesures.
- *Measurement reporting criteria* : il s'agit du critère qui déclenche la remontée des mesures, ce qui peut s'effectuer soit périodiquement, soit suite à un événement particulier.

- *Reporting mode* : il s'agit d'un paramètre qui spécifie si le terminal doit transmettre les rapports de mesures en mode RLC avec acquittement ou sans acquittement.

6.7.3.8.2 Remontée des mesures

La procédure de remontée des mesures, présentée dans la Figure 6.16, est initiée par le terminal lorsque les critères de la remontée des mesures sont remplis. Le terminal envoie alors un message *Measurement Report* qui comporte le numéro d'identification de la mesure (*measurement identity number*) et les résultats de la mesure.

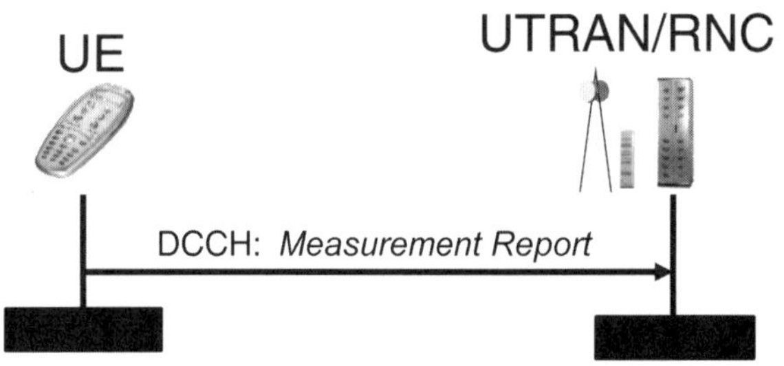

Figure 6.16 Procédure de remontée des mesures

Le message *Measurement Report* est utilisé dans le cas où le terminal est à l'état Cell_DCH ou Cell_FACH. Dans l'état Cell_FACH, ce message est uniquement utilisé pour transporter le rapport de mesures du volume de trafic. Les mesures de volume de trafic peuvent être également déclenchées dans les états Cell_PCH et URA_PCH, mais le terminal doit tout d'abord passer à l'état Cell_FACH avant d'être capable d'envoyer le rapport de mesures. Afin d'obtenir les informations nécessaires à la macrodiversité lors de l'établissement d'un canal physique dédié, l'UTRAN peut demander au terminal d'ajouter les résultats des mesures intra-fréquentielles aux messages suivants lorsque ces dernières sont envoyées sur le canal RACH :

- Message *RRC Connection Request* qui est envoyé pour établir une connexion RRC.
- Messages *Initial Direct Transfer* et *Uplink Direct Transfer.*
- Message *Cell Update.*
- Message *Measurement Report* qui est envoyé pour remonter le volume de trafic uplink, dans l'état Cell_FACH.

6.7.3.9 Mobilité des connexions RRC

Gérer la mobilité des connexions RRC revient à garder une trace de la localisation d'un terminal au niveau de la cellule ou au niveau *active set* tant que ce terminal est en mode connecté. Pour cela, un certain nombre de procédures RRC ont été définies. Lorsque les canaux dédiés sont alloués au terminal, la manière normale de réaliser le contrôle de la mobilité est d'utiliser les procédures *Active Set Update* et *Hard Handover*. Lorsque le terminal n'utilise que les canaux communs (RACH/FACH/PCH) et tant qu'il est en mode connecté, des procédures spécifiques sont utilisées pour garder la trace de la localisation du terminal au niveau de la cellule ou au niveau de la zone URA.

Les procédures RRC gérant la mobilité des terminaux sont les suivantes :

- la procédure *Active Set Update* qui met à jour la liste *active set* du terminal tant qu'il est dans l'état Cell_DCH. Rappelons que la liste *active set* correspond à la liste des cellules utilisées par le terminal pour le soft handover.
- la procédure *Hard Handover* qui permet de réaliser des hard handovers inter-fréquences ou intra-fréquence tant que le terminal est dans l'état Cell_DCH.
- la procédure *Inter-system handover* qui permet de réaliser des handovers entre l'UTRAN et un autre système d'accès radio, tel que le GSM.
- la procédure *Inter-system cell change order* qui permet de réaliser des resélections de cellules entre l'UTRAN et un autre système d'accès radio comme le GPRS.
- la procédure *Cell Update* qui permet de signaler la localisation d'un terminal au RNC tant que le terminal est dans l'état Cell_FACH ou Cell_PCH.
- la procédure *URA Update* qui permet de signaler la localisation d'un terminal au RNC tant que le terminal est dans l'état URA_PCH.

6.7.3.9.1 Active Set Update

Le but de cette procédure *Active Set Update* est de mettre à jour la liste *active set* de la connexion établie entre le terminal et l'UTRAN pendant que le terminal est dans l'état Cell_DCH. Cette procédure, présentée dans la Figure 6.17, comporte trois fonctions : ajout d'un lien radio, suppression d'un lien radio et l'ajout et la suppression combinés de plusieurs liens radio. L'algorithme de soft handover et ses performances sont présentés dans la section 8.3.1.

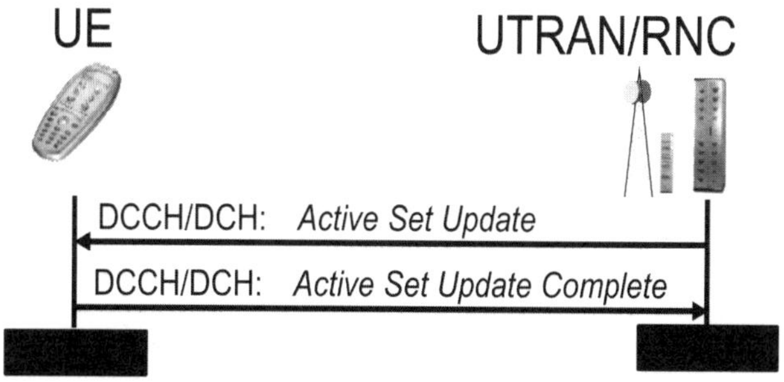

Figure 6.17 Procédure Active Set Update

6.7.3.9.2 Hard Handover

La procédure *Hard Handover* peut être utilisée pour changer la bande de fréquences d'une connexion entre le terminal et l'UTRAN ou pour changer de cellule tout en restant sur la même bande de fréquences. Elle peut être également utilisée pour changer de mode de fonctionnement, FDD et TDD. Cette procédure est uniquement utilisée lorsque le terminal est dans l'état Cell_DCH. Aucun message de signalisation dédié n'a été défini pour la procédure *Hard Handover* mais elle peut être exécutée avec les procédures suivantes : reconfiguration d'un canal physique, établissement du support radio, reconfiguration d'un support radio, relâchement d'un support radio et reconfiguration d'un canal de transport.

6.7.3.9.3 Inter-system Handover (depuis l'UTRAN)

Cette procédure, présentée dans la Figure 6.18, est utilisée pour réaliser un handover de l'UTRAN vers un autre système d'accès radio lorsque le terminal possède au moins un support d'accès radio pour un service circuit. Pour la Release 99, seuls les handovers d'un seul support d'accès radio sont clairement spécifiés, bien que les spécifications permettent les handovers de plusieurs supports d'accès radio et même de supports d'accès radio mis en place simultanément pour des services circuit et paquets.

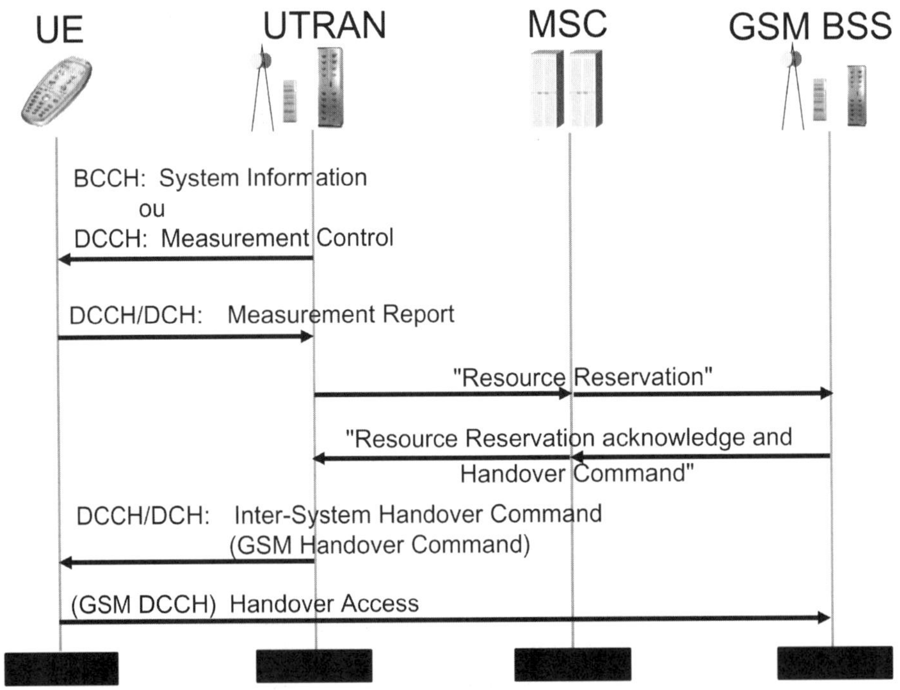

Figure 6.18 Procédure Inter-System Handover de l'UTRAN vers le GSM

Dans cet exemple, le système cible est le GSM. Mais notons que les spécifications supportent également les handovers vers le cdma2000 et le PCS 1900. Cette procédure peut être utilisée lorsque le terminal est dans les états Cell_DCH et Cell_FACH. Le terminal reçoit les paramètres des cellules voisines GSM [12] par des messages *System Information* ou *Measurement Control*. Ces paramètres sont nécessaires pour évaluer quelles cellules peuvent être candidates. C'est le RNC qui décide du handover en se fondant sur les remontées de mesures du terminal. Une fois que les ressources ont été réservées au niveau du système GSM, plus précisément au niveau du BSS (*Base Station Sub-system*), le RNC envoie un message *Handover From UTRAN Command* qui transporte un message *GSM Handover Command*. A ce stade, le protocole RR GSM au niveau du mobile prend le relais et envoie un message *GSM Handover Access* au BSC (*Base Station Controller*) GSM. Après la réussite de la procédure de handover, le BSS GSM initialise un relâchement des ressources de l'UTRAN qui relâche la connexion radio et supprime les informations de contexte correspondant au terminal.

6.7.3.9.4 Inter-system Handover (vers l'UTRAN)

Cette procédure, présentée dans la Figure 6.19, est utilisée pour réaliser un handover d'un système d'accès radio autre que l'UTRAN vers l'UTRAN. Dans cet exemple, le premier système est à nouveau le GSM.

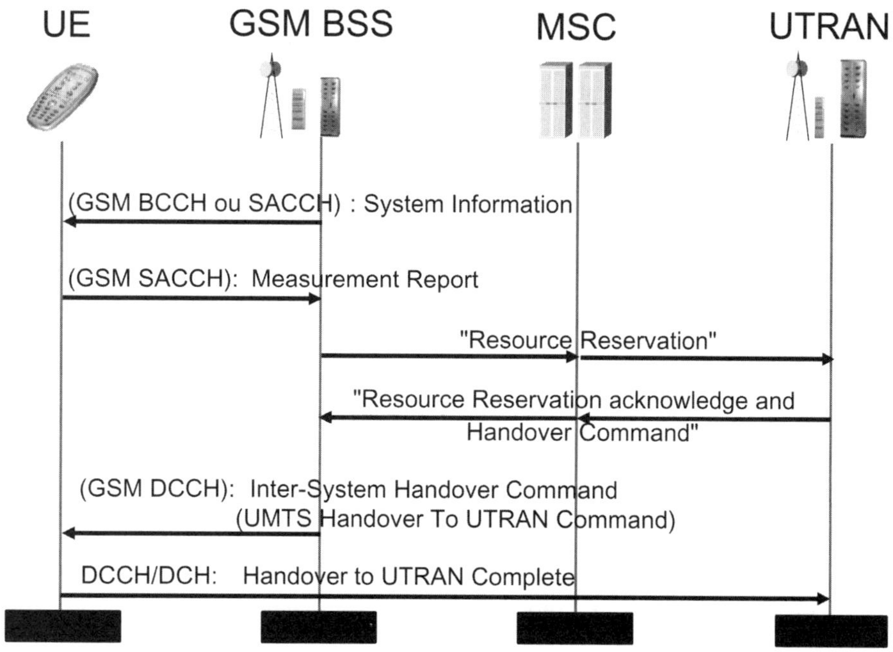

Figure 6.19 Procédure Inter-System Handover du GSM vers l'UTRAN

Les terminaux bi-modes reçoivent les paramètres propres aux cellules voisines UTRAN par les messages *GSM System Information*. Ces paramètres sont nécessaires pour mesurer les cellules UTRA FDD ainsi que pour récupérer les informations suivantes : DCF (*Downlink Centre Frequency*) ou UARFCN (*UTRA Absolute Radio Frequency Channel Number*), la largeur de bande passante (seules les bandes d'une largeur de 5 MHz sont autorisées dans la Release 99 du 3GPP mais d'autres largeurs pourraient voir le jour ultérieurement), le code de *scrambling* downlink ou le groupe de codes de *scrambling* pour le canal CPICH et la différence de synchronisation entre les deux types de réseau. Après avoir reçu des rapports de mesures du terminal GSM et pris la décision de handover, le BSC GSM initie une réservation de ressources au niveau du RNC UTRAN. Dans la phase suivante, le BSC GSM envoie un message GSM *Inter-System Handover Command* [12]. Ce message transporte un message UMTS *Handover to UTRAN* qui contient toutes les informations nécessaires à l'établissement d'une connexion au niveau d'une cellule UTRA. Le message GSM de handover *Inter-System Handover Command* doit avoir une taille inférieure ou égale à celle d'un PDU de la couche donnée, soit 23 octets. Cette taille est suffisamment importante pour transporter des informations qui servent à un mécanisme de préconfiguration. Le terminal complète la procédure en envoyant un message *Handover to UTRAN Complete* au RNC. Après la réussite de la procédure de handover, le RNC initialise une procédure de relâchement des ressources GSM.

6.7.3.9.5 Inter-System Cell Reselection (depuis l'UTRAN)

Cette procédure est utilisée pour transférer une connexion entre le terminal et l'UTRAN vers un autre système d'accès radio, tel que le GSM/GPRS. Cette procédure peut être initialisée lorsque le terminal est dans l'état Cell_FACH, Cell_PCH ou URA_PCH. Elle est contrôlée principalement par le terminal et dans une certaine mesure par l'UTRAN également. Lorsque le terminal a initié l'établissement de connexion vers un autre système d'accès radio, il doit relâcher toutes les ressources spécifiques à l'UTRAN.

6.7.3.9.6 Inter-System Cell Reselection (vers l'UTRAN)

Cette procédure est utilisée pour transférer une connexion entre le terminal et un système d'accès radio autre que l'UTRAN vers l'UTRAN. Elle est, là aussi, contrôlée principalement par le terminal et dans une certaine mesure par le système d'accès radio initial. Le terminal initialise une procédure d'établissement de connexion RRC vers l'UTRAN et relâche toutes les ressources spécifiques au premier système d'accès.

6.7.3.9.7 Inter-System Cell Change Order (depuis l'UTRAN)

Cette procédure, présentée dans la Figure 6.20, peut être utilisée par l'UTRAN pour forcer un terminal à changer de système d'accès radio. Elle est utilisée par les terminaux ayant au moins un support d'accès radio dans le domaine paquet et se trouvant dans l'état Cell_DCH ou Cell_FACH. Comme dans le cas de la procédure *Inter-System Handover* (depuis l'UTRAN), les terminaux spécifiés par la Release 99 sont tenus de réaliser la procédure *Inter-System Cell Change* avec un seul support d'accès radio dans le domaine paquet, alors que les spécifications de la procédure à proprement parler n'imposent aucune restriction particulière.

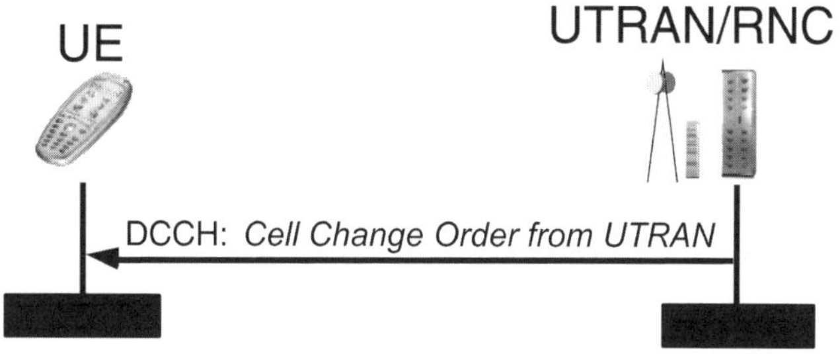

Figure 6.20 Procédure Inter-System Cell Change Order

La procédure est initiée par l'UTRAN grâce au message *Cell Change Order from UTRAN* qui contient au moins les informations nécessaires concernant la cellule cible. Après l'établissement de la connexion entre le terminal et l'autre système d'accès radio, comme par exemple le GSM/GPRS, ce nouveau système d'accès initialise le relâchement des ressources radio de l'UTRAN utilisées.

6.7.3.9.8 Inter-System Cell Change order (vers l'UTRAN)

Cette procédure est utilisée par les autres systèmes d'accès radio afin de forcer le terminal à passer à une cellule du système UTRAN. Le message *Inter-System Cell Change Order To UTRAN* doit comporter l'identité de la cellule UTRAN cible. Du côté de l'UTRAN, le terminal initialise la procédure d'établissement d'une connexion RRC.

6.7.3.9.9 Cell Update

La procédure *Cell Update* peut être déclenchée pour différentes raisons comme la resélection d'une cellule, l'expiration du timer de mise à jour périodique, l'initialisation d'une transmission de données uplink, un message de *paging* provenant de l'UTRAN ou la perte du lien radio dans l'état Cell_DCH.

Le message *Cell Update Confirm* peut inclure des éléments d'information de mobilité UTRAN, comme les nouveaux identifiants U-RNTI et C-RNTI, à destination du terminal. Dans ce cas, ce dernier répond avec un message *RNTI Reallocation Complete* afin que le RNC sache que les identifiants ont bien été pris en compte.

Le message *Cell Update Confirm* peut aussi contenir des informations concernant le relâchement d'un support radio, la reconfiguration d'un support radio, la reconfiguration d'un canal de transport ou encore la reconfiguration d'un canal physique. Dans ce cas, le terminal répond par un message spécifique au type d'action demandée, comme le montre la Figure 6.21.

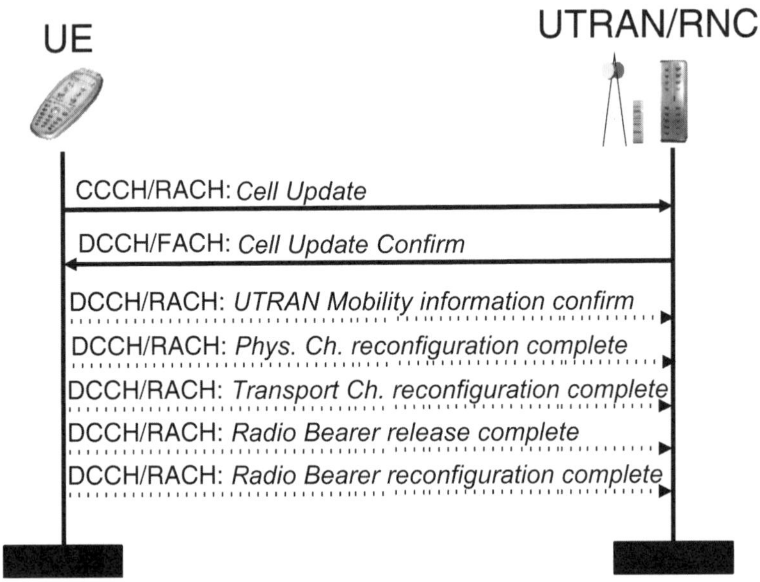

Figure 6.21 Procédure Cell Update

6.7.3.9.10 URA Update

La procédure *UTRAN Registration Area Update*, présentée dans la Figure 6.22, est utilisée lorsque le terminal est dans l'état URA_PCH. Elle peut être déclenchée soit après la resélection de cellule, si la nouvelle cellule ne contient pas l'identifiant URA que le terminal possède déjà ou lors de l'expiration du timer *URA Update*. Comme aucune émission dans le sens montant n'est possible dans l'état URA_PCH, le terminal doit passer temporairement dans l'état Cell_FACH pour exécuter cette procédure.

Les zones URA doivent être définies correctement afin d'éviter de générer une signalisation excessive. Il est possible d'attribuer plusieurs identifiants URA à une même cellule et plusieurs terminaux d'une même cellule peuvent appartenir à différentes zones URA. Cependant, un terminal à l'état URA_PCH ne possède qu'un seul identifiant URA. Si une cellule diffuse plusieurs identifiants URA, le RNC assigne alors un seul identifiant au terminal grâce au message *URA Update Confirm*.

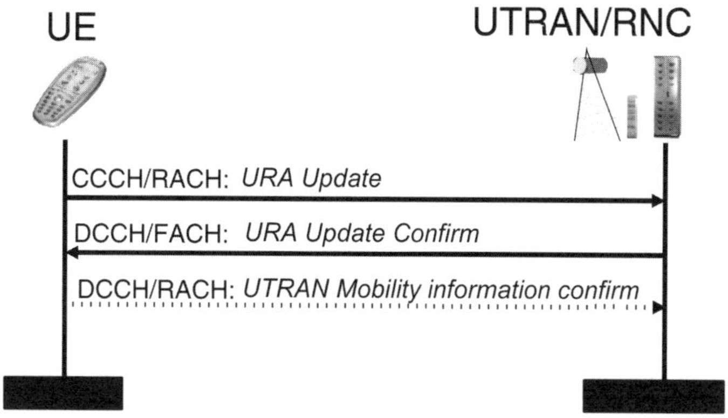

Figure 6.22 Procédure URA Update

Le message *URA Update Confirm* peut donc assigner un nouveau identifiant URA à un terminal, mais il peut également assigner de nouveaux identifiants RNTI à ce même terminal. Dans ce cas, le terminal répond par un message *UTRAN Mobility Information Confirm* afin que le RNC sache que ces informations ont bien été prises en compte.

6.7.3.10 SRNS Relocation

Dans la procédure de *RNS relocation* (voir le chapitre 4 à ce sujet), la couche RRC du *serving* RNC construit un message RRC spécifique, appelé *RRC Initialization Information*. La particularité de ce message est qu'il n'a pas pour destinataire un terminal mais le nouveau *serving* RNC du terminal considéré. En conséquence, ce message n'est pas envoyé sur l'interface air, mais transmis de l'ancien *serving* RNC vers le nouveau via le réseau cœur. Il transporte des informations concernant l'état RRC et tous les paramètres des protocoles RRC, RLC, MAC, PDCP et ceux de la couche physique nécessaires à l'établissement du contexte du terminal en question. De plus, les numéros de séquence PDCP (qui sont normalement conservés localement au niveau du terminal et de l'UTRAN) doivent être transmis entre le terminal et l'UTRAN par n'importe quel message RRC utilisé durant la procédure de *SRNS Relocation*.

6.7.3.11 Contrôle de puissance downlink en boucle externe

La procédure de contrôle de puissance downlink en boucle externe est utilisée au niveau du terminal. Elle consiste à déterminer la valeur SIR cible sur chaque canal CCTrCH utilisé pour ce type de contrôle de puissance downlink. Les valeurs SIR cibles ne sont pas envoyées de l'UTRAN au terminal, mais le RNC peut prévenir le terminal, grâce au message *Downlink Outer Loop Control*, d'augmenter sa valeur SIR cible. Le même message peut également être utilisé pour diminuer la valeur SIR cible.

Tous les messages RRC qui sont utilisés pour ajouter ou reconfigurer des canaux de transport downlink, par exemple les messages *Radio Bearer Setup/Reconfiguration/Release, Transport Channel Reconfiguration*, transmettent un paramètre appelé « Quality Target » ou « BLER Quality Target » qui est utilisé pour configurer séparément les exigences de qualité pour chaque canal de transport downlink.

Les algorithmes de contrôle de puissance downlink en boucle externe et leurs performances sont abordés dans la section 8.2.

6.7.3.12 Contrôle de puissance en boucle ouverte

Avant d'émettre sur le canal PRACH (voir à ce sujet le chapitre 5), le terminal calcule la puissance à laquelle il va émettre le premier préambule grâce à la formule suivante :

Puissance_préambule = Puissance DL TX CPICH - CPICH_RSCP +
UL interférence + Valeur constante

La valeur CPICH_RSCP est mesurée par le terminal, tous les autres paramètres sont reçus de l'UTRAN.

Tant que la couche physique est configurée pour émettre sur le canal PRACH, le terminal recalcule la puissance du préambule à chaque fois qu'un ou plusieurs paramètres de la formule ci-dessus changent. La nouvelle valeur de la puissance du préambule est ensuite envoyée à la couche physique.

Lorsque le premier canal PDCCH a été établi, le terminal doit débuter le contrôle de puissance uplink. Le niveau de puissance est calculé grâce à la formule suivante :

Puissance_initiale_DPCCH = DPCCH_Power_offset - CPICH_RSCP

La valeur DPCCH_Power_offset est reçue de l'UTRAN par différents messages de signalisation alors que la valeur CPICH_RSCP doit être calculée par le terminal.

6.7.3.13 Service Cell Broadcast

Les fonctions de la couche RRC relatives au service *Cell Broadcast* sont les suivantes :

- Configuration initiale de la couche BMC.
- Allocation des ressources radio pour les services CB, en pratique, allocation et mise en correspondance du canal logique CTCH avec le canal de transport FACH et plus tard avec le canal physique S-CCPCH.
- Configuration de la couche 1 et 2 pour la réception discontinue des services CBS au niveau du terminal.

6.7.3.13.14 Localisation des terminaux

Bien que les spécifications UTRAN de la Release 99 ne supportent que la méthode de localisation fondée sur l'identifiant de la cellule (*Cell_ID*), le protocole RRC est déja capable de supporter les méthodes OTDOA et les méthodes fondées sur le GPS [14]. Cela signifie que le terminal est à même de transférer à l'UTRAN ses mesures de localisation et que l'UTRAN est capable de transmettre au terminal ses données d'assistance pour la méthode OTDOA et/ou pour le module GPS. Ceci est réalisé grâce à un message *System Information* ou à un message dédié, appelé *Assitance Data Delivery*.

6.8. Références

[1] 3G TS 25.301 Radio Interface Protocol Architecture

[2] 3G TS 25.302 Services Provided by the Physical Layer

[3] 3G TS 25.303 UE Functions and Interlayer Procedures in Connected Mode

[4] 3G TS 25.304 UE Procedures in Idle Mode

[5] 3G TS 25.321 MAC Protocol Specification

[6] 3G TS 25.322 RLC Protocol Specification

[7] 3G TS 25.323 PDCP Protocol Specification

[8] 3G TS 25.324 Broadcast/Multicast Control Protocol (BMC) Specification

[9] 3G TS 25.331 RRC Protocol Specification

[10] 3G TS 33.102 3G Security; Security Architecture

[11] 3G TS 24.008 Mobile Radio Interface Layer 3 Specification, Core Network Protocols - Stage 3

[12] GSM 04.18 Digital Cellular Telecommunications System (Phase 2+); Mobile Radio Interface Layer 3 Specification, Radio Resource Control Protocol

[13] IETF RFC 2507 IP Header Compression

[14] 3G TS 25.305 Stage 2 Functional Specification of Location Services in UTRAN.

[15] 3G TS 33.105 3G Security; Cryptographic Algorithm Requirements.

Chapitre 7

PLANIFICATION DU RÉSEAU RADIO

*par Harri Holma, Zhi-Chun Honkasalo, Seppo Hämäläinen,
Jaana Laiho, Kari Sipilä et Achim Wacker*

7.1. Introduction

Ce chapitre présente les différentes phases de la planification d'un réseau radio WCDMA, à savoir le dimensionnement, la planification détaillée de la capacité et de la couverture ainsi que l'optimisation. Le processus de planification est présenté dans la Figure 7.1. L'objectif de la phase de dimensionnement est d'estimer le nombre de sites, le nombre de stations de base et leur configuration en fonction des besoins et des exigences de l'opérateur ainsi que de la propagation radio spécifique au type d'environnement. Ce dimensionnement doit scrupuleusement prendre en compte les exigences en termes de couverture, de capacité et de qualité de service de l'opérateur. La capacité et la couverture sont deux aspects étroitement liés dans les réseaux WCDMA et doivent par conséquent être considérés simultanément dans le dimensionnement. Cette phase de dimensionnement est présentée en détail dans la section 7.2.

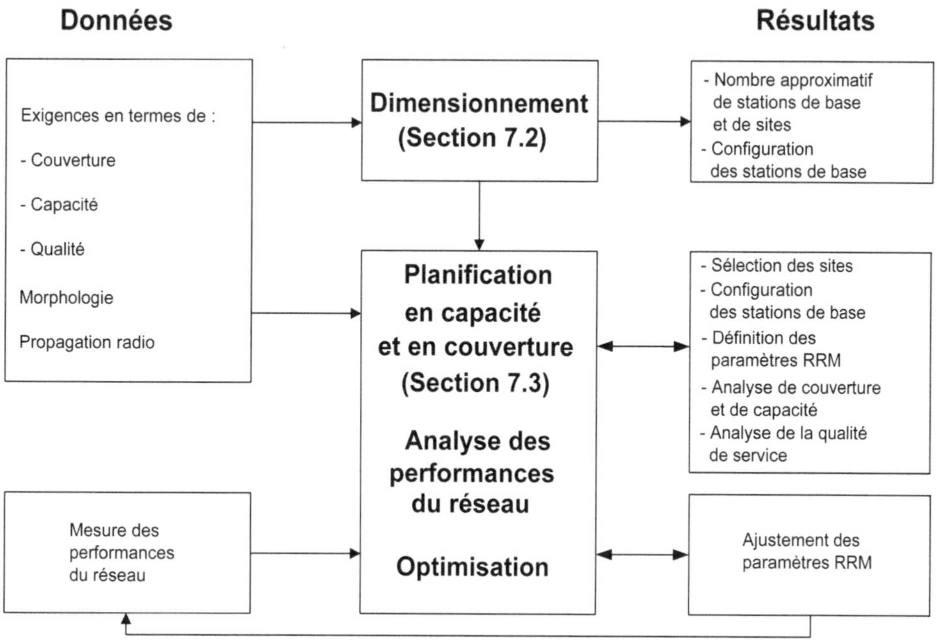

Figure 7.1 Processus de planification radio

La planification de la capacité et de la couverture réalisée par un outil de planification WCDMA sera présentée dans la section 7.3. Pour cette phase, des cartes géographiques détaillées et une estimation du trafic sont nécessaires. La localisation des stations de base est déterminée par l'outil de planification et/ou par l'ingénieur radio. La capacité et la couverture peuvent alors être analysées pour chaque cellule ou par zone. Un cas concret sera présenté dans la section 7.3 avec l'analyse de la capacité et de la couverture. Lorsque le réseau est en fonctionnement, il est possible de mesurer et d'analyser ses performances. Les résultats de ces mesures peuvent ensuite être utilisés pour optimiser le réseau. Les processus de planification et d'optimisation peuvent être automatisés grâce à certains outils et éléments du réseau. L'optimisation sera présentée également dans la section 7.3.

Les interférences entre canaux adjacents doivent toujours être considérées dans la conception de n'importe quel système large bande pour lequel les bandes de garde sont peu importantes. Nous verrons dans la section 7.4, les effets des interférences entre opérateurs et les solutions qui permettent d'y remédier.

7.2. Dimensionnement

Le dimensionnement d'un réseau radio WCDMA est un processus qui permet d'estimer, à partir des besoins et des exigences de l'opérateur, le nombre d'équipements nécessaires ainsi que leur configuration. Il est courant de distinguer les trois catégories suivantes d'exigences définies chacune par différents paramètres :

- Couverture :
  - Zones de couverture,
  - Types d'environnement,
  - Propriétés de propagation.
- Capacité :
  - Spectre disponible,
  - Prévisions d'abonnés,
  - Densité de trafic.
- Qualité de service :
  - Probabilité de couverture,
  - Probabilité de blocage,
  - Débits utilisateur.

Les principaux objectifs du dimensionnement sont de définir les bilans de puissance, la couverture, la capacité et d'estimer le nombre de sites, de stations de base, de RNC ainsi que le nombre d'équipements du réseau cœur nécessaires que ce soit dans le domaine circuit ou dans le domaine paquet.

7.2.1 Bilan de puissance et couverture

Le bilan de puissance uplink est présenté dans cette section. Pour ce bilan de puissance, certains paramètres spécifiques au WCDMA doivent être pris en compte, ce qui n'était pas le cas pour les systèmes d'accès radio TDMA, comme le GSM. Les plus importants sont décrits ci-dessous :

- Marge d'interférence (*interference margin*) :

  Une marge d'interférence doit être utilisée lors du calcul du bilan de puissance car la charge de la cellule, c'est-à-dire le facteur de charge, affecte directement la couverture. Plus la charge autorisée dans le système est importante, plus la marge d'interférence nécessaire est élevée et plus la zone de couverture est réduite. Pour le cas où la couverture est le facteur limitant, une faible marge d'interférence est indiquée, alors que dans le cas où la capacité est le facteur limitant, une marge plus élevée doit être prise. Dans le premier cas, la taille de la cellule est limitée par l'atténuation maximale due à la propagation en espace libre (*path loss*) permise par le bilan de puissance. La capacité maximale de l'interface air ne rentre alors pas en jeu. La valeur typique pour cette marge d'interférence est, dans ce cas, de l'ordre de 1 à 3 dB, correspondant à une charge de 20 à 30%.

- Marge de *fast fading* (*fast fading margin*) :

  Cette marge de *fast fading* correspond au *headroom* du contrôle de puissance que nous avons vu dans le chapitre 5. Ce *headroom* est une réserve de puissance conservée par le terminal afin de pouvoir augmenter sa puissance d'émission dans le cadre du contrôle de puissance rapide en boucle fermée, même s'il se trouve en bordure de cellule [1]. Cela s'applique en particulier aux terminaux immobiles ou se déplaçant à faible vitesse qui sont sujets au *fast fading*. Les performances du contrôle de puissance rapide sont abordées dans la section 8.2.1. La valeur typique de cette marge de *fast fading* est de l'ordre de 2 à 5 dB.

- Gain de soft handover (*soft handover gain*) :

  Les soft handovers et les hard handovers apportent un gain contre le *slow fading* (*fading* en loi log-normale) en réduisant la marge de *slow fading*. Cela provient du fait que le *slow fading* est en partie décorrélé entre les stations de base impliquées dans un soft handover et en réalisant un handover, le mobile peut sélectionner une meilleure station de base. Le soft handover donne un gain supplémentaire de macrodiversité contre le *fast fading* en réduisant la valeur de E_b/N_0 nécessaire sur un seul lien radio du fait des effets de la combinaison des signaux en macrodiversité. Le gain global de soft handover est estimé à 2 ou 3 dB dans les exemples que nous allons voir ci-dessous. Cette valeur comprend les gains contre le *slow* et le *fast fading*. Les handovers sont décrits dans la section 8.3 et le gain en macrodiversité dans la section 10.2.1.4.

D'autres paramètres du bilan de puissance sont décrits dans le document [2] donné en référence à la fin du chapitre 6. Nous allons voir ci-dessous trois exemples de bilan de puissance correspondant à un environnement urbain macrocellulaire et aux services UMTS suivants :

- Service voix à 12,2 kbit/s utilisant le codec AMR,
- Service données temps-réel à 144 kbit/s,
- Service données non temps-réel à 384 kbit/s.

La marge d'interférence a été fixée à 3 dB et les hypothèses qui sont utilisées pour les émetteurs et les récepteurs sont données respectivement dans les Tableaux 7.1 et 7.2.

Tableau 7.1 Hypothèses concernant les terminaux

	Terminal Voix	Terminal Données
Puissance d'émission maximale	21 dBm	24 dBm
Gain d'antenne	0 dBi	2 dBi
Body loss (Note 1)	3 dB	0 dB

Tableau 7.2 Hypothèses concernant les stations de base

	Station de base
Facteur de bruit	3 dB
Gain d'antenne (station de base à 3 secteurs)	18 dBi
E_b/N_0 : - Service Voix - Service Données temps-réel (144 kbit/s) - Service Données non temps-réel (384 kbit/s)	 5,0 dB 1,5 dB 1,0 dB
Pertes câble	2,0 dB

Note 1 : Le *body loss* correspond aux pertes dues à la déformation du diagramme d'antenne du terminal, engendrée par la proximité du corps ou de la tête de l'utilisateur.

Le bilan de puissance présenté dans le Tableau 7.3 est calculé pour le service voix à 12,2 kbit/s et pour les utilisateurs *in-car*, avec des pertes *in-car* estimées à 8 dB. Aucune marge de *fast fading* n'est ici utilisée puisque pour une vitesse de 120 km/h, le contrôle de puissance rapide ne peut compenser les effets du *fading*. La valeur de E_b/N_0 requise est estimée à 5 dB. Cette valeur de E_b/N_0 requise dépend du débit, du service, du profil de trajets multiples, de la vitesse du terminal, des algorithmes de réception ainsi que de la structure de réception de la station de base. Pour les terminaux se déplaçant à faible vitesse, la valeur de E_b/N_0 est faible mais d'un autre côté une marge de *fast fading* est nécessaire. Typiquement, les terminaux se déplaçant à faible vitesse sont le facteur limitant en termes de couverture, à cause de la marge de *fast fading* qu'il est nécessaire d'ajouter. Le Tableau 7.4

présente le bilan de puissance d'un service données temps-réel à 144 kbit/s avec une probabilité de couverture de 80 % et en environnement *indoor*. Les principales différences entre les Tableaux 7.3 et 7.4 se situent dans le gain de traitement, dans la puissance d'émission qui est supérieure et dans une valeur de E_b/N_0 inférieure dans le cas d'un service données. De plus, une marge de *fast fading* de 4,0 dB est ajoutée puisque ce bilan de puissance correspond à des terminaux se déplaçant à une vitesse de 3 km/h. Les pertes correspondant à l'environnement *indoor* sont ici estimées à 15 dB.

Quant au Tableau 7.5, il présente le bilan de puissance d'un service données non temps-réel à 384 kbit/s en environnement *outdoor*. Le gain de traitement est plus faible que dans le Tableau 7.4 car le débit est plus important. La valeur de E_b/N_0 est plus faible que pour les débits moins importants. L'effet du débit sur la valeur de E_b/N_0 requise est présenté dans la section 10.2.1.1. Ce bilan de puissance est calculé sans soft handover.

L'efficacité de couverture WCDMA est définie par la couverture moyenne par site, donnée en km² par site, pour un environnement de propagation défini et une densité de trafic donnée.

A partir des bilans de puissance ci-dessous, le rayon de cellule R peut être facilement calculé pour un modèle de propagation donné, comme par exemple les modèles de Walfish-Ikegami ou Okumara-Hata. Les modèles de propagation décrivent la propagation moyenne des signaux dans un environnement donné. Celle-ci peut être utilisée pour convertir l'atténuation maximale permise issue du bilan de puissance en une distance correspondant au rayon maximal de la cellule. Prenons le modèle de Okumura-Hata pour un environnement urbain, une hauteur d'antenne de la station de base de 30 mètres et une hauteur d'antenne du terminal de 1,5 mètres ainsi qu'une fréquence de 1 950 Hz [6] :

$$L = 137,4 + 35,2 \cdot \log(R)$$

où L est le *path loss* exprimé en dB et R le rayon de la cellule en kilomètre. Pour un environnement suburbain, on estime qu'un facteur de correction de 8 dB doit être ajouté, ce qui donne :

$$L = 129,4 + 35,2 \cdot \log(R)$$

Selon cette dernière formule, le rayon de la cellule, pour un service voix à 12,2 kbit/s et un *path loss* de 141,9 dB, est de 2,3 km. Il est de 1,4 km pour un service données à 144 kbit/s. Une fois que le rayon R est déterminé, la surface de la cellule peut être calculée selon le nombre de secteurs utilisés au niveau de la station de base. Pour une antenne omnidirectionnelle, il est d'usage de représenter la cellule correspondante par un hexagone, la surface est dans ce cas-là de 2,6 x R².

Tableau 7.3 **Bilan de puissance du service Voix à 12,2 kbit/s (*in-car,* 120 km/h)**

Service Voix à 12,2 kbit/s (*in-car,* 120 km/h)		
Emetteur (terminal)		
Puissance d'émission maximale du terminal (W)	0,125	
Puissance d'émission maximale du terminal (dB)	21,0	a
Gain d'antenne du terminal (dBi)	0,0	b
Body loss (dB)	3,0	c
PIRE (*Puissance Isotrope Rayonnée Equivalente*) (dBm)	18,0	d = a + b - c
Récepteur (station de base)		
Densité de bruit thermique (dBm/Hz)	-174,0	e
Niveau de bruit du récepteur (dB)	5,0	f
Densité de bruit du récepteur (dBm/Hz)	-169,0	g = e + f
Puissance du bruit du récepteur (dBm)	-103,2	h = g + 10 * log(3840000)
Marge d'interférence (dB)	3,0	i
Puissance d'interférence du récepteur (dBm)	-103,2	$j = 10*\log(10^{((h+i)/10)} - 10^{(h/10)})$
Bruit effectif total + Interférence (dBm)	-100,2	$k = 10*\log(10^{(h/10)} - 10^{(j/10)}$
Gain de traitement (dB)	25	l = 10*log(3841/12,2)
E_b/N_0 (dB)	5,0	m
Sensibilité du récepteur (dBm)	**-120,2**	n = m - l + k
Gain d'antenne de la station de base (dBi)	18,0	o
Pertes câble de la station de base (dB)	2,0	p
Marge de *fast fading* (dB)	0,0	q
Path loss maximal (dB)	**154,2**	r = d - n + o - p - q
Probabilité de couverture (%)	95	
Constante de *slow fading* (dB)	7,0	
Exposant du modèle de propagation	3,52	
Marge de *slow fading* (dB)	7,3	s
Gain de soft handover (dB)	3,0	t
Pertes *In-car* (dB)	8,0	u
Perte de propagation permise (dB)	**141,9**	v = r - s + t - u

Tableau 7.4 Bilan de puissance du service Données temps-réel à 144 kbit/s (*indoor*, 3 km/h)

Service Données temps-réel à 144 kbit/s (*indoor*, 3 km/h)		
Emetteur (terminal)		
Puissance d'émission maximale du terminal (W)	0,25	
Puissance d'émission maximale du terminal (dB)	24,0	a
Gain d'antenne du terminal (dBi)	2,0	b
Body loss (dB)	0,0	c
PIRE (*Puissance Isotrope Rayonnée Equivalente*) (dBm)	26,0	d = a + b - c
Récepteur (station de base)		
Densité de bruit thermique (dBm/Hz)	-174,0	e
Niveau de bruit du récepteur (dB)	5,0	f
Densité de bruit du récepteur (dBm/Hz)	-169,0	g = e + f
Puissance du bruit du récepteur (dBm)	-103,2	h = g + 10 * log(3840000)
Marge d'interférence (dB)	3,0	i
Puissance d'interférence du récepteur (dBm)	-103,2	$j = 10*\log(10^{((h+i)/10)} - 10^{(h/10)})$
Bruit effectif total + interférence (dBm)	-100,2	$k = 10*\log(10^{(h/10)} - 10^{(j/10)}$
Gain de traitement (dB)	14,3	l = 10*log(3841/144)
E_b/N_0 (dB)	1,5	m
Sensibilité du récepteur (dBm)	**-113,0**	n = m - l + k
Gain d'antenne de la station de base (dBi)	18,0	o
Pertes câble de la station de base (dB)	2,0	p
Marge de *fast fading* (dB)	4,0	q
Path loss maximal (dB)	**151,0**	r = d - n + o - p - q
Probabilité de couverture (%)	80	
Constante de *slow fading* (dB)	12,0	
Exposant du modèle de propagation	3,52	
Marge de *slow fading* (dB)	4,2	s
Gain de soft handover (dB)	2,0	t
Pertes *Indoor* (dB)	15,0	u
Perte de propagation permise (dB)	**133,8**	v = r - s + t - u

Tableau 7.5 Bilan de puissance du service Données non temps-réel à 384 kbit/s (*outdoor*, 3 km/h)

Service Données non temps-réel à 384 kbit/s (*outdoor*, 3 km/h)		
Emetteur (terminal)		
Puissance d'émission maximale du terminal (W)	0,25	
Puissance d'émission maximale du terminal (dB)	24,0	a
Gain d'antenne du terminal (dBi)	2,0	b
Body loss (dB)	0,0	c
PIRE (*Puissance Isotrope Rayonnée Equivalente*) (dBm)	26,0	d = a + b - c
Récepteur (station de base)		
Densité de bruit thermique (dBm/Hz)	-174,0	e
Niveau de bruit du récepteur (dB)	5,0	f
Densité de bruit du récepteur (dBm/Hz)	-169,0	g = e + f
Puissance du bruit du récepteur (dBm)	-103,2	h = g + 10 * log(3840000)
Marge d'interférence (dB)	3,0	i
Puissance d'interférence du récepteur (dBm)	-103,2	$j = 10*\log(10^{((h+i)/10)} - 10^{(h/10)})$
Bruit effectif total + interférence (dBm)	-100,2	$k = 10*\log(10^{(h/10)} - 10^{(j/10)}$
Gain de traitement (dB)	10,0	l = 10*log(3841/384)
E_b/N_0 (dB)	1,0	m
Sensibilité du récepteur (dBm)	**-109,2**	n = m - l + k
Gain d'antenne de la station de base (dBi)	18,0	o
Pertes câble de la station de base (dB)	2,0	p
Marge de *fast fading* (dB)	4,0	q
Path loss maximal (dB)	**147,2**	r = d - n + o - p - q
Probabilité de couverture (%)	95	
Constante de *slow fading* (dB)	7,0	
Exposant du modèle de propagation	3,52	
Marge de *slow fading* (dB)	7,3	s
Gain de soft handover (dB)	0,0	t
Pertes *Outdoor* (dB)	0,0	u
Perte de propagation permise (dB)	**139,9**	v = r - s + t - u

7.2.2 Facteur de charge et efficacité spectrale

La seconde phase du dimensionnement porte sur l'estimation du trafic qui peut être supporté par une station de base. Lorsque que le motif de réutilisation des fréquences est unitaire, le système est évidemment limité par les interférences au niveau de l'interface air. Le niveau d'interférences et la capacité offerte par cellule doivent être alors calculés.

7.2.2.1 Facteur de charge uplink

L'efficacité spectrale théorique d'une cellule WCDMA peut être calculée à partir de l'équation de charge dont l'origine est présentée ci-dessous. Nous définissons tout d'abord le ratio E_b/N_0 par utilisateur j comme l'énergie par bit de données utilisateur divisée par la densité spectrale de bruit :

$$(E_b/N_0)_j = \text{Gain de fontionnement}_j \cdot \frac{\text{Puissance}_j}{\text{Puissance totale reçue}}$$

où la Puissance totale reçue exclue la puissance reçue correspondant à l'utilisateur j. Cela peut se formuler aussi de la façon suivante :

$$(E_b/N_0)_j = \frac{W}{u_j R_j} \cdot \frac{P_j}{I_{total} - P_j}$$

où W est le débit chip. En ce qui concerne l'utilisateur j, P_j est la puissance du signal reçu, u_j le facteur d'activité et R_j le débit. I_{total} correspond à la puissance totale large bande incluant la puissance de bruit thermique reçue au niveau de la station de base. Cela donne pour P_j :

$$P_j = \frac{1}{1 + \frac{W}{(E_b/N_0)_j \cdot R_j \cdot u_j}} I_{total}$$

Nous définissons $P_j = L_j.I_{total}$ et nous obtenons le facteur de charge L_j d'une connexion :

$$L_j = \frac{1}{1 + \frac{W}{(E_b/N_0)_j \cdot R_j \cdot u_j}}$$

L'interférence totale reçue, en excluant la puissance de bruit thermique P_N peut être définie comme la somme des puissances reçues de tous les utilisateurs de la même cellule :

$$I_{total} - P_N = \sum_{j=1}^{N} P_j = \sum_{j=1}^{N} L_j \cdot I_{total}$$

L'augmentation du bruit (*noise rise*) est définie comme le ratio de la puissance large bande totale reçue par la puissance du bruit :

$$\text{Noise rise} = \frac{I_{total}}{P_N}$$

En utilisant les deux dernières équations, nous obtenons :

$$\text{Noise rise} = \frac{I_{total}}{P_N} = \frac{1}{1 - \sum_{j=1}^{N} L_j} = \frac{1}{1 - n_{UL}}$$

où nous avons défini le facteur de charge uplink n_{UL} comme :

$$n_{UL} = \sum_{j=1}^{N} L_j$$

Si n_{UL} tend vers 1, le *noise rise* correspondant tend vers l'infini et le système atteint sa limite, souvent appelée pôle capacité (*pole capacity*).

Notons que dans le facteur de charge, les interférences issues des autres cellules doivent être prises en compte grâce au ratio, i, des interférences des cellules voisines divisées par les interférences de la cellule considérée :

$$i = \frac{\text{Interférences des autres cellules}}{\text{Interférences de la cellule considérée}}$$

Le facteur de charge uplink peut en conséquence s'écrire de la manière suivante :

$$n_{UL} = (1 + i) \cdot \sum_{j=1}^{N} L_j = (1 + i) \cdot \sum_{j=1}^{N} \frac{1}{1 + \frac{W}{(E_b/N_0)_j \cdot R_j \cdot u_j}}$$

L'équation de charge permet d'évaluer l'augmentation du bruit (*noise rise*) par rapport au bruit thermique due aux interférences. Le *noise rise* est égal à $-10.\log_{10}(1\text{-}n_{UL})$. La marge d'interférence du bilan de puissance doit être égale au *noise rise* ainsi estimé.

La valeur de E_b/N_0 nécessaire peut être évaluée grâce à des simulations et à des mesures. Elle doit tenir compte des effets du contrôle de puissance en boucle fermée et du soft handover. Les effets du soft handover sont mesurés comme le gain de combinaison en macrodiversité relatif à un seul résultat E_b/N_0. Le ratio i des interférences des cellules voisines par rapport à la cellule étudiée dépend de l'environnement de la cellule ou du type de la cellule (par exemple macro/micro, urbain/suburbain) ainsi que du type d'antenne (par exemple, omni, bisectorielle ou trisectorielle). Les paramètres utilisés dans le calcul du facteur de charge sont donnés dans le Tableau 7.6.

Tableau 7.6 Paramètres utilisés pour le calcul du facteur de charge

	Définitions	**Valeurs recommandées**
N	Nombre d'utilisateurs par cellule	
u_j	Facteur d'activité de l'utilisateur j au niveau de la couche physique	**0,67** pour le service voix (facteur d'activité de 50% pour la voix et un *overhead* DPCCH durant la transmission discontinue) **1,0** pour les services données
E_b/N_0	Energie du signal par bit divisée par la densité spectrale de bruit. Le bruit inclut le bruit thermique et les interférences. Valeur nécessaire pour atteindre une qualité de service prédéfinie.	Dépend du service, du débit, du canal à trajets multiples, des méthodes de diversité de récepteur, de la vitesse du terminal, etc.
W	Débit *chip* WCDMA	**3,84 Mc/s**
R_j	Débit de l'utilisateur j	Dépend du service
i	Ratio des interférences issues des cellules voisines par celles issues de la cellule considérée au niveau de la station de base	**55%** pour des cellules macro omnidirectionnelles

L'équation de charge est communément utilisée afin de réaliser une prédiction semi-analytique de la capacité moyenne d'une cellule WCDMA, sans avoir recours à des simulations de capacité au niveau du système global. Cette équation de charge peut être également utilisée pour les besoins du processus de dimensionnement afin de prédire la capacité des cellules et définir le *noise rise*.

Notons que pour un réseau voix, où les N utilisateurs d'une cellule ont un débit faible R :

$$\frac{W}{(E_b/N_0) \cdot R \cdot u} \gg 1$$

et l'équation de charge uplink peut être approximée par :

$$n_{UL} = \frac{E_b/N_0}{W/R} \cdot N \cdot u \cdot (1 + i)$$

Un exemple de *noise rise* est donné dans la Figure 7.2 pour un service de données avec pour hypothèses une valeur de E_b/N_0 de 1,5 dB et un ratio i de 0,65. Le *noise rise* de 3,0 dB correspond à un facteur de charge de 50% et le *noise rise* de 6,0 dB, à un facteur de charge de 75%. Au lieu de présenter le *noise rise* en fonction du nombre d'utilisateurs, la Figure 7.2 le présente en fonction du débit total (*throughput*) de tous les utilisateurs simultanés. Dans cet exemple, un débit total de 860 kbit/s peut être supporté avec un *noise rise* de 3,0 dB et un débit total de 1 300 kbit/s avec un *noise rise* de 6,0 dB.

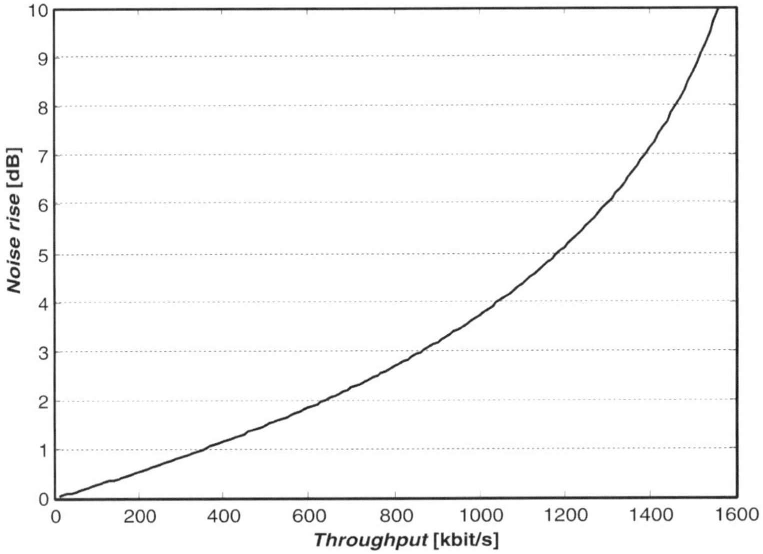

Figure 7.2 Noise rise uplink en fonction du débit

7.2.2.2 Facteur de charge downlink

Le facteur de charge downlink, n_{DL}, peut être défini grâce à un principe similaire au facteur de charge uplink, bien que les paramètres soient légèrement différents [5] :

$$n_{DL} = \sum_{j=1}^{N} u_j \cdot \frac{(E_b/N_0)_j}{W/R_j} \cdot [(1 - a_j) + i_j]$$

où $-10.\log(1-n_{DL})$ est égal à l'augmentation du bruit (*noise rise*) par rapport au bruit thermique du fait des interférences dues aux accès multiples. Les paramètres utilisés dans le calcul du facteur de charge sont décrits dans le Tableau 7.7. Par rapport à l'équation de charge du sens montant, un nouveau paramètre important est ajouté. Il s'agit de a_j qui correspond au facteur d'orthogonalité du sens descendant. Le WCDMA utilise en effet des codes orthogonaux dans le sens descendant afin de distinguer les différents utilisateurs et sans propagation à trajets multiples, cette orthogonalité est conservée lorsque que les signaux de la station de base sont reçus par le terminal. Cependant, s'il existe un retard important de propagation entre les signaux empruntant des trajets différents, le terminal peut interpréter une partie du signal provenant de la station de base comme des interférences. Une orthogonalité de 1 correspond à des signaux utilisateurs parfaitement orthogonaux. Mais en général, l'orthogonalité est de 0,4 à 0,9 pour des canaux à trajets multiples.

Notons également que, dans le sens descendant, le ratio i dépend de la localisation de l'utilisateur et par conséquent, il est différent pour chaque utilisateur j.

Tableau 7.7 Paramètres utilisés pour le calcul du facteur de charge

	Définitions	**Valeurs recommandées**
N	Nombre de connexions par cellule = nombre d'utilisateurs par cellule * (1+soft handover *overhead*)	-
u_j	Facteur d'activité de l'utilisateur j au niveau de la couche physique	**0,67** pour le service voix (facteur d'activité de 50% pour la voix et un *overhead* DPCCH durant la transmission discontinue) **1,0** pour les services données
E_b/N_0	Energie du signal par bit divisée par la densité spectrale de bruit. Le bruit inclut le bruit thermique et les interférences. Valeur nécessaire pour atteindre une qualité de service prédéfinie.	Dépend du service, du débit, du canal à trajets multiples, des méthodes de diversité de réception, de la vitesse du terminal, etc.
W	Débit chip WCDMA	**3,84 Mc/s**
R_j	Débit de l'utilisateur j	Dépend du service
a_j	Orthogonalité du canal de l'utilisateur j	Dépend de la propagation à trajets multiples
i_j	Ratio des interférences issues des cellules voisines par celles issues de la cellule considérée au niveau de l'utilisateur j	Chaque utilisateur possède une valeur i_j différente en fonction de sa localisation dans la cellule
$\bar{a}$	Facteur d'orthogonalité moyen de la cellule	Canal ITU Vehicular A : **60%** Canal ITU Pedestrian A : **90%**
$\bar{i}$	Ratio moyen des interférences issues des cellules voisines par celles issues de la cellule considérée au niveau de l'utilisateur j	**55%** pour des cellules macro omnidirectionnelles

Dans la modélisation des interférences du sens descendant, les effets du soft handover peuvent être vus comme ceux dus à des connexions additionnelles. On définit en ce sens un paramètre appelé « soft handover overhead » qui est défini comme le nombre total de connexions divisé par le nombre d'utilisateurs moins 1. Dans le même temps, le gain de soft handover est pris en compte au niveau de la valeur E_b/N_0. L'effet de la diversité d'émission peut également être pris en compte. Le gain de la diversité d'émission est présenté dans la section 10.3.2.

Pour le dimensionnement downlink, il est important d'estimer la puissance d'émission totale nécessaire au niveau de la station. Celle-ci doit être calculée d'après la puissance moyenne d'émission pour l'utilisateur et non d'après la puissance maximale d'émission en bordure de la cellule, déterminée par le bilan de puissance. Ceci s'explique par le fait que la technologie WCDMA apporte un gain que l'on appelle *trunking gain*, dans le dimensionnement de l'amplificateur de puissance. En effet, pendant que certains utilisateurs, en bordure de cellule, nécessitent une forte puissance, d'autres utilisateurs, proches de la station de base, demandent nettement moins de puissance. La différence entre le *path loss* maximal et le *path loss* moyen est typiquement de 6 dB pour les cellules macro. Cet effet peut être considéré comme le gain de puissance *trunking* de la technologie WCDMA, permettant d'utiliser un amplificateur de plus faible puissance que pour les technologies dites bande étroite.

La puissance d'émission minimale nécessaire pour chaque utilisateur est déterminée par l'atténuation moyenne entre la station de base et le terminal, notée L, et d'autre part la sensibilité du terminal, dans le cas où il n'y a pas d'interférences d'accès multiples (intra ou inter-cellules). Ensuite, le *noise rise* dû aux interférences est ajouté à la puissance minimale d'émission et la somme correspond à la puissance nécessaire pour un utilisateur localisé à une position « moyenne » dans la cellule. La puissance totale d'émission de la station de base peut s'exprimer de la manière suivante :

$$\mathrm{BS\_TxP} = \frac{N_{rf} \cdot W \cdot \bar{L} \cdot \sum_{j=1}^{N} \frac{(E_b/N_0)_j}{W/R_j}}{1 - \overline{n_{DL}}}$$

où N_{rf} est la densité spectrale de bruit du récepteur du terminal. La valeur de N_{rf} peut être obtenue par :

$$N_{rf} = k \cdot T + NF = -174{,}0 \text{ dBm} + NF \qquad \text{pour } T = 290 \text{ K}$$

où k est la constante de Boltzmann, soit $1{,}381.10^{-23}$ J/K, T la température exprimée en Kelvin et NF le facteur de bruit du récepteur du terminal. La valeur typique de NF est de l'ordre de 5 à 9 dB.

Le facteur de charge peut être également exprimé par sa valeur moyenne :

$$\overline{n_{DL}} = \sum_{j=1}^{N} u_j \cdot \frac{(E_b/N_0)_j}{W/R_j} \cdot [(1-\bar{a}) + \bar{i}]$$

7.2.2.2.1 Canaux communs downlink

Une partie de la puissance downlink doit être allouée aux canaux communs (canal CPICH, canaux SCH primaire et secondaire et canaux CCPCH primaire et secondaire). Ces canaux ont été décrits dans la section 5.5 mais rappelons que les canaux SCH et CCPCH sont multiplexés entre eux de façon temporelle. La fraction de puissance affectée à ces canaux affecte la synchronisation, la précision de l'estimation du canal et la qualité de réception du canal de diffusion. D'autre part, les canaux communs utilisent de la capacité qui aurait pu être allouée aux canaux de trafic. Les puissances généralement allouées aux canaux communs sont présentées dans le Tableau 7.8 [6].

Tableau 7.8 Puissances généralement allouées aux canaux communs downlink

Canal commun downlink	Activité	Pourcentage de la puissance maximale de la station de base	Puissance allouée pour une puissance maximale de 20 W
CPICH	100%	10%	2 W
P-SCH	10%	6%	1,2 W
S-SCH	10%	4%	0,8 W
P-CCPCH	90%	5%	1 W
Total des puissances des canaux communs	-	~ 15%	~ 3 W

7.2.3 Exemple de calcul du facteur de charge

Que ce soit dans le sens montant ou dans le sens descendant, la charge de l'interface air a un impact sur la couverture. Les effets du facteur de charge sont cependant différents selon le sens de transmission considéré. Le *path loss* maximal, c'est-à-dire la couverture, en fonction de la charge pour les sens montant et descendant est présenté dans la Figure 7.3. Il s'agit ici d'un site trisectoriel. Le débit correspond à un seul secteur et à une seule porteuse ayant une bande passante de 5 MHz. Pour le sens montant, les calculs ont été réalisés pour un service données d'un débit de 144 kbit/s, le bilan de puissance correspondant est celui présenté dans le Tableau 7.17. Le ratio i qui a été pris est de 0,65. Pour le sens descendant, l'orthogonalité a été estimée à 0,6 et la valeur de E_b/N_0 qui a été choisie est de 5,5 dB, ce qui donne une pôle capacité de 1030 kbit/s par cellule. Aucune méthode de diversité n'a été prise en compte dans la valeur de E_b/N_0. On estime à 20% de la puissance totale la puissance allouée aux canaux communs, ce qui donne une pôle capacité de 820 kbit/s pour les canaux de trafic. La station de base émet à une puissance de 10 W, les pertes câbles ont été retranchées. Ce sont les hypothèses qui ont prises dans la Figure 7.3.

La pôle capacité du sens montant est, dans cet exemple, de 1730 kbit/s. Notons que, dans la Figure 7.3, la couverture dépend plus, dans le sens descendant, de la charge que dans le sens montant. Cela est dû au fait que dans le sens descendant la puissance d'émission maximale de la station de base est la même quel que soit le nombre d'utilisateurs. Elle est ainsi partagée par le nombre d'utilisateurs tandis que dans le sens montant, chaque terminal possède son propre amplificateur de puissance. Par conséquent, même avec une faible charge dans le sens descendant, la couverture décroît en fonction du nombre d'utilisateurs.

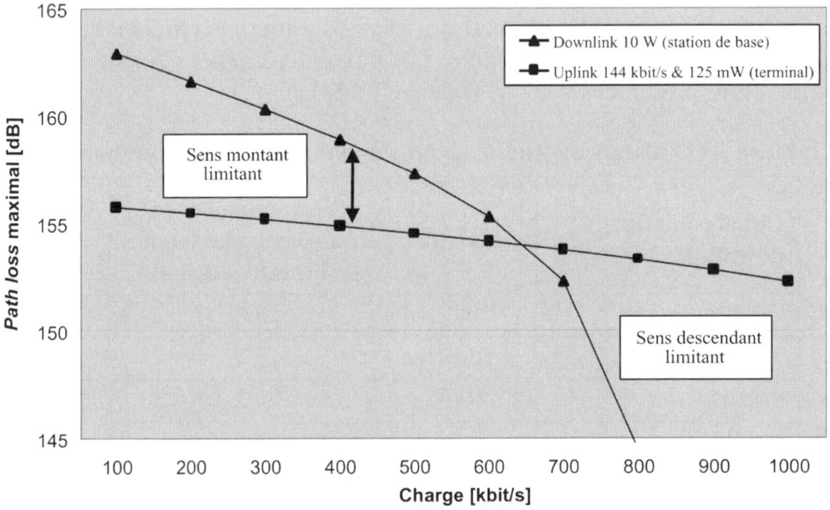

Figure 7.3 Couverture en fonction de la charge

Notons qu'avec les hypothèses que nous avons prises, la couverture est clairement limitée par le sens montant pour une charge inférieure à 650 kbit/s alors que pour une charge supérieure, c'est le sens descendant qui devient limitant. Nous reviendrons dans le chapitre 10 sur la couverture dans le sens montant et sur la capacité au niveau du sens descendant.

Les capacités que nous venons de voir ci-dessus dépendent bien évidemment de l'environnement et ne sont données qu'à titre d'exemple. Mais l'étroite relation qu'entretiennent la capacité et la couverture reste de toute façon valable. L'effet de l'environnement sur la capacité sera également traité dans la section 10.3.12.

Notons que dans les réseaux de troisième génération, le trafic peut être asymétrique dans les sens montant et descendant et que la charge peut également être différente selon le sens de transmission.

Dans la Figure 7.3, la station de base possède une puissance d'émission maximale de 10 W. Comment serait-il possible d'améliorer la couverture downlink et la capacité en utilisant plus de puissance, par exemple 20 W ? La différence de couverture et de capacité, dans le sens descendant, entre une puissance d'émission de 10 W et de 20 W est présentée dans la Figure 7.4. Si la puissance d'émission est augmentée de 3 dB, le *path loss* maximal est également augmenté de 3 dB, quelle que soit la charge. L'accroissement de la capacité est plus faible que celle de la couverture du fait de la forme de la courbe de charge. Si maintenant nous fixons le *path loss* downlink à une valeur de 153 dB, qui correspond au *path loss* maximal en prenant une marge d'interférence de 3 dB (voir Tableau 7.4), la capacité downlink n'est augmentée que de 10 % (0,4 dB). Elle passe plus exactement de 680 kbit/s à 750 kbit/s lors du passage de 10 W à 20 W. Accroître la puissance d'émission sur le sens descendant est donc une mauvaise approche pour augmenter la capacité downlink, puisque la puissance disponible n'affecte pas la pôle capacité.

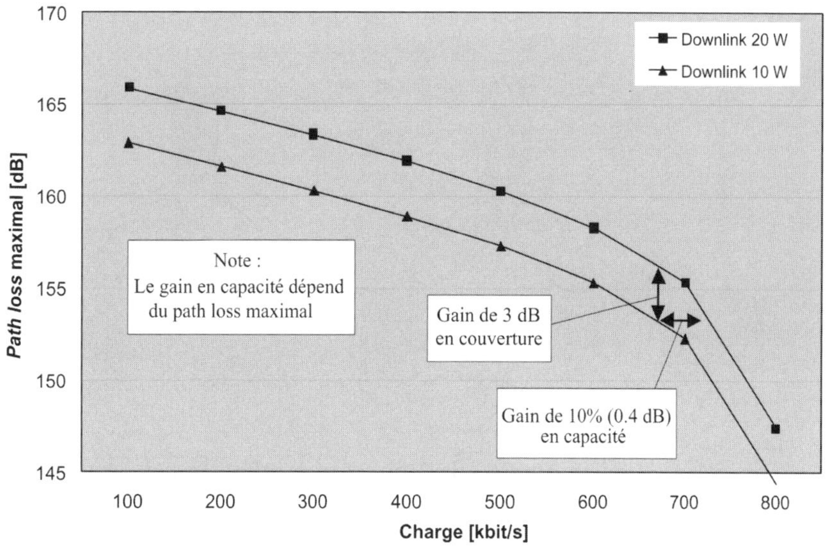

Figure 7.4 Impact de la puissance d'émission de la station de base sur la couverture et la capacité

Supposons maintenant que la puissance d'émission de la station de base soit désormais fixée à 20 W. Le fait de répartir la puissance downlink sur deux fréquences permettrait d'augmenter la capacité downlink de 750 kbit/s à 2 x 680 kbit/s, soit 1360 kbit/s, soit une augmentation de 80 %. Le partage de la puissance downlink entre deux porteuses est bel et bien la bonne approche pour augmenter la capacité. Cela ne peut être bien évidemment réalisé que si l'opérateur s'est vu attribuer plus d'une porteuse.

Les avantages de la technologie large bande WCDMA sont clairement visibles dans l'exemple précédent. Il est possible de réaliser un compromis entre la capacité downlink et la couverture : si il y a peu d'utilisateurs, plus de puissance peut être allouée à un seul utilisateur, permettant ainsi un *path loss* plus important. L'amplificateur de puissance large bande permet également l'ajout d'une seconde porteuse sans avoir besoin d'un deuxième amplificateur. Cela n'est pas possible en GSM sans l'utilisation d'amplificateurs de puissance multiporteuses. D'autre part, le WCDMA nécessite des amplificateurs d'une grande linéarité au niveau des stations de base, ce qui est toujours difficile à implémenter.

7.2.3.1 Division de puissance entre secteurs

Au début de la phase de déploiement, la sectorisation du sens montant est nécessaire afin d'augmenter la couverture, mais cette sectorisation risque d'apporter plus de capacité que ce qui est demandé par la densité de trafic initiale. En WCDMA, il est possible d'utiliser une réception sectorisée dans le sens montant tout en conservant un seul amplificateur de puissance large bande commun à tous les secteurs, pour le sens descendant. Cette solution est présentée dans la Figure 7.5 et ses performances sont décrites dans le Tableau 7.9.

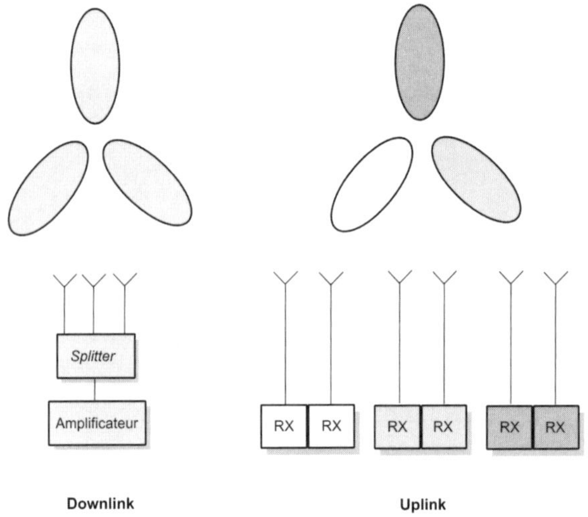

Figure 7.5 Trois secteurs uplink avec diversité de réception et un seul amplificateur downlink

Cette solution est peu coûteuse par rapport à une véritable sectorisation pour laquelle un amplificateur de puissance large bande est nécessaire par secteur. Les performances de cette solution peuvent être estimées à partir de la Figure 7.4. Prenons un exemple où le sens montant utilise trois secteurs tandis qu'un seul amplificateur de 20 W est utilisé dans le sens descendant. La puissance disponible par secteur est de 20/3 = 6,7 W. Cette puissance donne une capacité de 630 kbit/s pour un *path loss* maximal de 153 dB. La courbe pour la puissance de 6,7 W peut être obtenue en déplaçant vers le bas la courbe de la Figure 7.4, correspondant à 10 W, de 10 x $\log_{10}$ (6,7/10) soit -1,7 dB. Puisque le même amplificateur de puissance est partagé entre les différents secteurs, la capacité de 630 kbit/s est la capacité totale du site. Cette solution fournit en réalité 630/(3*750) = 28% de la capacité d'une véritable solution de sectorisation. Du point de vue du RNC, cette solution est similaire à une solution à un seul secteur. En d'autres termes, le RNC n'est pas mis à contribution pour les softer handovers entre les secteurs, mais c'est la station de base large bande qui détermine quels secteurs uplink doivent être utilisés pour recevoir les signaux des utilisateurs.

Tableau 7.9 Configuration à 3 secteurs downlink et un seul uplink

Caractéristique	Valeur
Couverture uplink	Egale à une configuration à 3 secteurs
Capacité downlink	28% de celle d'une configuration à 3 secteurs downlink
Nombre de secteurs logiques (RNC)	1

7.2.4 Extensions de capacité

Lorsque le volume de trafic augmente, la capacité downlink peut être étendue de différentes manières. Les principales sont les suivantes :

- Ajout d'amplificateurs de puissance si initialement l'amplificateur était partagé par plusieurs secteurs,
- Ajout d'une ou plusieurs porteuses, si la licence de l'opérateur le permet,
- Mise en place de la diversité d'émission avec un deuxième amplificateur par secteur.

La mise en place de ces différentes solutions dépend du type et du constructeur des stations de base déployées. Toutes ces solutions ne sont en effet pas implémentables pour tous les types de station de base.

Un exemple d'évolution de la capacité est présentée dans la Figure 7.6. Dans cet exemple, l'utilisation d'un amplificateur et d'une porteuse donne une capacité de 630 kbit/s alors que l'utilisation de deux porteuses et de trois secteurs, avec diversité d'émission, donne une capacité totale de 2 x 3 x 750 x 1,4 = 6,3 Mbit/s, en estimant le gain de capacité de la diversité d'émission à 40%. La diversité en émission est décrite dans la section 5.6.7 et ses performances sont présentées dans la section 10.3.2.

Ces différentes solutions ne nécessitent aucune modification de la structure d'antennes, seules des modifications au niveau de la station de base sont à réaliser et la couverture uplink n'est pas affectée.

La capacité peut également être augmentée en accroissant le nombre de secteurs, par exemple en passant d'une configuration omnidirectionnelle à une configuration trisectorielle, puis hexasectorielle. La sectorisation est analysée en détail dans le document [4] donné en référence à la fin de ce chapitre. L'inconvénient de l'augmentation du nombre de secteurs est que les antennes doivent être changées, mais elle permet d'améliorer la couverture grâce au gain d'antenne plus important. Le problème est que la couverture uplink est nécessaire dès le début de la phase de déploiement.

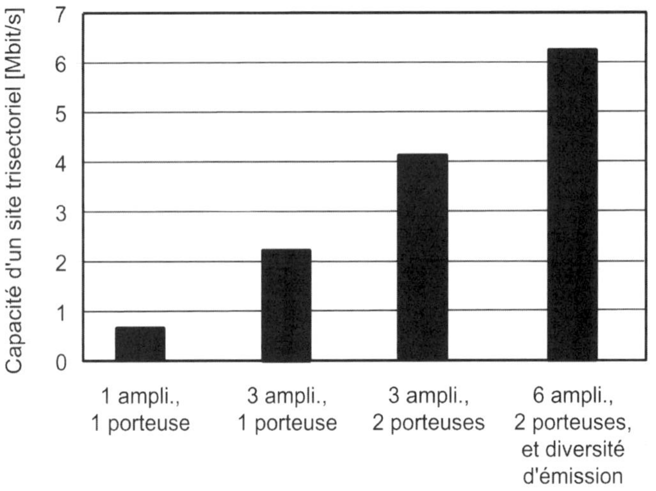

Figure 7.6 Possibilités d'extension de capacité pour un site macro à 3 secteurs

7.2.5 Capacité par km²

La mise à disposition d'une forte capacité pourra s'avérer délicate pour les zones urbaines où le volume de trafic demandé par km² sera inévitablement très important. Dans cette section, nous allons évaluer la capacité maximale par km² qui peut être fournie en utilisant des sites macro et micro. Les résultats sont donnés dans le Tableau 7.10 et illustrés dans la Figure 7.7.

Nous estimons ici que la capacité maximale par secteur et par porteuse est de 1 Mbit/s pour les cellules macro et de 2 Mbit/s pour les cellules micro. Ces capacités montrent qu'il est possible d'obtenir un gain de diversité d'émission d'environ 1,5 dB, soit 40%, par rapport à la capacité présentée dans le Tableau 10.13. Les capacités des couches macro et micro sont étudiées dans la section 10.3.1.2.

Si les réseaux UMTS utilisent au départ des cellules macro à une porteuse et à un amplificateur par site, avec une superficie moyenne de cellule de 2 km², la capacité disponible sera alors de 630 kbit/s/porteuse/2 km², soit 315 kbit/s/km². Si plus de capacité est nécessaire, les opérateurs pourront ajouter des amplificateurs supplémentaires et déployer plusieurs porteuses par site, si leur licence le permet. Avec trois porteuses, la capacité sera de 3 x 3 Mbit/s/porteuse/2 km², soit 4,5 Mbit/s.

Si de la capacité supplémentaire est encore nécessaire, les opérateurs pourront densifier leur réseau et ajouter des sites macro. Si nous estimons que la densité maximale de sites macro par km² est de 5, la capacité de la couche macro pourra atteindre 3 Mbit/s/porteuse x 3 porteuses/site x 5 sites/km², soit 45 Mbit/s/km². Si cette capacité s'avère trop faible, une couche microcellulaire devra être déployée.

Tableau 7.10 Capacités par km² pour les couches macro et micro en environnement urbain

	Couche macro	Couche micro
Capacité par site et par porteuse avec un amplificateur	630 kbit/s	-
Capacité maximale par site et par porteuse	3 Mbit/s avec 3 secteurs	2 Mbit/s
Capacité maximale par site avec 3 porteuses	9 Mbit/s	6 Mbit/s
Densité initiale de sites	0,5 sites/km²	-
Densité maximale de sites	5 sites/km²	30 sites/km²
Capacité maximale	45 Mbit/s/km²	180 Mbit/s/km²

Pour la couche microcellulaire, nous estimons que la densité maximale de sites par km² est de 30. Dépasser une telle densité semble peu vraisemblable car les interférences auront tendance à augmenter et la capacité par site à diminuer. De plus, la recherche et l'acquisition de sites peuvent devenir très délicates si plus de sites sont nécessaires. Notons tout de même que la densité maximale de sites micro dépend étroitement de l'opérateur et de la ville à couvrir et que, dans certains cas favorables, la densité peut être supérieure à 30.

L'utilisation de trois porteuses par site micro donne une capacité de 2 Mbit/s/porteuse x 3 porteuses/site x 30 site/km², soit 180 Mbit/s/km². La capacité totale d'une bande UMTS comprenant 12 porteuses pourrait atteindre ainsi 700 Mbit/s/km², si tous les opérateurs déploient une couche microcellulaire. L'utilisation de cellules pico en mode FDD ou en mode TDD pourrait encore augmenter cette capacité.

7.2.6 Soft capacité

7.2.6.1 Erlang Capacité

Dans le dimensionnement présenté à la section 7.2, nous avons calculé le nombre de canaux par cellule. En nous fondant sur ces chiffres, nous pouvons calculer la densité maximale de puissance qui peut être supportée avec une probabilité de blocage donnée. La densité de trafic peut être exprimée en Erlang et est définie par :

$$\text{Densité de trafic [Erlang]} = \frac{\text{Taux appel sortant [appels/s]}}{\text{Taux appel entrant [appel/s]}}$$

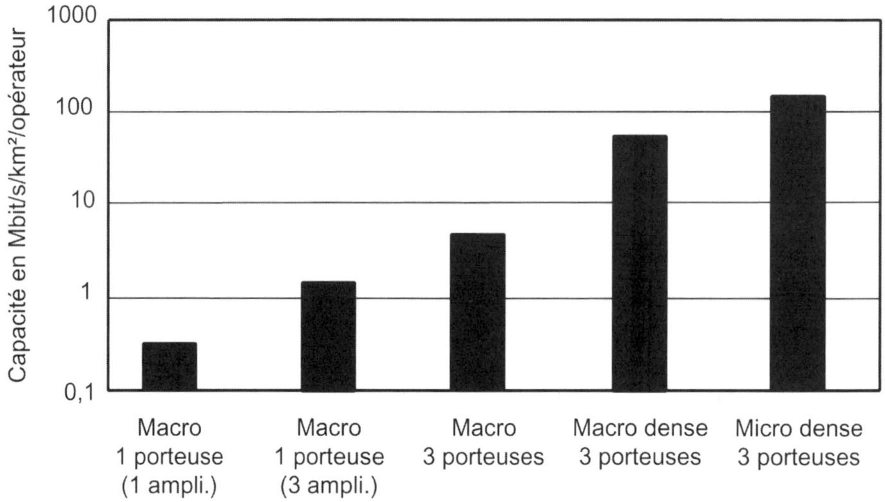

Figure 7.7 Capacité par km² pour un opérateur UMTS

Si la capacité est limitée par le matériel (*hardware*), la capacité en Erlang peut être obtenue grâce à la loi d'Erlang B [7]. En revanche si la capacité est limitée par les interférences au niveau de l'interface air, on parle alors de « soft » capacité. La capacité ne peut être dans ce cas obtenue par la loi d'Erlang B qui donnerait des résultats trop pessimistes. Le nombre total de canaux (*pool* de canaux) est plus important que le nombre moyen de canaux par cellules, puisque les cellules adjacentes partagent en partie les mêmes interférences et par conséquent plus de trafic peut être écoulé avec la même probabilité de blocage. Mais tentons d'expliquer plus précisément la notion de *soft* capacité. Moins les interférences issues des cellules voisines sont importantes, plus il y a de canaux disponibles au niveau de la cellule centrale (voir Figure 7.8). Avec un faible nombre de canaux par cellule, par exemple pour des utilisateurs utilisant des services données temps-réel à fort débit, la charge moyenne doit être suffisamment faible pour garantir une faible probabilité de blocage. Puisque la charge est faible, il existe généralement une capacité supplémentaire disponible au niveau des cellules voisines. Pour un même niveau d'interférences, cette capacité peut être empruntée aux cellules voisines. C'est ce que l'on appelle la *soft* capacité. La soft capacité est importante pour les utilisateurs de services données temps-réel à hauts débits comme les connexions vidéo. Cela peut être aussi obtenu en GSM si la capacité de l'interface air est limitée par le niveau d'interférences au lieu d'être limitée par le nombre de *time slots*. Cela suppose cependant un faible facteur de réutilisation fréquentielle.

Dans les calculs que nous allons voir ci-dessous, on suppose que le nombre d'utilisateurs est le même dans toutes les cellules mais que les connexions débutent et prennent fin indépendamment. En outre, les appels entrants suivent une loi de Poisson. Cette approche peut être utilisée dans le dimensionnement lors des calculs de capacité en Erlang. Notons qu'en WCDMA, il existe aussi une *soft* capacité lorsque le nombre d'utilisateurs est plus faible dans les cellules voisines.

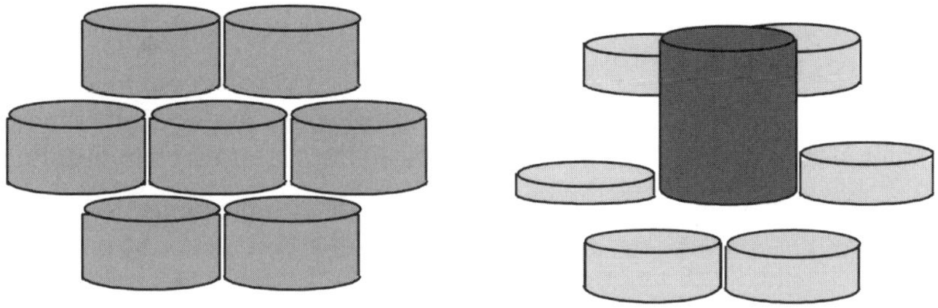

Figure 7.8 Partage des interférences entre cellules WCDMA

La différence entre le *hard blocking* et le *soft blocking* est illustrée dans les exemples suivants. La *soft* capacité WCDMA est définie dans cette section comme l'augmentation de la capacité en Erlang grâce au *soft blocking* par rapport à la capacité obtenue par le *hard blocking*, en prenant le même nombre maximum de canaux par cellule que se soit pour le *hard* ou le *soft blocking* :

$$\text{Soft capacité} = \frac{\text{Capacité avec soft blocking}}{\text{Capacité avec hard blocking}} - 1$$

Les *soft blocking* et *hard blocking* peuvent être obtenus en utilisant des mécanismes de contrôle d'admission. Ces mécanismes sont décrits dans la section 8.5.

Il est possible de calculer une valeur approximative de la *soft* capacité à partir du total des interférences au niveau de la station de base. Le total des interférences comprend les interférences issues de cette même station et celles issues des cellules voisines. En conséquence, le *pool* de canaux peut être obtenu en multipliant le nombre de canaux par cellule, pour le cas de cellules uniformément chargées, par le facteur 1+i, ce qui donne la capacité d'une seule cellule considérée comme isolée, puisque :

$$i + 1 = \frac{\text{Interférences autres cellules}}{\text{Interférences de la cellule}} + 1$$

$$= \frac{\text{Interférences autres cellules + Interférences de la cellule}}{\text{Interférences de la cellule}}$$

$$= \frac{\text{Capacité de la cellule isolée}}{\text{Capacité des cellules}}$$

La loi d'Erlang B est ensuite appliquée au *pool* de canaux. La capacité en Erlang obtenue est partagée de façon uniforme entre les cellules. La procédure pour estimer la *soft* capacité est résumée ci-dessous.

- Calcul du nombre de canaux N par cellule, dans le cas d'une charge équivalente sur toutes les cellules, en utilisant l'équation du facteur de charge uplink.
- Multiplication du nombre de canaux par 1+i afin d'obtenir le nombre total de canaux disponibles dans le cas du soft blocking.
- Calcul du trafic maximum offert grâce à la formule d'Erlang B.
- Division de la capacité en Erlang par 1+i.

7.2.6.2 Exemples de soft capacités uplink

Quelques exemples de calculs de *soft* capacité sont donnés dans cette section. Ils sont fondés sur les hypothèses données dans le Tableau 7.11.

Tableau 7.11 Hypothèses de calcul de la soft capacité

Paramètres	**Valeurs**
Débits	Service Voix : 12,2 kbit/s Service données temps-réel : 16 à 144 kbit/s
Facteur d'activité	Voix : 67% Données : 100%
E_b/N_0	Voix : 4 dB Données (16 à 32 kbit/s) : 3 dB Données (64 kbit/s) : 2 dB Données (144 kbit/s) : 1,5 dB
i	0,55
Noise rise	3 dB (facteur de charge = 50%)
Probabilité de blocage	2%

La capacité en termes de canaux par cellule, obtenue grâce à l'équation du facteur de charge uplink et la capacité par cellule exprimée en Erlang sont données dans le Tableau 7.12. Le paramètre « trunking efficiency » est défini comme la capacité de *hard blocking* divisée par le nombre de canaux. Plus la *trunking efficiency* est faible, plus la charge moyenne est faible et plus la capacité qui peut être empruntée aux autres cellules est importante, tant et si bien que plus la *soft* capacité est importante.

Tableau 7.12 Calculs de soft capacité sur le sens montant

Débit	Canaux par cellule	Capacité *hard blocking*	*Trunking efficiency*	Capacité *soft blocking*	*Soft* capacité
12,2 kbit/s	60,5	50,8 Erl	84%	53,5 Erl	5%
16 kbit/s	39,0	30,1 Erl	77%	32,4 Erl	7%
32 kbit/s	19,7	12,9 Erl	65%	14,4 Erl	12%
64 kbit/s	12,5	7,0 Erl	56%	8,2 Erl	17%
144 kbit/s	6,4	2,5 Erl	39%	3,2 Erl	28%

Notons que la *soft* capacité est plus importante pour les hauts débits que pour les faibles débits. Cela est illustré dans la Figure 7.9.

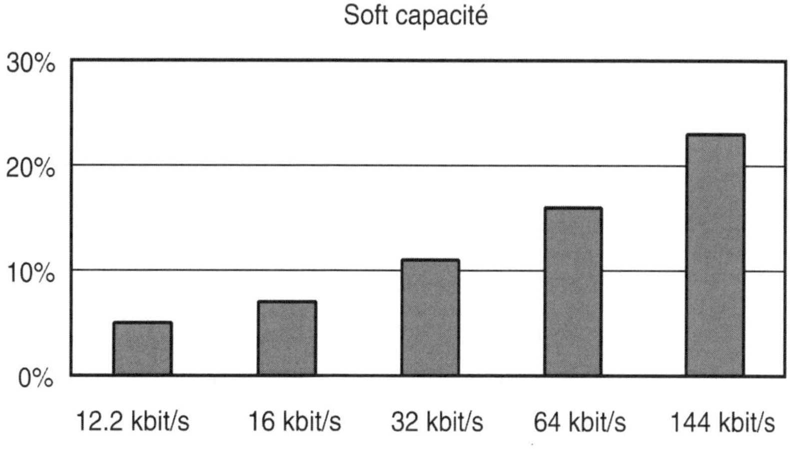

Figure 7.9 Soft capacité en fonction du débit pour des connexions temps-réel

Notons également que la *soft* capacité dépend aussi de l'environnement de propagation et des résultats de la phase de planification du réseau qui affectent directement la valeur du paramètre i. La *soft* capacité peut être obtenue uniquement si des algorithmes de gestion de ressources radio permettent d'utiliser une capacité plus importante dans une cellule donnée lorsque les cellules voisines ont une charge plus faible. Cela peut être réalisé si les algorithmes de gestion de ressources radio sont fondés sur les interférences large bande et non pas sur le débit total ou le nombre de connexions.

Le concept de *soft* capacité est également disponible dans le sens descendant tout comme en GSM si des algorithmes de gestion de ressources radio, toujours fondés sur les interférences, sont appliqués.

7.3. Capacité et couverture

7.3.1 Prédiction itérative de la capacité et de la couverture

Nous allons aborder dans cette section la planification détaillée de la capacité et de la couverture. Dans cette phase de planification, des informations précises et réelles de propagation au niveau des zones à couvrir sont indispensables aussi bien que des informations concernant la densité d'utilisateurs et leurs trafics. La liste des stations de base déjà installées est également nécessaire afin de les réutiliser et de minimiser les investissements. L'objectif de cette phase est de déterminer avec précision la localisation des stations de base, leur configuration et leurs paramètres.

Comme en WCDMA, tous les utilisateurs partagent les mêmes ressources sur l'interface air, il n'est donc pas possible de les analyser individuellement. Un utilisateur a une influence sur la puissance d'émission des autres utilisateurs, et les modifications qui en résultent ont également un impact sur le premier utilisateur, etc. Par conséquent, le processus de prédiction doit se faire de façon itérative jusqu'à ce que les puissances d'émission se stabilisent.

Ajoutons que la vitesse des terminaux, les profils de trajets multiples, les débits et les types de services jouent un rôle bien plus important en WCDMA que dans les systèmes TDMA et FDMA de deuxième génération. En outre, le WCDMA utilise le contrôle de puissance rapide dans les deux sens de transmission, les softer et soft handovers ainsi que des canaux downlink orthogonaux qui ont tous un impact non négligeable sur les performances.

La principale différence entre les prédictions de couverture pour le WCDMA par rapport à celles des systèmes TDMA et FDMA, est l'importance cruciale de l'estimation des interférences en WCDMA. Dans le processus de planification de la couverture en GSM, la sensibilité des stations de base est constante et les seuils de couverture sont les mêmes pour chaque station de base. Dans le cas du WCDMA, la sensibilité des stations de base dépend du nombre d'utilisateurs et des débits utilisés dans les cellules, en conséquence la sensibilité peut être différente pour chaque station de base. Notons également que dans les réseaux de troisième génération, les débits des sens downlink et uplink peuvent être asymétriques.

7.3.2 Outil de planification

Pour les systèmes de deuxième génération, la planification se concentre essentiellement sur la couverture. En ce qui concerne les réseaux de troisième génération, il est nécessaire de prendre en compte les interférences et d'analyser sérieusement la capacité. L'outil de planification doit aider l'ingénieur radio à optimiser les configurations des stations de base, à choisir les antennes et leur azimut ainsi qu'à choisir la localisation des sites, afin d'atteindre les exigences en termes de qualité de service, de capacité et de service tout en minimisant les coûts. Afin d'obtenir le résultat optimum, l'outil de planification doit avoir connaissance des algorithmes de gestion des ressources radio. La probabilité de couverture uplink et downlink est déterminée pour un service donné en testant la disponibilité du service à chaque position de la zone considérée. Une description détaillée d'un outil de planification est donnée dans le document [8] donné en référence à la fin du chapitre.

La phase de planification à proprement parler diffère peu de celle d'un réseau de deuxième génération. Les sites et les secteurs sont définis dans l'outil. La principale différence réside dans la définition du trafic. Les méthodes d'analyse proposées dans la suite utilisent une répartition discrète des mobiles. La densité de mobiles dans les différentes cellules doit être fondée sur les informations de trafic disponibles. Les zones à forte densité de trafic, dites zones « hotspots » doivent être identifiées et faire l'objet d'une analyse particulière. Une des sources d'informations concernant la densité de trafic seront les données de trafic de l'opérateur concernant son réseau de deuxième génération ou des données marketing prévisionnelles pour le réseau de troisième génération.

L'outil de planification décrit dans cette section diffère du simulateur dynamique introduit dans la section 9.6.2. L'outil de planification peut être défini comme un simulateur statique qui considère des conditions moyennes. Le simulateur dynamique, quant à lui, prend en compte le trafic et des modèles de mobilité, ce qui permet de développer et de tester les algorithmes de gestion des ressources radio (RRM, *Radio Resource Management*). Ces simulations dynamiques peuvent être utilisées pour étudier les performances des algorithmes RRM dans des environnements réalistes et leurs résultats peuvent être utilisés comme des paramètres d'entrée de l'outil de planification. Par exemple, les performances des algorithmes de handovers prenant en compte les erreurs sur les mesures et les retards peuvent être testées dans l'outil dynamique et les résultats intégrés à l'outil de planification. Le test des algorithmes RRM nécessite une modélisation plus fine du lien radio ainsi qu'une résolution temporelle plus fine, correspondant à la fréquence du contrôle de puissance, soit 1,5 kHz. De telles exigences rendent le simulateur dynamique complexe et demandent des temps de calcul relativement longs même sur des stations de travail puissantes. Ces simulateurs dynamiques sont typiquement utilisés pour vérifier et développer les performances des outils plus simples et plus rapides que sont les outils de planification. Notons que lorsque suffisamment de résultats de mesures et d'expérimentation seront disponibles, il sera également possible de calibrer finement ces outils de planification de réseau.

7.3.2.1 Itérations uplink et downlink

L'objectif des calculs itératifs au niveau du sens uplink est de déterminer les puissances d'émission des mobiles simulés de telle façon que les niveaux d'interférences et les valeurs de sensibilité de la station de base convergent. Le niveau de sensibilité de la station de base est corrigé par le niveau d'interférences uplink estimé (*noise rise*) et il est, par conséquent, spécifique à chaque cellule. L'impact de la charge uplink sur la sensibilité est pris en compte par l'expression $-10.\log_{10}(1-n_{UL})$, où n_{UL} est donné par l'équation que nous avons vue à la section 7.2.2.1. Lors des calculs, les puissances d'émission sont estimées en se fondant sur le niveau de sensibilité de la station de base *best server*, le service, la vitesse des mobiles et les pertes du lien radio. Les puissances d'émission sont alors comparées à la puissance maximale d'émission des mobiles et les mobiles dépassant leur puissance maximale sont écartés. Les interférences peuvent ensuite être ré-estimées et les nouvelles valeurs de charge et sensibilités de chaque station de base, affectées. Si le facteur de charge est supérieur à la limite, certains mobiles de la cellule surchargée sont assignés à une autre porteuse si le spectre le permet ou sont écartés de la simulation.

L'objectif des calculs itératifs au niveau du sens downlink est de déterminer les puissances d'émission de la station de base correspondant à chaque mobile et à la valeur de E_b/N_0 requise.

7.3.2.2 Modélisation des performances

Au cours du dimensionnement et de la planification d'un réseau radio, il est nécessaire de prendre des hypothèses simplificatrices concernant le canal de propagation à trajets multiples, l'émetteur et le récepteur. Il est courant d'utiliser une valeur moyenne de E_b/N_0 reçue garantissant la qualité de service requise et qui tient compte des effets des profils de retards. Pour les systèmes utilisant un contrôle de puissance rapide, cette valeur moyenne de E_b/N_0 n'est pas suffisante pour caractériser l'influence du canal radio sur les performances du réseau. La distribution de la puissance d'émission doit en fait être prise en compte dans la modélisation des performances des liens radio pour obtenir des résultats corrects concernant les performances du réseau. Une telle approche pour le sens montant est présentée dans le document [1] donné en référence à la fin du chapitre. Il a été démontré, du fait du contrôle de puissance dans un environnement de *fading*, qu'en plus de la valeur moyenne E_b/N_0 requise, une augmentation moyenne de la puissance d'émission (*average transmission power rise*) est nécessaire dans les calculs d'interférences. Le *power rise* est présenté en détail dans la section 8.2.1.2. De plus, un *headroom* correspondant au contrôle de puissance doit être ajouté dans le calcul du bilan de puissance pour permettre au contrôle de puissance de combattre les effets du *fading* en bordure de cellule.

Notons que de multiples liens sont pris en compte par le simulateur lors de l'estimation des gains de soft handovers. Durant les simulations, les puissances d'émission sont corrigées par le facteur d'activité du service voix, les gain de soft handover et le *power rise* moyen pour chaque mobile.

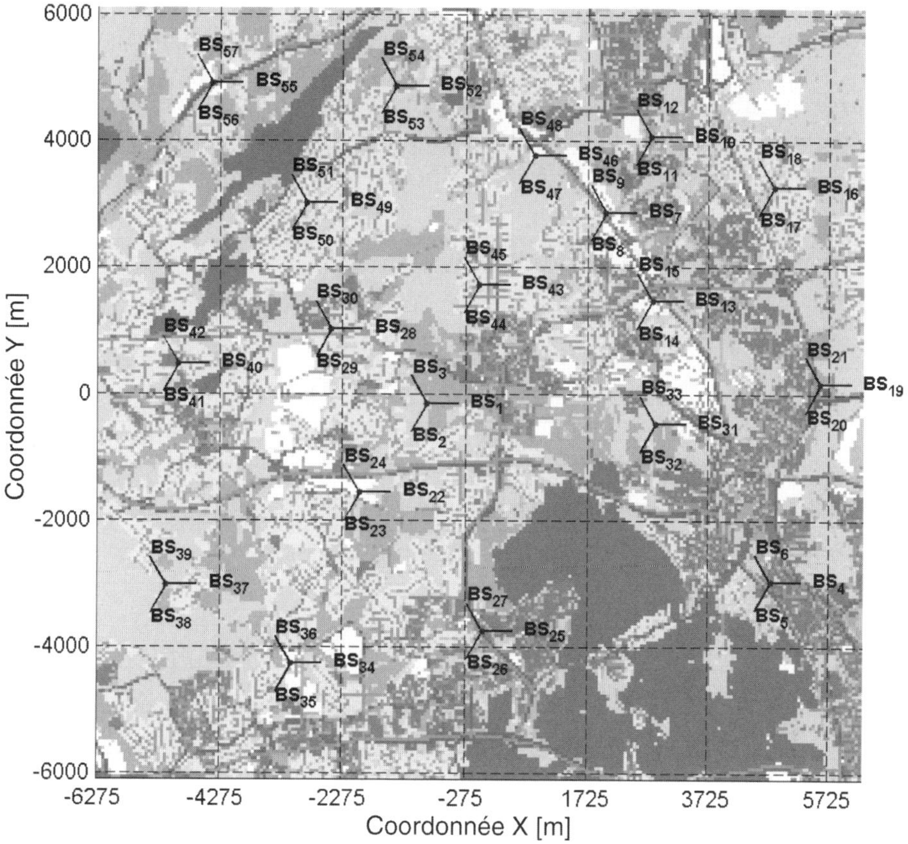

Figure 7.10 Etude de cas : Zone de 12 km x 12 km

7.3.3 Etude de cas

Dans cette étude de cas, nous allons considérer la ville de Espoo en Finlande et plus précisément une zone de 12 km sur 12 km (voir Figure 7.10) et nous allons utiliser l'outil de planification décrit dans la section 7.3.2.

Dans cette étude de cas, les exigences minimales de l'opérateur en termes de probabilité de couverture pour les services à 8 kbit/s, 64 kbit/s et 384 kbit/s sont respectivement de 95%, 80% et 50%. La phase de planification débute par l'estimation du bilan de puissance et la sélection des sites. Dans la phase suivante, la couverture de chaque cellule peut être estimée. A ce niveau, la couverture n'est relative qu'aux conditions de propagation. La couverture peut être néanmoins optimisée en modifiant le tilt ou l'azimut des antennes ainsi que la localisation des sites. Cette optimisation a un impact important sur les interférences et les soft handovers. L'amélioration des performances des soft et des softer handovers engendre automatiquement une amélioration de la capacité du réseau. L'exemple que nous avons décidé de traiter comporte 19 sites macro trisectoriels. La superficie moyenne d'un site est de 7,6 km². Dans la zone urbaine, la limite de charge a été fixée à 75%, correspondant un *noise rise* de 6 dB. Au cas où la charge serait dépassée, un certain nombre de mobiles seront écartés ou alloués à une autre fréquence. Le Tableau 7.13 montre la distribution des utilisateurs en fonction des différents services et le Tableau 7.14, les différents paramètres utilisés pour la simulation.

Tableau 7.13 Distribution des utilisateurs

Débit des services	Utilisateurs par service
8 kbit/s	1 735
64 kbit/s	250
384 kbit/s	15

Tableau 7.14 Paramètres du simulateur

Paramètre	Valeur
Limite de charge uplink	75%
Puissance d'émission maximale de la station de base	20 W (43 dBm)
Puissance d'émission maximale du mobile	300 mW (25 dBm)
Dynamique de contrôle de puissance	70 dB
Corrélation de *slow fading* entre stations de base	50%
Déviation standard pour le *slow fading*	6 dB
Profil de canal à trajets multiples	ITU Vehicular A
Vitesses des mobiles	3 km/h et 50 km/h
Facteur de bruit du mobile / de la station de base	7 dB / 5 dB
Fenêtre de soft handover	- 6 dB
Puissance du canal *pilot*	30 dBm
Puissance combinée des autres canaux communs	30 dBm
Orthogonalité downlink	0,5
Facteur d'activité Voix / Données	50% / 100%
Antenne de la station de base	65° / 17 dBi
Antenne des mobiles Voix / Données	Omni / 1,5 dBi

Tableau 7.15 ***Throughput*, charge et Soft Handover overhead par cellule**

Charge : vitesse de mobile = 3 km/h, nombre d'utilisateurs = 1 805				
Cell Id	*Throughput* UL (kbit/s)	*Throughput* DL (kbit/s)	Charge UL	SHO *overhead*
cell 1	728,00	720,00	0,50	0,34
cell 2	208,70	216,00	0,26	0,50
cell 3	231,20	192,00	0,24	0,35
cell 4	721,60	760,00	0,43	0,17
cell 5	1 508,80	1 132,52	0,75	0,22
cell 6	762,67	800,00	0,53	0,30
Moyenne	*519,20*	*508,85*	*0,37*	*0,39*
Charge : vitesse de mobile = 50 km/h, nombre d'utilisateurs = 1 777				
Cell Id	*Throughput* UL (kbit/s)	*Throughput* DL (kbit/s)	Charge UL	SHO *overhead*
cell 1	672,00	710,67	0,58	0,29
cell 2	208,70	216,00	0,33	0,50
cell 3	226,67	192,00	0,29	0,35
cell 4	721,60	760,00	0,50	0,12
cell 5	1 101,60	629,14	0,74	0,29
cell 6	772,68	800,00	0,60	0,27
Moyenne	*531,04*	*506,62*	*0,45*	*0,39*
Charge : vitesse de mobile = 50 km/h et 3 km/h, nombre d'utilisateurs = 1 802				
Cell Id	*Throughput* UL (kbit/s)	*Throughput* DL (kbit/s)	Charge UL	SHO *overhead*
cell 1	728,00	720,00	0,51	0,34
cell 2	208,70	216,00	0,29	0,50
cell 3	240,00	200,00	0,25	0,33
cell 4	730,55	760,00	0,44	0,20
cell 5	1 162,52	780,92	0,67	0,33
cell 6	772,68	800,00	0,55	0,32
Moyenne	*525,04*	*513,63*	*0,40*	*0,39*

Dans les trois simulations, nous nous sommes intéressés au *throughput*, exprimé en kbit/s et à la probabilité de couverture pour chaque service. En outre, nous avons collecté les résultats de probabilité de soft handover et de charge. Les tableaux 7.15 et 7.16 présentent les résultats des simulations. La charge maximale uplink a été fixée à 75%. Notons que dans le Tableau 7.15, la charge est inférieure à 75% dans certaines cellules. Le *throughput* est par conséquent inférieur à la valeur maximale. Cela est dû au fait qu'il n'y a pas assez de trafic pour charger complètement la cellule.

La charge de la cellule 5 est de 75%, cette cellule est localisée en bas à droite de la Figure 7.10. Il n'y a aucune cellule proche de celle-ci. En conséquence, cette cellule peut collecter plus de trafic que les autres cellules. En revanche, pour les cellules 2 et 3 qui se trouvent au milieu de la zone, il n'y a pas suffisamment de trafic pour charger complètement les cellules.

Tableau 7.16 Résultats de probabilité de couverture

Charge de base : vitesse de mobile de 3 km/h	**Vitesse de mobile**	
	3 km/h	50 km/h
8 kbit/s	96,6%	97,7%
64 kbit/s	84,6%	88,9%
384 kbit/s	66,9%	71,4%
Charge de base : vitesse de mobile de 50 km/h	**Vitesse de mobile**	
	3 km/h	50 km/h
8 kbit/s	95,5%	97,1%
64 kbit/s	82,4%	87,2%
384 kbit/s	63,0%	67,2%
Charge de base : vitesse de mobile de 3 et 50 km/h	**Vitesse de mobile**	
	3 km/h	50 km/h
8 kbit/s	96,0%	97,5%
64 kbit/s	83,9%	88,3%
384 kbit/s	65,7%	70,2%

Le Tableau 7.16 montre l'impact de la vitesse des terminaux sur le *throughput* et sur la probabilité de couverture. Lorsque les terminaux se déplacent à une vitesse de 50 km/h, le *throughput* est plus faible et la charge résultante est plus forte que lorsque la vitesse des mobiles est de 3 km/h. Si les valeurs de *throughput* sont normalisées afin de correspondre à la même valeur de charge, la différence entre le cas où la vitesse est de 3 km/h et celui où la vitesse est de 50 km/h est de 20%. La couverture est meilleure lorsque la vitesse des mobiles est plus faible, cela peut être expliqué par la meilleure performance de E_b/N_0. Le contrôle de puissance rapide est capable de combattre le *fading* et la valeur de E_b/N_0 requise peut être réduite. Cela réduit le niveau d'interférences et ainsi plus d'utilisateurs peuvent être acceptés par le réseau.

Si l'on s'intéresse à la probabilité de couverture, les mobiles se déplaçant à grande vitesse présentent une meilleure qualité que ceux se déplaçant à faible vitesse, car pour ces derniers une valeur de *headroom* est nécessairement retranchée à la puissance d'émission afin que le contrôle de puissance rapide puisse fonctionner dans tous les cas (voir à ce sujet la section 7.2.1). L'impact de la vitesse est surtout visible lorsque de hauts débits sont utilisés. Pour les faibles débits, la couverture est meilleure grâce au gain de traitement plus important. La couverture est simulée au niveau de l'outil de planification après que les itérations uplink ont convergé. Il est supposé que cette simulation n'affecte pas la charge du réseau.

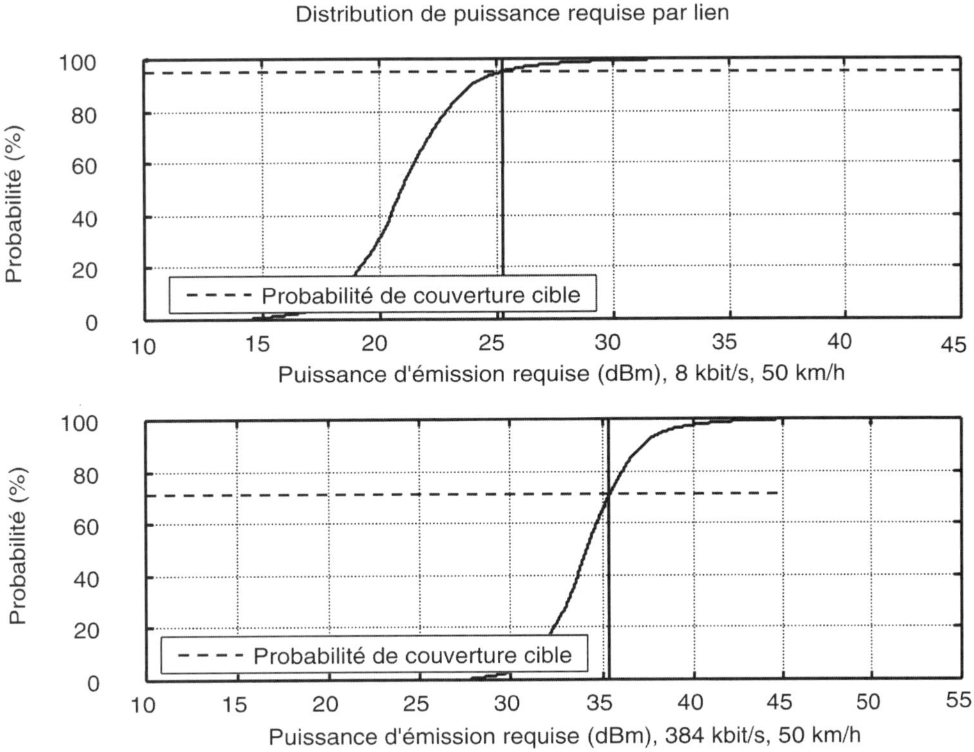

Figure 7.11 Exemple d'analyse de couverture downlink

L'analyse de la probabilité de couverture downlink est différente de celle concernant le sens uplink. Pour le sens uplink, le facteur limitant est la puissance d'émission maximale des mobiles. En revanche pour le sens descendant, les limitations dépendent des algorithmes de gestion de ressources radio. Une des limitations dans le sens descendant est la puissance d'émission de la station de base. Une autre limitation qui peut être prise en compte est la puissance limite par lien radio. La Figure 7.11 présente un exemple d'analyse de couverture downlink pour le service voix. Nous pouvons remarquer que si la limite de puissance par lien est choisie correctement, la probabilité de couverture downlink peut être égale à celle correspondant au sens uplink. Par conséquent, les couvertures uplink et downlink peuvent être équilibrées. Les puissances requises par lien présentées dans la Figure 7.11 sont des puissances moyennes et ne comportent pas de marge de *fast fading*.

L'exemple présenté dans la Figure 7.11 correspond à un service voix à 8 kbit/s et une vitesse de mobile de 50 km/h. La limite du lien radio a été fixée à 25 dBm afin d'obtenir une probabilité de couverture de 95%. Dans la partie inférieure de la figure, l'analyse de couverture correspond à un service données à 384 kbit/s et à une probabilité de couverture de 71%. La limite du lien radio est ici de 35 dBm.

Cet exemple démontre l'impact du profil d'abonné, c'est-à-dire le service utilisé et la vitesse du mobile, sur les performances du réseau. Notons que plus la vitesse des mobiles est faible, meilleure est la capacité. Le nombre de mobiles acceptés et le *throughput* de la cellule sont plus importants pour une vitesse de 3 km/h que pour une vitesse de 50 km/h. Comparé à la probabilité de couverture, l'impact de la vitesse des mobiles est différent. Les plus fortes vitesses réduisent la marge de *fast fading* nécessaire et en conséquence, la probabilité de couverture est améliorée lorsque la vitesse des mobiles augmente.

L'outil de planification de réseau est à même de prendre en compte la relation étroite qu'entretiennent la capacité et la couverture. Les zones de couverture des différents services peuvent être également estimées pour les différentes stations de base et les paramètres des algorithmes RRM définis.

7.3.4 Optimisation du réseau

La phase d'optimisation du réseau correspond au processus qui a pour but d'améliorer globalement la qualité du réseau et de s'assurer que les ressources du réseau sont utilisées de façon efficace. Il convient durant cette phase d'analyser le réseau ainsi que d'améliorer sa configuration et ses performances. La frontière entre la planification de la capacité et de la couverture et l'optimisation est assez vague. En effet, les statistiques correspondant aux indicateurs de performance du réseau opérationnel sont régulièrement entrées dans l'outil d'analyse de l'état du réseau et les paramètres de gestion des ressources radio sont ensuite réglés. Les algorithmes de gestion de ressources radio sont décrits au chapitre 8. Cet outil d'analyse de l'état du réseau peut être intégré à l'outil de planification, décrit dans la section 7.3.2. La croissance du trafic dans le réseau nécessite en effet une continuelle interaction entre l'outil de planification et le réseau opérationnel. La capacité du réseau à supporter le trafic prévisionnel doit être analysée et la planification du réseau doit tenir compte de cette étude tout comme des mesures effectuées sur le réseau.

La première phase du processus d'optimisation consiste à définir les indicateurs clés de performance. Ces derniers proviennent soit de mesures effectuées par le système de gestion du réseau, soit des mesures sur le terrain ou encore de toute autre information qui peut être utilisée pour déterminer la qualité de service du réseau. Grâce au système de gestion du réseau, il est possible d'analyser les performances passées, les performances actuelles du réseau et d'en prédire ses performances futures.

Les performances des algorithmes de gestion des ressources radio et leurs paramètres peuvent être analysés en utilisant les résultats de ces indicateurs de performance. Il peut s'agir des algorithmes de handover, de contrôle de puissance, d'admission ou de contrôle de charge.

L'analyse de la qualité du réseau a pour objectif de donner à l'opérateur une vue aussi précise que possible de la qualité et des performances de son réseau. Il est nécessaire de définir précisément les mesures à effectuer par le système de gestion du réseau ainsi que les mesures sur le terrain. Après que les critères ont été définis et les données analysées, tous les services impliqués dans l'optimisation du réseau doivent en être informés. Pour les systèmes de deuxième génération, les principaux paramètres de qualité de service concernent les appels aboutissant avec succès (*successful call attempt*), les appels interrompus (*dropped call*) ainsi que les handovers et leurs causes. Pour les systèmes de troisième génération proposant une gamme beaucoup plus variée de services, de nouvelles définitions de qualité de service devront voir le jour.

L'optimisation automatique jouera un rôle très important dans les réseaux de troisième génération, le nombre de services et de débits étant si important que l'optimisation manuelle de tous ces services et de leurs paramètres serait beaucoup trop fastidieuse. L'optimisation automatique devrait fournir des réponses rapides aux conditions variables de trafic dans le réseau. Notons qu'au début du déploiement des réseaux de troisième génération, seuls quelques paramètres pourront être optimisés automatiquement et que le processus d'optimisation de deuxième génération devra être maintenu en parallèle.

7.4. Co-planification GSM

Il sera capital d'utiliser, pour les réseaux de troisième génération, les sites existants, installés par exemple pour le GSM, afin de partager les coûts des sites et des liens de transmission. La faisabilité de ce partage de site dépend essentiellement de la couverture du réseau existant par rapport à celle qui est planifiée pour le WCDMA. Dans cette section, nous allons comparer les couvertures relatives aux services voix du GSM 900 et du GSM 1800 avec celles des services voix WCDMA et des services données WCDMA à 64 kbit/s et à 144 kbit/s. Le Tableau 7.17 présente les hypothèses prises et les résultats de la comparaison des couvertures des différents systèmes et services.

Le *path loss* maximal correspondant au service données WCDMA à 144 kbit/s est ici supérieur de 3 dB comparé à celui présenté au Tableau 7.4. Cette différence provient de l'utilisation d'une plus petite marge d'interférence, d'un facteur de bruit inférieur, au niveau de la station de base et de la suppression des pertes câble. Notons également que le gain de soft handover est inclus dans la marge de *fast fading* dans le Tableau 7.17 et que la puissance d'émission du mobile qui a été prise est de 21 dBm.

Tableau 7.17 Path loss maximal en GSM et WCDMA

	GSM 900 Voix	GSM 1800 Voix	WCDMA Voix	WCDMA 64 kbit/s	WCDMA 144 kbit/s
Puissance d'émission du mobile	33 dBm	30 dBm	21 dBm	21 dBm	21 dBm
Sensibilité du récepteur[1]	-110 dBm	-110 dBm	-124 dBm	-120 dBm	-117 dBm
Marge d'interférence[2]	0,0 dB	0,0 dB	2,0 dB	2,0 dB	2,0 dB
Marge de *fast fading*[3]	2,0 dB	2,0 dB	2,0 dB	2,0 dB	2,0 dB
Gain d'antenne (station de base)[4]	16,0 dBi	18,0 dBi	18,0 dBi	18,0 dBi	18,0 dBi
Body loss[5]	3,0 dB	3,0 dB	3,0 dB	-	-
Gain d'antenne (mobile)[6]	0,0 dBi	0,0 dBi	0,0 dBi	2,0 dBi	2,0 dBi
Gain GSM/UMTS[7]	7,0 dB	1,0 dB	-	-	-
***Path loss* maximal**	**160,0 dB**	**154,0 dB**	**156,0 dB**	**157,0 dB**	**154,0 dB**

Note 1 : Ces sensibilités WCDMA supposent un facteur de bruit de 4 dB et une valeur de E_b/N_0 de 5 dB pour le service voix à 12,2 kbit/s, de 2 dB pour le service données à 64 kbit/s et de 1,5 dB pour le service données à 144 kbit/s. La sensibilité requise pour le service voix est de -121 dBm avec une antenne, ce qui correspond à -124 dBm avec diversité d'antenne. La sensibilité GSM est estimée à -110 dBm avec de la diversité de réception.

Note 2 : La marge d'interférence WCDMA correspond à un facteur de charge de 37% de la pôle capacité (voir Figure 7.2). Une marge d'interférence de 1 dB est prise en GSM du fait du faible spectre disponible dans la bande des 900 MHz entraînant un facteur moyen de réutilisation des fréquences.

Note 3 : La marge de *fast fading* en WCDMA inclut le gain de macrodiversité contre le *fast fading*.

Note 4 : Le gain d'antenne correspond à une configuration trisectorielle que ce soit pour le GSM et le WCDMA

Note 5 : Le *body loss* correspond à la perte de puissance qui intervient lorsque le terminal est contre la tête de l'utilisateur.

Note 6 : Un gain d'antenne de 2 dBi a été pris pour les terminaux dédiés aux services données.

Note 7 : L'atténuation en GSM 900 a été supposée inférieure de 7 dB qu'à celle rencontrée en WCDMA et inférieure de 1 dB en GSM 1800.

Le Tableau 7.17 montre que le *path loss* maximal du service données à 144 kbit/s est identique à celui du service voix en GSM 1800. En conséquence, le service données WCDMA pourrait être offert en utilisant les sites GSM 1800 existants, avec la même probabilité de couverture. En revanche, si les sites GSM 900 sont utilisés pour le WCDMA et qu'une couverture totale est nécessaire pour le service données à 64 kbit/s, une augmentation de la couverture de 10 dB serait nécessaire.

Cette comparaison n'a bien sûr lieu d'être que si le facteur limitant dans la planification des sites GSM 900 a été la couverture. Dans des zones à forte densité, les cellules GSM 900 sont généralement plus petites pour fournir suffisamment de capacité. La section 10.2 analyse la couverture uplink du WCDMA et présente un certain nombre de solutions pour améliorer la couverture WCDMA et permettre un réutilisation plus importante des sites GSM existants.

Notons que si des terminaux disposant d'une puissance d'émission de 24 dBm sont utilisés, la couverture sera automatiquement augmentée de 3 dB.

La couverture downlink du WCDMA est présentée dans la section 10.2.3. Il y est montré que la couverture downlink est meilleure que la couverture uplink. Par conséquent, il est possible de fournir une couverture downlink totale même avec des débits importants tels que 144 ou 384 kbit/s, en réutilisant des sites GSM 1800.

Toute comparaison de la couverture WCDMA dépend des valeurs exactes de la sensibilité du récepteur et des paramètres du système tels que les paramètres de handover et de saut de fréquence. Ce qui a été présenté dans le Tableau 7.17 n'est que le calcul correspondant à un exemple donné. Notons également que l'objectif de cet exercice est de comparer les couvertures des stations de base GSM qui ont été déployées jusqu'à maintenant avec celles de systèmes qui ne seront pas déployés avant 2002. La sensibilité des dernières stations de base GSM est meilleure que celle prise dans le Tableau 7.17.

7.5. Interférences inter-opérateurs

7.5.1 Introduction

Dans cette section, nous étudierons les effets des interférences de canal adjacent entre deux opérateurs utilisant deux porteuses adjacentes. Les interférences issues de l'utilisation de deux canaux adjacents doivent être prises en compte car elles affectent tous les systèmes large bande pour lesquels de larges bandes de garde ne sont pas utilisées. Le WCDMA en fait bien évidemment partie. Si les fréquences adjacentes sont séparées dans le domaine fréquentiel par de larges bandes de garde, une partie du spectre est perdue. Cependant, un masque étroit d'émission au niveau de l'émetteur et une forte sélectivité au niveau du récepteur tant pour les terminaux que les stations de base devraient garantir un niveau d'interférences de canal adjacent faible. Notons que ces exigences ont un impact important sur l'implémentation des terminaux en particulier.

Tableau 7.18 Atténuations requises entre porteuses adjacentes

Séparation fréquentielle	Atténuation requise
Porteuse adjacente (5 MHz)	33 dB
Seconde porteuse adjacente (10 MHz)	43 dB

Dans cette section, le ratio d'interférences de canal adjacent ACIR (*Adjacent Channel Interference power Ratio*) est défini comme le rapport de la puissance d'émission divisée par la puissance mesurée après filtrage par le récepteur, sur un ou plusieurs canaux adjacents. Les puissances d'émission et de réception sont mesurées après filtrage par un filtre en racine de puissance de cosinus (*Root-Raised Cosine filter*), utilisant un facteur de raideur (*roll-off*) de 0,22 et une bande passante égale au débit *chip* [9]. Les interférences de canal adjacent sont provoquées par les imperfections de l'émetteur et du récepteur. Dans les sens montant et descendant, les performances des canaux adjacents sont limitées par les performances du terminal. Dans le sens montant, la principale source d'interférences de canal adjacent est la non linéarité de l'amplificateur de puissance de la station de base qui introduit des dispersions de puissance sur les canaux adjacents. Notons également que dans le sens descendant la sélectivité du terminal est importante pour lutter contre ces interférences. Le Tableau 7.18 présente les atténuations minimales requises entre porteuses adjacentes. Ces valeurs s'appliquent aussi bien sur le sens montant que sur le sens descendant.

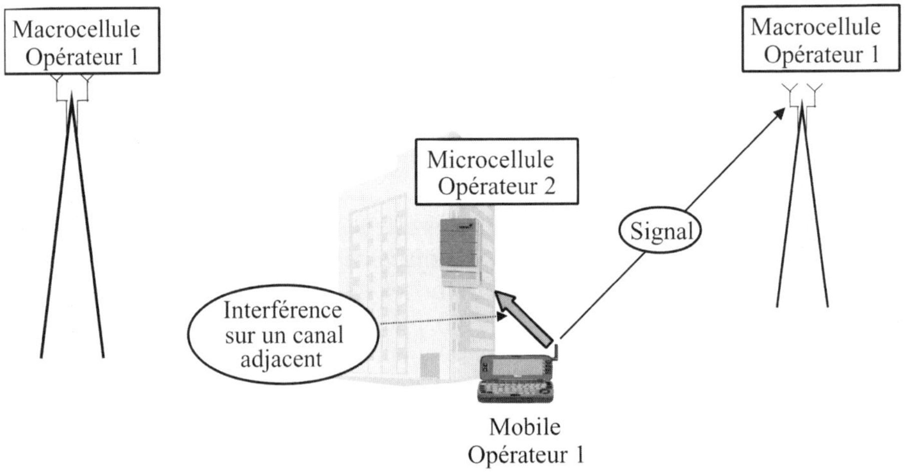

Figure 7.12 Interférences provoquées par un terminal sur une microcellule d'un autre opérateur

Un scénario d'interférences inter-opérateurs est présenté dans la Figure 7.12. Le mobile de l'opérateur 1 émet avec une forte puissance en direction de la macrocellule de son propre réseau. Il est dans le même temps proche d'une microcellule de l'opérateur 2. Si ces deux opérateurs utilisent deux porteuses adjacentes, il est clair qu'une partie de la puissance d'émission, du fait des imperfections du mobile, se retrouvera sur la porteuse de l'opérateur 2 et entraînera des interférences dans la réception de la microcellule.

Dans les sections suivantes, les effets des interférences de canal adjacent dans ce scénario sont analysés dans le pire des cas et grâce à des simulations. Il sera montré que les calculs correspondant au pire cas donnent des résultats particulièrement mauvais mais que ce cas n'intervient, en pratique, extrêmement rarement dans les réseaux. C'est pour cela que des simulations seront étudiées. Nous verrons également la manière dont il faut tenir compte de ces interférences dans la planification du réseau.

7.5.2 Calcul du pire cas

Dans cette section, nous allons étudier le pire cas des interférences de canal adjacent. Celui-ci arrive lorsqu'un mobile émet à pleine puissance à proximité d'une station de base d'un autre opérateur utilisant une porteuse adjacente. On suppose ici que les pertes de couplage sont au minimum de 50 dB. Les pertes de couplage minimales sont définies comme le *path loss* minimal entre le mobile et les connecteurs de l'antenne de la station de base. Les autres hypothèses prises dans les calculs d'interférences sont présentées dans le Tableau 7.19 et les résultats dans le Tableau 7.20.

Tableau 7.19 Hypothèses de calcul

Pertes de couplage minimales entre le mobile et la microcellule	50 dB
Puissance d'émission du mobile	21 dBm
Facteur de bruit de la micro-station de base	5 dB

Tableau 7.20 Résultats

Niveau de bruit thermique à 3,84 Mc/s	-108,2 dBm
Niveau de bruit thermique au niveau du récepteur de la micro-station de base	-108,2 + 5 = -103,2 dBm
Interférences du canal adjacent	21 - 50 -33 (ACIR) = - 62 dBm
Noise rise dû aux interférences de canal adjacent	-62 - (-103,2) = 41,2 dB

Le niveau d'interférences de canal adjacent au niveau du récepteur de la micro-station de base est de -62 dBm, ce qui est inférieur de 41 dB au niveau de bruit thermique du récepteur. Cette augmentation significative du niveau d'interférences affectera très certainement la zone de couverture de la microcellule. Cependant, cette situation devrait arriver très rarement car les conditions suivantes doivent être réunies en même temps :

- Le mobile de l'opérateur 1 doit émettre à sa puissance maximale (21 dBm),
- Le mobile de l'opérateur 1 doit être situé très près de l'antenne de la micro-station de base de l'opérateur 2. Les pertes de couplage de 50 dB ne sont atteintes que si l'antenne de la micro-station est très basse et que le mobile se rapproche très près de cette antenne.
- Le mobile de l'opérateur 1 doit émettre sur une porteuse adjacente à celle utilisée par la micro-station de base. S'il existe une porteuse intermédiaire entre celles utilisées respectivement par les deux opérateurs, la puissance d'interférences est atténuée de 10 dB (voir Tableau 7.19).
- Le facteur de bruit de la micro-station de base n'est ici que de 5 dB en tenant compte des pertes câble. Si la sensibilité est moins bonne, la station de base sera moins sensible à ces interférences de canal adjacent.

Notons que même si le niveau d'interférences au niveau du récepteur de la micro-station de base augmente, cela ne signifie pas forcément que le nombre de *dropped call* augmentera. Cela entraînera certainement une réduction de la zone de couverture bien que cela ne soit pas véritablement un problème dans le cas des microcellules qui sont utilisées pour absorber du trafic et non assurer à proprement parler une couverture.

Puisque ce pire cas est excessivement rare, une approche par simulation est utilisée dans la section 7.5.4 pour étudier les effets pratiques des interférences de canal adjacent sur les performances des réseaux WCDMA.

7.5.3 Blocage downlink

Notons tout d'abord que le mobile de l'opérateur 1 reçoit des interférences de canal adjacent dans le sens downlink en provenance de la micro-station de base de l'opérateur 2 et sa ou ses connexions risquent d'être interrompues avant que l'utilisateur soit très proche de la micro-station de base. Cela est provoqué par le fait que la sensibilité du récepteur du mobile n'est pas parfaite et que le mobile reçoit ces interférences sur une porteuse adjacente. L'interruption des connexions du mobile est par ailleurs une bonne chose. Il est en effet préférable que les connexions d'un seul mobile soient perturbées au lieu de laisser ce mobile perturber l'ensemble des connexions de tous les mobiles de la cellule. L'interruption de ces connexions dépend de la puissance maximale qui peut leur être allouée par la station de base afin de compenser l'effets des interférences au niveau du récepteur du mobile.

Notons que si un mobile connaît de fortes interférences de canal adjacent dans le sens downlink, il peut réaliser un handover inter-fréquences et s'affranchir de ces interférences en choisissant une nouvelle porteuse. Ce blocage downlink ne se produit pas dans le cas d'interférences entre les modes FDD et TDD. Cependant, des scénarios encore plus pénalisant peuvent arriver entre les modes FDD et TDD, en particulier dans la bande de fréquences FDD. Ces interférences seront abordées dans la section 11.3.

7.5.4 Simulations uplink

Les effets des interférences de canal adjacent d'une macro-station de base sur une micro-station de base sont étudiés dans cette section grâce au simulateur décrit dans le document [10] donné en référence à la fin du chapitre. Nous avons vu au préalable le scénario correspondant au pire cas, l'utilisation de la simulation peut permettre d'arriver ici à des résultats plus réalistes. Le simulateur prend en compte les cellules macro, les cellules micro ainsi que tous leurs utilisateurs respectifs. Les pertes de couplage minimales sont ici de 53 dB, ce qui est une très faible valeur qui correspond au cas où le mobile est très proche de l'antenne de la station de base. Les autres paramètres de simulation sont présentés dans le Tableau 7.21.

Tableau 7.21 Paramètres de simulations

Paramètres	**Valeur**
Pertes de couplage minimales	53 dB
Distance entre macro-stations de base	1 000 m
Distance entre micro-stations de base	180 m
Puissance d'émission maximale du mobile	21 dBm
Noise rise maximal autorisé au niveau de la microcellule	20 dB
Noise rise maximal autorisé au niveau de la macrocellule	6 dB

L'espacement nominal fréquentiel du WCDMA est de 5 MHz avec un débit *chip* de 3,84 Mc/s. Dans cette simulation, l'ancien débit *chip* a été utilisé, il s'agit de la valeur 4,096 Mc/s. Notons que l'utilisation du débit 3,84 Mc/s augmente les performances de canal adjacent de 0,5 à 0,7 dB, comparées aux résultats présentés dans le document [12] donné en référence à la fin de ce chapitre. Dans le sens montant, tous les canaux sont supposés être des canaux de trafic voix à 8 kbit/s et aucune charge correspondant aux canaux de contrôle n'a été prise en compte. Dans le sens descendant, les canaux de contrôle communs ont été modélisés et pris en compte dans la puissance d'émission de la station de base. L'orthogonalité a été fixée à 0,4.

Dans ces simulations, le *noise rise* maximal autorisé dans le sens uplink est de 20 dB pour les microcellules et de 6 dB pour les macrocellules. Le *noise rise* est l'augmentation du niveau d'interférences large bande par rapport au bruit thermique au niveau du récepteur de la station de base. Pour les macrocellules, un *noise rise* plus faible est permis car un trop fort *noise rise* fait diminuer la couverture de la cellule. Notons que, dans ces simulations, la charge maximale a été choisie de façon itérative de façon à ce que les valeurs prédéfinies de *noise rise* ne soient pas dépassées même s'il y avait des interférences de canal adjacent. Cette approche correspond au cas où les algorithmes temps-réel de gestion des ressources radio, tels que le contrôle d'admission et le contrôle de charge, conservent la charge uplink dans les limites définies et où la zone de couverture n'est pas affectée par les interférences de canal adjacent. Les effets des interférences de canal adjacent peuvent alors être vus comme une diminution de la capacité uplink.

7.5.5 Résultats des simulations

Dans ces simulations, la zone de couverture des cellules micro et macro est conservée dans les limites définies par la planification même en cas d'interférences de canal adjacent. Une diminution de la capacité maximale est alors observée. Ces pertes de capacité sont présentées dans la Figure 7.13. La capacité n'est pas sensible aux interférences de canal adjacent si l'atténuation entre les porteuses adjacentes (ACIR) est supérieure à 40 dB. L'atténuation minimale pour l'ACIR est de 33 dB (voir Tableau 7.18). Avec une valeur de 33 dB, les pertes de capacité au niveau des microcellules sont inférieures à 1% et au niveau des macrocellules, inférieures à 2%. La capacité des macrocellules est plus sensible aux interférences de canal adjacent que celle des microcellules. Les simulations montrent que la capacité des microcellules reste bonne tandis que celle des macrocellules souffre des interférences de canal adjacent. Cela est dû au fait que le nombre d'utilisateurs des macrocellules présents dans la zone de couverture des micro-stations de base est si faible que les interférences générées par ces derniers sont négligeables. A l'inverse, le nombre d'utilisateurs des microcellules est important si bien que ces derniers génèrent de fortes interférences de canal adjacent au niveau des macro-stations de base.

7.5.6 Planification de réseau et interférences de canal adjacent

Cette section présente quelques solutions pour que la planification de réseau s'assure que les interférences de canal adjacent n'affectent pas les performances des réseaux WCDMA.

Le choix de la position des antennes des stations de base et de leur diagramme d'antenne a un impact sur les pertes de couplage minimales entre le mobile et la station de base. Si ces pertes de couplage sont fortes, les interférences de canal adjacent peuvent être évitées. En pratique, l'antenne ne doit pas être située trop bas afin que les mobiles ne puissent pas s'en rapprocher.

Il est également possible de réduire la sensibilité du récepteur de la station de base, c'est-à-dire augmenter le facteur de bruit des éléments de la station de base. Cette approche est appelée « désensibilisation » (*desensitivation*) et elle permet de rendre le récepteur de la station de base moins sensible aux interférences de canal adjacent. Mais, dans le même temps, le récepteur de la station de base devient moins sensible aux signaux de la porteuse qu'elle utilise, ce qui réduit en conséquence le rayon de la cellule. Cette approche peut cependant être utilisée pour les cellules dont le facteur limitant n'est pas la couverture.

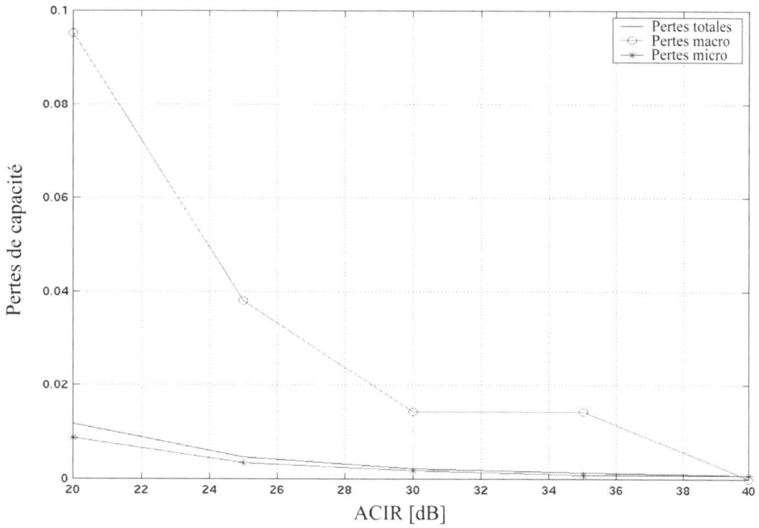

Figure 7.13 Pertes de capacité uplink dues aux interférences de canal adjacent

Les problèmes d'interférences de canal adjacent peuvent être évités si les opérateurs utilisant des bandes de fréquences adjacentes colocalisent leurs stations de base, soit sur le même site, soit sur les mêmes pylônes. Ainsi, les niveaux de puissance reçus en provenance des mobiles sont sensiblement similaires au niveau des deux stations de base. Puisqu'il n'y a pas de différence significative de niveau de puissance, l'atténuation de 33 dB est suffisante pour s'affranchir des problèmes liés aux interférences de canal adjacent. Notons que cette colocalisation peut résoudre ces problèmes d'interférences en mode FDD, il en est tout autrement pour le mode TDD. Nous y reviendrons dans la section 11.3.

L'espacement fréquentiel nominal de deux porteuses en WCDMA est de 5 MHz. Mais ce dernier peut être décalé par pas de 200 kHz. En utilisant un espacement entre deux porteuses plus important, les interférences de canal adjacent peuvent être réduites. Si l'opérateur dispose de deux porteuses au niveau de ses stations de base, l'espacement fréquentiel peut être réduit à 4 MHz, puisque les problèmes d'interférences de canal adjacent peuvent être évités si les deux porteuses utilisent les mêmes antennes. Dans ce cas, l'espacement entre deux porteuses de deux opérateurs différents peut être accru, comme le montre la Figure 7.14.

Les solutions qui peuvent être mises en place pour éviter les interférences de canal adjacent sont résumées ci-dessous :

- Sélection minutieuse de la position des antennes des stations de base,
- *Desensitisation* des récepteurs des stations de base,
- Colocalisation des stations de base avec celles des autres opérateurs,

- Ajustement des espacements fréquentiels entre porteuses,
- Handovers inter-fréquences.

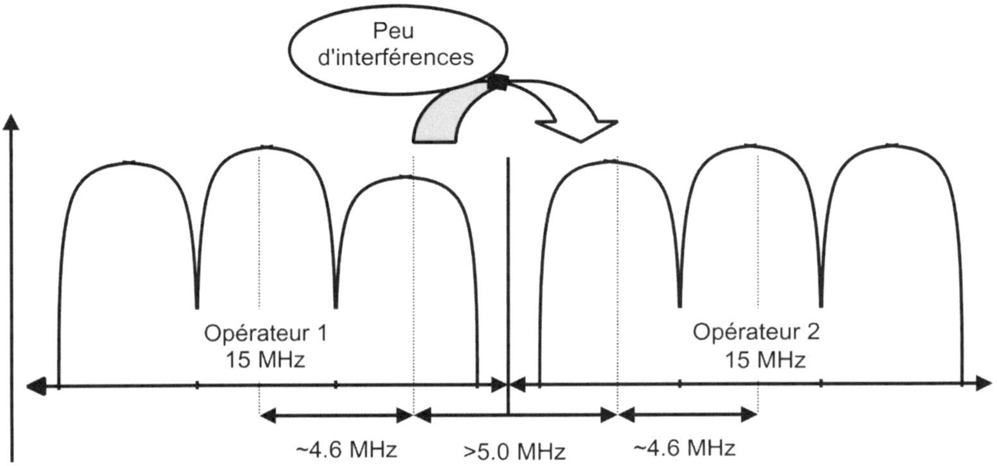

Figure 7.14 Espacement fréquentiel entre porteuses

7.6. Références

[1] Sipilä, K., Laiho-Steffens, J., Jäsberg, M. and Wacker, A., 'Modelling the Impact of the Fast Power Control on the WCDMA Uplink', *Proceedings of VTC'99*, Houston, Texas, Mai 1999, pp. 1266–1270.

[2] Ojanperä, T. and Prasad, R., *Wideband CDMA for Third Generation Mobile Communications*, Artech House, 1998.

[3] Saunders, S., *Antennas and Propagation for Wireless Communication Systems*, John Wiley & Sons, 1999.

[4] Wacker, A., Laiho-Steffens, J., Sipilä, K. and Heiska, K., 'The Impact of the Base Station Sectorisation on WCDMA Radio Network Performance', *Proceedings of VTC'99*, Amsterdam, The Netherlands, Septembre 1999, pp. 2611–2615.

[5] Sipilä, K., Honkasalo, Z., Laiho-Steffens, J. and Wacker, A., 'Estimation of Capacity and Required Transmission Power of WCDMA Downlink Based on a Downlink Pole Equation', *Proceedings of VTC2000*, Printemps 2000.

[6] Wang, Y.-P. and Ottoson, T., 'Cell Search in W-CDMA', *IEEE J. Select. Areas Commun.*, Vol. 18, No. 8, 2000, pp. 1470-1482.

[7] Lee, J. and Miller, L., *CDMA Systems Engineering Handbook*, Artech House, 1998.

[8] Wacker, A., Laiho-Steffens, J., Sipilä, K. and Jäsberg, M., 'Static Simulator for Studying WCDMA Radio Network Planning Issues', *Proceedings of VTC'99*, Houston, Texas, Mai 1999, pp. 2436–2440.

[9] 3GPP Technical Specification 25.101, UE Radio Transmission and Reception (FDD).

[10] Hämäläinen, S., Holma, H. and Toskala, A., 'Capacity Evaluation of a Cellular CDMA Uplink with Multiuser Detection', *Proceedings of ISSSTA'96*, Mainz, Germany, Septembre 1996, pp. 339–343.

[11] 3GPP Technical Report 25.942, RF System Scenarios.

[12] 3GPP TSG RAN WG4 Tdoc 99/329, Impact of OHG Harmonisation Recommendation on UTRA/FDD, Juin 1999.

Chapitre 8

GESTION DES RESSOURCES RADIO

par Janne Laakso, Harri Holma et Oscar Salonaho

8.1. Gestion des ressources radio fondée sur les interférences

La gestion des ressources radio (RRM, *Radio Resource Management*) est en charge de la bonne utilisation des ressources de l'interface air. Cette gestion des ressources radio est nécessaire pour garantir la qualité de service (QoS, *Quality of Service*), maintenir la zone de couverture définie durant la phase de planification et offrir une forte capacité. La gestion des ressources radio peut être divisée en plusieurs fonctionnalités : la gestion des handovers, le contrôle de puissance, le contrôle d'admission, le contrôle de charge et le « packet scheduling ». Le contrôle de puissance est nécessaire afin de maintenir le niveau d'interférences sur l'interface air à son minimum et de fournir la qualité de service requise. Le contrôle de puissance WCDMA est décrit dans la section 8.2. Les handovers sont nécessaires dans les systèmes cellulaires pour gérer la mobilité des utilisateurs lorsqu'ils passent de la zone de couverture d'une cellule à celle d'une autre cellule. Les handovers sont présentés dans la section 8.3. Dans les réseaux de troisième génération, d'autres algorithmes de gestion des ressources radio, tels que le contrôle d'admission, le contrôle de charge et le *packet scheduling*, sont indispensables pour garantir la qualité de service et le débit global du système qui, rappelons-le, utilise de nombreux types de débit, de services et de qualités de service. Le contrôle d'admission et le contrôle de charge sont respectivement décrits dans les sections 8.5 et 8.6. Quant au *packet scheduling*, il est présenté dans le chapitre 9. Les algorithmes de gestion des ressources radio peuvent se fonder sur la capacité *hard* du réseau, c'est-à-dire par exemple le nombre de porteuses ou de *channel element*, ou sur les niveaux d'interférences au niveau de l'interface air. Dans le cas du *hard blocking*, le matériel (*hardware*) limite la capacité avant que l'interface air ne soit surchargée, et dans le cas du *soft blocking*, la charge de l'interface air atteint sa limite. La différence entre le *soft blocking* et le *hard blocking* a été présentée dans la section 7.2.3. Il y a été montré que le *soft blocking* fondé sur la gestion des ressources radio donnait une meilleure capacité que celle du *hard blocking*. Si le *soft blocking*, fondé sur la gestion des ressources radio est appliqué, la charge de l'interface air doit être impérativement mesurée. Dans les réseaux IS-95, la gestion des ressources radio est fondée sur le nombre de *channel element* disponibles (*hard blocking*), mais cette approche n'est pas applicable à l'interface air WCDMA où des débits différents doivent être supportés simultanément.

La localisation des différents algorithmes de gestion des ressources radio dans un réseau WCDMA est présentée dans la Figure 8.1.

8.2. Contrôle de puissance

Le contrôle de puissance a été introduit brièvement dans la section 2.5. Dans cette section, nous présenterons les aspects les plus importants du contrôle de puissance. Certains de ces aspects ne sont pas présents dans les réseaux de deuxième génération, comme le GSM et l'IS-95. Ils nécessitent, en conséquence, une attention particulière. Dans la section 8.2.1, nous présenterons le contrôle de puissance rapide et dans la section 8.2.2, le contrôle de puissance en boucle externe. Ce contrôle de puissance en boucle externe permet de définir l'objectif du contrôle de puissance rapide de façon à ce que la qualité requise soit atteinte.

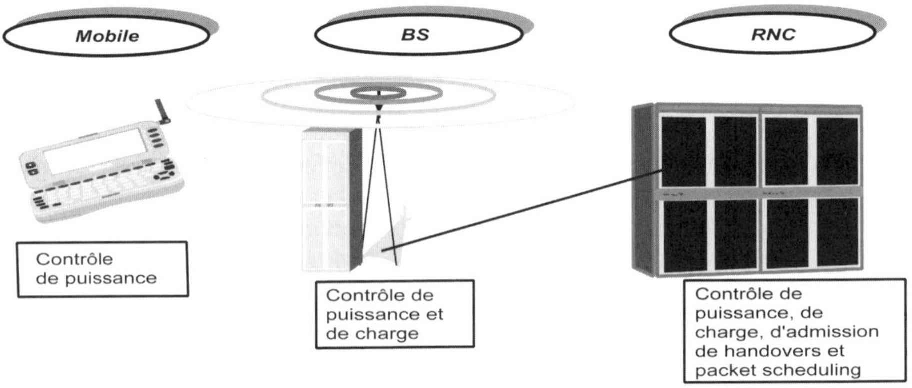

Figure 8.1 Localisation des algorithmes de gestion des ressources radio

Dans les sections suivantes, les résultats de différentes simulations montrent la nécessité des contrôles de puissance rapide et en boucle externe. En outre, deux aspects particuliers du contrôle de puissance rapide sont présentés dans la section 8.2.1. Il s'agit de la relation entre le contrôle de puissance rapide et la diversité et celle qui existe entre le soft handover et le contrôle de puissance rapide. Ensuite, le contrôle de puissance en boucle externe est présenté, dans la section 8.2.2. Il est nécessaire d'estimer la qualité en réception afin d'ajuster l'objectif en termes de qualité du contrôle de puissance rapide. Cette estimation et les algorithmes associés sont également présentés. Les réseaux de troisième génération doivent supporter des qualités de service contraignantes et multiplexer de nombreux services. Ces exigences affectent naturellement ce contrôle de puissance en boucle externe. Enfin, les différences entre les contrôles de puissance uplink et downlink en boucle externe sont abordées.

8.2.1 Contrôle de puissance rapide

En WCDMA, le contrôle de puissance rapide (*fast power control*) est réalisé dans les sens uplink et downlink à une fréquence de 1 500 kHz. En GSM, le contrôle de puissance ne s'effectue qu'à une fréquence d'environ 2 Hz, il est alors qualifié de « lent ». Pour l'IS-95, seul le contrôle de puissance uplink est supporté, à une fréquence de 800 Hz.

8.2.1.1 Gain du contrôle de puissance rapide

Cette section donne quelques exemples des avantages du contrôle de puissance rapide. Des simulations ont été réalisées pour un service voix à 8 kbit/s avec un taux d'erreur bloc (BLER) de 1% et une durée d'entrelacement de 10 ms. Ces simulations ont été effectuées d'une part sans contrôle de puissance rapide et d'autre part avec contrôle de puissance rapide fonctionnant par pas de 1 dB. Le contrôle de puissance lent (*slow power control*) permet de conserver la puissance moyenne à un certain niveau et peut dans certains cas compenser les effets du *path loss* et du *fading* tandis que le contrôle de puissance rapide peut en outre compenser les effets du *fast fading*. Toujours pour ces simulations, la station de base est supposée utiliser de la diversité de réception. Les conditions de propagation sont celles définies par l'ITU. Le canal ITU Vehicular A correspond à un canal à cinq trajets et le canal ITU Pedestrian A correspond à un canal à deux trajets dont le deuxième est très faible. Les valeurs de E_b/N_0 requises sont données dans le Tableau 8.1 et les puissances moyennes d'émission requises dans le Tableau 8.2.

Tableau 8.1 Valeurs de E_b/N_0 requises avec ou sans contrôle de puissance rapide

E_b/N_0	Contrôle de puissance lent	Contrôle de puissance rapide	Gain relatif
ITU Pedestrian A 3 km/h	11,3 dB	5,5 dB	5,8 dB
ITU Vehicular A 3 km/h	8,5 dB	6,7 dB	1,8 dB
ITU Vehicular A 50 km/h	6,8 dB	7,3 dB	-0,5 dB

Tableau 8.2 Puissances moyennes d'émission requises

Puissance d'émission	Contrôle de puissance lent	Contrôle de puissance rapide	Gain relatif
ITU Pedestrian A 3 km/h	11,3 dB	7,7 dB	3,6 dB
ITU Vehicular A 3 km/h	8,5 dB	7,5 dB	1,0 dB
ITU Vehicular A 50 km/h	6,8 dB	7,6 dB	-0,8 dB

Comme le montrent les Tableaux 8.1 et 8.2, le contrôle de puissance rapide apporte clairement un gain. Ce gain est plus important :

- pour les mobiles se déplaçant à faible vitesse,
- en valeur de E_b/N_0 requise qu'en puissance d'émission,
- pour les cas où peu de diversité en trajets multiples est disponible, comme pour le canal ITU Pedestrian A. La relation entre le contrôle de puissance rapide et la diversité est présentée dans la section 8.2.1.2.

Dans les Tableaux 8.1 et 8.2, les gains négatifs correspondant à une vitesse de mobiles de 50 km/h signifient qu'un contrôle de puissance lent idéal donnerait de meilleurs résultats qu'un contrôle de puissance rapide réaliste. Le gain négatif est dû aux imperfections de l'estimation du rapport signal sur interférences (SIR), aux erreurs de commandes du contrôle de puissance et au retard de ces commandes.

Notons que le gain du contrôle de puissance défini dans le Tableau 8.1 peut être utilisé pour estimer la marge de *fast fading* nécessaire au niveau des bilans de puissance de la section 7.2.1. La marge de *fast fading* doit être prise en compte dans la puissance d'émission du mobile afin de maintenir un contrôle de puissance correct en boucle fermée. Le rayon maximal de la cellule est obtenu lorsque le mobile émet avec une puissance maximale constante, c'est-à-dire sans le contrôle de puissance rapide.

8.2.1.2 Contrôle de puissance et diversité

Dans cette section, l'importance des méthodes de diversité est analysée conjointement au contrôle de puissance rapide.

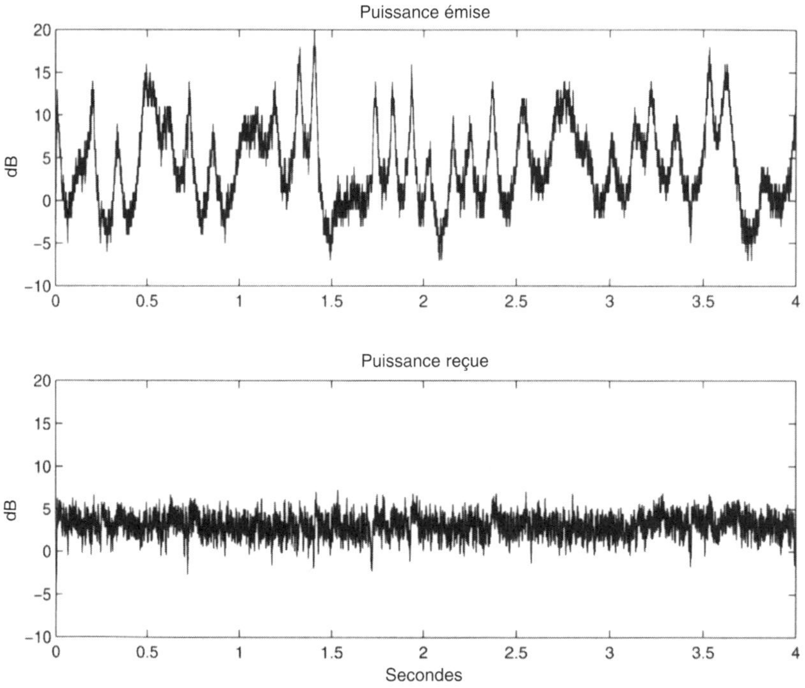

Figure 8.2 Puissances d'émission et de réception pour un canal de fading de Rayleigh à deux trajets (0 dB, -10 dB) et un mobile se déplaçant à une vitesse de 3 km/h

Pour les mobiles se déplaçant à vitesse réduite, le contrôle de puissance rapide peut compenser les effets du *fading* de canal et maintenir la puissance reçue à l'autre extrémité du lien pratiquement constante. Les principales sources d'erreurs dans les niveaux de la puissance reçue sont l'imprécision de l'estimation du SIR, les erreurs de signalisation et les délais introduits dans la boucle du contrôle de puissance. La compensation du *fading* provoque automatiquement des pics dans la puissance d'émission. A ce sujet, un exemple de puissances d'émission et de réception en fonction du temps est présenté dans les Figures 8.2 et 8.3, pour un mobile se déplaçant à une vitesse de 3 km/h. Ces résultats de simulation prennent en compte une estimation du SIR et une signalisation du contrôle de puissance réalistes. Un pas de contrôle de puissance de 1 dB a été pris et on a supposé peu de diversité dans la Figure 8.2, tandis que dans la Figure 8.3, plus de diversité a été prise en compte pour les simulations. Les variations de la puissance émise sont plus importantes dans la Figure 8.2 que dans la Figure 8.3. Cela provient de l'importance de la diversité utilisée. Cette diversité peut être, par exemple, de la diversité de trajets multiples, de la diversité de réception, d'émission ou de la macrodiversité.

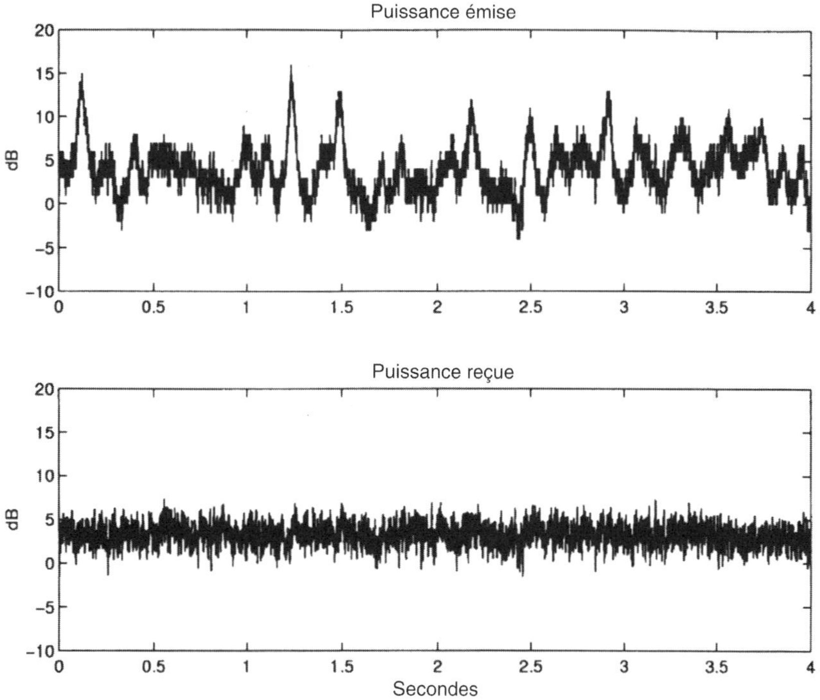

Figure 8.3 Puissances d'émission et de réception pour un canal de fading de Rayleigh à trois trajets (équivalents en atténuation) et un mobile se déplaçant à une vitesse de 3 km/h

Avec moins de diversité, il y a plus de variations de la puissance émise et la puissance moyenne émise est également plus importante. Définissons, ici, le *power rise* comme le ratio de la puissance moyenne émise pour un canal de *fading* sur la puissance moyenne émise pour un canal sans *fading,* dans le cas où le niveau de puissance reçue est le même quel que soit le type de canal considéré. Le *power rise* est présenté dans la Figure 8.4.

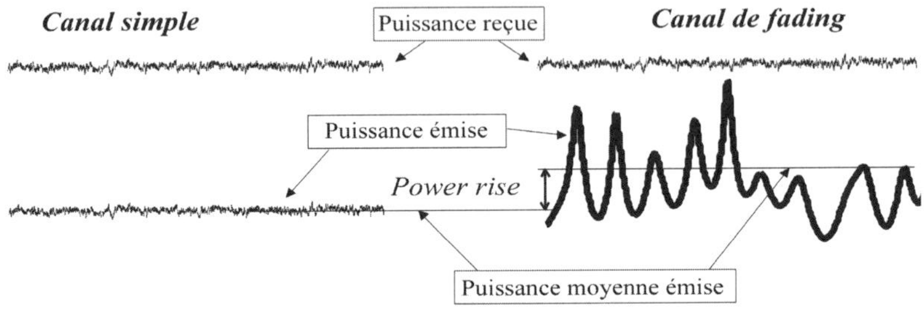

Figure 8.4 Power rise pour un canal de fading et un contrôle de puissance rapide

Dans la Figure 8.5, les *power rise* théoriques sont calculés pour des canaux à deux trajets, avec ou sans diversité de réception, comme une fonction des différences de puissance moyenne entre les deux composantes de trajets multiples. Plus la seconde composante est importante, c'est-à-dire si plus de diversité de trajets multiples est disponible, plus le *power rise* est faible. La diversité de réception réduit également le *power rise*. Si les deux composantes de trajets multiples ont la même puissance moyenne, le *power rise* est de 3 dB sans diversité de réception. Nous obtiendrons également le même *power rise* pour un canal ne présentant qu'un trajet et avec diversité de réception.

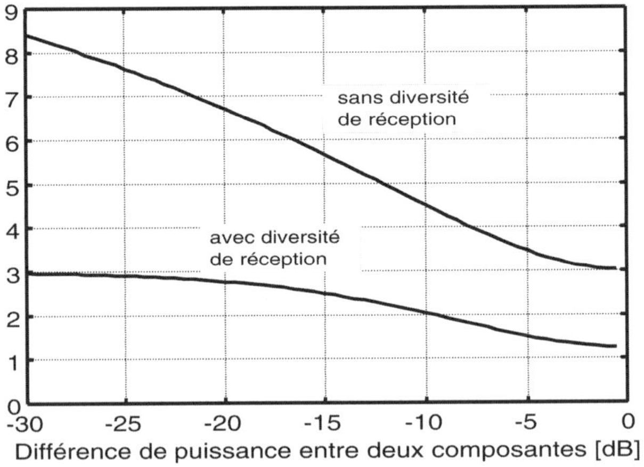

Figure 8.5 Power rise théorique défini comme une fonction de la différence de puissance entre les composantes de trajets multiples pour un canal de fading de rayleigh à deux trajets

En pratique, le contrôle de puissance n'est pas idéal, nous devons avoir recours à des simulations au niveau du lien radio pour déterminer précisément le *power rise*. Les résultats de ces simulations sont donnés dans le Tableau 8.3. Elles ont été réalisées à différentes vitesses de mobiles pour un canal ITU Pedestrian A à deux trajets multiples et des puissances moyennes de composantes de 0 dB et de -12,5 dB. Dans ces simulations, les puissances émises et reçues ont été récupérées *slot* par *slot*. La valeur théorique du *power rise* pour ce profil ITU Pedestrian A, selon la Figure 8.5, est de 2,3 dB avec diversité d'antenne. Dans le Tableau 8.3, notons que les *power rise* simulés sont de 2,1 dB et de 2,0 dB, respectivement à 3 km/h et 10 km/h, soit des valeurs relativement proches de la valeur théorique de 2,3 dB.

Pour des vitesses plus importantes, supérieures à 100 km/h, le *power rise* devient faible puisque le contrôle de puissance rapide ne peut pas compenser les effets du *fading*. Dans ce cas, un niveau de puissance reçue plus important est nécessaire pour obtenir la qualité de service souhaitée, comme nous le verrons dans le Tableau 8.4. Toujours pour des vitesses de mobiles élevées, la diversité permet de maintenir le niveau de puissance constant, en conséquence une puissance moyenne d'émission plus faible est suffisante pour fournir la même qualité de service. Plus d'information concernant la modélisation du contrôle de puissance uplink est fournie dans le document [1] donné en référence à la fin de ce chapitre.

Tableau 8.3 Résultats de la simulation de *power rise*

Vitesse des mobiles	*Power rise* moyen
3 km/h	2,1 dB
10 km/h	2,0 dB
20 km/h	1,6 dB
50 km/h	0,8 dB
140 km/h	0,2 dB

Intéressons-nous maintenant à l'impact du *power rise* sur les performances d'un système WCDMA. Dans le sens downlink, la capacité de l'interface air est directement déterminée par la puissance d'émission requise, puisque cette dernière détermine les interférences générées. Par conséquent, pour maximiser la capacité downlink, la puissance d'émission nécessaire par lien doit être minimisée. Dans le sens downlink, le niveau de puissance reçue au niveau du mobile n'affecte pas la capacité.

Dans le sens uplink, les puissances d'émission déterminent le niveau d'interférences générées vers les autres cellules, et les puissances reçues le niveau d'interférences vers les autres utilisateurs de la même cellule. Si, par exemple, il y a une seule cellule dans une zone donnée, la capacité uplink de cette cellule pourrait être maximisée en minimisant les puissances nécessaires et le *power rise* n'affecterait pas alors la capacité uplink. Cependant, dans un réseau cellulaire, plus l'isolation entre cellules adjacentes est faible, plus la puissance d'émission a son importance. L'effet des puissances émises et reçues sur les interférences du réseau est illustré dans la Figure 8.6.

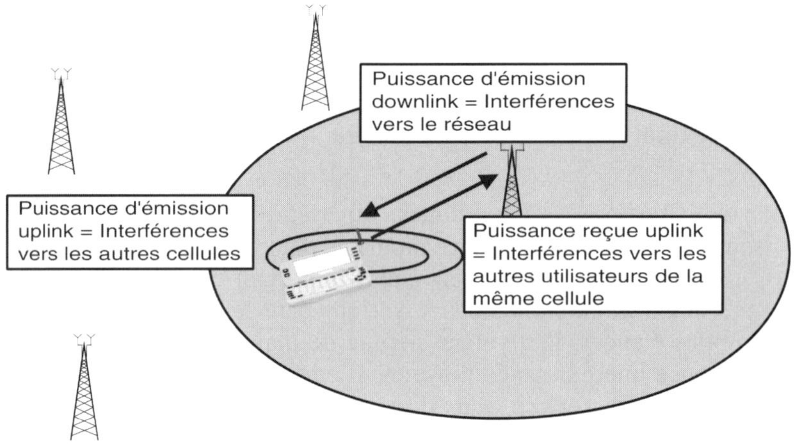

Figure 8.6 Effets des puissances d'émission et de réception sur le niveau des interférences

8.2.1.3 Contrôle de puissance et soft handover

Le contrôle de puissance dans une situation de soft handover présente deux aspects qui sont différents de ceux du contrôle de puissance utilisé sur un seul lien radio. Il s'agit du « power drifting » et de la détection fiable (*reliability check*) des commandes de contrôle de puissance uplink au niveau du mobile. Ces deux aspects sont illustrés dans la Figure 8.7 et détaillés dans cette section. Nous présenterons également une solution afin d'améliorer la signalisation du contrôle de puissance.

8.2.1.3.1 Downlink Power Drifting

En cas de soft handover, le mobile envoie une seule commande pour contrôler les puissances d'émission downlink. Cette commande est reçue par toutes les cellules déclarées dans la liste *active set*. Les stations de base détectent la commande indépendamment puisque les commandes de contrôle de puissance ne sont pas combinées au niveau du RNC, cela entraînerait des délais trop importants ainsi que trop de messages de signalisation. Du fait des erreurs de signalisation qui peuvent intervenir sur l'interface air, les stations de base peuvent détecter de façon différente la même commande de contrôle de puissance. Il peut arriver qu'une station de base diminue sa puissance d'émission alors qu'une autre l'augmente. Dans ce cas, les puissances d'émission downlink commencent à dériver. C'est ce qu'on appelle le *power drifting*.

Le *power drifting* n'est pas souhaitable puisqu'il dégrade en général les performances du soft handover downlink mais il peut être contrôlé par le RNC. La plus simple méthode consiste à fixer des limites strictes aux variations du contrôle de puissance downlink. Ces limites s'appliquent aux puissances d'émission des mobiles. Naturellement, plus les variations sont limitées, plus la dérive du contrôle de puissance est faible. Mais d'un autre côté, de larges variations du contrôle de puissance améliorent les performances de ce dernier (voir Tableau 8.2).

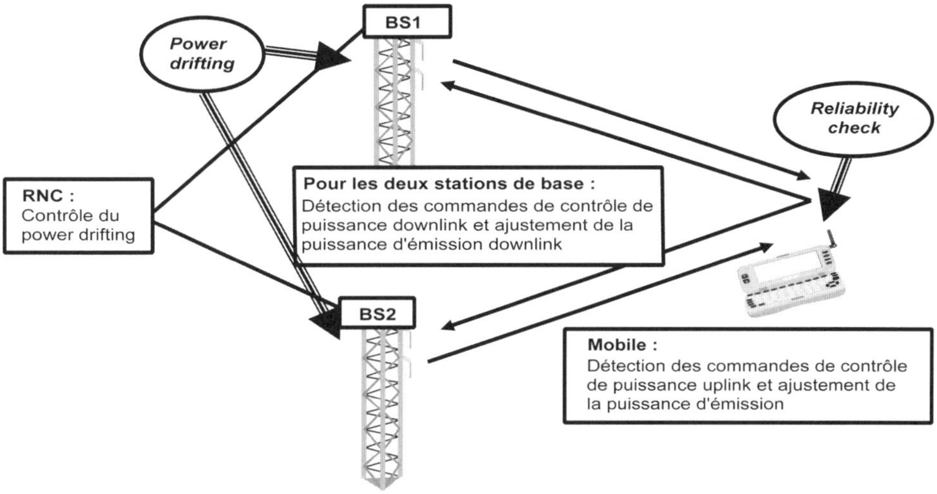

Figure 8.7 Contrôle de puissance rapide et soft handover

Il existe un autre moyen de réduire la dérive du contrôle de puissance. Le RNC peut recevoir de la part des stations de base les informations concernant les niveaux de puissance d'émission des connexions en soft handover. Ces niveaux sont moyennés sur un certain nombre de commandes de contrôle de puissance, par exemple sur 500 ms, soit 750 commandes de contrôle de puissance. En se fondant sur ces valeurs, le RNC peut calculer et envoyer aux stations de base une valeur de référence pour les puissances d'émission. Les stations de base utilisent alors cette valeur pour les connexions en soft handover. Cela permet de réduire la dérive du contrôle de puissance. Cette valeur peut être périodiquement remise à jour par le RNC et cette correction est proportionnelle à la différence entre la puissance réellement émise et la puissance de référence. Cette méthode permet de réduire la dérive du contrôle de puissance mais peut être moins performante si le contrôle de puissance rapide est utilisé dans le sens descendant. Notons qu'en IS-95, seul le contrôle de puissance lent est utilisé dans le sens downlink et aucune méthode de contrôle de la dérive du contrôle de puissance n'est nécessaire.

8.2.1.3.2 Fiabilité des commandes de contrôle de puissance uplink (reliability check)

Toutes les stations de base de la liste *active set* envoient indépendamment leurs commandes de contrôle de puissance au mobile afin de contrôler la puissance d'émission uplink de ce dernier. Cela est suffisant si au moins une des stations de base a reçu correctement le signal uplink. Cependant, le mobile peut diminuer sa puissance d'émission si une des stations de base envoie une commande de ce type. Le principe de la combinaison MRC (*Maximal Ratio Combining*) peut être appliqué aux bits d'informations, pour le mobile en situation de soft handover, car les mêmes informations sont envoyées par toutes les stations de base impliquées dans le soft handover, mais pas aux bits de commande du contrôle de puissance, car pour le contrôle de puissance les informations sont différentes pour chaque station de base. Ainsi, la fiabilité des commandes de contrôle de puissance n'est pas aussi importante que celle des informations utilisateur. Un seuil est défini afin de vérifier la fiabilité de ces commandes de contrôle de puissance. Les commandes qui semblent ainsi peu fiables sont écartées car elles provoqueraient trop d'interférences.

8.2.1.3.3 Qualité de la signalisation du contrôle de puissance

La qualité de la signalisation du contrôle de puissance peut être améliorée en utilisant une puissance plus importante pour le canal DPCCH (*Dedicated Physical Control Channel*) que pour le canal DPDCH (*Dedicated Physical Data Channel*) sur le sens descendant, lorsque le mobile est en situation de soft handover. Cette différence de puissance (*power offset*) entre les canaux DPCCH et DPDCH peut être différente pour les différents champs DPCCH : c'est-à-dire les bits du contrôle de puissance, les bits du *pilot* et les bits de l'indicateur TFCI. Cette possibilité est illustrée dans la Figure 8.8.

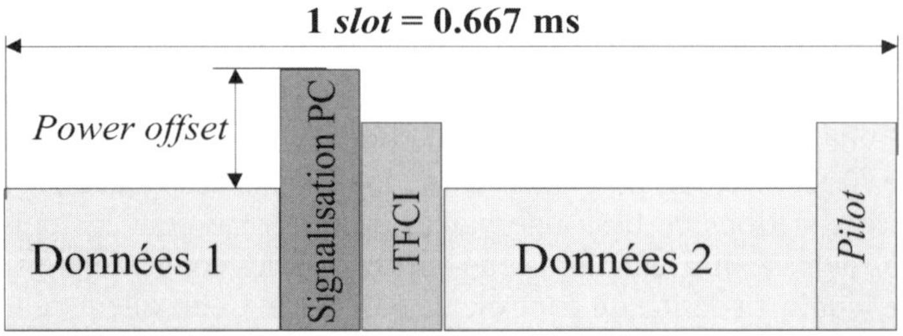

Figure 8.8 Power offset pour améliorer la qualité de la signalisation du contrôle de puissance

La réduction de la puissance d'émission du mobile pour une connexion voix avec le *power offset* est présentée dans la Figure 8.9. L'axe horizontal correspond à la différence d'atténuation entre les signaux uplink du mobile et ceux des deux stations de base impliquées dans le soft handover. Une différence de 0 dB indique que l'atténuation pour ces deux stations de base est identique. Dans cet exemple, la puissance correspondant à la signalisation du contrôle de puissance et du *pilot* est supérieure de 3 dB. La réduction de la puissance d'émission du mobile est de 0,4 à 0,6 dB avec l'introduction des *offset*.

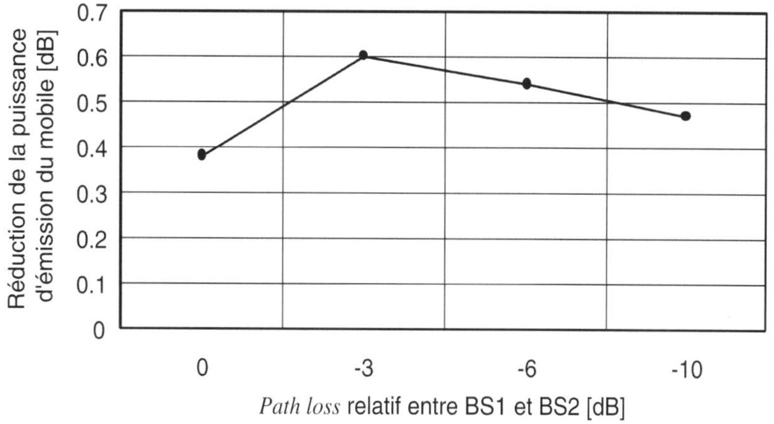

Figure 8.9 Gain en puissance d'émission uplink et power offset

8.2.2 Contrôle de puissance en boucle externe

Le contrôle de puissance en boucle externe (*outer loop power control*) est nécessaire pour maintenir la qualité des communications au niveau requis en définissant l'objectif du contrôle de puissance rapide. Ce contrôle de puissance a pour but de fournir une qualité donnée, ni plus, ni moins. Une trop grande qualité serait à l'origine d'un gaspillage des ressources. Le contrôle de puissance en boucle externe est nécessaire dans les deux sens uplink et downlink car le contrôle de puissance rapide est également utilisé dans les deux sens de transmission. Dans les sections suivantes, sont décrits quelques aspects de ce contrôle de puissance en boucle externe. Ils s'appliquent indifféremment au sens montant et descendant. Notons qu'en IS-95, le contrôle de puissance en boucle externe n'est utilisé que dans le sens uplink, car seul ce sens utilise le contrôle de puissance rapide.

Le contrôle de puissance en boucle externe uplink est présenté dans la Figure 8.10. La qualité uplink est observée au niveau du RNC après recombinaison des signaux reçus en macrodiversité. La valeur cible du SIR est ensuite calculée et envoyée aux stations de base. La fréquence du contrôle de puissance en boucle externe est comprise entre 10 et 100 Hz. Un exemple d'algorithme de contrôle de puissance en boucle externe est donné à la Figure 8.11.

8.2.2.1 Gain du contrôle de puissance en boucle externe

Dans cette section, nous allons analyser comment la valeur cible SIR doit être ajustée lorsque la vitesse du mobile ou son environnement change. Les termes SIR et E_b/N_0 sont utilisés de façon interchangeable dans cette section. Les simulations ont été réalisées pour un service voix AMR avec un taux d'erreurs bloc (BLER) de 1%. Les résultats sont présentés dans le Tableau 8.4.

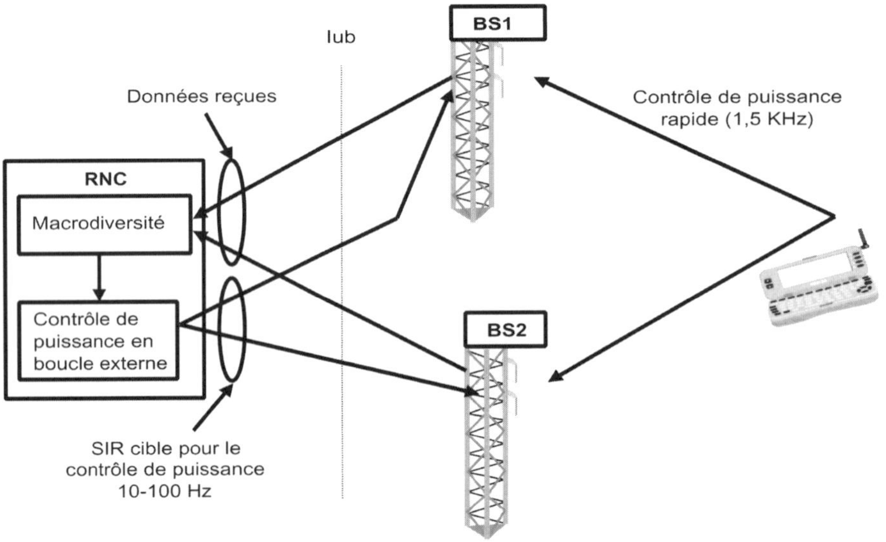

Figure 8.10 Contrôle de puissance en boucle externe uplink

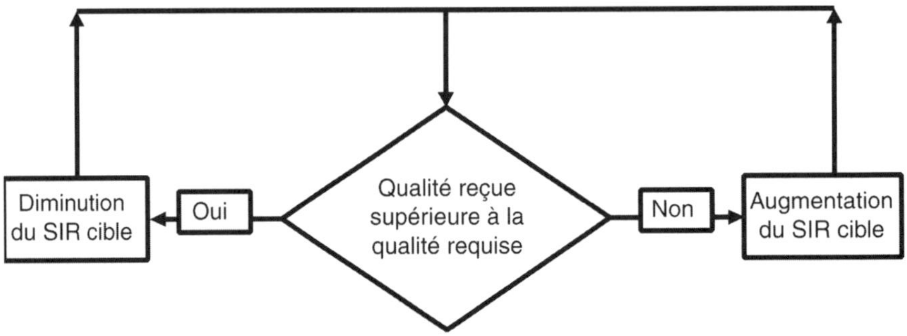

Figure 8.11 Algorithme de contrôle de puissance en boucle externe

Trois profils différents ont été utilisés. Le premier, un canal dit statique, correspond à une situation où le mobile et la station de base sont en vue directe et où les différentes composantes de trajets multiples sont négligeables par rapport à la première. Les deux profils suivants correspondent, l'un au canal de *fading* ITU Pedestrian A et l'autre à un canal à trois trajets de puissance égale. Il est supposé dans cet exemple qu'aucune méthode de diversité en réception n'est utilisée.

Tableau 8.4 E_b/N_0 cible moyen dans différents environnements

Trajets multiples	Vitesse du mobile	E_b/N_0 cible moyen
Pas de *fading*	-	5,3 dB
ITU Pedestrian A	3 km/h	5,9 dB
ITU Pedestrian A	20 km/h	6,8 dB
ITU Pedestrian A	50 km/h	6,8 dB
ITU Pedestrian A	120 km/h	7,1 dB
3 trajets de puissance égale	3 km/h	6,0 dB
3 trajets de puissance égale	20 km/h	6,4 dB
3 trajets de puissance égale	50 km/h	6,4 dB
3 trajets de puissance égale	120 km/h	6,9 dB

La plus basse valeur de E_b/N_0 est nécessaire pour le canal statique et la plus forte pour le canal ITU Pedestrian A avec une vitesse de mobile de 120 km/h. Ces résultats indiquent que plus les variations de puissance reçue sont importantes, plus les valeurs de E_b/N_0 doivent être élevées pour fournir la même qualité. Si nous avions sélectionné la valeur de E_b/N_0 de 5,3 dB pour les canaux de *fading*, le taux d'erreur trame serait pour ces derniers trop important et la qualité de la voix serait dégradée. A l'inverse, si nous avions sélectionné la valeur de E_b/N_0 de 7,1 dB, la qualité serait suffisamment bonne mais les puissances seraient inutilement importantes dans la plupart des cas. En conclusion, il est clair qu'il est indispensable d'ajuster la cible du contrôle de puissance rapide grâce au contrôle de puissance en boucle externe.

Mais une question reste en suspens. A quelle fréquence cette valeur cible doit-elle être mise à jour ? Prenons l'exemple d'une microcellule pour laquelle un utilisateur et la station de base sont en vue directe. La valeur de E_b/N_0 est donc de 5,3 dB pour fournir la qualité requise. Si l'utilisateur se déplace et s'engage dans une rue perpendiculaire à l'axe de la microcellule, la composante en vue directe des trajets multiples disparaît et le profil de l'utilisateur devient soudainement un profil du type ITU Pedestrian A. Si le mobile se déplace à la vitesse de 20 km/h, la valeur de E_b/N_0 devra alors passer rapidement de 5,3 dB à 6,8 dB.

8.2.2.2 Estimation de qualité reçue

Différentes approches de mesure de la qualité reçue sont introduites dans cette section. Une approche simple et fiable consiste à utiliser le résultat de la détection d'erreur (CRC, *Cyclic*

Redundancy Check) pour détecter s'il y a ou non des erreurs. Les avantages de l'utilisation du code CRC sont sa simplicité et sa relative fiabilité. Cette méthode est bien adaptée aux services où les erreurs surviennent assez fréquemment, au moins une fois toutes les deux ou trois secondes. C'est typiquement le cas pour les services données non temps-réel pour lesquels le taux d'erreur bloc (BLER) peut être de 10 à 20% avant retransmission ainsi que le cas du service voix pour lequel le taux d'erreur bloc est généralement de 1%. Avec le codec AMR voix, une période d'entrelacement de 20 ms et un taux d'erreur bloc de 1% correspond en moyenne à une erreur toutes les 2 secondes.

Mais la qualité reçue peut être estimée en se fondant sur une information de fiabilité de la trame (*soft frame reliability information*). Il peut s'agir :

- du taux d'erreur bit (BER) estimé avant le décodage du canal, appelé alors « raw BER » ou « physical channel BER ».
- d'une information issue du décodeur Viterbi.
- d'une information issue du décodeur *turbo*, par exemple, le taux BER ou BLER après une itération intermédiaire de décodage.
- de la valeur reçue de E_b/N_0.

Le problème avec ces informations est qu'elles peuvent donner une estimation erronée de la qualité reçue. Considérons le cas où l'on utilise le *raw BER*. La valeur requise de *raw BER* pour obtenir le taux d'erreur bloc final requis après décodage n'est pas constant mais dépend du profil de trajets multiples, de la vitesse du mobile et des algorithmes de réception. Notons tout de même que ces informations sont nécessaires pour les services nécessitant une forte qualité (voir la section 8.2.2.4) et que le *raw BER* est souvent utilisé au niveau de l'interface Iub.

8.2.2.3 Algorithme de contrôle de puissance en boucle externe

Un algorithme de contrôle de puissance en boucle externe est donné dans le document [2] donné en référence à la fin du chapitre. L'algorithme est fondé sur le résultats du code CRC des données et est présenté ci-dessous :

```
IF CRC check OK
    Step_down = BLER_target*Step_size ;
    Eb/N0_traget(n+1) = Eb/N0_target(n) - Step_down ;
ELSE
    Step_up = Step_size - BLER_target*Step_size ;
    Eb/N0_target(n+1) = Eb/N0_target(n) + Step_up ;
END
```

où *Eb/N0_target(n)* est la valeur de E_b/N_0 de la trame n, *BLER_target* est l'objectif en termes de taux d'erreur bloc de l'appel et *Step_size* est un paramètre dont la valeur est généralement comprise entre 0,3 et 0,5 dB.

Si le taux d'erreur trame de la connexion est une fonction monotone décroissante de la valeur cible E_b/N_0, cet algorithme amènera le taux d'erreur trame à la valeur cible si l'appel est suffisamment long. Le paramètre *step_size* détermine la vitesse de convergence de l'algorithme ainsi que l'*overhead* résultant. Plus la valeur du paramètre *step_size* est grande, plus la convergence est rapide et plus l'*overhead* est important. La Figure 8.12 donne un exemple du comportement de l'algorithme avec une valeur cible du taux d'erreur trame de 1% et un paramètre *step_size* à 0,5 dB.

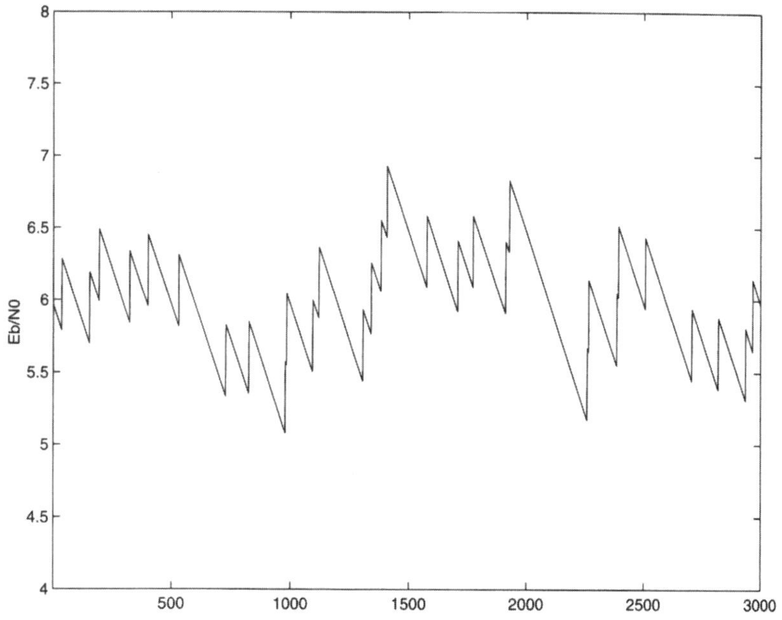

Figure 8.12 Valeur cible de Eb/N0 pour un canal ITU Pedestrian A (codec AMR voix, BLER cible de 1%, step_size de 0,5 dB et une vitesse de mobile de 3 km/h sur 3000 trames, soit 1minute)

8.2.2.4 Services à forte qualité

Les réseaux de troisième génération doivent être capables de supporter des services nécessitant une forte qualité de service, donc un taux d'erreur bloc très faible, inférieur à 0,001. Pour ce type de services, une erreur intervient rarement. Si le taux d'erreur bloc requis est de 0,001 et la période d'entrelacement de 40 ms, une erreur arrive en moyenne toutes les 40 secondes. Si la qualité reçue est estimée en se fondant sur le code CRC, l'ajustement de la valeur de E_b/N_0 est très lente et la convergence vers la valeur cible de E_b/N_0 peut prendre un long moment. Par conséquent, les *soft frame reliability information* présentent de réels avantages pour ces services. Ces données peuvent être obtenues pour chaque trame même si elles ne contiennent pas d'erreur.

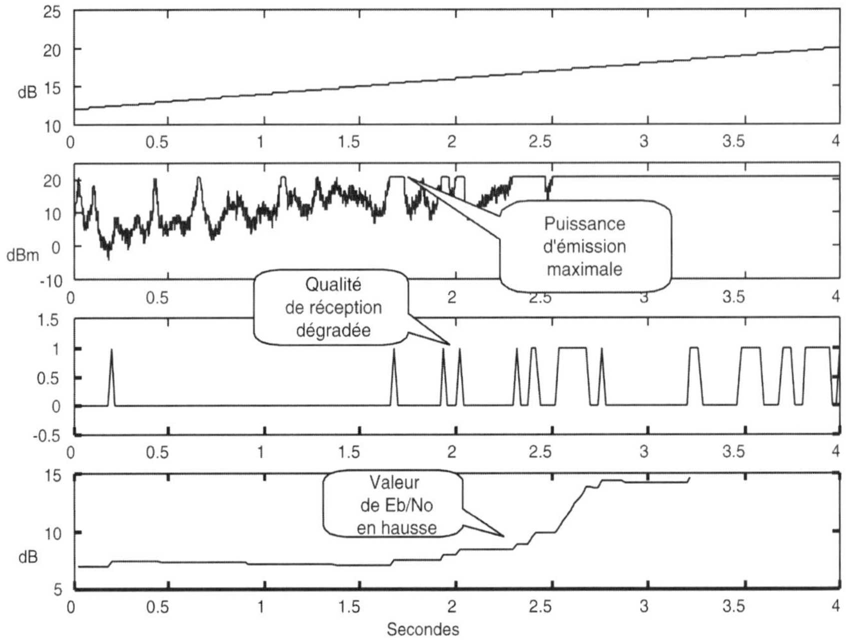

Figure 8.13 Augmentation de la valeur cible de Eb/N0 quand le mobile arrive à sa puissance maximale d'émission

8.2.2.5 Limitation des variations du contrôle de puissance

En bordure de cellule, le mobile peut atteindre le maximum de la puissance qu'il peut émettre. Dans ce cas, le taux d'erreur bloc (BLER) reçu peut être supérieur à la cible. Si nous appliquons à la lettre l'algorithme que nous venons de voir, la valeur cible SIR augmentera. Cette augmentation de la valeur cible SIR n'accroîtra pas la qualité uplink si la station de base envoie déjà des commandes d'augmentation de la puissance au mobile. Dans ce cas, la valeur cible de E_b/N_0 pourrait devenir inutilement élevée. Quand le mobile retournera à proximité de la station de base, la qualité de la connexion uplink sera alors excessivement élevée avant que la valeur cible de E_b/N_0 ne reprenne un niveau optimal. Cette situation est illustrée dans la Figure 8.13. Dans cet exemple, un service voix AMR avec une période d'entrelacement de 20 ms est simulé avec l'algorithme de contrôle de puissance en boucle externe présenté dans la section 8.2.2.3. Une valeur cible BLER de 1% et *step_size* de 0,5 dB ont été utilisés. Sans limiter les variations du contrôle de puissance, une erreur doit arriver en moyenne toutes les 2 secondes pour une valeur de BLER de 1% et un entrelacement de 20 ms. Dans cet exemple, la puissance maximale d'émission du mobile est de 125 mW, soit 21 dBm.

Notons que le même problème peut survenir lorsque le mobile atteint sa puissance d'émission minimale. Dans ce cas la valeur cible de E_b/N_0 devient inutilement basse. Les mêmes problèmes apparaissent également dans le sens downlink, si la puissance d'émission downlink atteint les valeurs minimales ou maximales de la station de base.

Ces problèmes peuvent être évités en fixant des limites aux variations de la valeur cible de E_b/N_0 ou par un algorithme intelligent de contrôle de puissance en boucle externe qui n'augmenterait pas la valeur cible de E_b/N_0 si cela n'augmente pas qualité.

8.2.2.6 Multiservices

L'une des principales caractéristiques de l'UMTS est d'être capable de multiplexer plusieurs services sur une seule connexion physique. Puisque tous les services ont un contrôle de puissance commun, il ne peut y avoir qu'une seule valeur cible pour le contrôle de puissance rapide. Cette dernière doit être définie en fonction du service le plus exigent en termes de qualité. Mais il ne devrait pas y avoir beaucoup de différence entre les valeurs cibles des différents services car une adaptation inégale du débit a été appliquée au niveau de la couche physique afin de fournir les différentes qualités.

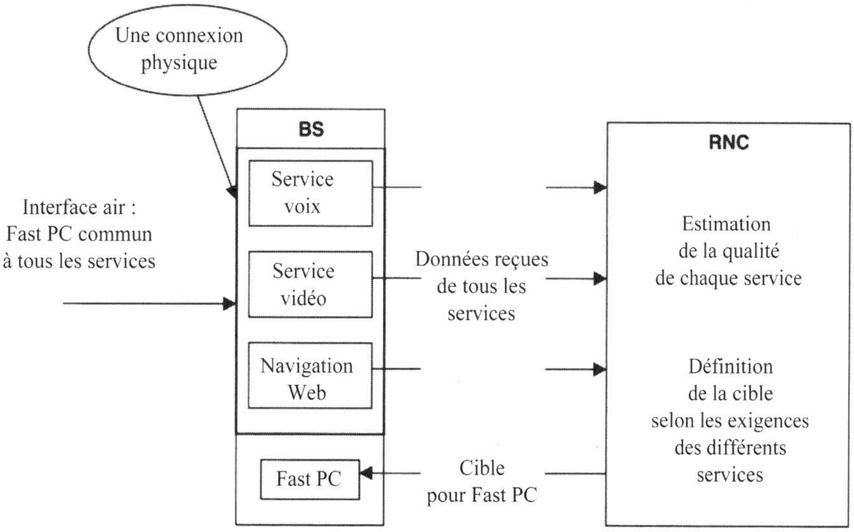

Figure 8.14 Contrôle de puissance en boucle externe pour des services multiples multiplexés sur une seule connexion

8.2.2.7 Contrôle de puissance en boucle externe downlink

Selon la section 8.2.2.1, il est clairement nécessaire d'ajuster l'objectif du contrôle de puissance rapide en boucle fermé. Dans le sens descendant, l'ajustement rapide de la valeur cible downlink est obtenu par un contrôle de puissance en boucle externe effectué au niveau du mobile. Une autre approche aurait consisté à implémenter un contrôle de puissance en boucle externe réalisé au niveau du réseau, où le mobile aurait remonté des mesures de qualité au réseau et ce dernier aurait renvoyé des commandes permettant d'ajuster la valeur cible du contrôle de puissance rapide donwlink. Cette méthode aurait augmenté de façon significative la transmission de messages de signalisation entre le mobile et le RNC ainsi que le délai de traitement. Par conséquent, le contrôle de puissance en boucle externe downlink est implémenté au niveau du mobile.

Mais le réseau peut quand même contrôler les connexions downlink même si le contrôle de puissance se fait au niveau du mobile. Tout d'abord, le réseau définit la valeur cible de qualité pour chaque connexion downlink, qui peut ensuite être modifiée durant la connexion. Deuxièmement, la station de base n'est pas obligée d'augmenter la puissance d'émission downlink de la connexion même si le mobile envoie des commandes dans ce sens. Le réseau peut contrôler rapidement la qualité des différentes connexions downlink et ne pas obéir aux commandes de contrôle de puissance du mobile. Cette approche peut être, par exemple, utilisée lors des périodes durant lesquelles l'interface air est surchargée afin de réduire la puissance d'émission downlink correspondant aux connexions qui ont une priorité basse comme les services de type *background*. Cette réduction des puissances d'émission downlink peut se faire à la même fréquence que celle du contrôle de puissance rapide, soit 1,5 KHz.

8.3. Handovers

8.3.1 Handovers intra-fréquence

8.3.1.1 Algorithmes de handover

Nous allons présenter brièvement dans cette section l'algorithme IS-95A du cdmaOne [3], [4], [5] ainsi que l'algorithme de soft handover du WCDMA [4], [6]. Ces deux algorithmes utilisent comme mesure de handover, la valeur E_c/I_0 du canal *pilot* qui est transférée au RNC par des messages de signalisation au niveau de la couche 3 (voir section 6.7).

Introduisons les termes suivants utilisés par la suite :

- *Active set* :

Les cellules de la liste *active set* sont les cellules impliquées dans une situation de soft handover, c'est-à-dire que toutes ces cellules supportent une ou plusieurs connexions avec un même mobile.

- *Candidate set* :

  Les cellules de la liste *candidate set* sont les cellules qui ne sont pas pour l'instant en situation de soft handover mais pour lesquelles la valeur de E_c/I_0 est suffisamment importante pour que ces cellules soient ajoutées à la liste *active set*. Notons que la liste *candidate set* n'est pas utilisée par l'algorithme de handover WCDMA.

- *Neighbour set* (*Monitored set*) :

  Les cellules de la liste *neighbour set* ou *monitored set* sont les cellules que le mobile mesure constamment mais pour lesquelles la valeur de E_c/I_0 n'est pas suffisamment importante pour être ajoutées à la liste *active set*.

8.3.1.1.1 Algorithme IS-95A

Le fonctionnement de l'algorithme de handover IS-95A est présenté dans la Figure 8.15. Dans cet algorithme, le seuil de handover est une valeur fixe correspondant à une valeur de E_c/IN_0 du *pilot* reçu. Le problème avec l'algorithme IS-95A est que certaines zones de la cellule ne reçoivent que des valeurs de E_c/I_0 faibles (nécessitant donc un seuil bas) alors que d'autres zones reçoivent des valeurs de E_c/I_0 plus fortes (nécessitant alors un seuil plus élevé). C'est pour cette raison qu'un algorithme disposant de seuils dynamiques a été défini [5]. Dans ce nouvel algorithme, appelé IS-95B, la seule différence avec l'algorithme IS-95A est la procédure de maintien d'une cellule dans la liste *active set*. La procédure concernant la liste *candidate set* n'est pas modifiée.

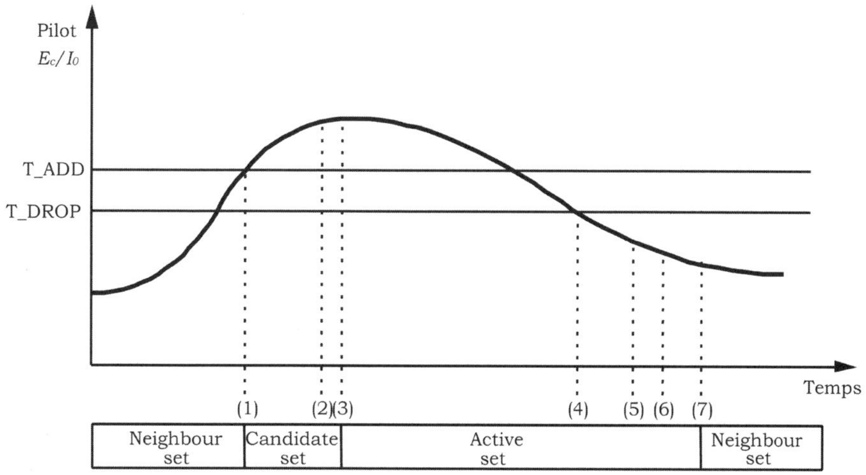

Figure 8.15 Algorithme de handover IS-95A

Précisons maintenant les six phases présentées dans la Figure 8.15 :

1. La valeur de E_c/I_0 dépasse le seuil *T_ADD*. Le mobile envoie un message *Pilot Strength Measurement* et inscrit la cellule correspondant au *pilot* dans la liste *candidate set*.
2. La station de base envoie un message *Handover Direction.*
3. Le mobile inscrit la cellule correspondant au *pilot* dans la liste *active set* et envoie un message *Handover Completion.*
4. La valeur de E_c/I_0 chute en dessous du seuil *T_DROP*. Le mobile déclenche le timer *handover drop*.
5. Le timer *handover drop* expire. Le mobile envoie un message *Pilot Strength Measurement.*
6. La station de base envoie une message *Handover Direction*. Le mobile fait passer la cellule correspondant au *pilot* de la liste *active set* à la liste *neighbour set* et envoie un message *Handover Completion.*

8.3.1.1.2 Algorithme WCDMA

L'algorithme de handover WCDMA est présenté dans la Figure 8.16 et décrit plus précisément dans le document [6] donné en référence à la fin du chapitre.

Le fonctionnement de cet algorithme est le suivant :

- Si $Pilot\_E_c/I_0 > Best\_Pilot\_E_c/I_0 - Reporting\_range + Hysteresis\_event1A$ pour une période de temps de ΔT et si la liste *active set* n'est pas pleine, la cellule est ajoutée à la liste *active set*. Cet événement est appelé « Event1A » ou « Radio Link Addition ».
- Si $Pilot\_E_c/I_0 < Best\_Pilot\_E_c/I_0 - Reporting\_range - Hysteresis\_event1B$ pour une période de temps de ΔT, la cellule est supprimée de la liste *active set*. Cet évènement est appelé « Event2A » ou « Radio Link Removal ».
- Si la liste *active set* est pleine et que $Best\_candidate\_Pilot\_E_c/I_0 > Worst\_Old\_Pilot\_E_c/I_0 + Hysteresis\_event1C$ pour une période de temps de ΔT, la plus faible cellule de la liste *active set* est remplacée par la plus forte cellule candidate, c'est-à-dire la plus forte cellule de la liste *monitored set*. Cet évènement est appelé « Event1C » ou « Combined Radio LinkAddition and Removal ». La taille de la liste *active set* est dans cet exemple de 2.

où :

- *Reporting_range* est le seuil de soft handover,
- *Hysteresis_event1A* est l'hysteresis d'ajout d'une cellule,
- *Hysteresis_event1B* est l'hysteresis de suppression d'une cellule,

- *Hysteresis_event1C* est l'hysteresis de remplacement d'une cellule,
- ΔT est la période de temps avant de déclencher toute action,
- *Best_Pilot_* E_c/I_0 est la plus forte cellule mesurée de la liste *active set*,
- *Worst_Old_Pilot_* E_c/I_0 est la plus faible cellule mesurée de la liste *active set*,
- *Best_candidate_Pilot_* E_c/I_0 est la plus forte cellule mesurée de la liste *neighbour set*,
- *Pilot_* E_c/I_0 est la valeur de E_c/I_0 mesurée et traitée d'une cellule donnée.

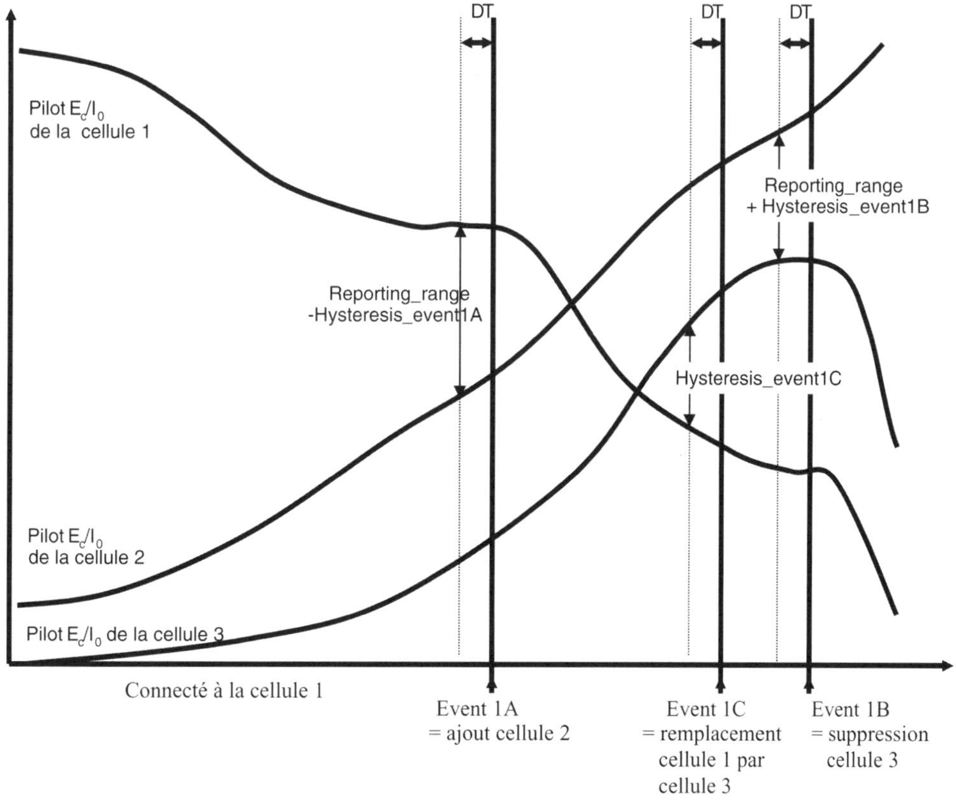

Figure 8.16 Algorithme de handover WCDMA

Avant que la valeur de E_c/I_0 ne soit utilisée dans l'algorithme de handover, quelques traitements sont effectués comme le montre la Figure 8.17. Les mesures sont filtrées au niveau de la couche 1 et de la couche 3. Le filtrage au niveau de cette dernière peut être contrôlé par le réseau. Les mesures de E_c/I_0 ont été présentées dans la section 8.3.1.2.

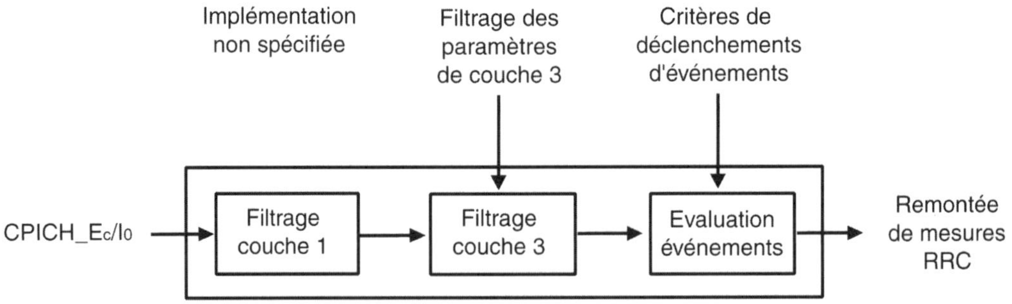

Figure 8.17 Remontée des mesures de handover et filtrage

Notons que la remontée des mesures de handover, du mobile vers le RNC, peut être configurée afin d'être déclenchée périodiquement ou, comme en GSM, en fonction de certains événements. Selon le document [6] donné en référence à la fin du chapitre, la deuxième solution présente les mêmes performances que la première, mais diminue légèrement le trafic de signalisation.

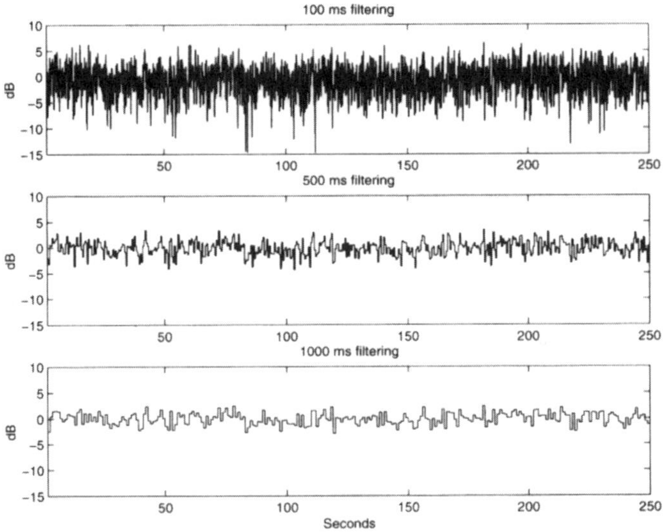

Figure 8.18 Précision des mesures de handover pour un mobile se déplaçant à la vitesse de 3 km/h dans un canal de fading de Rayleigh à un trajet

8.3.1.2 Mesures de handover

Les performances du handover sont directement liées à la précision des mesures de handover, c'est-à-dire celles de E_c/I_0. Les effets du moyennage des mesures de E_c/I_0 sont présentés dans la Figure 8.18 pour un mobile se déplaçant à la vitesse de 3 km/h et dans la Figure 8.19 pour une vitesse de mobile de 50 km/h. Le mobile parcourt la même distance dans ces deux exemples. Notons que le *path loss*, les évanouissements et les interférences ne sont pas pris en compte dans ces simulations, seul le *fast fading* est considéré. L'objectif des mesures de handover est d'obtenir des résultats où les effets du *fast fading* sont moyennés. Les mesures sont réalisées dans ces exemples en prenant un échantillon par trame, soit toutes les 15 ms. La valeur que l'on devrait normalement obtenir est ici de 0 dB et les différences enregistrées par rapport à cette valeur sont seulement dues au *fast fading* qui n'est pas correctement moyenné. Le profil de trajets multiples correspond à un canal de *fading* de Rayleigh à un seul trajet. Il s'agit du cas le plus défavorable. Si le mobile utilise une méthode de diversité de trajets multiples, les mesures peuvent être effectuées par les différents doigts du récepteur Rake et une meilleure précision serait obtenue.

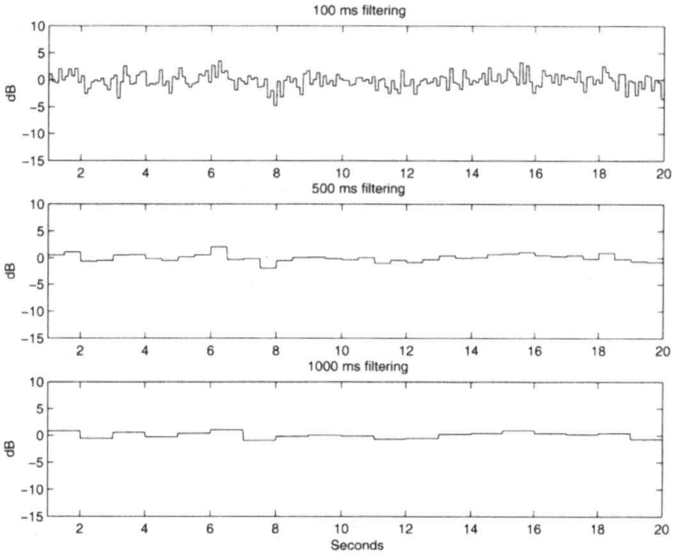

Figure 8.19 Précision des mesures de handover pour un mobile se déplaçant à la vitesse de 50 km/h dans un canal de fading de Rayleigh à un trajet

Le moyennage sur une période de 100 ms provoque de très importantes erreurs de mesures pour une vitesse de mobile de 3 km/h car le *fast fading* ne peut être moyenné sur une si courte période, comme le montre la partie supérieure de la Figure 8.18. A cause de ces erreurs, des handovers inutiles peuvent être déclenchés, augmentant la signalisation véhiculée sur l'interface air. En prolongeant à 1 seconde la durée sur laquelle le moyennage est effectué, la précision est clairement améliorée. Lorsque le mobile se déplace à faible allure, un moyennage des mesures sur une longue période est nettement plus efficace.

A la vitesse de 50 km/h (voir Figure 8.19), le moyennage des mesures sur une durée de 100 ms donne des résultats relativement bons et le fait d'augmenter cette durée améliore quelque peu la qualité. L'inconvénient des longues périodes de moyennage est que ces dernières augmentent le délai de déclenchement des handovers. A de grandes vitesses, il est important que les handovers s'effectuent rapidement, en particulier dans des réseaux microcellulaires où le *path loss* peut varier très rapidement, par exemple, lorsque le mobile tourne au coin d'une rue.

Les effets d'un délai important de déclenchement de handover sont présentés dans la Figure 8.20 pour un mobile se déplaçant rapidement et utilisant un débit élevé. Tant que la station de base B2 n'est pas dans la liste *active set* du mobile, elle ne peut pas contrôler la puissance d'émission du mobile et le *noise rise* augmente au niveau de la station de base B2.

Ce problème survient lorsque :

- les délais de déclenchement des handover sont longs du fait d'une durée de moyennage importante ou du fait des retards de transmission de la signalisation associée aux handovers,
- le mobile se déplace à grande vitesse,
- le débit de la connexion est élevé.

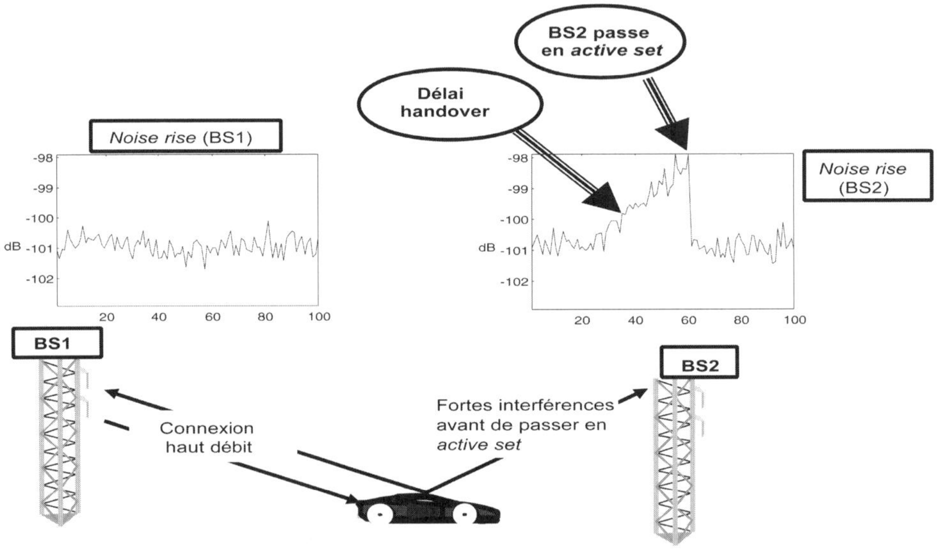

Figure 8.20 Variation du noise rise dans le cas d'un déclenchement retardé de handover

Par conséquent, de longues périodes de moyennage sont à proscrire. Un compromis doit être fait entre la précision des mesures et le délai de déclenchement des handovers.

La période spécifiée par le 3GPP à laquelle les mesures de handover doivent être effectuées est de 200 ms [8].

8.3.1.3 Gain du soft handover

Cette section présente à travers quelques exemples les gains qui peuvent être obtenus grâce au soft handover. Les résultats représentent les gains de la macrodiversité contre le *fast fading*, comparés à un hard handover idéal où le mobile serait connecté à la station de base correspondant au *path loss* le plus faible. Les résultats sont présentés plus en détail dans le document [9] donné en référence à la fin du chapitre. Néanmoins, nous pouvons d'ores et déjà dire que les gains de soft handover améliorent la couverture et la capacité du réseau WCDMA.

Les Figures 8.21 et 8.22 montrent les résultats de simulations effectuées pour un service voix à 8 kbit/s et pour un mobile se déplaçant à la vitesse de 3 km/h dans un canal ITU Pedestrian A et avec une liste *active set* contenant deux stations de base. Les simulations ont été réalisées avec une différence de *path loss* entre les deux stations de base de 0, -3, -6 et –10dB. Les gains les plus élevés sont obtenus lorsque que cette différence entre les deux stations est nulle.

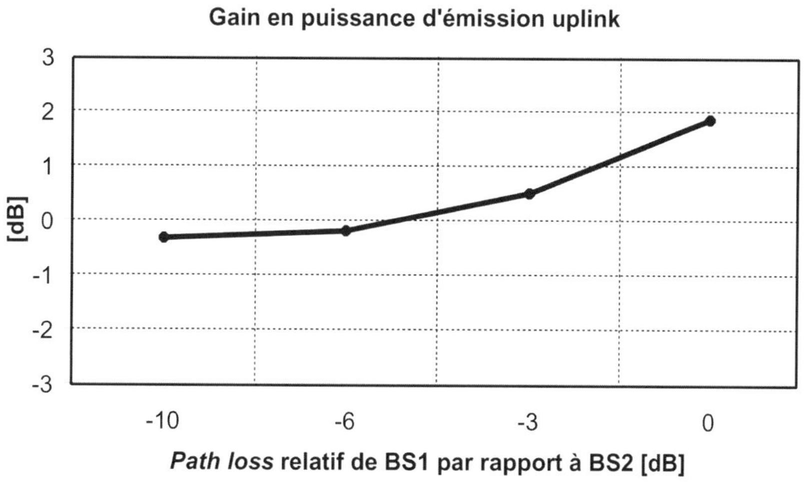

Figure 8.21 Gain de soft handover sur la puissance d'émission uplink

La Figure 8.21 correspond au gain de soft handover dans le sens uplink dans le cas où la station de base utilise de la diversité de réception. La Figure 8.22 présente, quant à elle, les gains correspondants dans le sens downlink sans diversité d'émission ni de réception. Ces gains sont ici relatifs au cas d'un seul lien radio, où le mobile serait uniquement connecté à la « meilleure » station de base. Notons qu'un canal ITU Pedestrian A n'offre que peu de diversité de trajets multiples et que par conséquent, les gains de soft handover sont relativement importants. Avec plus de diversité, les gains seraient plus faibles.

Dans la Figure 8.21, la réduction de puissance d'émission du mobile due au soft handover est au maximum de 1,8 dB lorsque le *path loss* entre le mobile et chacune des stations de base est égal. En revanche, si la différence de *path loss* entre les stations de base est importante, le soft handover peut entraîner une augmentation de la puissance d'émission du mobile. Cela est dû aux erreurs de signalisation du contrôle de puissance uplink qui sont transmises sur le sens descendant. Mais normalement, la station de base ne devrait plus se trouver dans la liste *active set* si le *path loss* est de 3 à 6 dB plus fort que celui de la plus proche station de base.

Dans le sens downlink, le gain maximal qui peut être obtenu est de 2,3 dB (voir Figure 8.22) ce qui est un peu supérieur au sens uplink (voir Figure 8.21). La raison à cela est qu'aucune diversité de réception n'a été supposée dans le sens downlink et qu'en conséquence dans le sens downlink, il y a plus besoin de macrodiversité en soft handover.

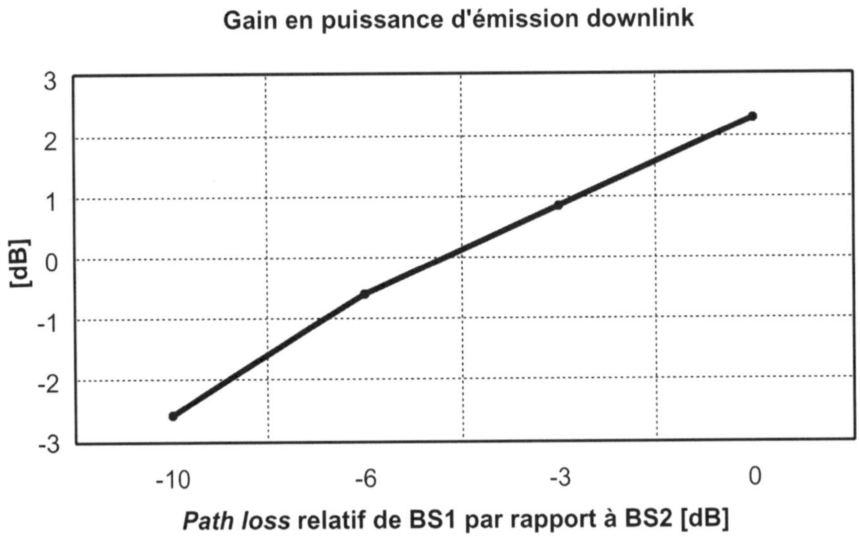

Figure 8.22 Gain de soft handover sur la puissance d'émission downlink

Dans le sens downlink, le soft handover provoque une augmentation de la puissance d'émission downlink si la différence de *path loss* entre les deux stations de base est, dans cet exemple, supérieure à 4 ou 5 dB. Dans ce cas, le mobile ne peut recevoir efficacement les signaux issus de la station de base la plus éloignée et aucun gain de diversité n'est alors perçu.

Les valeurs de gains de soft handover que nous venons de voir ne sont que des exemples. Ces gains dépendent du profil de trajets multiples, de la vitesse du mobile, des algorithmes de réception et des configurations des stations de base. Seuls les aspects relatifs à la capacité ont été ici abordés, ceux concernant la couverture sont présentés dans la section 10.2.1.4. La différence entre ces deux aspects est que dans le cas de la couverture maximale, le mobile émet à une puissance constante, plus exactement à sa puissance maximale, alors que dans le cas présent, il est supposé que le mobile utilise le contrôle de puissance rapide.

8.3.1.4 Probabilités de soft handover

La planification radio du réseau doit permettre d'établir les paramètres appropriés de handovers ainsi que la localisation des sites de telle façon que la probabilité de soft handover n'excède pas la valeur souhaitée. Cette valeur est généralement fixée à 30 ou 40% et ne doit pas être trop élevée sinon des soft handovers inutiles pourraient diminuer la capacité downlink, comme nous l'avons vu dans la Figure 8.22. Dans le sens downlink, chaque connexion soft handover augmente le niveau d'interférences vers le réseau. Et lorsque ce niveau d'interférences dépasse le gain en diversité, le soft handover n'apporte aucun gain aux performances du système. Dans le sens descendant, les connexions soft handover utilisent également plus de codes orthogonaux qu'une simple connexion. Dans les deux sens, les soft handovers nécessitent des ressources en bande de base au niveau de la station de base, de la capacité sur l'interface Iub et des ressources au niveau du RNC. C'est la tâche de la planification radio et de l'optimisation de conserver un *overhead* de soft handover au-dessous d'un seuil fixé tout en fournissant suffisamment de diversité que se soit dans le sens descendant aussi bien que montant.

8.3.2 Handovers intersystèmes entre le WCDMA et le GSM

Le WCDMA et le GSM ont été définis afin de supporter les handovers entre le WCDMA et le GSM et vice versa. Ces handovers peuvent être utilisés pour des raisons de couverture et/ou de partage de charge. Dans les premières phases de déploiement du WCDMA, les handovers vers le GSM seront nécessaires pour fournir une couverture continue et les handovers vers le WCDMA pourront être utilisés pour réduire la charge des cellules GSM. Ce scénario est présenté dans la Figure 8.23. Lorsque le trafic des réseaux WCDMA augmentera, il sera important, pour des questions de charge, de pouvoir réaliser des handovers dans les deux sens. Les handovers intersystèmes sont déclenchés par le RNC ou le BSC, et du point de vue du système cible, les handovers intersystèmes sont similaires à un handover inter-RNC ou inter-BSC. Notons que les algorithmes et les systèmes de déclenchement (*triggers*) ne sont pas normalisés. La procédure de handover en elle-même est cependant normalisée et présentée dans la section 6.7.3.

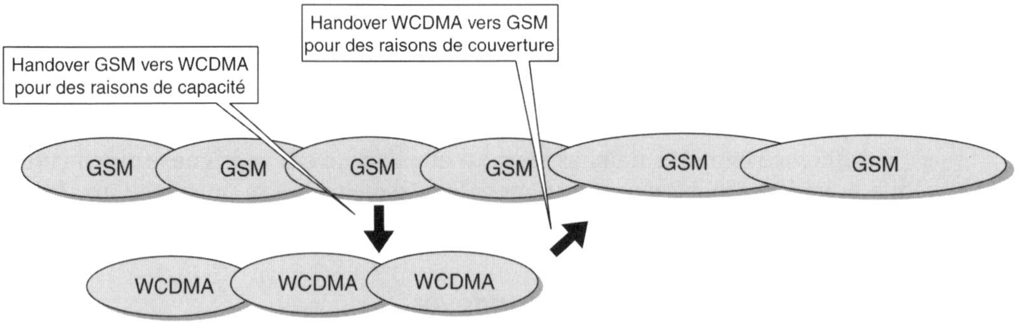

Figure 8.23 Handovers intersystèmes entre le WCDMA et le GSM

8.3.2.1 Mode compressé

Comme le WCDMA utilise une émission et une réception continues, le mobile équipé d'un seul récepteur ne peut réaliser de mesures d'un autre système à moins que pendant un certain laps de temps, aucun signal WCDMA n'est à recevoir. C'est ce que permet le mode compressé qui est, par conséquent, indispensable aux mesures intersystèmes ou inter-fréquences. Le mode compressé a été présenté dans le chapitre 5.

Durant les intervalles de temps où aucun signal WCDMA n'est reçu, le contrôle de puissance rapide ne peut s'appliquer et une partie du gain d'entrelacement est perdu. En conséquence, une plus forte valeur de E_b/N_0 est nécessaire durant les trames compressées, ce qui entraîne une perte de capacité. Un exemple de calcul de capacité est donné dans le Tableau 8.5. On estime, ici, que la valeur de E_b/N_0 doit être augmentée de 2 dB durant les trames compressées.

Tableau 8.5 Impact du mode compressé sur la capacité

Hypothèses	**Augmentation moyenne du niveau d'interférences**
La valeur requise de E_b/N_0 est augmentée de 2 dB durant les trames compressées	2 dB = 58% d'interférences en plus durant les trames compressées
Une trame sur trois est compressée	58%/3 = 19% d'interférences en plus pour cette connexion
10% des utilisateurs utilisent le mode compressé au même instant	19%/10 = 1,9% d'interférences en plus dans la cellule

Le calcul est effectué en supposant qu'une trame sur trois est compressée et que 10% des utilisateurs de la cellule utilisent simultanément le mode compressé. Dans ce cas, le niveau d'interférences est augmenté de 1,9%. En d'autres termes, la capacité de la cellule est diminuée de 1,9%, si l'on souhaite maintenir constant le niveau d'interférences.

Le Tableau 8.5 montre clairement que le fait que tous les utilisateurs soient de façon continue en mode compressé entraînerait une perte très importante de capacité. Par conséquent, le mode compressé doit être activé uniquement lorsqu'un handover intersystèmes ou interfréquences est à réaliser. La procédure de handover intersystèmes se déroule de la façon suivante :

- Un *trigger* de handover intersystèmes se déclenche au niveau du RNC, par exemple lorsqu'un mobile sort de la zone de couverture WCDMA.
- Le RNC demande au mobile d'effectuer des mesures intersystèmes en utilisant le mode compressé.
- Le RNC sélectionne la cellule GSM cible en fonction des mesures du mobile.
- Le RNC envoie la commande de handover au mobile.

Le mode compressé a un impact sur la zone de couverture uplink des services temps-réel pour lesquels le débit ne peut être diminué durant le mode compressé. Un exemple est donné dans le Tableau 8.6. Dans cet exemple, la couverture est diminuée de 2,4 dB. Par conséquent, la procédure de handover intersystèmes, déclenchée pour des raisons de couverture, doit être initiée assez tôt en bordure de cellule afin d'éviter que la qualité ne se dégrade durant le mode compressé.

Tableau 8.6 Impact du mode compressé sur la capacité

Hypothèses	**Réduction de la couverture**
La valeur requise de E_b/N_0 est augmentée de 2 dB durant les trames compressées	2 dB
Intervalle sans réception d'une durée de 7 slots sur une trame en contenant 15.	10 x $\log_{10}$ (15/(15-7)) = 2,7 dB
Une trame sur deux est compressée avec une durée d'entrelacement de 20 ms	(2+2,7)/2 = 2,4 dB

Les handovers intersystèmes du GSM vers le WCDMA sont déclenchés par le BSC. En GSM, le mode compressé n'est pas nécessaire pour réaliser des mesures car le GSM utilise une émission et une réception discontinues.

8.3.3 Handovers inter-fréquences en WCDMA

La plupart des opérateurs UMTS auront deux ou trois porteuses FDD à leur disposition. Les réseaux seront vraisemblablement lancés en utilisant une ou deux porteuses, la troisième sera nécessaire plus tard pour augmenter la capacité. Plusieurs porteuses peuvent être mises en œuvre dans un réseau selon les deux méthodes présentées dans la Figure 8.24. La première solution consiste à utiliser plusieurs porteuses sur un même site, en particulier pour les sites nécessitant une forte capacité. On préférera pour la deuxième, utiliser une porteuse pour la couche macrocellulaire et une seconde pour la couche microcellulaire. Les handovers inter-fréquences sont nécessaires pour la mise en place de ces deux scénarios.

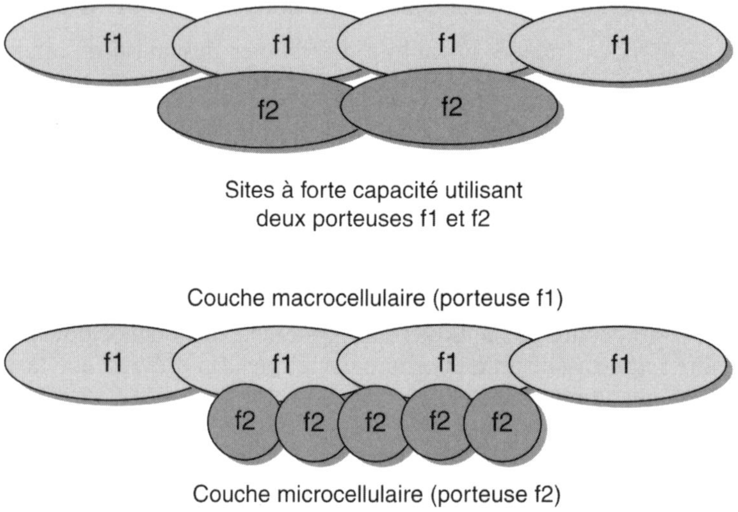

Figure 8.24 Mise en œuvre de deux porteuses

Notons également que les mesures en mode compressé sont tout autant nécessaires aux handovers inter-fréquences qu'aux handovers intersystèmes.

8.3.4 Synthèse des handovers

Les différents types de handovers possibles en WCDMA sont présentés dans le Tableau 8.7. Le handover le plus classique est le handover intra-fréquence qui est nécessaire pour gérer la mobilité des utilisateurs. Ce type de handover est géré grâce aux paramètres présentés dans la Figure 8.16. La remontée des mesures, du mobile vers le RNC, est déclenchée sur événement et le RNC commande les handovers grâce à ces premières. Dans le cas d'un handover intra-fréquence, le mobile doit être connecté à (aux) « meilleure(s) » stations de base afin d'éviter le problème *near-far* et le RNC n'a aucun degré de liberté dans le choix des cellules cibles.

Les mesures spécifiques aux handovers inter-fréquences et intersystèmes sont effectuées uniquement lorsque ces types de handovers sont nécessaires afin de réduire au maximum l'utilisation du mode compressé. Les handovers inter-fréquences sont indispensables pour partager la charge entre les différentes porteuses et les différentes couches cellulaires disponibles ainsi que pour exécuter des handovers d'une porteuse d'une cellule micro à une porteuse d'une cellule macro pour des raisons de couverture. Quant aux handovers intersystèmes vers le GSM, ils sont intéressants afin d'étendre la zone de couverture du WCDMA, de partager la charge et de diriger les services vers le système le plus approprié.

Tableau 8.7 Types de handovers disponibles en WCDMA

Type	Mesures de handovers	Déclenchement de la remontée des mesures	Raisons
Intra-fréquence	Mesures continuelles à l'aide d'un filtre adapté	Sur événement	- Mobilité
Intersystèmes	Les mesures débutent quand cela s'avère nécessaire, le mode compressé est alors utilisé	De façon périodique durant le mode compressé	- Couverture - Charge - Service
Inter-fréquences	Les mesures débutent quand cela s'avère nécessaire, le mode compressé est alors utilisé	De façon périodique durant le mode compressé	- Couverture - Charge

8.4. Mesure de la charge de l'interface air

Si la gestion des ressources radio est fondée sur le niveau d'interférences de l'interface air, la charge de cette dernière doit être impérativement mesurée. L'estimation de la charge uplink est présentée dans la section 8.4.1 et celle de la charge downlink dans la section 8.4.2.

8.4.1 Charge uplink

Dans cette section, sont présentées deux mesures différentes de la charge uplink. Il s'agit de l'estimation de la charge fondée sur la puissance large bande reçue et de celle basée sur le débit total ou *throughput*. Ces deux approches peuvent être utilisées bien évidemment en WCDMA.

8.4.1.1 Estimation de la charge fondée sur la puissance large bande reçue

La puissance large bande reçue peut être utilisée pour l'estimation de la charge uplink. Les niveaux de puissance reçue peuvent être mesurés au niveau de la station de base. A partir de ces niveaux, il est aisément possible de calculer le facteur de charge uplink. On utilise alors les calculs présentés ci-dessous.

La puissance d'interférences large bande reçue au niveau d'une station de base, I_{total}, peut se diviser en la somme des puissances des utilisateurs de la cellule considérée, I_{own}, des puissances des utilisateurs des cellules voisines, I_{oth}, et de la puissance de bruit ambiant et du bruit du récepteur, P_N.

$$I_{total} = I_{own} + I_{oth} + P_N$$

Le *noise rise* uplink est défini comme le ratio de la puissance totale reçue sur la puissance du bruit :

$$\text{noise rise} = \frac{I_{total}}{P_N} = \frac{1}{1 - n_{UL}}$$

L'équation peut être modifiée pour donner le facteur de charge uplink n_{UL} :

$$n_{UL} = 1 - \frac{P_N}{I_{total}} = \frac{\text{noise rise} - 1}{\text{noise rise}}$$

où I_{total} peut être mesuré par la station de base et où P_N est connu à l'avance.

Le facteur de charge uplink n_{UL} est normalement utilisé comme indicateur de charge uplink. Par exemple, si la charge uplink est de 60% de la pôle capacité, cela signifie que le facteur de charge n_{UL} est égal à 0,60.

Cette estimation de la charge uplink est également présentée dans les documents [10] et [11] donnés en référence à la fin du chapitre.

8.4.1.2 Estimation de la charge fondée sur le throughput

Le facteur de charge n_{UL} peut être calculé comme la somme des facteurs de charge des utilisateurs qui sont connectés à une station de base donnée :

$$n_{UL} = (1+i) \cdot \sum_{j=1}^{N} L_j = (1+i) \cdot \sum_{j=1}^{N} \frac{1}{1 + \frac{W}{(E_b/N_0) \cdot R_j \cdot v_j}}$$

où N est le nombre d'utilisateurs de la cellule considérée, W le débit *chip*, L_j le facteur de charge de l'utilisateur j, R_j le débit de l'utilisateur j, $(E_b/N_0)_j$ la valeur de E_b/N_0 de l'utilisateur j et v_j le facteur d'activité de l'utilisateur j et enfin i le ratio d'interférences de la cellule considérée et des cellules voisines.

Notons que cette équation est la même que celle que nous avions vue pour le calcul de charge uplink dans la section 7.2.2 relative au dimensionnement du réseau. Dans le dimensionnement, le nombre moyen d'utilisateurs N devait être estimé et des valeurs moyennes de E_b/N_0, de i et de v devaient être utilisées. Ces valeurs sont spécifiques à un environnement et peuvent être déterminées suite à des mesures ou à des simulations. Dans l'estimation de la charge, les valeurs que nous venons de voir sont issues de mesures et sont utilisées pour estimer la charge de l'interface air.

Dans cette méthode, les interférences issues des autres cellules ne sont pas directement prises en compte dans la charge mais dans la définition du paramètre i. De plus, la part des interférences qui ne sont pas captées par le récepteur Rake peuvent être également prises en compte dans la définition du paramètre i. Si l'on suppose que le paramètre i est égal à 0, cela signifie que seules les interférences issues de la cellule considérée sont prises en compte.

8.4.1.3 Comparaison des méthodes d'estimation de charge

Le Tableau 8.8 compare les différentes méthodes d'estimation de la charge uplink. Dans l'approche fondée sur la puissance large bande reçue, les interférences issues des cellules voisines sont directement prises en compte dans l'estimation de la charge car ces interférences sont incluses dans les interférences mesurées au niveau de la porteuse utilisée par la station de base. Si la charge des cellules voisines est faible, cela pourra être détecté par les mesures et une charge plus importante sera alors possible dans la cellule considérée. Il sera donc possible d'obtenir de la *soft* capacité. L'importance de la *soft* capacité a été évoquée dans la section 7.2.3.

Tableau 8.8 Comparaison des méthodes d'estimation de la charge uplink

	Puissance large bande reçue	***Throughput***	**Nombre de connexions**
Mesures	Puissance large bande reçue I_{total} par cellule	Valeur de E_b/N_0 uplink et débit R pour chaque connexion	Nombre de connexions
Hypothèses	Niveau de bruit thermique P_N	Ratio d'interférences i	Charge d'une connexion
Interférences issues de cellules voisines	Prises en compte dans les mesures de puissance large bande reçue	Prises en compte dans le paramètre i	Prises en compte en choisissant le nombre maximum de connexions
Soft capacité	Oui, automatiquement	Pas directement, possible via le RNC	Non
Autres interférences (canaux adjacents)	Capacité réduite	Couverture réduite	Couverture réduite

Les deux méthodes d'estimation de la charge sont présentées dans la Figure 8.25. Les différentes courbes représentent différentes charges dans les cellules voisines. Plus la valeur du paramètre i est importante, plus les interférences des cellules voisines sont importantes. La méthode d'estimation fondée sur la puissance large bande reçue conserve la couverture dans les limites définies par la planification et la capacité offerte dépend de la charge des cellules voisines (*soft* capacité). Cette approche empêche ce que l'on appelle la respiration des cellules (*breathing*).

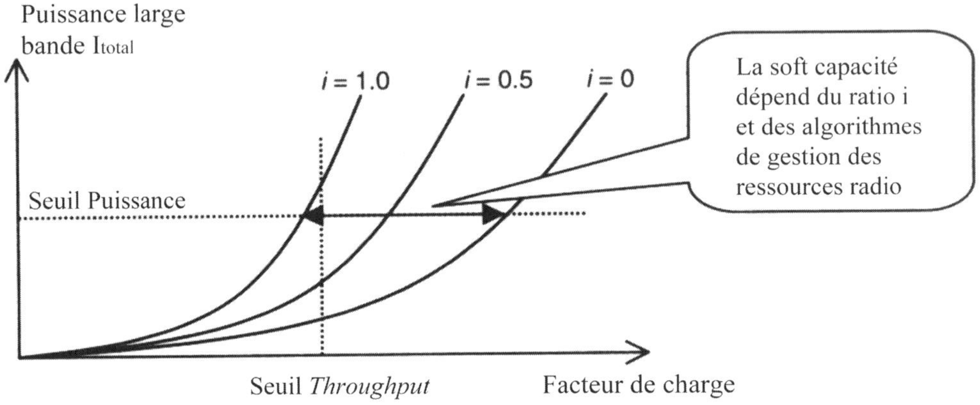

Figure 8.25 Estimation de la charge

Le problème avec cette méthode d'estimation est que les mesures de puissance large bande reçue peuvent prendre en compte les interférences issues de fréquences adjacentes. Ces interférences peuvent provenir d'un mobile d'un autre opérateur se trouvant à proximité d'une antenne d'une station de base. Par conséquent, cette méthode peut dans certains cas surestimer la charge. Le récepteur de la station de base ne peut pas séparer, lors des mesures, les interférences issues de la porteuse qu'elle utilise de celles des autres porteuses adjacentes.

La méthode d'estimation de charge fondée sur le *throughput* ne prend pas en compte directement les interférences des cellules voisines ou des porteuses adjacentes. Si de la *soft* capacité est nécessaire, des informations concernant la charge des cellules voisines peuvent néanmoins être obtenues au niveau du RNC. La méthode fondée sur le *throughput* conserve ce dernier dans les limites définies lors de la planification et si la charge des cellules voisines est forte, cela affectera directement la couverture de la cellule considérée.

La troisième estimation de la charge présentée dans le Tableau 8.8 est fondée simplement sur le nombre de connexions au niveau des stations de base. Cette approche peut être utilisée dans les réseaux de deuxième génération où toutes les connexions ont un débit faible et pratiquement égal et où les connexions à haut débit sont impossibles. Dans les réseaux de troisième génération, les exigences en termes de services et de qualité rendent cette approche caduque. Il est impensable de supposer que la charge d'un utilisateur utilisant un service à 2 Mbit/s est la même que celle d'un utilisateur passant une simple communication vocale.

8.4.2 Charge downlink

8.4.2.1 Estimation de la charge fondée sur la puissance

La charge downlink d'une cellule peut être déterminée par la puissance d'émission downlink, P_{total}. Le facteur de charge, n_{DL}, peut être défini comme le ratio de la puissance d'émission totale divisée par la puissance d'émission maximale de la station de base P_{max} :

$$n_{DL} = \frac{P_{total}}{P_{max}}$$

Notons que dans cette approche la puissance d'émission de la station de base P_{total} ne donne pas une indication précise concernant la position de la puissance utilisée par rapport à la pôle capacité. Dans une petite cellule, la même puissance P_{total} correspond à une plus forte charge de l'interface air que dans une cellule de plus grande taille.

8.4.2.2 Estimation de la charge fondée sur le throughput

Dans le sens descendant, l'estimation de la charge fondée sur le *throughput* peut être réalisée en utilisant la somme des débits downlink alloués comme le facteur de charge n_{DL} :

$$n_{DL} = \frac{\sum_{j=1}^{N} R_j}{R_{max}}$$

où N est le nombre de connexions downlink, canaux communs inclus, R_j le débit de l'utilisateur j et R_{max} le *throughput* maximum permis de la cellule.

Il est également possible de pondérer les débits des utilisateurs avec les valeurs de E_b/N_0 :

$$n_{DL} = \sum_{j=1}^{N} R_j \cdot \frac{v_j \cdot (E_b/N_0)_j}{W} \cdot [(1 - \bar{a}) + \bar{i}]$$

où W est le débit *chip*, $(E_b/N_0)_j$ la valeur de E_b/N_0 de l'utilisateur j, v_j le facteur d'activité de l'utilisateur j, a la moyenne de l'orthogonalité de la cellule et i la moyenne du ratio i de la cellule. Notons que cette dernière équation est similaire à celle que nous avons vue dans la section 7.2.2.

La moyenne de l'orthogonalité downlink peut être estimée par la station de base en se fondant sur la propagation à trajets multiples dans le sens montant. Les valeurs de E_b/N_0 doivent être estimées, en se fondant sur les valeurs typiques correspondant à l'environnement. Les interférences issues des cellules voisines peuvent être obtenues par le RNC en fonction de la charge de celles-ci.

8.5. Contrôle d'admission

8.5.1 Principe de contrôle d'admission

Si la charge de l'interface air pour une cellule donnée, augmente excessivement, la zone de couverture de cette cellule sera réduite en dessous de celle prévue dans la phase de planification et la qualité de service des connexions en cours ne pourra donc plus être garantie. Avant d'accepter une nouvelle connexion, le contrôle d'admission doit vérifier si celle-ci ne va pas compromettre la couverture ni dégrader la qualité de service des connexions en cours. Le contrôle d'admission peut accepter ou refuser l'établissement du support d'accès radio au niveau du réseau d'accès. L'algorithme de contrôle d'accès est exécuté lorsqu'un support est établi ou modifié. Cette fonctionnalité est située dans le RNC au niveau duquel les informations concernant la charge des différentes cellules sont disponibles. L'algorithme peut estimer l'augmentation de la charge que provoquerait l'établissement d'un nouveau support. Cela est réalisé de façon indépendante dans le sens montant et le sens descendant. Le nouveau support peut être établi uniquement si les contrôles d'admission correspondant aux deux sens de transmission le permettent, sinon il est rejeté afin de ne pas générer d'interférences excessives au niveau du réseau. Les limites d'admission sont généralement définies durant la phase de planification du réseau.

Plusieurs systèmes de contrôle d'admission ont été définis, certains d'entre eux sont présentés dans les documents [12] à [16] donnés en référence à la fin du chapitre. Dans les documents [12] à [16], le critère principal d'admission est fondé sur la puissance totale reçue par la station de base. En revanche dans les documents [12] et [15] donnés en référence à la fin du chapitre, le contrôle d'admission downlink se fonde sur la puissance d'émission downlink.

8.5.2 Stratégie de contrôle d'admission fondé sur la puissance

Dans la stratégie de contrôle d'admission fondé sur la puissance, un nouvel utilisateur n'est pas admis par l'algorithme de contrôle si le niveau d'interférences total résultant est supérieur à un seuil donné :

$$I_{total\_old} + \Delta I > I_{threshold}$$

La valeur de seuil $I_{threshold}$ correspond au *noise rise* uplink maximal et est fixée lors de la planification du réseau. Ce *noise rise* est pris en compte dans les bilans de puissance que nous avons vus dans la section 7.2.1. Le contrôle d'admission fondé sur la puissance est illustré dans la Figure 8.26. L'algorithme estime l'augmentation de la charge résultant de l'admission d'un nouvel utilisateur. Cette estimation peut employer l'une des deux méthodes que nous avons vues précédemment et utilise la courbe de charge uplink (voir [10], [11], [17] et [18]).

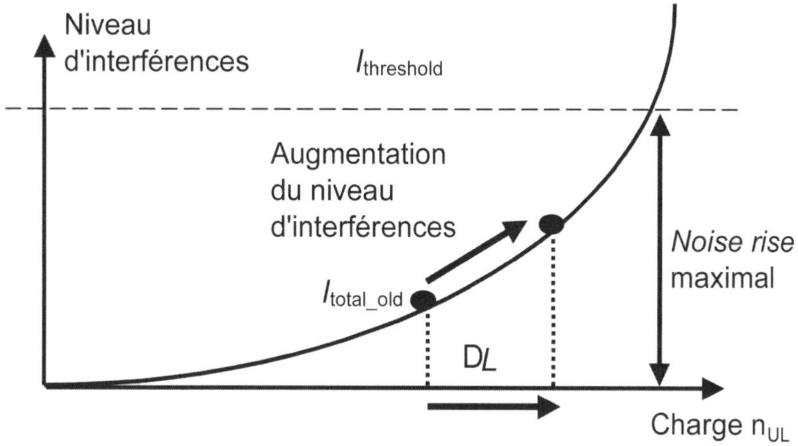

Figure 8.26 Courbe de charge uplink et estimation de la charge additionnelle résultant de l'admission d'un nouvel utilisateur

Intéressons-nous maintenant aux méthodes employées pour estimer l'augmentation de charge due à un nouvel utilisateur. Il existe principalement deux méthodes. L'idée est d'estimer l'augmentation de la puissance d'interférences large bande reçue, I_{total}, due à un nouvel utilisateur.

Les deux méthodes prennent en compte la courbe de charge et sont fondées sur la dérivée des interférences uplink par rapport au facteur de charge uplink :

$$\frac{dI_{total}}{dn_{UL}}$$

qui peut être calculé par :

$$\text{noise rise} = \frac{I_{total}}{P_N} = \frac{1}{1 - n_{UL}}$$

$$\Rightarrow \quad I_{total} = \frac{P_N}{1 - n_{UL}}$$

$$\Rightarrow \quad \frac{dI_{total}}{dn_{UL}} = \frac{P_N}{(1 - n_{UL})^2}$$

La modification de la puissance d'interférences uplink, par la première méthode, peut être obtenue par l'équation suivante. Cette équation s'appuie sur l'hypothèse que l'augmentation de puissance est la dérivée de l'ancienne puissance d'interférences par rapport au facteur de charge uplink, multipliée par le facteur de charge du nouvel utilisateur :

$$\frac{\Delta I}{\Delta L} \approx \frac{dI_{total}}{dn_{UL}}$$

$$\Leftrightarrow \Delta I \approx \frac{dI_{total}}{dn_{UL}} \Delta L$$

$$\Leftrightarrow \Delta I \approx \frac{P_N}{(1 - n_{UL})^2} \Delta L \Leftrightarrow$$

$$\Delta I \approx \frac{I_{total}}{1 - n_{UL}} \Delta L$$

La seconde méthode d'estimation de l'augmentation de la puissance uplink est fondée sur une méthode d'intégration, dans laquelle la dérivée de l'interférence par rapport au facteur de charge est intégrée, de l'ancienne valeur de charge à la nouvelle valeur du facteur de charge.

Dans les deux équations précédentes, le facteur de charge du nouvel utilisateur correspond au facteur de charge estimé d'une nouvelle connexion et peut être obtenu par :

$$\Delta L = \frac{1}{1 + \frac{W}{v \cdot E_b / N_0 \cdot R}}$$

où W est le débit *chip*, R le débit du nouvel utilisateur, E_b/N_0 la valeur de E_b/N_0 de la nouvelle connexion et v le facteur d'activité de la nouvelle connexion.

$$\Delta I = \int_{n_{UL}}^{n_{UL}+\Delta L} dI_{total}$$

$$\Leftrightarrow \Delta I = \int_{n_{UL}}^{n_{UL}+\Delta L} \frac{P_N}{(1-n_{UL})^2} dn_{UL}$$

$$\Leftrightarrow \Delta I = \frac{P_N}{1-n_{UL}-\Delta L} - \frac{P_N}{1-n_{UL}}$$

$$\Leftrightarrow \Delta I = \frac{\Delta L}{1-n_{UL}-\Delta L} \cdot \frac{P_N}{1-n_{UL}}$$

$$\Leftrightarrow \Delta I = \frac{I_{total}}{1-n_{UL}-\Delta L} \Delta L$$

La stratégie de contrôle d'admission downlink est la même que pour le sens uplink, c'est-à-dire que le nouvel utilisateur n'est accepté que si la puissance d'émission totale maximale ne dépasse pas la valeur limite :

$$P_{total\_old} + \Delta P_{total} > P_{threshold}$$

La valeur de seuil $P_{threshold}$ est définie lors de la planification du réseau. L'augmentation de la charge downlink ΔP_{total} peut être estimée en se fondant sur la puissance initiale. Cette dernière dépend de la distance du mobile par rapport à la station de base et elle est déterminée par l'algorithme de contrôle de puissance en boucle ouverte.

8.5.3 Stratégie de contrôle d'admission fondé sur le throughput

Dans la stratégie de contrôle d'admission fondé sur le *throughput*, le nouvel utilisateur est refusé au niveau du réseau d'accès radio si, au niveau du sens montant :

$$n_{UL} + \Delta L > n_{UL\ threshold}$$

Et si, au niveau du sens descendant :

$$n_{DL} + \Delta L > n_{DL\ threshold}$$

où n_{UL} et n_{DL} sont les facteurs de charge uplink et downlink avant l'acceptation de la nouvelle connexion. Ces facteurs sont estimés selon les méthodes que nous avons vues dans la section 8.4. Le facteur de charge ΔL du nouvel utilisateur est calculé avec l'équation que nous venons de voir auparavant.

Enfin, notons que ces différentes stratégies de contrôle d'admission peuvent être utilisées dans les sens uplink et downlink.

8.6. Contrôle de charge

Une des tâches essentielles de la gestion des ressources radio est d'assurer que le système n'est pas surchargé et qu'il reste stable. Si le système est correctement dimensionné et planifié, et que les procédures de contrôle d'admission et de *packet scheduling* fonctionnent correctement, les situations de surcharge devraient être extrêmement rares. Cependant, si jamais une surcharge survenait, le contrôle de charge doit être capable de ramener rapidement le système au niveau de charge maximal défini lors de la planification du réseau radio.

Les différentes actions possibles de contrôle de charge sont listées ci-dessous :

- Contrôle de charge rapide downlink : refus des commandes de demande d'augmentation de puissance envoyées par le mobile.
- Contrôle de charge rapide uplink: réduction de la valeur cible de E_b/N_0 utilisée par le contrôle de puissance rapide uplink.
- Réduction du *throughput* du trafic de données par paquet.
- Handover sur une autre porteuse WCDMA.
- Handover vers le GSM.
- Réduction du débit des utilisateurs de services temps-réel, par exemple réduction du débit du codec voix AMR.
- Déconnexion de certains utilisateurs.

Les deux premières actions sont des procédures qui peuvent être appliquées rapidement au niveau de la station de base. Ces actions peuvent avoir lieu *time slot* par *time slot*, soit à une fréquence de 1,5 kHz et peuvent prendre en compte les priorités des différents services utilisés. Le taux d'erreur trame des connexions non temps-réel peut être amené à augmenter pour maintenir la qualité de ces services qui ne tolèrent pas de retransmission. Ces actions augmentent seulement le délai de transmission des services paquet tout en maintenant la qualité de service des services *conversational* comme la voix ou la vidéotéléphonie. Les autres actions de contrôle de charge sont quant à elles plus lentes, le trafic paquet est par exemple réduit par le *packet scheduling*. Nous y reviendrons dans le chapitre 9.

Un exemple de connexion temps-réel pour lequel le débit peut être réduit par le réseau d'accès radio est typiquement celui du codec voix AMR (voir section 1.3). Les handovers inter-fréquences et intersystèmes peuvent être également utilisés pour contrôler et équilibrer la charge. La méthode la plus radicale pour réduire la charge est de mettre fin à certaines connexions temps-réel. Cette méthode est uniquement utilisée si la charge du système reste élevée malgré l'emploi des autres actions de réduction de charge que nous venons de voir. L'interface air WCDMA et l'augmentation attendue du trafic non temps-réel dans les réseaux de troisième génération donnent un large éventail de choix de méthodes permettant de supporter des situations de surcharge. Par conséquent, le fait d'avoir à interrompre des connexions en cours devrait se produire très rarement.

8.7. Références

[1] Sipilä, K., Laiho-Steffens, J., Wacker, A. and Jäsberg, M., 'Modelling the Impact of the Fast Power Control on the WCDMA Uplink', *Proceedings of VTC'99 Spring*, Houston, TX, 16–19 Mai 1999, pp. 1266–1270.

[2] Sampath, A., Kumar, P. and Holtzman, J., 'On Setting Reverse Link Target SIR in a CDMA System', *Proceedings of VTC'97*, Arizona, 4–7 Mai 1997, Vol. 2, pp. 929–933.

[3] TIA/EIA/IS-95-A, 'Mobile Station–Base Station Compatibility Standard for Dual-Mode Wideband Spread Spectrum Cellular System', Telecommunications Industry Association, Washington, DC, Mai 1995.

[4] Laiho-Steffens, J., Jäsberg, M., Sipilä, K., Wacker, A. and Kangas, A., 'Comparison of Three Diversity Handover Algorithms by Using Measured Propagation Data', *Proceedings of VTC'99 Spring*, Houston, TX, 16–19 Mai 1999, pp. 1370–1374.

[5] Qualcomm Corporation, 'Diversity-Handover Method and Performance', *ETSI SMG2 Wideband CDMA Concept Group Alpha Meeting*, Stockholm, Sweden, Septembre 1997.

[6] 3rd Generation Partnership Project, Technical Specification Group RAN, Working Group 2 (WG2), 'Radio Resource Management Strategies', 3G TR 25.922, Ver. 0.5.0, Septembre 1999.

[7] Hiltunen, K., Binucci, N. and Bergström, J., 'Comparison Between the Periodic and Event-Triggereg Intra-Frequency Handover Measurement Reporting in WCDMA', *Proceedings of IEEE WCNC 2000*, Chicago, 23-28 Septembre 2000

[8] 3G TS 25.133 Requirements for Support of Radio Resource Management (FDD)

[9] Salonaho, O. and Laakso, J., 'Flexible Power Allocation for Physical Control Channel in Wideband CDMA', *Proceedings of VTC'99 Spring*, Houston, TX, 16–19 Mai 1999, pp. 1455–1458.

[10] Shapira, J. and Padovani, R., 'Spatial Topology and Dynamics in CDMA Cellular Radio', *Proceedings of 42nd IEEE VTS Conference*, Denver, CO, Mai 1992, pp. 213–216.

[11] Shapira, J., 'Microcell Engineering in CDMA Cellular Networks', *IEEE Transactions on Vehicular Technology*, Vol. 43, No. 4, Novembre 1994, pp. 817–825.

[12] Dahlman, E., Knutsson, J., Ovesjö, F., Persson, M. and Roobol, C., 'WCDMA – The Radio Interface for Future Mobile Multimedia Communications', *IEEE Transactions on Vehicular Technology*, Vol. 47, No. 4, Novembre 1998, pp. 1105–1118.

[13] Huang, C. and Yates, R., 'Call Admission in Power Controlled CDMA Systems', *Proceedings of VTC'96*, Atlanta, GA, Mai 1996, pp. 1665–1669.

[14] Knutsson, J., Butovitsch, T., Persson, M. and Yates, R., 'Evaluation of Admission Control Algorithms for CDMA System in a Manhattan Environment', *Proceedings of 2nd CDMA International Conference*, CIC '97, Seoul, South Korea, Octobre 1997, pp. 414–418.

[15] Knutsson, J., Butovitsch, P., Persson, M. and Yates, R., 'Downlink Admission Control Strategies for CDMA Systems in a Manhattan Environment', *Proceedings of VTC'98*, Ottawa, Canada, Mai 1998, pp. 1453–1457.

[16] Liu, Z. and Zarki, M. "SIR Based Call Admission Control for DS-CDMA Cellular System," IEEE Journal on Selected Areas in Communications, Vol. 12, 1994, pp. 638-644.

[17] Holma, H. and Laakso, J., 'Uplink Admission Control and Soft Capacity with MUD in CDMA', *Proceedings of VTC'99 Fall*, Amsterdam, Netherlands, 19–22 Septembre 1999, pp. 431–435.

[18] Ojanperä, T. and Prasad, R., *Wideband CDMA for Third Generation Mobile Communications*, Artech House, 1998.

Chapitre 9

ACCES EN MODE PAQUET

par Mika Raitola et Harri Holma

9.1. Introduction

Ce chapitre traite de l'accès en mode paquet en WCDMA. Les caractéristiques du trafic en mode paquet sont présentées dans la section 9.2. Un aperçu général de l'accès radio en mode paquet du WCDMA est ensuite donné à la section 9.3, tandis que la section 9.4 traite des différents canaux de transport de données par paquet. Des exemples d'algorithmes de *packet scheduling* sont donnés dans la section 9.5 avant que les interactions entre le *packet scheduling* et les autres algorithmes de gestion des ressources radio ne soient décrites dans la section 9.6. Pour finir, certains résultats de simulations de performance seront donnés dans la section 9.7.

9.2. Trafic données en mode paquet

Les classes de qualité de service que nous allons considérer dans ce chapitre sont essentiellement les classes *interactive* et *background*, que nous avions présentées dans la section 1.3. Les informations relatives aux classes *conversational* et *streaming* sont généralement transmises par des connexions temps-réel sur l'interface air. Notons qu'il est toujours possible de véhiculer les informations quelle que soit leur classe d'appartenance sur un réseau cœur tout IP.

Prenons comme exemple de trafic données par paquet, le modèle de l'ETSI décrit dans le document [1] donné en référence à la fin du chapitre. Dans ce modèle, une même session d'un service paquet peut contenir un ou plusieurs appels paquet selon la nature de l'application. Durant un appel paquet, plusieurs paquets peuvent être transmis. Ces paquets sont envoyés par intermittence, on parle alors de transmission « en rafale », qui est une des caractéristiques principales de la transmission par paquet. Par exemple, pour un service d'accès à Internet, la connexion débute par un appel paquet correspondant au téléchargement d'un document. Une fois que le document est totalement téléchargé, l'utilisateur en prend connaissance durant un certain temps, souvent appelé « reading time », avant de vouloir accéder à un nouveau document. Dans certains cas, la session peut ne contenir qu'un seul appel paquet. Cette notion d'appel paquet est illustrée dans la Figure 9.1.

Le trafic paquet est généralement défini par les caractéristiques suivantes [1] :

- Loi de probabilité d'établissement de sessions.
- Nombre d'appels paquet par session.
- *Reading time* entre deux appels paquet.
- Nombre de paquets par appel paquet.
- Intervalle de temps entre deux paquets d'un même appel paquet.
- Taille des paquets.

On suppose généralement que les établissements de sessions surviennent selon une loi de probabilité de Poisson. Le *reading time* est le temps qui s'écoule entre l'arrivée du dernier paquet d'un appel paquet et l'instant où l'utilisateur envoie une requête pour l'appel paquet suivant.

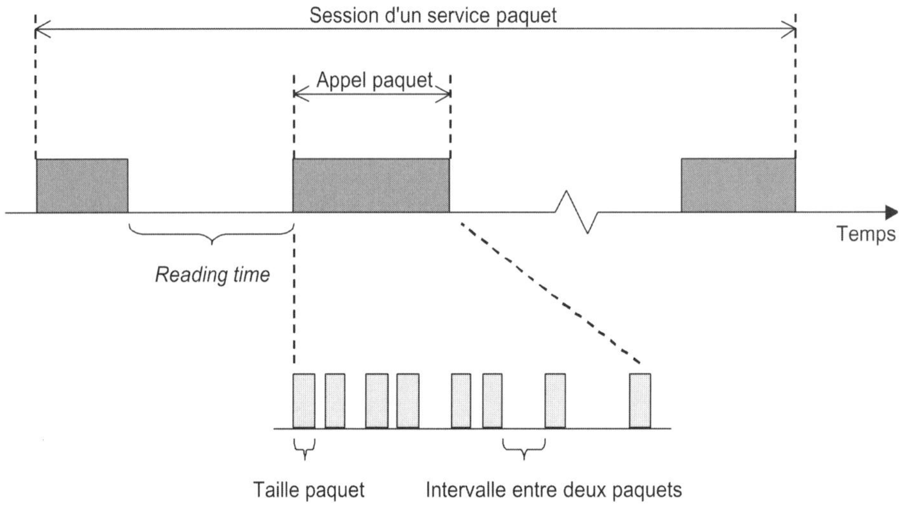

Figure 9.1 Caractéristiques d'une session d'un service données

Le modèle présenté ici ne correspond qu'à l'exemple que nous avons pris correspondant à une connexion à Internet. Le modèle de trafic doit pouvoir s'adapter aux différentes caractéristiques des services futurs. Pour cette raison, des distributions statistiques peuvent être utilisées.

Les propriétés caractéristiques des services données non temps-réel, du point de vue de l'interface air, sont données ci-dessous :

- Le trafic données par paquet survient par rafale : le débit requis peut changer rapidement passant de 0 kbit/s à plusieurs centaines de kbit/s.
- Les services de données par paquet tolèrent des délais plus importants que les services temps-réel. Par conséquent, le trafic données par paquet peut être transmis de façon plus souple. Pour les services de type *interactive*, l'utilisateur attend une réponse à ses requêtes, ce temps d'attente doit être dans ce cas raisonnable, alors que pour les services de type *background*, les données peuvent être transmises lorsque l'interface radio est libre.
- Les paquets peuvent être retransmis grâce aux procédures de la couche RLC. Cela permet d'utiliser des connexions caractérisées par une plus faible qualité

et un taux d'erreur trame plus important que dans le cas des services temps-réel.

Notons qu'il est également possible de transmettre des services temps-réel, c'est-à-dire faisant partie des classes de qualité de service de type *conversational* ou *streaming*, sur des réseaux en mode paquet. C'est typiquement le cas de la transmission de la voix sur le protocole IP (VoIP, *Voice over IP*), mais ce cas n'est pas traité pas dans ce chapitre.

9.3. Aperçu de l'accès en mode paquet WCDMA

Dans cette section, les fonctions d'accès radio en mode paquet du WCDMA sont brièvement introduites. Les allocations d'accès en mode paquet en WCDMA sont contrôlées par le *packet scheduler* (PS). Les principales fonctions de ce dernier sont les suivantes :

- Partage de la capacité disponible de l'interface air entre tous les utilisateurs de services paquet.
- Sélection du canal de transport qui doit être utilisé pour chaque transmission de données en mode paquet.
- Gestion des allocations d'accès en mode paquet et de la charge du système.

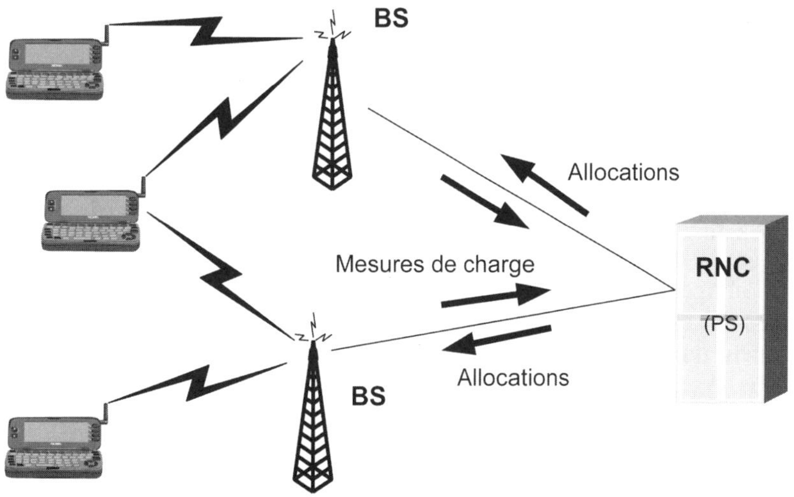

Figure 9.2 Accès en mode paquet en WCDMA

L'accès en mode paquet du WCDMA permet aux supports non temps-réel d'utiliser de façon dynamique les canaux communs, dédiés ou partagés. L'utilisation de ces différents canaux est contrôlée par le *packet scheduler*. Ce dernier alloue un débit à chaque support et peut changer ce débit durant une connexion active.

Le *packet scheduler* est situé au niveau du RNC où la fonction de *scheduling* peut être réalisée efficacement pour plusieurs cellules, tout en prenant en compte les connexions en soft handover. La station de base fournit des mesures de la charge de l'interface air au *packet scheduler*, comme le montre la Figure 9.2. Si la charge dépasse un seuil, le *packet scheduler* peut réduire la charge en diminuant le débit des supports paquet. A l'inverse, si la charge est inférieure à ce seuil, il peut allouer plus de supports ou augmenter le débit des supports paquet existants. Par conséquent, le *packet scheduler* joue un rôle important dans le contrôle de charge d'un réseau WCDMA, en pouvant réduire ou augmenter la charge de l'interface air.

9.4. Canaux de transport

En WCDMA, il existe trois types de canaux de transport qui peuvent être utilisés pour la transmission de données en mode paquet. Il s'agit des canaux de transport communs, partagés et dédiés. Ces canaux sont décrits dans le chapitre 5 et nous allons nous intéresser, dans cette section, à leurs propriétés concernant le mode paquet. Dans le sens descendant, le canal de transport utilisé pour les données est choisi par l'algorithme *packet scheduling*, alors que pour le sens montant, le canal est choisi par le mobile en fonction des paramètres définis par le *packet scheduler*.

9.4.1 Canaux communs

Les canaux communs sont le canal RACH (*Random Access Channel*) dans le sens montant, et le canal FACH (*Forward Access Channel*) dans le sens descendant. Ces deux canaux peuvent transporter des données de signalisation mais également des données utilisateur. L'avantage des canaux communs est leur faible temps d'établissement. En effet, comme ils sont utilisés pour les besoins de signalisation avant l'établissement d'une connexion, ils peuvent par la suite être utilisés quasi-immédiatement pour le transport des données utilisateur. Il existe généralement un seul RACH et un seul canal FACH par secteur.

Les canaux communs n'ont pas de canal associé, c'est-à-dire qu'ils ne peuvent pas utiliser de contrôle de puissance rapide en boucle fermée mais seulement un contrôle de puissance en boucle ouverte. Notons également qu'aucun d'entre eux ne supporte le soft handover. Par conséquent, les performances de ces canaux communs sont bien moins bonnes que celles des canaux dédiés et le niveau d'interférences générées est plus important lors de leur utilisation. A ce sujet, le gain du contrôle de puissance rapide et celui du soft handover sont décrits dans les sections 8.2 et 8.3.

Maintenant, il est clair que les canaux communs sont mieux adaptés pour transmettre de faibles volumes de données utilisateur. Les applications idéales pour ce type de canaux sont, par exemple, la transmission de messages courts ou d'e-mails de petite taille. Dans le cas de la navigation sur Internet, il serait possible d'envoyer grâce à ces canaux les requêtes des utilisateurs vers les serveurs Web. Mais la réception des pages Web correspondantes parfois volumineuses par ces mêmes canaux ne serait pas indiquée du fait de leurs faibles performances radio.

Notons que l'interface air GPRS ne supporte pas la transmission de données utilisateur sur les canaux communs. Mais l'utilisation possible de ces canaux en WCDMA donne plus de souplesse à la transmission de données qu'en GPRS.

9.4.2 Canaux dédiés

Les canaux dédiés présentent l'avantage de supporter le contrôle de puissance rapide et le soft handover. Ces deux dernières caractéristiques permettent d'obtenir de meilleures performances radio, en particulier, le niveau d'interférences générées est moindre lors de leur utilisation. Cependant, l'établissement d'un canal dédié prend plus de temps que celui des canaux communs. Les canaux dédiés peuvent offrir un débit allant de quelques kbit/s à 2 Mbit/s et ce débit peut être modifié durant une connexion active. Si le débit est modifié au niveau du format de transport, les codes orthogonaux downlink doivent être alloués en fonction du débit maximal. Notons que les canaux dédiés à débit variable peuvent utiliser plusieurs codes orthogonaux.

9.4.3 Canaux partagés

Les canaux partagés ont pour principal objectif de supporter des transmissions de données en rafale. L'idée est de partager de façon temporelle un seul canal physique, c'est-à-dire un même code orthogonal, entre plusieurs utilisateurs. Cette méthode permet d'économiser les ressources en codes orthogonaux downlink. Si des canaux dédiés étaient utilisés à la place, les codes orthogonaux seraient réservés selon le débit maximal et les ressources en code seraient de ce fait mal gérées. Notons que les canaux partagés peuvent être utilisés en parallèle à un canal dédié, ce dernier présentant alors un débit moindre. Les canaux dédiés supportent le canal physique de contrôle ainsi que la signalisation relative au contrôle de puissance rapide. Notons également que les canaux partagés ne supportent pas le soft handover.

9.4.4 Canal CPCH

Le canal commun CPCH (*Common Packet Channel*) est similaire aux canaux communs et partagés. Il est utilisé dans le sens montant et son accès est similaire à celui du canal RACH. Plusieurs utilisateurs peuvent partager ce canal de manière temporelle. Il s'agit d'une caractéristique que le canal CPCH partage avec le canal partagé uplink. Le débit du canal CPCH peut être, selon les cas, élevé ou faible et il peut exister plusieurs canaux CPCH par cellule, chacun d'entre eux pouvant avoir un débit différent. Le canal CPCH peut utiliser le contrôle de puissance rapide après la procédure d'accès mais ne supporte pas le soft handover. Le canal CPCH est idéal pour le transport de paquets de petite ou moyenne taille par rafale.

9.4.5 Sélection du type de canal

Les différents canaux de transport pour les données en mode paquet sont présentés dans le Tableau 9.1. Le choix du type de canal à utiliser pour le transfert de données en mode paquet est effectué au niveau du RNC par le *packet scheduler*. Ce choix est fondé sur :

- Type de service ou paramètres du support,
- Volume de données,
- Charge des canaux communs et partagés,
- Niveau d'interférences de l'interface air,
- Performances radio des différents canaux de transport.

Tableau 9.1 Types et propriétés des canaux WCDMA pour la transmission de données

	Canaux dédiés	**Canaux communs**			**Canaux partagés**	
	DCH	**FACH**	**RACH**	**CPCH**	**DSCH**	**USCH**
Uplink Downlink	Uplink & Downlink	Downlink	Uplink	Uplink	Downlink	Uplink (en mode TDD)
Code	Selon le débit maximal	Fixé par la cellule	Fixé par la cellule	Fixé par la cellule	Code partagé par les utilisateurs	Code partagé par les utilisateurs
Contrôle de puissance rapide	Oui	Non	Non	Oui	Oui	Oui
Soft handover	Oui	Non	Non	Non	Non	Non
Utilisation	Petits ou gros volumes	Petits volumes	Petits volumes	Petits ou gros volumes	Petits ou gros volumes	Petits ou gros volumes

9.5. Exemple d'algorithmes de packet scheduling

9.5.1 Introduction

La fonction de *packet scheduling* partage la capacité disponible sur l'interface air entre les différents utilisateurs des services paquet. Le *packet scheduler* peut fixer les différents débits alloués ainsi que la durée d'allocation. En WCDMA, cela peut être réalisé de deux manières : soit selon une méthode fondée sur l'utilisation de codes, soit de façon temporelle. Ces deux méthodes sont illustrées dans la Figure 9.3. Dans la première approche fondée sur les codes et appelée « code division », plusieurs utilisateurs peuvent avoir un débit relativement faible simultanément. Lorsque le nombre d'utilisateurs souhaitant utiliser des services de données par paquet augmente, le débit alloué à chaque utilisateur diminue. Dans la deuxième approche appelée « time division », la capacité est allouée à un utilisateur ou à un groupe d'utilisateurs pendant une portion de temps, multiple de 10 ms. Par conséquent, un utilisateur dispose d'un débit important mais sur une période très courte. Lorsque le nombre d'utilisateurs augmente, chaque utilisateur doit attendre plus de temps pour pouvoir émettre ou recevoir des données.

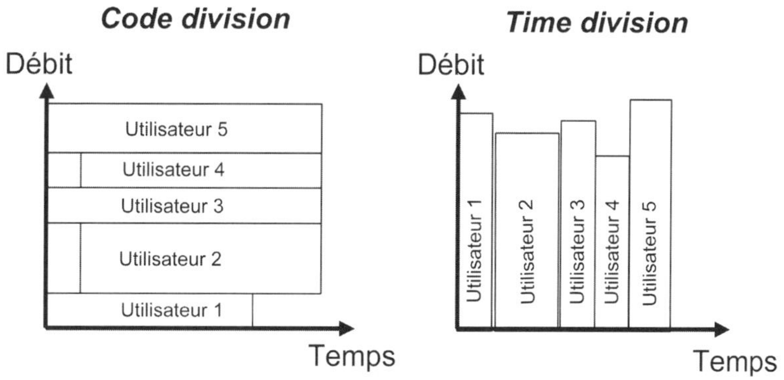

Figure 9.3 Principes code division et time division

Les avantages et les inconvénients des deux méthodes de *packet scheduling* sont présentés dans les sections 9.5.2 et 9.5.3. Ces méthodes *code division* et *time division* sont en fait des exemples extrêmes. En pratique, le *packet scheduling* utilise une combinaison de ces deux méthodes. La section 9.5.4 montre comment les informations concernant la puissance d'émission requise sont utilisées pour améliorer le débit du *packet scheduling*.

9.5.2 Méthode Time division

Lorsque le *packet scheduler* alloue les débits, les performances radio doivent être prises en compte. Les hauts débits nécessitent typiquement moins de puissance par bit transmis (voir à ce sujet la section 11.2.1.1). Par conséquent, la méthode *time division* présente l'avantage, par rapport à la méthode *code division*, d'avoir des valeurs de E_b/N_0 plus faibles. La Figure 9.4 présente des résultats de simulations pour différents débits. La différence entre des services à 8 kbit/s et ceux à 256 kbit/s est d'environ 2 dB, ce qui correspond à une augmentation de la capacité de l'interface air de 58% (= $10^{(2\ dB/10)}$).

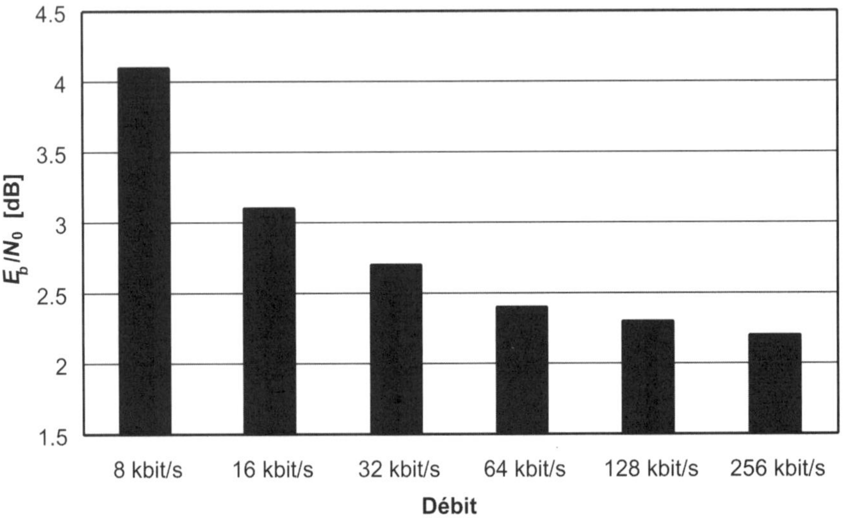

Figure 9.4 Résultats de simulation pour différents débits sur le sens montant, avec une vitesse de mobile de 3 km/h, un canal de fading ITU Pedestrian A et un FER de 10%

Puisque le débit est plus important avec la méthode *time division*, le délai moyen de transmission est plus court qu'avec la méthode *code division*. Cet aspect est une raison supplémentaire à celle de la valeur E_b/N_0 pour utiliser la méthode *time division*.

Cependant, un des inconvénients de la méthode *time division* est la durée allouée à un utilisateur qui est assez courte. L'établissement et le relâchement d'une connexion prend du temps, parfois égal à la durée d'une ou plusieurs trames selon l'implémentation choisie. Durant ce laps de temps, les ressources physiques de la station de base sont associées à une connexion qui n'est pas à proprement parler active. De manière similaire, les codes d'étalement sont réservés durant ce laps de temps. Il faut ajouter à cela que les liens de signalisation sur l'interface radio et sur l'interface Iub doivent être maintenus. Par conséquent, le pourcentage de temps durant lequel les ressources physiques ne sont pas utilisées est plus important dans la méthode *time division* que dans la méthode *code division*.

Notons également que l'utilisation de la méthode *time division* est limitée par la faible couverture uplink des services hauts débits due à la limitation de puissance d'émission des mobiles (voir à ce sujet la section 10.2.1.1). Dans le sens descendant, cette limitation n'existe pas (voir la section 10.2.3).

Enfin, notons que la méthode *time division* utilise des débits plus élevés et génère du trafic en rafale, ce qui engendre plus de variations du niveau d'interférences que pour la méthode *code division*. La méthode *time division* est typiquement utilisée par les canaux partagés et peut être également utilisée pour les canaux dédiés. L'allocation des débits pour les canaux partagés est présentée dans la Figure 9.5. Un canal dédié à faible débit est généralement utilisé en association avec le canal partagé downlink.

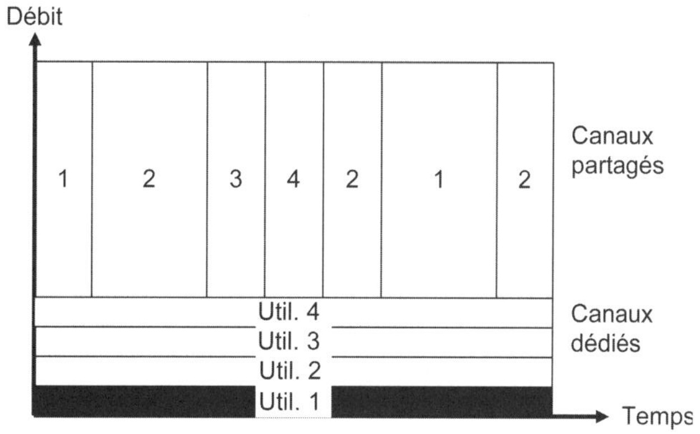

Figure 9.5 Allocation des débits des canaux partagés et des canaux dédiés

9.5.3 Méthode Code division

Dans la méthode *code division*, à tous les utilisateurs est alloué un canal lorsque ceux-ci en ont besoin. Le débit est généralement plus faible que dans la méthode *time division*, surtout si plusieurs utilisateurs demandent simultanément de la capacité. Du fait de ce débit moins important, la durée de transmission de chaque utilisateur est plus longue.

Avec la méthode *code division*, les durées d'établissement et de relâchement provoquent moins de pertes de capacité, puisque le débit est plus faible et que de la durée de transmission est plus longue. Notons également que l'allocation des ressources dure plus longtemps et que le niveau d'interférences au niveau de l'interface radio est de ce fait beaucoup plus prévisible qu'avec la méthode *time division*.

La méthode *code division* peut être statique ou dynamique. Dans un mode de fonctionnement statique, le débit alloué est fixe durant toute la connexion. Cette approche se rapproche des connexions circuit et nécessite d'estimer précisément dès le départ le débit dont l'utilisateur aura besoin durant toute sa connexion. Malheureusement, les transmissions de données se font très souvent par rafale. Une connexion peut correspondre, par exemple, au téléchargement d'un document volumineux ou au téléchargement répété de plusieurs documents de taille moins importante. Il est nécessaire alors de disposer d'importants buffers à moins que le trafic ne soit réellement constant. Dans de nombreux cas, le débit doit être modifié en cours de connexion, selon le besoin réel instantané de l'utilisateur. Le mode de fonctionnement dynamique est donc mieux adapté. Le débit peut alors varier durant une même connexion. Cette variation peut être déclenchée lorsque le volume de données stockées dans les buffers dépasse un seuil.

Notons aussi que, puisque la méthode *code division* fournit des débits moins importants, les exigences en termes de traitement des mobiles sont également moins importantes et la couverture uplink plus importante (voir à ce sujet la section 10.2.1.1).

Le Tableau 9.2 résume les différences qui résident entre les méthodes *time division et code division.*

Tableau 9.2 Comparaison des méthodes *time division* et *code division*

	Time division	***Code division***
Nombre d'utilisateurs simultanés par cellule	Faible	Important (20 à 50 utilisateurs)
Débit instantané par utilisateur	> 100 kbit/s	< 50 kbit/s
Avantages	Durée de transmission faible Meilleur E_b/N_0	Durée de transmission importante Exigences réduites au niveau du mobile Moins de variation des interférences générées

9.5.4 Méthode fondée sur la puissance

La définition du débit alloué à une connexion données peut être aussi fondée sur la puissance d'émission requise. Un débit plus important nécessite en effet une puissance d'émission par bit transmis plus faible. Cette approche a pour but de minimiser la puissance d'émission requise par bit ainsi que les interférences générées. Cela revient à augmenter le débit total de la cellule si l'on compare celui-ci aux méthodes que nous avons vues précédemment. En pratique, les utilisateurs qui se trouvent à proximité de la station de base disposent d'un débit plus important que ceux qui se situent un peu plus loin. En GPRS, l'adaptation du lien radio propose également un débit plus important aux utilisateurs proches de la station de base que celui dont disposent les utilisateurs en bordure de cellule. Notons cependant que toutes les simulations que nous allons voir plus loin supposent que le débit est égal quelle que soit la position des utilisateurs dans la cellule.

Pour pouvoir mettre en place cette méthode, le *packet scheduler* doit connaître ou être capable d'estimer la puissance d'émission de chaque utilisateur quand il doit allouer les débits. Les mesures de E_c/I_0 dans les deux sens de transmission peuvent à ce titre être utilisées.

Cette méthode fondée sur la puissance d'émission offre un gain dans le débit moyen pour les deux sens de transmission comparée aux deux autres méthodes. Dans le sens montant, généralement au moins 50% des interférences proviennent des autres utilisateurs de la cellule et ces interférences ne dépendent pas de la puissance d'émission mais seulement des puissances reçues (voir Figure 8.6). Dans le sens descendant, la puissance d'émission détermine directement la capacité de l'interface air et cette méthode peut clairement augmenter le débit moyen downlink.

9.6. Interactions avec le *packet scheduler*

Le fonctionnement du *packet scheduler* est très étroitement lié aux autres fonctions de gestion des ressources radio.

9.6.1 Packet scheduler et contrôle de handover

Si le mobile est en situation de soft handover, le *packet scheduler* doit prendre en compte la charge de l'interface air ainsi que les ressources physiques de toutes les stations de base faisant partie de la liste *active set*. Les canaux dédiés sont les seuls canaux de transport qui peuvent être utilisés en soft handover.

9.6.2 Packet scheduler et contrôle de charge

Le *packet scheduler* et le contrôle de charge sont directement liés, car le *packet scheduler* participe lui-même au contrôle de charge. Puisque le *packet scheduler* ne garantit pas les durées des connexions non temps-réel, la charge du trafic des services de données non temps-réel peut être contrôlée et modifiée. Si la charge relative aux services est trop importante, le *packet scheduler* peut diminuer la charge des utilisateurs non temps-réel, comme le montre la Figure 9.6. Les utilisateurs des services non temps-réel et les algorithmes de *packet scheduling* permettent de maintenir la charge au niveau souhaité. D'autres actions de contrôle de charge sont introduites dans la section 8.6.

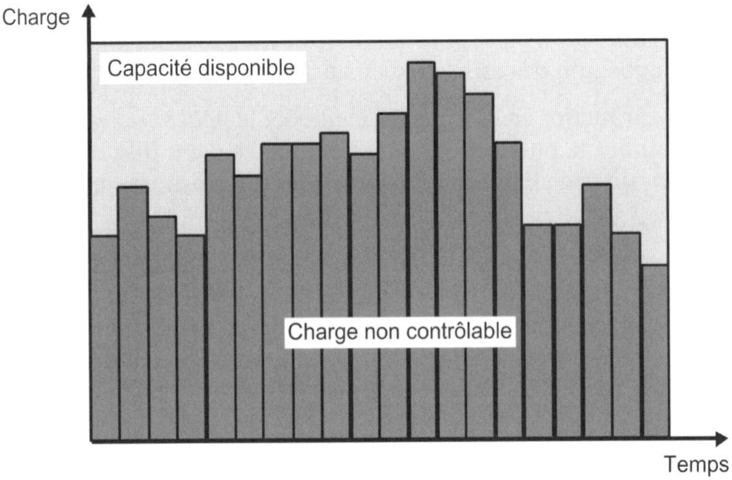

Figure 9.6 Répartition de la capacité entre le trafic contrôlable et non contrôlable

9.6.3 Packet scheduler et contrôle d'admission

Le contrôle d'admission a besoin d'estimer la charge provoquée par les connexions temps-réel dites non contrôlables car la charge contrôlable des connexions non temps-réel peut être diminuée si cela s'avère nécessaire. Par exemple, si une connexion vidéo est demandée, le contrôle d'admission estime le volume de trafic contrôlable qui peut être réduit et détermine si la connexion vidéo peut être acceptée, en réduisant le trafic des autres connexions. Le contrôle d'admission définit également les paramètres d'établissement des connexions ainsi que le débit qui peut être utilisé.

9.7. Performances

Dans cette section, les performances du *packet scheduling* sont analysées dans un premier temps au niveau des liens radio dans la section 9.7.1, puis au niveau du système dans sa globalité dans la section 9.7.2. Dans cette section, les différents principes de modélisation et de simulation sont décrits et les résultats de simulations associant le *packet scheduling* et d'autres algorithmes de gestion des ressources radio sont présentés.

9.7.1 Performances au niveau des liens radio

Les effets du taux d'erreur trame (FER) et des retransmissions sur le *throughput* sont étudiés ici au niveau du lien radio. Une estimation de la valeur optimale du taux d'erreur trame est donnée dans la section 9.7.1.1. Les effets de la durée de l'entrelacement sur le *throughput* sont présentés dans la section 9.7.1.2.

9.7.1.1 Valeur optimale FER

Les performances de la transmission de données en mode paquet sont étudiées ici en prenant un canal de *fading* ITU Pedestrian A et une vitesse de mobile de 3, 20 et 120 km/h. Le taux d'erreur trame est une fonction de E_b/N_0 comme le montre la Figure 9.7. Les meilleures performances sont obtenues pour une faible vitesse de déplacement car dans ce cas, le contrôle de puissance rapide est à même de compenser les effets du *fast fading*. Les valeurs de E_b/N_0 requises sont différentes de celles présentées dans le Tableau 10.12, car des débits et des algorithmes différents ont été pris en compte ici.

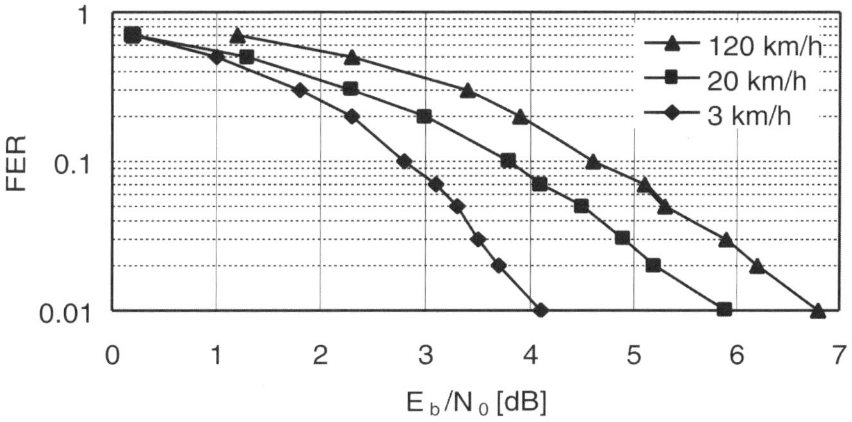

Figure 9.7 Taux d'erreur trame en fonction de la valeur E_b/N_0 pour un service données à 32 kbit/s dans le sens uplink

Plus le taux d'erreur trame est élevé, plus le nombre de retransmissions nécessaires est important. Intéressons-nous à la valeur optimale de taux d'erreur trame qui minimise l'énergie par bit reçu lorsque les retransmissions sont prises en compte. Afin de déterminer cette valeur, utilisons la définition de la capacité de la cellule ou le *throughput* :

$$\text{Throughput}_{\text{cell}} = k \cdot \frac{1 - \text{FER}}{E_b/N_0}$$

où k est une constante qui dépend de la bande passante et du modèle de propagation mais qui est indépendante de la valeur de E_b/N_0 et du taux d'erreur trame. Afin d'optimiser le *throughput*, nous devons optimiser la dernière partie de l'équation précédente. Cette partie correspond à l'inverse de la fonction de capacité :

$$f_{capacity} = \frac{E_b/N_0}{1 - FER}$$

En minimisant $f_{capacity}$, la capacité de la cellule est maximisée. Cette fonction de capacité est vue comme une valeur réelle de E_b/N_0 lorsque les retransmissions sont prises en compte. Le taux d'erreur trame en fonction de la fonction de capacité $f_{capacity}$ est présenté dans la Figure 9.8. La valeur optimale de taux d'erreur trame est comprise entre 10 et 30%, selon la vitesse du mobile. Si le taux d'erreur trame est plus faible, une partie de la capacité est perdue car les retransmissions ne sont utilisées efficacement que pour tirer partie de la diversité temporelle additionnelle. Si le taux d'erreur trame est plus important, les retransmissions sont trop nombreuses et génèrent trop d'interférences. Avec un taux d'erreur trame plus important, la durée moyenne de transmission sera plus longue du fait des retransmissions et la qualité de la signalisation sera réduite. Un taux d'erreur trame plus fort nécessite également plus de codes orthogonaux downlink car les codes doivent être réservés plus longtemps pour les retransmissions.

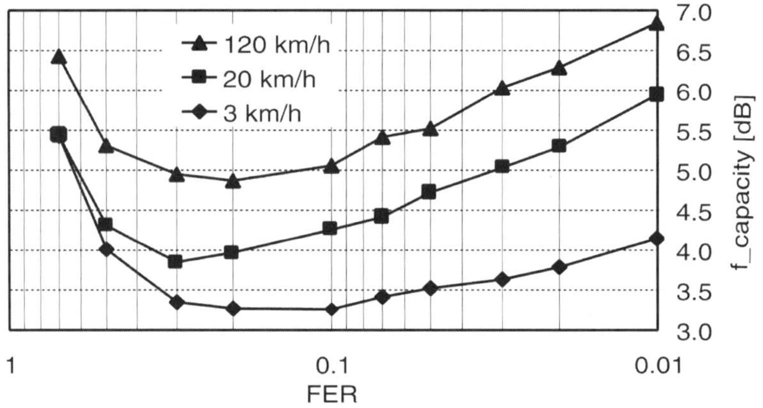

Figure 9.8 Taux d'erreur trame et fonction de capacité pour un service données dans le sens uplink

9.7.1.2 Durée d'entrelacement

Un exemple de simulations de la valeur E_b/N_0 en fonction de la durée d'entrelacement est donné dans la Figure 9.9 pour un service de données en mode paquet. A la vitesse de 3 km/ h, la valeur de E_b/N_0 peut être améliorée de 0,8 dB en augmentant la durée d'entrelacement de 10 ms à 80 ms. La différence de 0,8 dB correspond à une augmentation de la capacité, limitée par les interférences, de 20% ($10^{0,8\ dB/10} = 1,20$). A la vitesse de 20 km/h, la différence est de 1,35 dB, lorsque la durée d'entrelacement passe de 10 ms à 80 ms, soit un accroissement de 36% de la capacité.

L'inconvénient d'une durée d'entrelacement importante est que la durée de transmission par paquet est plus longue. Pour les services qui nécessitent un temps de transfert court, la durée d'entrelacement doit être également courte. L'autre inconvénient d'une durée d'entrelacement importante est que la granularité devient faible. Pour un service de données par paquet utilisant un débit de 32 kbit/s, le nombre de bits par période d'entrelacement de 10 ms est de 320 (= 32 kbit/s x 10 ms). Pour une période d'entrelacement de 80 ms, le nombre de bits est porté à 2 560 et un plus petit volume de bits ne peut pas être transmis sans utiliser des bits de bourrage. Ainsi, la sélection de la durée d'entrelacement pour les services de données par paquet est un compromis entre le débit total maximal, le délai de transmission et la flexibilité. Il faut en outre prendre en compte les caractéristiques des mobiles qui ne supportent pas tous de longues durées d'entrelacement.

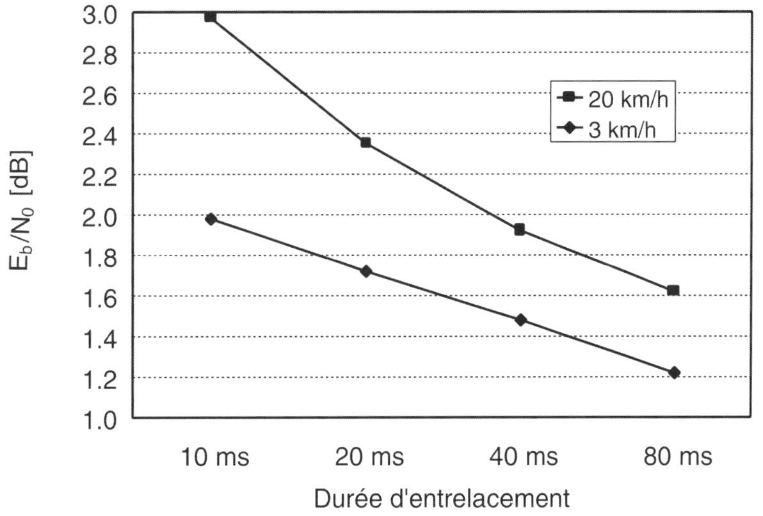

Figure 9.9 Valeur de Eb/N0 en fonction de la durée d'entrelacement (FER = 10%)

9.7.2 Performances du système

Cette section présente un simulateur dynamique de système WCDMA ainsi que les performances du *packet scheduling* analysées par ce même simulateur. Une description plus détaillée de ce simulateur pourra être trouvée dans le document [4] donné en référence à la fin du chapitre.

9.7.2.1 Différences entre les simulateurs de système et de liens

Il est courant de distinguer deux types de simulateurs : les simulateurs de liens radios et les simulateurs de système. Il serait bien évidemment préférable de disposer d'un seul simulateur pouvant analyser à la fois les performances du système dans sa globalité ainsi que celles des liens radio, mais un tel outil serait très complexe et les temps de simulations seraient rédhibitoires. Pour l'évaluation des performances d'un récepteur, un modèle de simulation ayant une résolution au niveau du *chip* ou du symbole est nécessaire, ce qui correspond, pour le premier cas, à une résolution de 3,84 Mc/s. D'un autre côté, les modèles de trafic et les modèles de mobilité ne nécessitent au niveau du système qu'une durée de simulation d'environ 10 à 20 minutes mais un grand nombre de mobiles et de stations de base doit être géré simultanément. Par conséquent, l'existence de deux types de simulateurs est pratiquement inévitable. Les simulateurs de liens opèrent à une fréquence égale à celle des *chips* ou des symboles et les simulateurs de système à une fréquence généralement égale à celle du contrôle de puissance rapide, soit 1,5 KHz.

Tableau 9.3 Simulateurs de liens et système

	Simulateur Lien	**Simulateur Système**
Résolution temporelle	1 échantillon / *chip* ou 1 échantillon / symbole	1 échantillon / *slot*
Nombre de mobiles	1	> 100
Nombre de stations de base	1 à 3	> 10
Fast fading	Oui	Oui
Estimation du canal	Oui	via AVI
Entrelacement, codage de canal	Oui	via AVI
Contrôle de puissance rapide	Oui	Oui
Retransmission de paquets	-	Oui
Path loss	-	Oui
Slow fading	-	Oui
Interférences	Bruit gaussien	Emetteurs réels
Algorithmes de gestion de ressources radio	-	Oui
Modèle de mobilité	-	Oui
Modèle de trafic	-	Oui
Période simulée	1 à 5 mn	20 à 60 mn

Le simulateur de liens est généralement nécessaire au simulateur de système afin de définir un modèle de récepteur qui sera à même de prédire les performances en termes de taux d'erreur bit (BER) et de taux d'erreur trame (FER), tout en prenant en compte l'estimation du canal, l'entrelacement et le décodage.

Puisque deux types de simulateurs se sont développés, il a été défini une interface entre ces simulateurs. Par convention, les informations obtenues par le simulateur de liens sont liées au simulateur de système en utilisant ce que l'on a l'habitude d'appeler une « average value interface », qui décrit les performances BER/FER par l'intermédiaire des valeurs E_b/N_0. L'*average value interface* n'est pas très précise si les interférences, dues par exemple aux utilisateurs de services de données par paquets, varient rapidement. Ce type d'approche est bien adapté aux simulations statiques, représentant l'état du réseau à un instant donné, mais ne peut être utilisé lors de la simulation de systèmes prenant en compte le contrôle de puissance rapide et les services de données par paquet. Pour le simulateur utilisé ici, une interface AVI (*Actual Value Interface*) est utilisée. Elle permet d'obtenir une modélisation précise des performances des récepteurs même lorsque le contrôle de puissance rapide et les services de données par paquet sont utilisés [5]. Les différences qui caractérisent les deux types de simulateurs sont présentées dans le Tableau 9.3.

9.7.2.2 Modélisation du trafic

Dans le simulateur que nous avons choisi, les utilisateurs passent des appels voix et données en fonction du modèle de trafic défini. La génération des connexions correspondant aux services temps-réel suit une loi de probabilité de Poisson [6]. Pour la voix, le facteur d'activité et la transmission discontinue ont été pris en compte. Pour les services de données en mode circuit, le modèle de trafic est un modèle à débit constant avec un facteur d'activité de 100%. Concernant le modèle de trafic des services données par paquet, le modèle que nous avions vu dans la Figure 9.1 a été utilisé.

9.7.2.3 Modélisation de la mobilité

Dans ce simulateur, les utilisateurs se déplacent selon le modèle de mobilité. Dans le document [6] donné en référence à la fin du chapitre, deux modèles de mobilité distincts ont été développés, l'un pour les environnements microcellulaires, l'autre pour les environnement macrocellulaires. Lorsque les utilisateurs sont créés dans un environnement macrocellulaire, ils sont uniformément répartis dans la zone de simulation. La direction dans laquelle un nouvel utilisateur se déplace est choisie de façon aléatoire. La direction est modifiée après chaque longueur de décorrélation.

9.7.2.4 Résultats de simulation

Dans cette section, les performances du *packet scheduler* sont étudiées en utilisant le simulateur que nous venons de décrire ci-dessus. L'objectif de ces simulations est de voir comment le *packet scheduler* peut utiliser efficacement la capacité de l'interface air. Il est important que les variations provoquées par le trafic données par paquet soient aussi faibles que possible, de telle façon que la qualité des services temps-réel ne soit pas sacrifiée. Dans ces simulations, un grand nombre d'utilisateurs sont créés dans une zone de simulation composée de trois stations de base et de leurs 18 cellules associées. Les débits possibles varient de 32 kbit/s à 1 024 kbit/s. Il est possible de noter grâce à ces simulations comment la combinaison des algorithmes de gestion de ressources radio permet de conserver la charge du système à la valeur souhaitée.

L'environnement de ces simulations est macrocellulaire et la distance entre les stations de base est de 2 km. Une vitesse de 3 km/h et une méthode de diversité d'antenne ont été utilisées. La puissance d'émission maximale des mobiles a été fixée à 125 mW (= 21 dBm). Le niveau de bruit, facteur de bruit du récepteur inclus, est de -102,9 dBm dans le sens montant et de -99,9 dBm dans le sens descendant. De plus, la méthode utilisée par le *packet scheduler* est la méthode *code division* et le taux d'erreur trame du contrôle de puissance en boucle ouverte est de 20%.

Dans ces simulations, la distribution de la puissance totale émise et celle des interférences totales reçues d'une station de base située au milieu de la zone de simulation ont été enregistrées. La puissance moyenne émise est de 8,5 W dans le sens descendant (voir Figure 9.10) et le *noise rise* moyen est 5,7 dB dans le sens montant (voir Figure 9.11). Notons que dans certains cas la puissance d'émission atteint 12 W dans le sens descendant et le *noise rise* 7 dB dans le sens montant. Des exemples de variations dans le temps des puissances émises et reçues sont présentés dans les Figures 9.12 et 9.13. Les variations de ces niveaux de puissance sont raisonnablement faibles et les services données par paquet ne devraient pas provoquer de dégradations de la qualité des services temps-réel. Notons que la capacité de l'interface air est complètement utilisée dans ces exemples.

Dans ces simulations, le nombre d'utilisateurs est très important. Il est de l'ordre de 1 400 utilisateurs par cellule. Ce nombre a été choisi afin de s'assurer que le volume de données présent dans les buffers était suffisamment important pour pouvoir tester les performances du *packet scheduler* en situation de forte charge. Du fait de cette forte charge, les débits sont relativement faibles comme le montrent les Figures 9.14 et 9.15. Le nombre de connexions actives par cellule est cependant pratiquement constant à une valeur d'environ 50, connexions de soft handover incluses, à part au début de la simulation où la charge était moins importante. L'*overhead* de soft handover est de 32% dans ces simulations. Le nombre de connexions actives est présenté dans la Figure 9.16 pour le sens descendant et dans la Figure 9.17 pour le sens montant.

La qualité de lien peut être étudiée en observant le nombre de retransmissions qui est présenté dans la Figure 9.18 pour le sens descendant et dans la Figure 9.19 pour le sens montant. Le contrôle de puissance en boucle ouverte permet de maintenir le taux d'erreur trame et le pourcentage de retransmissions à la valeur choisie, soit 20%.

La distribution des retransmissions dans le sens downlink montre quelques cas pour lesquels la proportion de retransmissions est plus faible que 20%, elle est même à certains moments de 0%. Cela s'explique par le fait que les variations du contrôle de puissance sont limitées à 20 dB dans ces simulations. Si une connexion utilise déjà sa puissance minimale, elle ne peut être réduite davantage et la qualité sera meilleure que la valeur FER cible de 20%.

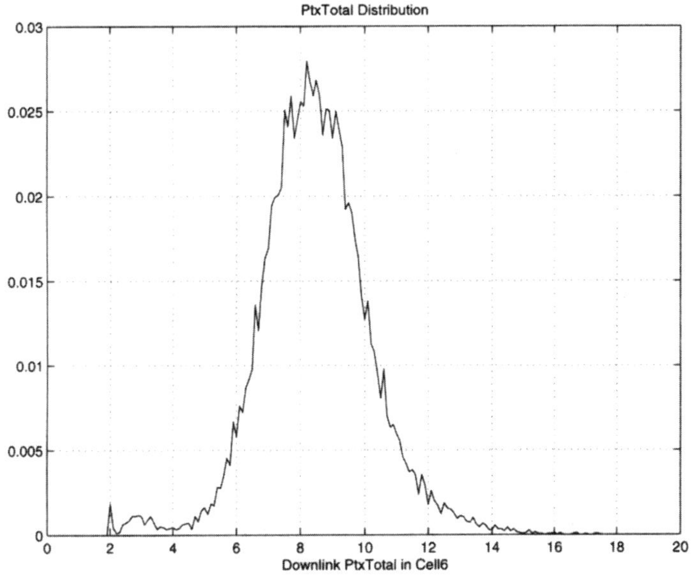

Figure 9.10 Distribution de la puissance d'émission totale (W) dans une cellule

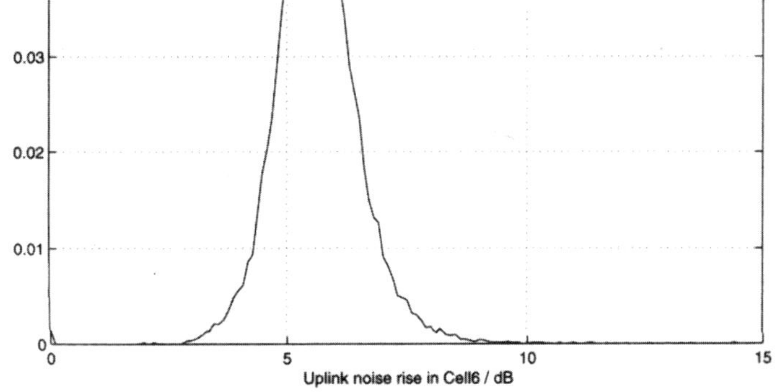

Figure 9.11 Distribution des interférences reçues par rapport au niveau de bruit thermique

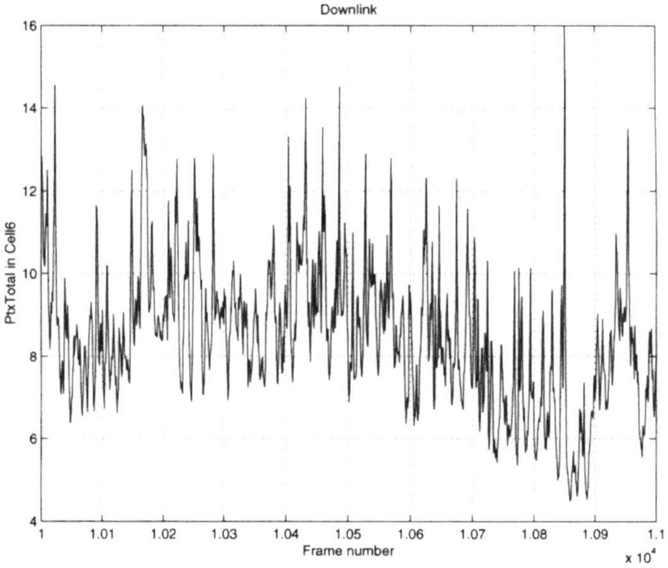

Figure 9.12 Puissances d'émission dans une cellule sur une durée de 10 secondes

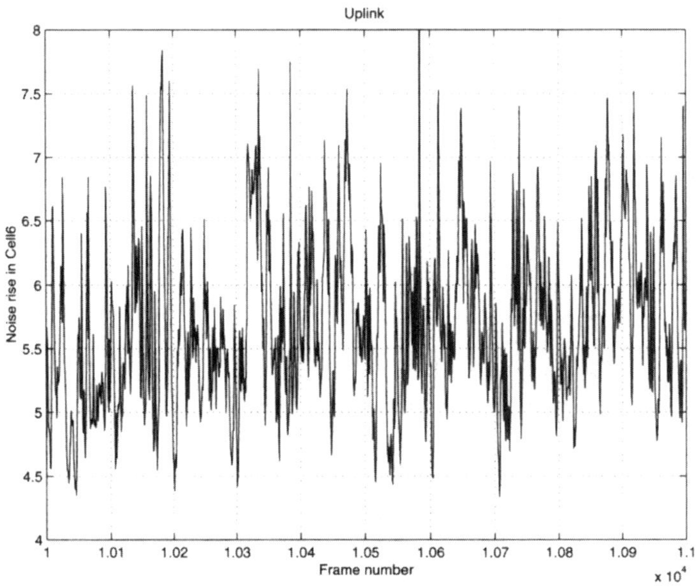

Figure 9.13 Interférences reçues dans une cellule sur une durée de 10 secondes

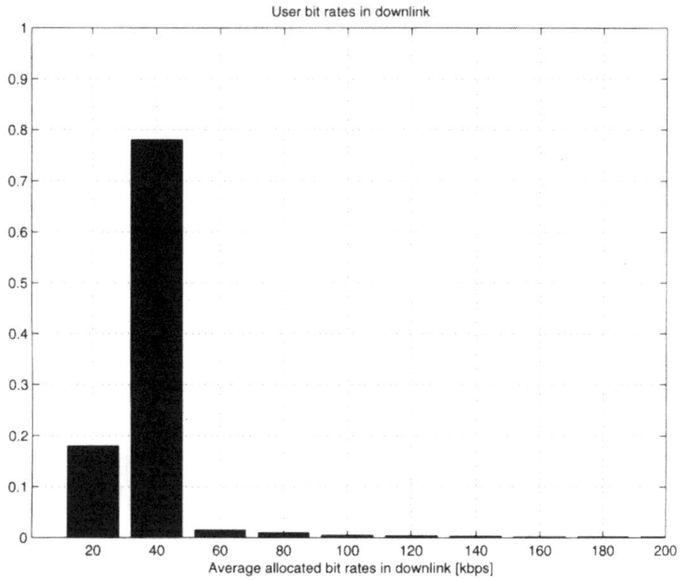

Figure 9.14 Débits moyens alloués dans le sens descendant

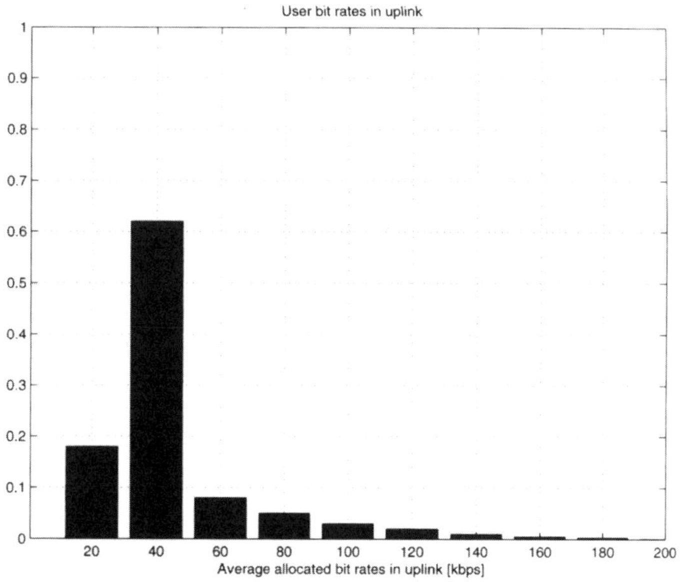

Figure 9.15 Débits moyens alloués dans le sens montant

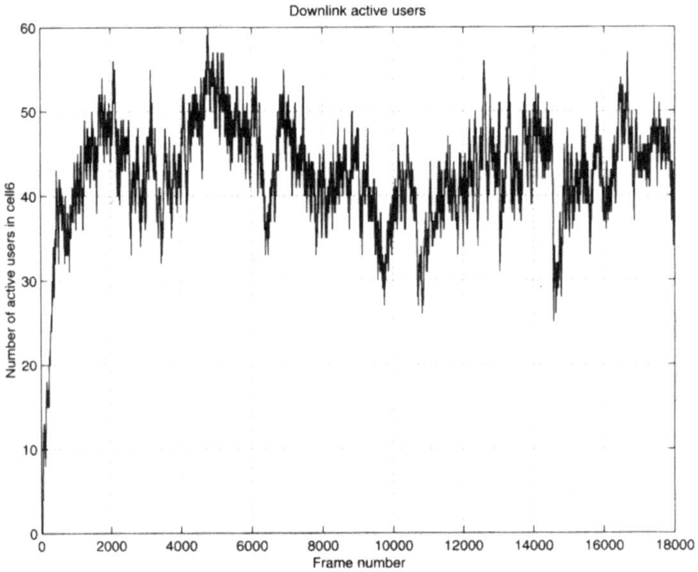

Figure 9.16 Nombre moyen de connexions actives (soft handover inclus) dans le sens descendant

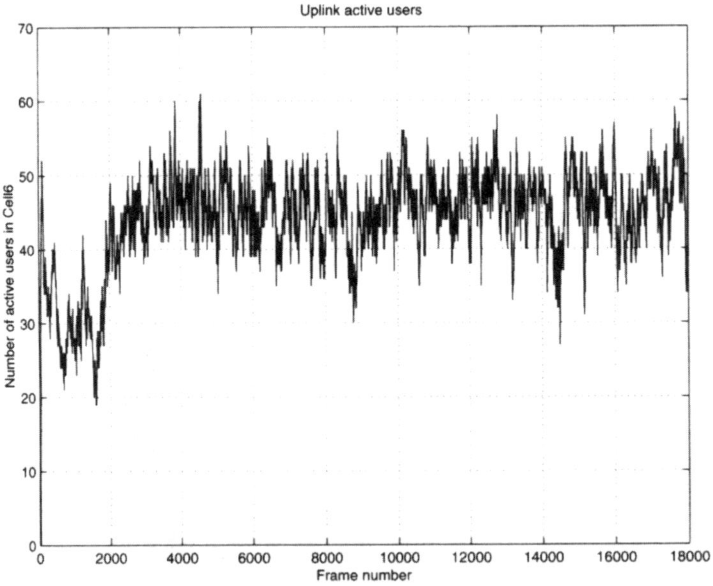

Figure 9.17 Nombre moyen de connexions actives (soft handover inclus) dans le sens montant

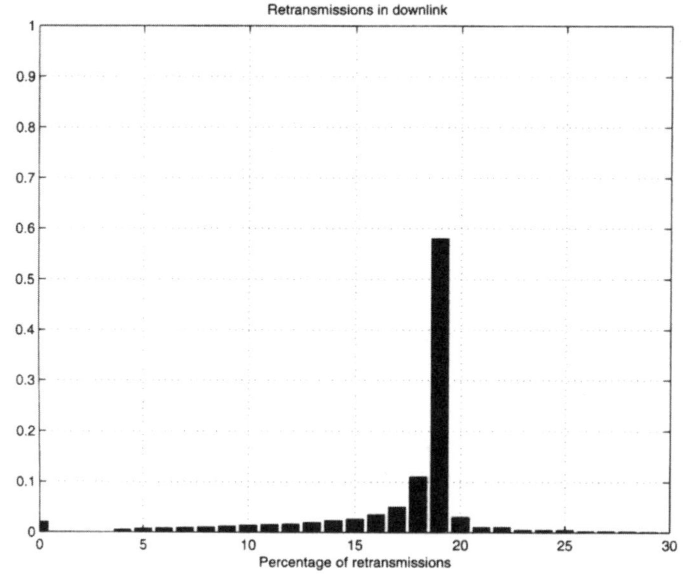

Figure 9.18 Pourcentage moyen de retransmissions dans le sens descendant

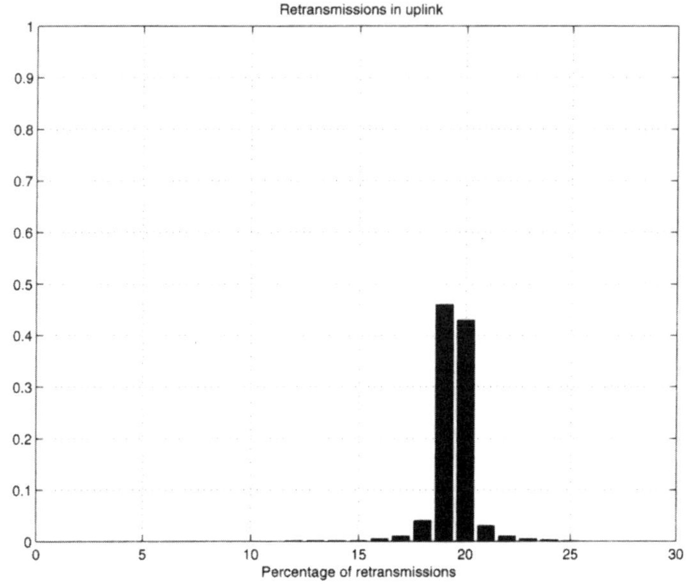

Figure 9.19 Pourcentage moyen de retransmissions dans le sens montant

Les simulations dynamiques utilisant l'allocation de paquets par la méthode *code division* montrent que le WCDMA est bien adapté à la transmission de données par paquets. La capacité de l'interface air peut être utilisée complètement et les variations des niveaux d'interférences restent faibles. Les débits utilisateur sont dans ces simulations relativement bas mais le nombre d'utilisateurs est quant à lui très important.

9.8. Références

[1] ETSI, Technical Report UMTS 30.06, UMTS Terrestrial Radio Access (UTRA); Concept Evaluation, Version 3.0.0, Décembre 1997.

[2] Ghosh, A., Cudak, M. and Felix, K., 'Shared Channels for Packet Data Transmission in W-CDMA', *Proceedings of VTC'99 Fall*, Amsterdam, Netherlands, 19–22 Septembre 1999, pp. 943–947.

[3] Christer, B. and Johansson, V., 'Packet Data Capacity in Wideband CDMA System', *Proceedings of VTC'98*, Ottawa, Canada, 18–21 Mai 1998, pp. 1878–1883.

[4] Hämäläinen, S., Holma, H. and Sipilä, K., 'Advanced WCDMA Radio Network Simulator', *Proceedings of PIMRC'99*, Osaka, Japan, Septembre 1999, pp. 951–955.

[5] Hämäläinen, S., Slanina, P., Hartman, M., Lappeteläinen, A., Holma, H. and Salonaho, O., 'A Novel Interface between Link and System Level Simulations', *Proceedings of ACTS Summit 1997*, Aalborg, Denmark, Octobre 1997, pp. 509–604.

[6] 'Universal Mobile Telecommunications System (UMTS); Selection procedures for the choice of radio transmission technologies of the UMTS', TR 101 112 V3.1.0 (1997-11), UMTS 30.03.

Chapitre 10

PERFORMANCES DE LA COUCHE PHYSIQUE

par Harri Holma, Markku Juntti et Juha Ylitalo

10.1. Introduction

Ce chapitre présente les effets de l'environnement de propagation, des solutions implémentées au niveau des stations de base ainsi que des paramètres de la couche physique WCDMA sur la couverture et la capacité. La couverture est un aspect très important, en particulier durant les premières phases de déploiement des réseaux WCDMA. La couverture des réseaux sera abordée dans la section 10.2. L'importance de la capacité augmentera au fil du temps, lorsque le nombre d'abonnés et le trafic généré seront de plus en plus importants. La capacité sera traitée dans la section 10.3. Dans ce chapitre, nous présenterons la capacité de l'interface air WCDMA dans le cas où cette dernière est limitée par le niveau d'interférences et non pas pour des raisons *hardware*, c'est-à-dire que nous supposerons que les configurations des stations de base, des RNC et des liens de transmission sont à même de supporter le trafic demandé. Dans la section 10.4, une attention particulière sera portée sur les performances des services haut débits pouvant atteindre le débit de 2 Mbit/s. Enfin, dans la section 10.5, nous étudierons les différentes méthodes, supportées par les spécifications du 3GPP, permettant d'améliorer les performances, telles que les antennes adaptatives et la détection multi-utilisateurs.

La planification du réseau radio et l'optimisation des algorithmes de gestion des ressources radio, présentés dans les chapitres 7 et 8, jouent également un rôle primordial dans la définition de la couverture et de la capacité.

10.2. Couverture

La couverture est très importante lorsque le réseau n'est pas limité par la capacité. Ce sera notamment le cas lors des premiers mois, voire années, des réseaux de troisième génération, et également le cas dans les zones rurales. La couverture macrocellulaire est déterminée par le sens montant car la puissance d'émission des mobiles est beaucoup plus faible que celle des stations de base. La puissance d'émission des mobiles est typiquement de 21 dBm (125 mW) et celle des stations de base varie entre 40 et 46 dBm par secteur (10 à 40 W). Par conséquent, nous ne considérerons dans cette section que la couverture uplink. Nous avions également vu dans la section 7.2.2 que la couverture des macrocellules était limitée par le sens uplink.

Il est possible de calculer l'amélioration ΔL du bilan de puissance en fonction de la variation ΔR du rayon de la cellule. Prenons le modèle de propagation Okumura-Hata (voir section 7.2) et un exposant de *path loss* de 3,52. ΔL est défini par :

$$\Delta L = -35,1 \cdot \log_{10}(\Delta R)$$

L'augmentation relative ΔA de la superficie de la cellule peut être calculée par :

$$\Delta A = (\Delta R)^2 = \left[10^{\frac{-\Delta L}{35,2}}\right]^2$$

La densité relative de sites, c'est-à-dire de stations de base, correspondant à l'amélioration du bilan de puissance est donnée dans le Tableau 10.1. La densité de stations de base est inversement proportionnelle à la superficie de la cellule. Par exemple, une amélioration de 5,3 dB du bilan de puissance permet de réduire de 50% la densité de sites.

Tableau 10.1 Amélioration du bilan de puissance et réduction de la densité de sites

Amélioration du bilan de puissance	Nombre de sites
0 dB	100%
1 dB	88%
2 dB	77%
3 dB	68%
4 dB	59%
5 dB	52%
6 dB	46%
10 dB	27%

Notons que pour un réseau UMTS, le réseau d'accès radio représente environ 70% des investissements. Et au sein du réseau d'accès, ce sont les sites et les stations de base qui coûtent le plus cher. La réduction du nombre de sites est par conséquent primordiale.

Les facteurs qui ont un impact sur le *path loss* maximal ont été vus dans la section 7.2 et sont résumés dans la Figure 10.1. Les effets des solutions implémentées au niveau des stations de base ainsi que ceux du débit sont décrits dans cette section. La relation entre la charge uplink et la couverture a été présentée dans la section 7.2.2 et l'impact du *headroom* a été commenté dans la section 8.2.1.

10.2.1 Couverture uplink

Dans cette section, nous allons évaluer les effets des paramètres de la couche physique et ceux des solutions implémentées au niveau des stations de base sur la couverture uplink WCDMA.

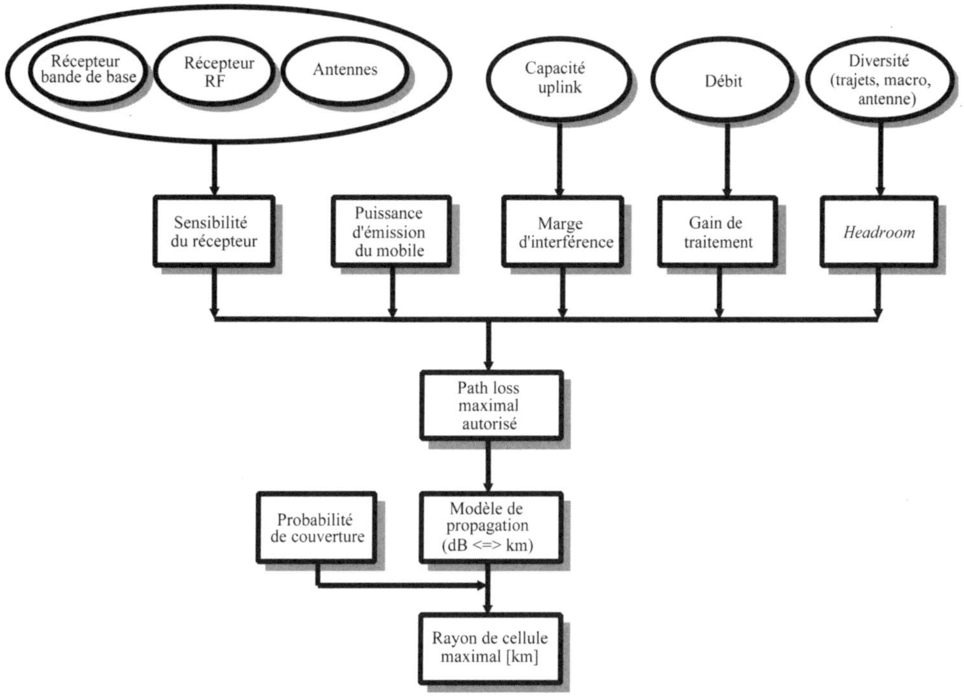

Figure 10.1 Facteurs affectant la couverture uplink

10.2.1.1 Débit

La couverture des différents débits dépend des deux facteurs suivants :

- Pour des débits importants, le gain de traitement (*processing gain*) est plus faible, comme nous l'avons vu à la ligne *l* des tableaux de la section 7.2.
- Pour des débits importants, la valeur requise de E_b/N_0 est plus faible, compensant la couverture réduite inhérente à ces débits importants. Les valeurs typiques de E_b/N_0 pour différents débits sont données dans la Figure 9.4. Plus la valeur requise de E_b/N_0 est faible, plus la puissance nécessaire est faible et plus le rayon de la cellule peut être important pour des performances égales.

Dans cette section, nous allons évaluer la couverture de différents débits en prenant en compte ces deux facteurs. La principale raison pour laquelle la valeur requise de E_b/N_0 dépend du débit est que le canal DPCCH (*Dedicated Physical Control Channel*) est nécessaire pour maintenir la connexion au niveau de la couche physique et qu'il contient les symboles de référence, indispensables à l'estimation du canal ainsi que les informations de signalisation relatives au contrôle de puissance. La valeur de E_b/N_0 dépend de la précision de l'estimation du canal et des algorithmes d'estimation de la valeur cible SIR. Ces estimations sont fondées sur les symboles de référence du canal DPCCH. Plus la puissance qui peut être allouée au canal DPCCH est importante, meilleure sera l'estimation du canal. D'un autre côté, le canal DPCCH ne transmet aucune donnée utilisateur et, par conséquent, sa puissance doit être minimisée. Dans ce cas, on parle alors d'*overhead* DPCCH. La différence de puissance entre les canaux DPCCH et DPDCH (*Dedicated Physical Data Channel*) peut être ajustée et contrôlée par le réseau. La puissance du canal DPCCH est plus faible que celle du canal DPDCH lorsque des données sont transmises sur le canal DPDCH. La différence entre ces deux puissances est quantifiée par un paramètre codé sur 4 bits, c'est-à-dire par 15 valeurs, et elle peut varier de -23,5 dB à 0 dB. La seizième valeur est réservée au cas où aucune donnée n'est transmise sur le canal DPDCH. Des valeurs typiques de différence de puissance sont données dans le Tableau 10.2.

Tableau 10.2 Différences de puissance entre les canaux DPCCH et DPDCH

Débit	**Différence de puissance entre les canaux DPCCH et DPDCH**
12,2 kbit/s (voix)	-3 dB
144 kbit/s (données)	-6 dB
384 kbit/s (données)	-9 dB
1 024 kbit/s (données)	-12 dB

Les niveaux de puissance reçue relatifs du canal DPCCH selon différents débits sont présentés dans la Figure 10.2. Les différences de puissance entre les canaux DPCCH et DPDCH sont prises du Tableau 10.2 et il a été supposé que la valeur de E_b/N_0 était la même pour tous les débits. La puissance reçue du canal DPCCH est plus forte pour les débits élevés. Plus la puissance reçue est importante pour le canal DPCCH, plus l'estimation du canal est bonne et la valeur requise de E_b/N_0 faible.

L'*overhead* DPCCH pour un débit de 144 kbit/s peut être calculé par :

$$\text{DPCCH\_overhead} = 10 \cdot \log_{10}\left(1 + 10^{\frac{-6\text{ dB}}{10}}\right) = 1\text{ dB}$$

L'*overhead* pour différents débits est présenté dans la Figure 10.3. Par exemple, pour un service données à 144 kbit/s, 20% de la puissance d'émission est utilisé pour transporter les informations de contrôle de la couche physique et 80% pour les données utilisateur. Notons que l'*overhead* DPCCH est compris dans toutes les valeurs de E_b/N_0 utilisées dans cet ouvrage.

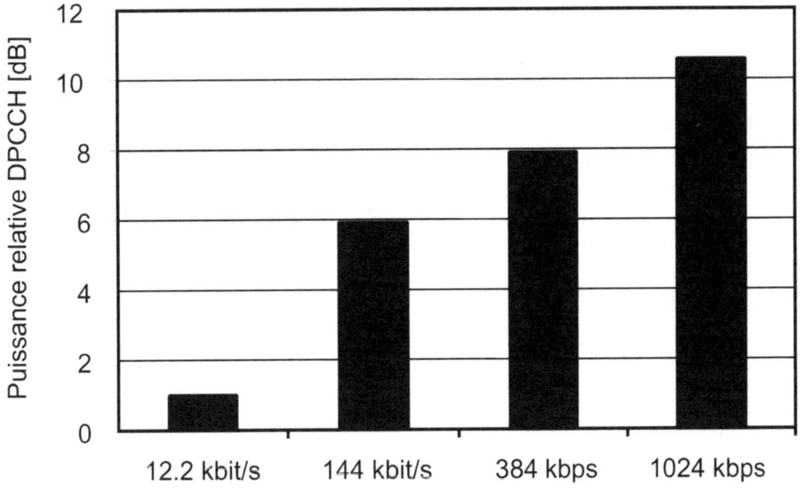

Figure 10.2 Puissance reçue relative du canal DPCCH avec la même valeur de E_b/N_0

Nous avons vu pour les débits élevés que la puissance du canal DPCCH est forte, permettant une meilleure estimation du canal, que l'*overhead* DPCCH reste raisonnablement faible et que la valeur requise de E_b/N_0 peut être plus faible.

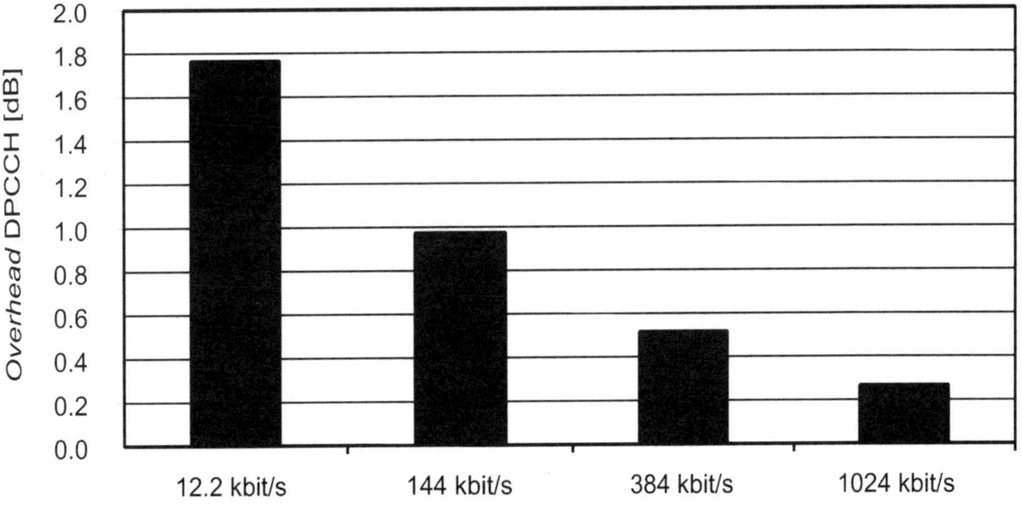

Figure 10.3 Overhead DPCCH

Lorsque nous prenons en compte la réduction du gain de traitement et l'amélioration de la valeur requise de E_b/N_0, pour les débits plus élevés, nous pouvons calculer la couverture des différents débits (voir Figure 10.4). La même puissance d'émission maximale de mobile a été prise pour tous les débits. Une valeur de E_b/N_0 plus faible a été supposée pour les débits plus élevés. Dans cet exemple, la portée uplink d'un service à 2 Mbit/s est inférieure de 50% à celle d'un service à 144 kbit/s et de 40% à celle d'un service à 64 kbit/s. Si les cellules sont définies pour fournir une couverture complète à 2 Mbit/s au lieu de 144 kbit/ s, la densité de sites doit être augmentée par un facteur de 4 (= $(1/0,5)^2$).

Notons qu'obtenir une large couverture uplink ne sera pas chose facile en UMTS, comme le prouve la Figure 10.4 et que fournir une couverture complète des services à 2 Mbit/s nécessitera une forte densité de sites. Ces résultats montrent bien l'importance des différentes solutions qui pourront être mises en place pour améliorer la couverture uplink des systèmes de troisième génération. Pour les systèmes de deuxième génération, les problèmes de couverture n'en sont pas vraiment puisque les débits offerts sont faibles. La couverture WCDMA comparée à celle des systèmes GSM 900 et GSM 1800 a été présentée dans la section 7.4. Enfin, notons que le débit des transmissions uplink peut être réduit durant une connexion afin d'améliorer la couverture lorsque le mobile atteint sa puissance maximale d'émission. La réduction de débit peut être appliquée aux services de données non temps-réel et également au service voix AMR qui supporte différents débits allant de 4,75 kbit/s à 12,2 kbit/s. La couverture du service voix AMR est, à ce titre, présentée dans la section suivante.

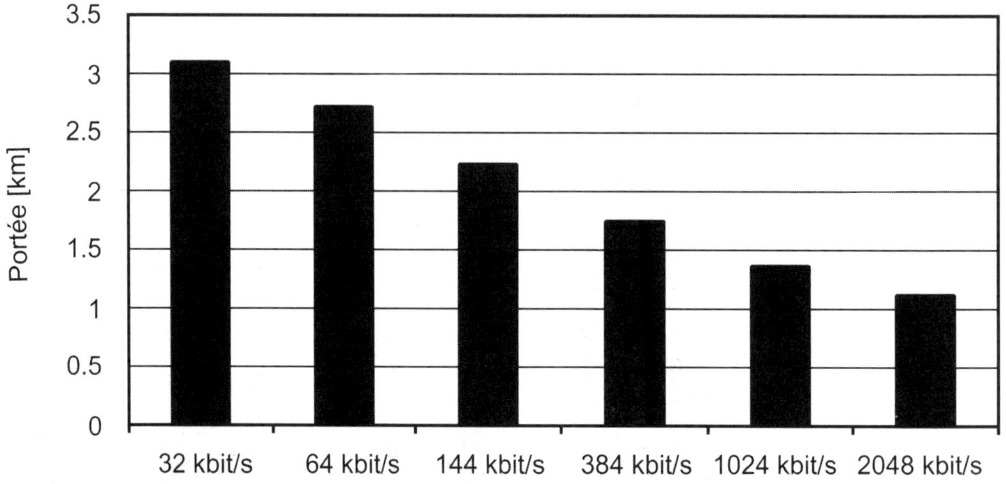

Figure 10.4 Portée de différents débits dans une zone suburbaine

10.2.1.2 Codec AMR

Grâce au codec AMR (*Adaptative MultiRate*), il est possible de réduire le débit lorsqu'un mobile sort de la zone de couverture. Le codec voix AMR est présenté dans la section 1.3. Le gain au niveau du bilan de puissance, en réduisant le débit, peut être calculé par :

$$\text{Gain} = 10 \cdot \log_{10}\left(\frac{\text{DPDCH(12,2 kbit/s)} + \text{DPCCH}}{\text{DPDCH(Débit AMR)} + \text{DPCCH}}\right)$$

$$= 10 \cdot \log_{10}\left(\frac{12,2 + 12,2 \cdot 10^{\frac{-3\text{ dB}}{10}}}{\text{Débit AMR} + 12,2 \cdot 10^{\frac{-3\text{ dB}}{10}}}\right)$$

où la différence de puissance entre le canal DPCCH et le canal DPDCH a été supposée égale à -3 dB pour le débit de 12,2 kbit/s du codec AMR. Pour des débits AMR plus faibles, la puissance DPCCH est maintenue à la même valeur tandis que la puissance du canal DPDCH est modifiée selon le débit. La réduction de la puissance d'émission totale, calculée par l'équation précédente, peut être utilisée pour obtenir une portée de cellule uplink plus importante. Le gain de couverture obtenu en réduisant le débit de 12,2 kbit/s à 7,95 kbit/s est de 1 dB, porté à 2,3 dB si l'on réduit le débit de 12,2 à 4,75 kbit/s. Les portées relatives de cellule pour les différents débits AMR sont présentées dans la Figure 10.5.

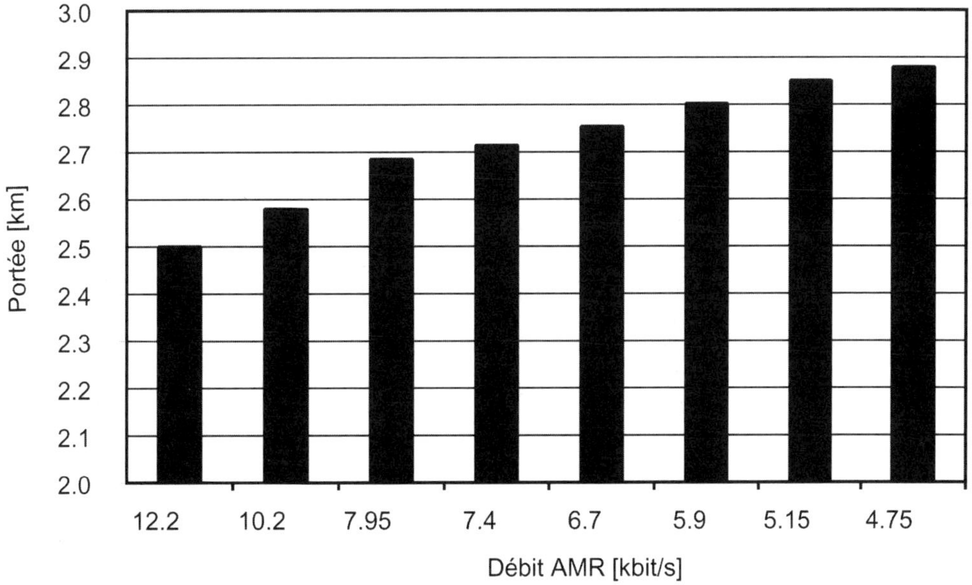

Figure 10.5 Portées de cellule relatives pour différents débits AMR

10.2.1.3 Diversité de trajets multiples

Nous pouvons étudier les effets de la diversité de trajets multiples sur la couverture uplink en comparant des résultats de simulations donnant les valeurs de E_b/N_0 pour les deux profils de trajets multiples ITU Pedestrian A et ITU Vehicular A. Le premier profil présente peu de diversité de trajets multiples alors que le deuxième profil en comporte nettement plus. Ce dernier modélise un canal à cinq trajets avec une résolution WCDMA de 3,84 Mc/s alors que le premier modélise un canal à deux trajets au niveau duquel la puissance du deuxième est très faible [1]. Les valeurs de E_b/N_0 requises pour un service voix à 8 kbit/s, un entrelacement de 10 ms, une méthode de diversité d'antenne, une vitesse de déplacement de 3 km⁄ h et une puissance d'émission constante, à son niveau maximal, sont présentées dans le Tableau 10.3. Les résultats de simulation de cette section ont été obtenus avec une durée d'entrelacement de 10 ms, mais le codec voix AMR utilise une durée d'entrelacement de 20 ms et par conséquent, ses performances sont encore meilleures que les résultats présentés ici.

Tableau 10.3 Valeurs de E_b/N_0 requises

	E_b/N_0
ITU Pedestrian A	11,3 dB
ITU Vehicular A	8,5 dB
Gain de diversité de trajets multiples	2,8 dB

Dans cet exemple, le gain de couverture uplink est de 2,8 dB grâce à la diversité de trajets multiples. En règle générale, plus il y a de diversité de trajets multiples disponible, meilleure est la couverture. Cette diversité dépend de l'environnement de propagation mais également de la bande passante utilisée. Pour le *Wideband* CDMA, la diversité de trajets multiples est plus importante que dans les systèmes *Narrow* CDMA pour le même environnement (voir section 2.3).

10.2.1.4 Macrodiversité (soft handover)

Durant un soft handover, l'émission uplink d'un mobile est reçue par au minimum deux stations de base. Puisque durant le soft handover, il existe au moins deux stations de base qui tentent de détecter l'émission du mobile, la probabilité de détecter correctement le signal augmente et un gain de macrodiversité peut être obtenu. Des exemples de gain de couverture uplink sont donnés dans le Tableau 10.4 pour deux stations de base, une vitesse de déplacement du mobile de 3 km/h et une durée d'entrelacement de 10 ms. Deux cas sont ici présentés. Le premier correspond au cas où le *path loss* est le même pour les deux stations de base et le deuxième au cas où la différence des *path loss* est de 3 dB. Notons que le premier cas donne le gain de macrodiversité le plus élevé. Quand la différence des *path loss* augmente, le gain de macrodiversité diminue. Les résultats montrent également que moins la diversité de trajets multiples est importante, plus le gain de macrodiversité est fort. Dans cet exemple, le meilleur gain de macrodiversité est obtenu pour le canal ITU Pedestrian A.

Le gain de la macrodiversité sur la capacité est présenté dans la section 8.3.1.3. Les gains en capacité dus à la macrodiversité sont moins forts que ceux en couverture, car la diversité est plus importante pour la couverture uplink. La raison en est la suivante : en bordure de cellule, le mobile émet à pleine puissance et la diversité est importante car le contrôle de puissance rapide ne peut plus compenser le *fast fading*.

Tableau 10.4 Valeurs de E_b/N_0 requises

Eb/N0	ITU Pedestrian A	ITU Vehicular A
Un seul lien	11,3 dB	8,5 dB
Macrodiversité Puissances égales / Différence de 3 dB	7,3 dB / 8,6 dB	6,3 dB / 7,7 dB
Gain de macrodiversité Puissances égales / Différence de 3 dB	4,0 dB / 2,7 dB	2,2 dB / 0,8 dB

Durant la procédure de softer handover, l'émission dans le sens montant est reçue par deux secteurs de la station de base. Les signaux issus des deux secteurs sont ensuite combinés dans le récepteur Rake de la station de base à l'aide de la méthode MRC (voir section 2.6). Notons que dans le cas d'un soft handover, une combinaison sélective des signaux est réalisée au niveau du RNC. La méthode MRC du softer handover est plus efficace que celle utilisée par le RNC. Les gains de soft et softer handovers avec une puissance égale sur les deux secteurs et stations de base sont présentés dans le Tableau 10.5. Le softer handover présente un gain supérieur de 0,9 à 1,3 dB par rapport à celui du soft handover.

Tableau 10.5 Gains de soft et softer handovers pour un débit de 8 kbit/s, FER = 1% et à une puissance maximale constante

Eb/N0	ITU Pedestrian A	ITU Vehicular A
Gain de soft handover	4 dB	2,2 dB
Gain de softer handover	5,3 dB	3,1 dB
Différence	1,3 dB	0,9 dB

10.2.1.5 Diversité d'antenne en réception

Un gain de couverture de 3 dB peut être obtenu en utilisant la diversité d'antenne en réception même si les éléments de réception ont déjà complètement corrélé le *fading*. Cela s'explique par le fait que les signaux issus des deux antennes peuvent être combinés de façon cohérente alors que le bruit thermique du récepteur est combiné de façon non-cohérente. Ce gain de 3 dB suppose une estimation idéale de canal lors de la combinaison cohérente. Ce gain est atteint car il existe plus d'éléments de réception collectant l'énergie au niveau du récepteur, mais cela a un impact sur le coût du récepteur de la station de base. Notons également que la diversité d'antenne fournit un gain contre le *fast fading* puisque le *fast fading* est généralement très peu corrélé entre les deux antennes. Les méthodes de diversité en réception sont présentées dans la Figure 10.6.

La diversité d'antenne peut être une diversité de polarisation ou d'espace. L'avantage de la diversité de polarisation est que les éléments de réception ne sont pas nécessairement séparés et peuvent être situés sur la même antenne physique. Les performances de la diversité de polarisation en GSM sont présentées dans les documents [2], [3] et [4] donnés en référence à la fin du chapitre. Cependant, les antennes en diversité d'espace peuvent être localisées de façon assez proche les unes des autres sans pour autant que le gain de diversité soit spécialement réduit.

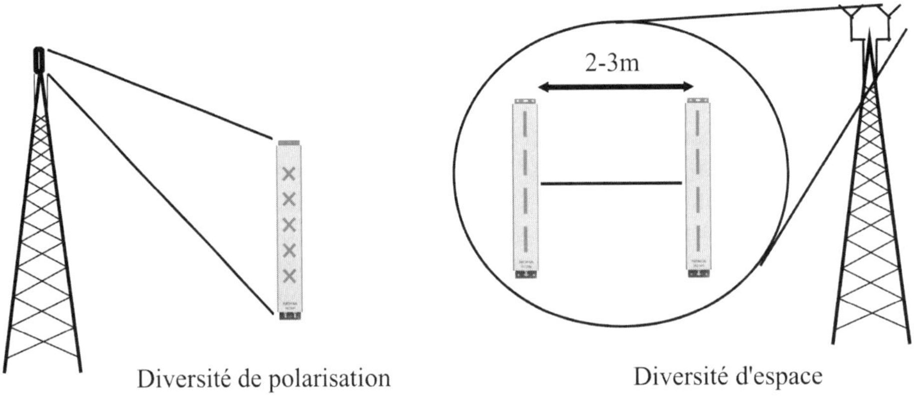

Figure 10.6 Diversité de polarisation et diversité d'espace

La notion de diversité d'antenne en réception dans le sens montant peut être étendue de deux éléments de réception à quatre. Une antenne à quatre branches peut être obtenue en utilisant deux antennes avec de la diversité de polarisation, installées à 2 ou 3 mètres l'une de l'autre. Ces deux antennes peuvent également être placées très proche l'une de l'autre, même au sein d'un même radôme, pour des raisons « esthétiques ». Ces deux solutions sont exposées dans la Figure 10.7. Le gain d'antenne en réception d'un radôme est généralement inférieur de 0,2 à 0,4 dB à celui de la solution où les deux antennes sont séparées de quelques mètres.

Les résultats de simulations effectuées avec des antennes à une, deux et quatre branches et une puissance maximale constante sont présentés dans le Tableau 10.6. Les gains de diversité sont résumés dans la Figure 10.8. La gain de diversité d'antenne en réception pour un canal ITU Pedestrian A est de 7,5 dB et de 4,3 dB pour un canal ITU Vehicular A. Le gain est plus faible car il existe, dans ce dernier cas, plus de diversité de trajets multiples. Notons que le gain en diversité d'antenne devient plus faible lorsque le nombre de branches des antennes augmente.

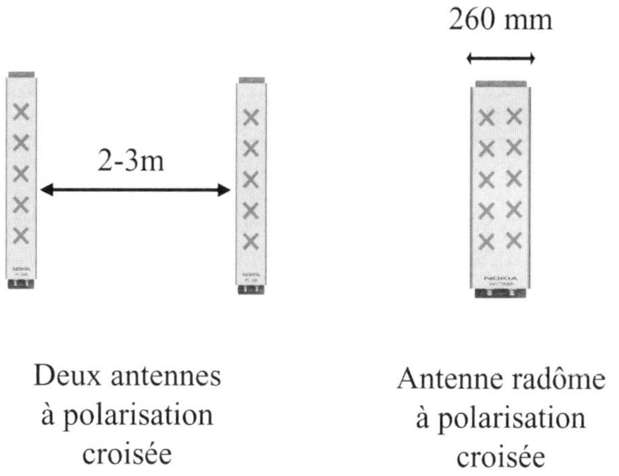

Figure 10.7 Antennes de réception à quatre branches

Enfin, notons que plus il y a de diversité disponible, plus le gain de diversité est faible pour d'autres types de diversité. Cette règle s'applique à toutes les sources de diversité. Par conséquent, il n'existe pas de valeurs a priori pour chaque type de diversité car les gains dépendent des autres sources de diversité.

Tableau 10.6 Valeurs requises de E_b/N_0 pour un débit de 8 kbit/s et une puissance maximale constante

	ITU Pedestrian A	ITU Vehicular A
Avec une antenne de réception	18,8 dB	12,8 dB
Avec de la diversité d'antenne (2 branches)	11,3 dB	8,5 dB
Avec de la diversité d'antenne (4 branches)	5,3 dB	5,4 dB

10.2.1.5.1 Mesures de la diversité d'antenne en réception

Les performances sur le terrain des structures d'antennes à quatre branches ont été testées sur le réseau expérimental WCDMA installé à Espoo en Finlande. Les mesures ont été réalisées au centre de la région présentée dans la Figure 7.10. Il s'agit d'un environnement urbain et suburbain. Trois parcours de mesures ont été définis, ils sont présentés dans le Tableau 10.7.

Tableau 10.7 Parcours de mesure

Parcours	Type
Parcours A	Vitesse de 0 à 40 km/h entre Leppävaara et Lintuvaara
Parcours B	Vitesse de 0 à 70 km/h sur le boulevard périphérique
Parcours C	Vitesse inférieure à 10 km/h dans Mäkkyla

Au cours de ces mesures, la puissance d'émission du mobile a été enregistrée *slot* par *slot* avec les trois configurations d'antennes suivantes, au niveau des stations de base :

- Réception à deux branches avec une antenne en diversité de polarisation.
- Réception à quatre branches avec deux antennes en diversité de polarisation, séparées d'un mètre.
- Réception à quatre branches avec deux antennes en diversité de polarisation, placées côte à côte (solution équivalente à un râdome).

Plusieurs séries de mesures ont été effectuées pour chaque configuration. Les mesures sur les différents parcours et pour les différentes configurations ont été recalées grâce aux relevés GPS, réalisés avec les mesures proprement dites. La puissance moyenne d'émission sur les parcours a été calculée à partir des valeurs en dBm. Ces puissances moyennes sont présentées dans le Tableau 10.8.

Tableau 10.8 Puissances moyennes mesurées d'émission du mobile

Parcours	Espacement d'antennes	Réception (2 branches)	Réception (4 branches)	Gain d'une solution à 4 branches par rapport à une solution à 2 branches
Parcours A	1 mètre Aucun	6,95 dBm 6,95 dBm	4,44 dBm 4,83 dBm	2,5 dB 2,1 dB
Parcours B	1 mètre Aucun	7,90 dBm 7,90 dBm	4,59 dBm 4,86 dBm	3,3 dB 3,1 dB
Parcours C	1 mètre	5,63 dBm	2,54 dBm	3,0 dB

La propagation caractérisée par de multiples trajets pour l'environnement de mesures est plus proche du profil ITU Vehicular A que du profil ITU Pedestrian A. Le gain issu de simulations pour une structure à quatre branches par rapport à une structure à deux branches est de 3,1 dB (voir Tableau 10.6) alors qu'il est de 3 dB lors des mesures, avec un espacement des deux antennes de 1 mètre.

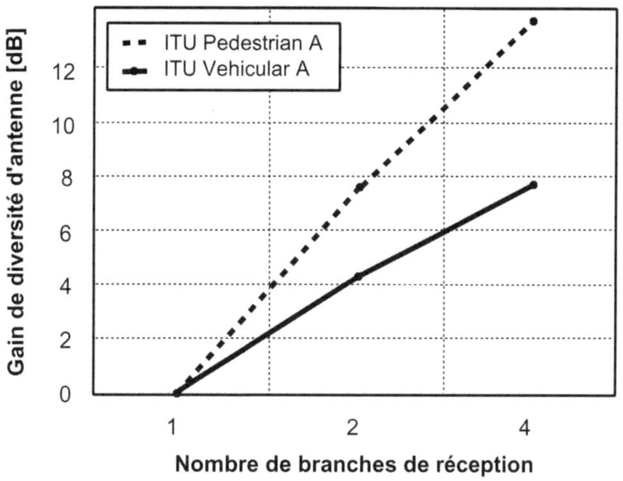

Figure 10.8 Gain de diversité d'antenne (antennes à une, deux et quatre branches)

La différence mesurée entre une solution à antennes séparées et une solution utilisant un radôme est de 0,2 dB à 0,4 dB. L'impact de l'espacement des antennes est faible car les sources de diversité sont nombreuses : diversité de trajets multiples et diversité de polarisation.

La diversité d'antenne en réception est une approche intéressante pour augmenter la zone de couverture uplink. Une amélioration de 3 dB de la couverture uplink réduit la densité de sites d'environ 30% (voir Tableau 10.1).

10.2.1.9 Algorithmes en bande de base

La précision de l'estimation du canal et celle de la définition de la valeur cible SIR sont très importantes et ont un impact sur les valeurs de E_b/N_0. L'estimation du canal peut être améliorée grâce aux méthodes suivantes :

- En moyennant l'estimation sur plusieurs groupes de symboles du canal DPCCH. Pour des vitesses de mobiles faibles, il est possible de moyenner les estimations de canal sur plusieurs *time slots*. Pour les mobiles ayant une vitesse de déplacement plus élevée, cette moyenne devra être pondérée en fonction du taux de *fading*. Des filtres d'estimation de canal adaptés devront être utilisés.
- En utilisant les symboles démodulés des deux canaux DPCCH et DPDCH en plus des symboles *pilot*.

Les améliorations fournies par ces algorithmes sont plus importantes pour les débits peu importants car l'énergie qui est transportée sur le canal DPCCH et utilisée pour l'estimation du canal, est faible.

10.2.2 Couverture du canal RACH

Tous les aspects que nous avons vus concernant la couverture uplink dans la section 10.2.1 s'appliquent aux canaux dédiés uplink aussi bien qu'aux canaux communs tels que le canal RACH (*Random Access Channel*). Si nous souhaitons améliorer la couverture des cellules WCDMA, nous devons vérifier si les canaux dédiés ou communs sont les facteurs limitants de la couverture. Si à n'importe quel endroit de la cellule, le canal dédié uplink peut fournir la qualité de service requise, il doit en être de même pour le canal RACH qui doit être capable d'initialiser les connexions. Dans cette section, la couverture du canal dédié est comparée à celle du canal RACH. Les raisons qui expliquent cette différence de couverture sont données dans le Tableau 10.9 et la procédure RACH est décrite dans la section 5.6.

Tableau 10.9 Origines des différences de couverture des canaux dédiés et RACH

	DCH	RACH
Débit	Minimum (voix) : 4,75 kbit/s Maximum (données) : 2,0 Mbit/s	Message initial RACH de 20 octets soit : - 16 kbit/s (sur 10 ms) - 8 kbit/s (sur 20 ms)
Gain de macrodiversité	0,8 à 4 dB	Pas de soft handover
E_b/N_0	- Transmission continue qui rend l'optimisation de la réception plus facile - Taux de codage de 1/3	- *Burts* de 10 à 20 ms qui rendent l'optimisation de la réception difficile - Taux de codage de 1/2
Taux d'erreur trame	1% (voix)	< 10%

Le nombre minimum de bits que le message initial RACH doit transmettre est supposé être de 20 octets, soit 160 bits, ce qui correspond à un débit de 16 kbit/s pour une durée d'entrelacement de 10 ms et à un débit de 8 kbit/s pour une durée d'entrelacement de 20 ms. Ces deux durées d'entrelacement sont supportées par la norme pour une taille de message RACH de 20 octets. Cette période d'entrelacement est indiquée au mobile sur le canal BCCH.

Les canaux dédiés utilisant des débits élevés ont clairement une couverture inférieure à celle du canal RACH, cependant la couverture RACH doit être comparée à celle des canaux dédiés utilisant des débits faibles comme c'est le cas pour les services voix utilisant le codec AMR et des débits allant de 12,2 kbit/s à 4,75 kbit/s.

Le soft handover n'est pas possible pour les canaux communs. Par conséquent, aucun gain de macrodiversité ne peut être obtenu pour le canal RACH. C'est pour cela que les *burst* RACH de courte durée sont plus difficiles à recevoir que les informations des canaux dédiés transmises de façon continue. Cet aspect rend la couverture du canal RACH plus faible que celle d'un canal dédié à débit égal. D'autre part, le taux d'erreur trame peut être plus important pour le canal RACH. L'inconvénient d'un taux d'erreur trame élevé est que le délai d'établissement d'appel est plus long. Le taux d'erreur de trame moyen peut être contrôlé par les paramètres du canal BCCH.

Les paramètres permettant de faire correspondre la couverture des canaux dédiés et celle du canal RACH sont donnés dans le Tableau 10.10, en prenant en compte toutes les différences abordées ci-dessus. Les paramètres RACH sont issus sur le document [5] donné en référence à la fin du chapitre.

Tableau 10.10 Paramètres des canaux dédiés et RACH

Débit DCH	Paramètres RACH
AMR ≤ 7,95 kbit/s	20 ms / FER > 10%
AMR = 12,2 kbit/s	20 ms / FER ≤ 10%
Débit > 20 kbit/s	10 ms / FER ≤ 10%

La durée d'entrelacement de 20 ms utilisée sur le canal RACH ne peut être utilisée que pour les cellules de taille importante afin d'améliorer la couverture RACH. Les performances E_b/N_0 sont plus faibles pour une durée d'entrelacement de 20 ms que pour une durée de 10 ms et par conséquent, la couverture RACH est meilleure si une durée d'entrelacement de 10 ms est utilisée. Cela s'explique par le fait que le contrôle de puissance n'est pas utilisé durant la transmission du message RACH et que la puissance n'est définie que par le préambule RACH. Plus la durée d'entrelacement est longue, plus les conditions de propagation peuvent changer et plus la marge doit être élevée.

La couverture des messages RACH est un aspect important si le réseau n'est déployé que pour offrir une couverture continue pour les services bas débit. En revanche, si le réseau est déployé en vue d'offrir une couverture continue pour les services hauts débits, la couverture RACH n'est alors plus un facteur limitant et une durée d'entrelacement de 10 ms peut être utilisée.

10.2.3 Couverture downlink

Dans le sens descendant, la puissance qui peut être allouée à une connexion peut être plus importante que celle qui peut être offerte dans le sens montant car la puissance d'émission des stations de base est nettement plus importante que celle des mobiles. En conséquence, une meilleure couverture pour les services hauts débits peut être obtenue dans le sens descendant par rapport au sens montant. La relation entre la capacité downlink et la couverture a été précisée dans la section 7.2.2. La portée uplink de différents débits est présentée dans la Figure 10.4.

Dans cette section, nous allons comparer la couverture downlink d'un service voix à 12,2 kbit/s à celle d'un service données à 1 Mbit/s. Les hypothèses qui ont été prises sont les suivantes :

- La taille de la cellule est déterminée à partir de la couverture uplink du service voix.
- La réception uplink au niveau de la station de base a une sensibilité supérieure de 6 dB à celle du mobile, grâce à un facteur de bruit plus faible et à l'utilisation de diversité d'antenne.
- Le service données à 1 Mbit/s possède une valeur de E_b/N_0 inférieure de 3 dB à celle du service voix.
- Le terminal voix a un *body loss* supérieur de 3 db à celui du terminal données.
- La puissance d'émission du terminal voix est de 21 dBm.
- Le niveau d'interférences issues des autres cellules est le même pour les services voix et données.

La puissance d'émission downlink moyenne requise pour le service voix est de 27 dBm. Elle est de 40 dBm pour le service données, afin d'obtenir une couverture downlink complète si la taille de la cellule est déterminée par la couverture uplink du service voix. Les calculs sont présentés dans le Tableau 10.11. Il est possible de fournir une puissance downlink de 10 W pour un utilisateur de service à 1 Mbit/s lorsqu'il n'y pas d'autres utilisateurs nécessitant de la capacité dans la même cellule, c'est-à-dire lorsque l'on reste dans le cas où la couverture est le facteur limitant.

Tableau 10.11 Puissance d'émission requise pour le service données à 1 Mbit/s

Puissance d'émission uplink du mobile	21 dBm
Puissance d'émission estimée pour le service voix dans le sens descendant	21 dBm + 6 dB = 27 dBm
Différence de gain de traitement entre les débits 12,2 kbit/s et 1 Mbit/s	$10.\log_{10}(1000/12,2) = 19,1$ dB
E_b/N_0 pour le terminal données	3 dB
Body loss	Terminal voix : 3 dB Terminal données : 0 dB
Puissance d'émission requise pour une couverture complète pour le service données à 1 Mbit/s	27 dBm + 19,1 dB - 3 dB - 3 dB = 40 dBm = 10 W

En pratique, la couverture downlink des services hauts débits, 1 à 2 Mbit/s, dépend :

- du dimensionnement uplink, c'est-à-dire du débit pour lequel la taille de la cellule a été dimensionnée.
- du taux de l'amplificateur de puissance downlink.
- de la charge des cellules voisines.

Si la cellule est planifiée pour fournir de hauts débits dans le sens montant, même pour des utilisateurs en bordure de cellule, la cellule sera plus petite et donc la couverture downlink meilleure. La charge des cellules voisines a un impact sur la possibilité de fournir des connexions haut débit en bordure de cellule. Un nombre important d'utilisateurs de services haut débit nécessite une forte capacité. Les aspects liés à la capacité seront traités dans la section 10.3.

L'analyse de la couverture downlink a essentiellement porté sur les stations de base macrocellulaire pour lesquelles la puissance d'émission maximale est de l'ordre de 43 dBm. Pour les microcellules ou les picocellules disposant de stations de base émettant à une puissance inférieure, la couverture peut être également limitée par le sens descendant.

10.2.4 Méthodes d'amélioration de la couverture

Il existe certaines méthodes permettant d'améliorer la couverture uplink d'une station de base WCDMA. Certaines d'entre elles sont données ci-dessous :

- Réduction de la valeur de E_b/N_0 en améliorant les algorithmes en bande de base des stations de base ou en augmentant le nombre d'antennes de réception.
- Réduction du facteur de bruit du récepteur RF de la station de base.
- Réduction des pertes câble entre l'antenne et l'amplificateur faible bruit de la station de base.
- Réduction de la marge d'interférence, c'est-à-dire de la capacité maximale permise dans le sens montant.
- Augmentation du gain de l'antenne.

La valeur de E_b/N_0 de la station de base peut être réduite grâce aux techniques que nous avons vues dans la section 10.2.1. Les méthodes les plus importantes sont celles qui correspondent à l'augmentation du nombre des éléments de réception et celles correspondant à l'optimisation des algorithmes en bande de base. Le facteur de bruit du récepteur RF peut également être abaissé et les pertes câble réduites en utilisant des câbles de plus grande section ou un amplificateur au niveau de l'antenne (*mast head amplifier*). Les pertes câble sont d'ordinaire de l'ordre de 6 dB pour 100 m de câble.

En WCDMA, la capacité et la couverture sont étroitement liées comme nous l'avons vu dans la section 7.2. La couverture uplink peut être améliorée en admettant une capacité plus faible ce qui permet de réduire la marge d'interférences. Par exemple, en réduisant la charge uplink maximale de 50% à 30%, la marge d'interférences nécessaire passe de 3 dB à 1,5 dB. Il est ainsi possible d'obtenir un gain de 1,5 dB dans le bilan de puissance. La charge peut être conservée à sa valeur optimale grâce aux algorithmes de gestion de ressources radio que nous avons vus dans le chapitre 8. D'autres méthodes permettent de réduire la marge d'interférences. Il s'agit des méthodes d'annulation d'interférences et de détection multi-utilisateurs implémentées au niveau des stations de base. Elles seront décrites dans la section 10.5.

Notons qu'un gain d'antenne plus important peut être utilisé pour améliorer la couverture, en augmentant le nombre de secteurs tout en diminuant l'ouverture horizontale des antennes. Le gain d'antenne peut être également amélioré en réduisant l'ouverture verticale de l'antenne. Généralement, le gain maximal d'une antenne trisectorielle est de 18 dBi pour une ouverture verticale de 6°. Ce gain d'antenne peut être aussi amélioré en utilisant des solutions à antennes adaptatives. Nous y reviendrons dans la section 10.5.1.

10.3. Capacité

La capacité downlink de l'interface air WCDMA est généralement moindre que la capacité uplink [6] [7] [8]. Cela s'explique principalement par le fait que de meilleures techniques de réception peuvent être utilisées au niveau des stations de base qu'au niveau des mobiles. Ces techniques comprennent, entre autres, la diversité d'antenne en réception et la détection multi-utilisateurs implémentées sur le sens uplink. Malheureusement, la capacité downlink de l'UMTS doit être plus importante que celle du sens montant, du fait de la nature asymétrique des services de données. Par conséquent, nous allons nous intéresser dans cette section à la capacité downlink et aux différentes méthodes qui peuvent être implémentées pour accroître ses performances.

10.3.1 Codes orthogonaux downlink

10.3.1.1 Gain de diversité de trajets multiples

Intéressons-nous aux effets des codes orthogonaux downlink sur la capacité. Dans le sens descendant, les codes courts d'un même code de *scrambling* sont orthogonaux pour un canal à un trajet. Dans le cas de canaux à trajets multiples, l'orthogonalité est en partie perdue et un utilisateur d'une cellule interfère avec les autres utilisateurs de la même cellule. En GSM, il n'existe pas d'interférences intracellulaires car les utilisateurs qui emploient différents *time slots* sont « orthogonaux » entre eux dans le domaine temporel quelle que soit la propagation à trajets multiples. Les performances downlink des profils ITU Vehicular A et

ITU Pedestrian A sont présentées ci-dessous, pour un service voix à 8 kbit/s, une durée d'entrelacement de 10 ms et un taux d'erreur trame de 10%. Le profil ITU Pedestrian A correspond quasiment à un canal à un trajet, soit très peu de diversité de trajets multiples, alors que le profil ITU Vehicular A présente beaucoup plus de diversité de trajets multiples. Le scénario de simulation est présenté dans la Figure 10.9.

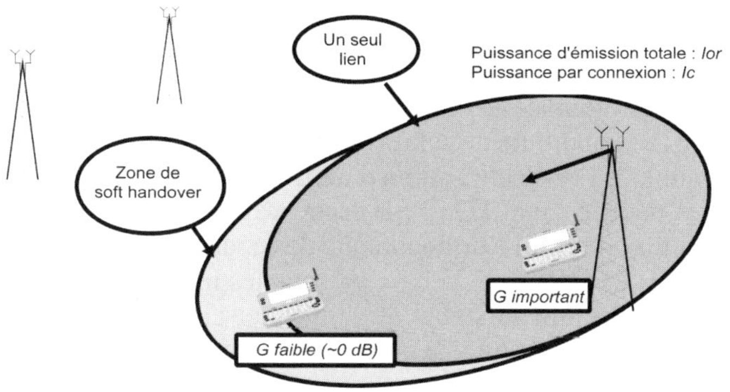

Figure 10.9 Scénario de simulation des performances downlink

La puissance d'émission requise par connexion du service voix, I_c, comparée à la puissance totale d'émission de la station de base, I_{or}, est représentée sur l'axe vertical de la Figure 10.10.

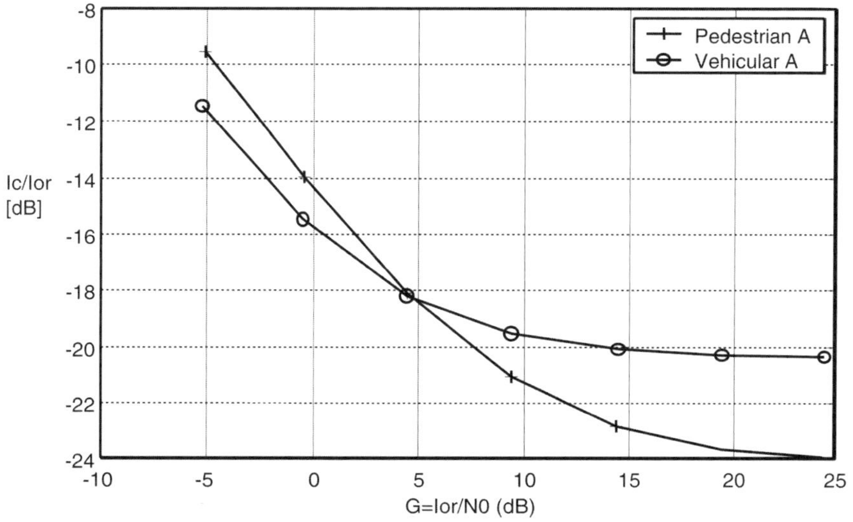

Figure 10.10 Impact de la propagation à trajets multiples

Par exemple, la valeur de -20 dB signifie que la puissance d'émission de cette connexion correspond à $10^{(-20\ dB/10)}$, soit 1% de la puissance d'émission de la station de base. L'axe horizontal correspond à la puissance d'émission totale de la station de base divisée par le niveau reçu d'interférences issues des cellules voisines, bruit thermique N_0 inclus. Ce ratio est également connu comme le paramètre *G*. Le paramètre *G* a une valeur importante lorsque le mobile est proche de la station de base et à l'inverse une valeur faible quand le mobile est en bordure de cellule.

Intéressons-nous aux résultats de la simulation. En bordure de cellule, c'est-à-dire pour des valeurs faibles de *G*, la diversité de trajets multiples du canal ITU Vehicular A donne de meilleures performances comparées à celles de la diversité, moins importante, du canal ITU Pedestrian A. En bordure de cellule, la diversité de trajets multiples améliore les performances downlink. En revanche, au pied de la station de base, les performances downlink sont meilleures pour le canal ITU Pedestrian A car la propagation à trajets multiples du canal ITU Vehicular A réduit l'orthogonalité des codes downlink. De plus, il n'y a pas besoin de diversité près de la station de base puisque les interférences intracellulaires connaissent le même *fast fading* que le signal de l'utilisateur considéré. Si le signal et les interférences connaissent le même *fading*, le ratio signal sur interférence reste constant, malgré le *fading*.

Les effets du soft handover n'est pas montré dans ces simulations, mais le soft handover améliore les performances, en particulier pour le canal ITU Pedestrian A, lorsque le mobile est en bordure de cellule en fournissant de la diversité supplémentaire, plus précisément de la macrodiversité. Le gain de macrodiversité a été présenté dans la section 8.3.1.3.

Notons que la propagation en trajets multiples dans le sens descendant n'est pas forcément un avantage. Elle fournit un gain de diversité mais dans le même temps, elle réduit l'orthogonalité. Il a été montré dans la section 10.2.1.3 que la diversité de trajets multiples améliore la couverture uplink mais que la propagation caractérisée par de multiples trajets n'améliore pas nécessairement la capacité downlink à cause des pertes d'orthogonalité. Notons cependant que la diversité réduit les variations de puissance d'émission comme nous l'avons vu dans la section 8.2.1.3. Ce gain de réduction de la puissance moyenne d'émission n'est pas montré dans la Figure 10.10 où seules les puissance d'émission y sont représentées. Pour les débits peu élevés, la puissance moyenne d'émission est une bonne indication puisque le nombre d'utilisateurs est important et que la variation de la puissance d'émission totale est faible. La variation de la puissance émise est importante pour la performance des hauts débits lorsque le nombre d'utilisateurs est faible. Si la variation est grande, une marge doit être réservée dans les algorithmes de gestion des ressources radio, comme le contrôle d'admission, afin de garantir la qualité de service. Les effets de la diversité de trajets multiples sur les performances des hauts débits sont présentés dans la section 10.4.2.

Les effets de la vitesse du mobile sur les performances downlink dans le cas d'un canal ITU Pedestrian A sont montrés dans la Figure 10.11. En bordure de cellule, de meilleures performances sont obtenues pour une vitesse importante de déplacement, tandis qu'au pied de la station de base, les performances sont meilleures pour des mobiles se déplaçant à faible allure. Ce comportement peut être expliqué par le fait que pour les mobiles ayant une vitesse importante, l'entrelacement et le codage convolutif de canal fournissent de la diversité en temps et un gain de codage. Dans la Figure 10.10, nous pouvons voir que la diversité est importante en bordure de cellule afin d'améliorer les performances.

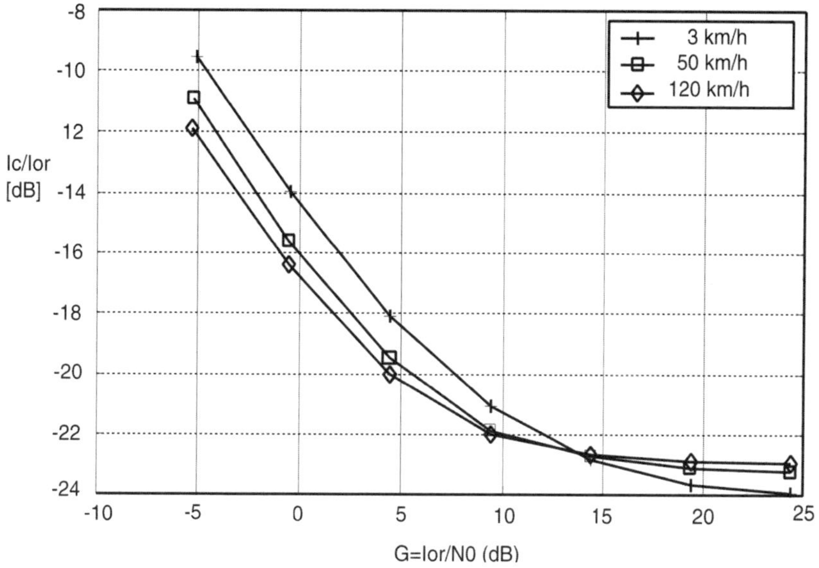

Figure 10.11 Effets de la vitesse du mobile pour un canal ITU Pedestrian A

10.3.1.2 Capacité downlink en fonction de l'environnement

Dans cette section, les formules de capacité WCDMA, présentées dans la section 7.2.2, sont utilisées afin d'évaluer l'impact des codes orthogonaux sur la capacité downlink pour des environnements macro et microcellulaires. Les codes orthogonaux downlink rendent le WCDMA plus robuste aux interférences intracellulaires dans le sens descendant que dans le sens montant. Notons que les interférences intercellulaires issues des cellules voisines ont également un impact sur la capacité downlink. Le niveau d'interférences issues des cellules voisines dépend de l'environnement de propagation et de la planification du réseau. Ici, nous supposons que le niveau d'interférences intercellulaires est plus faible pour les microcellules car les bâtiments isolent ces cellules les unes des autres, ce qui n'est pas le cas pour les macrocellules. Cette isolation des cellules est représentée par le ratio i. Nous supposons également que dans les environnements microcellulaires, la propagation est moins sujette à des trajets multiples et que par conséquent, l'orthogonalité des codes downlink est mieux préservée. D'autre part, comme les trajets multiples sont moins nombreux, la diversité de trajets multiples est plus faible et nous supposons que la valeur de E_b/N_0 doit être plus élevée pour les microcellules que pour les macrocellules. Les charges permises ont été fixées à 60% pour le sens montant et 80% pour le sens descendant. La charge autorisée est plus faible dans le sens montant car la couverture est un facteur limitant dans ce sens de transmission. Une charge plus importante aurait provoqué une réduction de la couverture comme nous l'avons vu dans la section 7.2.2. Les performances downlink ne prennent pas en compte, ici, les effets de la diversité d'antenne en réception. En revanche, ces effets sont intégrés dans le sens montant. Nous pouvons calculer le débit total utilisateur ou *throughput* pour les environnements micro et macrocellulaires et dans les deux sens de transmission. Les hypothèses de calculs sont données dans le Tableau 10.12 et les résultats dans le Tableau 10.13.

Tableau 10.12 Hypothèses de calcul

	Cellule macro	**Cellule micro**
Orthogonalité downlink	0,6	0,95
Ratio i	0,65	0,2
E_b/N_0 uplink	1,5 dB	1,5 dB
Charge uplink	60%	60%
E_b/N_0 downlink	5,5 dB	8 dB
Charge downlink	80%	80%

Tableau 10.13 *Thoughput* par secteur et par porteuse pour les macro et microcellules

	Cellule macro	**Cellule micro**
Uplink	1 040 kbit/s	1 430 kbit/s
Downlink	660 kbit/s	1 440 kbit/s

Dans les macrocellules, le *throughput* uplink est supérieur au *throughput* downlink, alors que dans les microcellules, la capacité est à peu près équivalente dans les deux sens. La capacité downlink dépend plus de l'environnement de propagation et des trajets multiples.

Les capacités présentées dans le Tableau 10.13 supposent que les utilisateurs soient uniformément répartis dans la cellule. Si les utilisateurs sont en moyenne plus proches de la station de base, les capacités seront supérieures. Notons qu'à la lecture de ces résultats, il est clair que le fait de supporter un utilisateur d'un service à 2 Mbit/s n'est pas possible. Cet utilisateur doit forcément se trouver à proximité de la station de base.

10.3.1.3 Nombre de codes orthogonaux

Le nombre de codes orthogonaux downlink est limité pour un code de *scrambling* donné. Pour un facteur d'étalement de SF, le nombre maximal de codes orthogonaux est de SF. Cette limitation en termes de codes peut avoir un impact sur la capacité downlink si l'environnement de propagation est favorable. Dans cette section, la capacité downlink qu'il est possible d'atteindre avec un ensemble de codes donné est estimée. Les hypothèses de calculs sont données dans le Tableau 10.14 et les résultats dans le Tableau 10.15. Une partie des codes orthogonaux downlink doit être réservée pour les canaux communs et l'*overhead* de soft et de softer handover. Ces facteurs sont pris en compte dans les Tableaux 10.14 et 10.15. Le nombre maximal de canaux voix plein débit est de 98 par secteur. Avec ces hypothèses, le *throughput* maximal est de 2,5 Mbit/s par secteur.

Tableau 10.14 Hypothèses de calculs

Canaux communs	10 codes avec SF = 128
Soft handover *overhead*	20%
Facteur d'étalement pour le service voix demi-débit	256
Facteur d'étalement pour le service voix	128
Débit *chip*	3,84 Mc/s
Modulation	QPSK (2 bits par symbole)
Overhead DPCCH moyen	10%
Taux de codage de canal	1/3

Tableau 10.15 Capacité downlink maximale pour un code de *scrambling* par secteur

Service voix plein débit (AMR 12,2 et 10,2 kbit/s)	128 canaux * (128 - 10) / 128 / 1,2 = 98 canaux	Nombre de codes pour un facteur d'étalement de 128 *Overhead* des canaux communs *Overhead* de soft handover
Service voix demi-débit (AMR ≤ 7,95 kbit/s)	2 * 98 canaux = 196 canaux	Facteur d'étalement de 256
Service données par paquet	$3{,}84.10^6$ * (128 - 10) / 128 / 1,2 * 2 * 0.9 / 3 / (1 - 0,3) = 2,5 Mbit/s	Débit *chip* *Overhead* des canaux communs *Overhead* de soft handover Modulation QPSK *Overhead* DPCCH Taux de codage de canal de 1/3 30% de *puncturing*

Notons que le nombre de codes orthogonaux n'est pas une limitation *hardware* pour la capacité downlink. Si ce nombre est trop faible, un second code de *scrambling* peut être utilisé dans le sens descendant, ce qui donnerait un nouvel ensemble de codes courts orthogonaux (voir section 5.3). Cependant, les codes de ces deux ensembles ne sont pas orthogonaux entre eux. Si un second code de *scrambling* est utilisé, les canaux utilisant le second code de *scrambling* vont provoquer plus d'interférences vers les canaux utilisant le premier code de *scrambling* que ne le feraient les canaux utilisant ce premier code.

La capacité maximale pour l'utilisation d'un seul ensemble de codes peut être inférieure à celle qui est présentée dans le Tableau 10.15, si des connexions à débit variable sont utilisées, car les codes orthogonaux doivent être réservés selon le débit maximal de la connexion associée.

Le second code de *scrambling* sera probablement nécessaire lorsque des solutions d'antennes adaptatives seront utilisées. Ces dernières permettront d'améliorer les performances downlink par rapport à celles présentées dans le Tableau 10.13.

10.3.2 Diversité d'émission downlink

La capacité downlink peut être améliorée en utilisant de la diversité d'antenne en réception au niveau du mobile. Pour des mobiles de petite taille et bon marché, il n'est pas vraiment possible d'utiliser deux antennes, ni deux chaînes de réception. Par conséquent, la norme WCDMA supporte l'utilisation de la diversité d'émission au niveau de la station de base. Les modes de diversité d'émission ont été décrits dans la section 5.6, traitant des procédures de la couche physique. Avec de la diversité d'émission, le signal downlink est transmis via deux antennes de la station de base. Si nous avons déjà de la diversité de réception au niveau de la station de base et que nous duplexons l'émission downlink avec les antennes de réception, il n'y a pas besoin d'antennes supplémentaires. Dans la Figure 10.6, nous pouvons utiliser les deux antennes à la fois, pour la réception et l'émission. Notons que la diversité d'émission peut utiliser des antennes de diversité d'espace ou de polarisation.

Dans cette section, nous allons comparer la diversité d'émission downlink à la diversité de réception uplink, présentée dans la section 10.2.1.3 ainsi qu'analyser le gain apporté par la diversité d'émission downlink. Ce gain de performances apporté soit par la diversité de réception, soit par la diversité d'émission peut être divisé en deux parties :

- Gain de combinaison cohérente,
- Gain de diversité contre le *fast fading*.

Le gain de combinaison cohérente est obtenu car le signal est combiné de façon cohérente alors que les interférences sont, quant à elles, combinées de façon non-cohérente. Ce gain est théoriquement de 3 dB avec deux antennes. Dans le sens uplink, le récepteur Rake est chargé de combiner de façon cohérente le signal reçu au niveau des deux antennes. Le récepteur Rake a été introduit dans la section 2.4. Le gain de combinaison cohérente est d'environ 2,5 dB à 3 dB dans le sens montant selon la précision de l'estimation du canal. Avec la diversité d'émission downlink, il est également possible de combiner de façon cohérente les signaux reçus par le mobile, si les phases des signaux issus des deux antennes d'émission de la station de base sont correctement ajustées selon les commandes *feedback* du mobile. Cette combinaison cohérente n'est pas parfaite puisque les différentes composantes correspondant aux différents trajets multiples ne peuvent être combinées de façon cohérente. Seules les phases relatives des signaux des deux antennes peuvent effectivement être ajustées. La procédure de *feedback* du mobile, appelée « feedback loop », fonctionne par pas et introduit un délai, ce qui dégrade le gain de combinaison cohérente dans le sens descendant. Le délai a en particulier un impact pour les mobiles se déplaçant à vive allure. Par conséquent, la combinaison cohérente fournit un gain inférieur pour la diversité d'émission downlink à celui pour la diversité de réception uplink. La procédure *feedback loop* est illustrée dans la Figure 10.12.

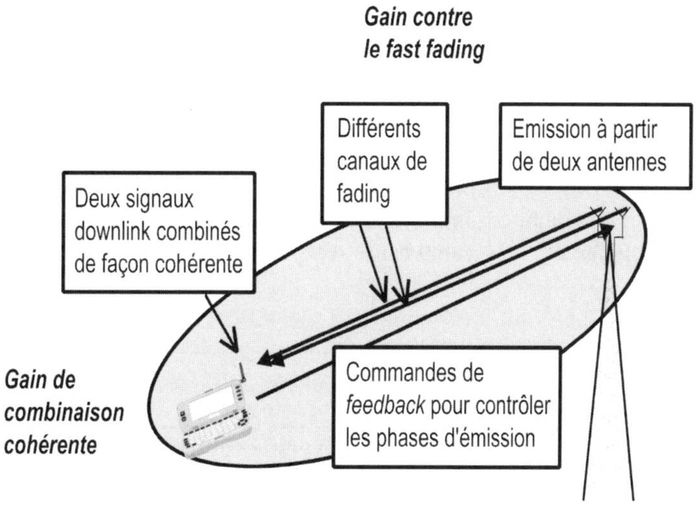

Figure 10.12 Diversité d'émission downlink et procédure feedback loop

La diversité d'émission et la diversité de réception fournissent, toutes deux, un gain contre le *fast fading*. Ce gain est plus fort lorsqu'il existe moins de diversité de trajets multiples. La relation qu'entretiennent le contrôle de puissance et la diversité a été présentée en détail dans la section 8.2.1.2. Pour des vitesses faibles, la puissance d'émission moyenne est plus faible grâce au contrôle de puissance, c'est-à-dire que le *power rise* est réduit. Cette réduction est de 2,8 dB pour un canal ITU Pedestrian A (voir Figure 8.5). Les différences entre diversité de réception uplink et diversité d'émission downlink sont résumées dans le Tableau 10.16.

Il est important de noter la différence entre les deux sources de diversité downlink : d'un côté, nous avons la diversité de trajets multiples et de l'autre côté, la diversité d'émission. La diversité de trajets multiples réduit l'orthogonalité des codes downlink, tandis que la diversité d'émission conserve les codes orthogonaux pour les canaux à *fading* plat. Afin de maximiser la capacité downlink (la *soft* capacité), il serait bénéfique d'éviter la propagation à trajets multiples et de fournir de la diversité grâce à la diversité d'antenne en émission.

Tableau 10.16 Comparaison des diversités de réception uplink et d'émission downlink

	Diversité de réception uplink	**Diversité d'émission downlink (*feedback loop*)**
Gain de combinaison cohérente (Le gain théorique est de 3 dB avec deux antennes)		
Obtention	Récepteur Rake avec estimation du canal par les symboles *pilot*	*Feedback loop* du mobile vers la station de base afin de contrôler les phases d'émission et permettre la combinaison cohérente au niveau du mobile
Problèmes de combinaison cohérente	Imprécision de l'estimation du canal par le récepteur Rake	- Imprécision de l'estimation du canal par le mobile - Fonctionnement par pas de la procédure *feedback loop* - Retard dû à la procédure *feedback loop* - Propagation à trajets multiples
Gain de combinaison cohérente	2,5 à 3 dB	Gain plus faible que pour la diversité de réception
Gain de diversité contre le *fast fading*		
Gain de diversité avec le contrôle de puissance rapide	Gain de diversité = réduction du *power rise*, par exemple : ITU Pedestrian A : 2,8 dB ITU Vehicular A : 0,8 dB	
Gain total (réduction des puissances d'émission)		
Gain total de la diversité d'antenne	3 à 6 dB	0 à 5 dB

Les capacités uplink et downlink sont comparées dans le Tableau 10.13. Dans cette comparaison, nous avons pris en compte la diversité de réception pour le sens montant alors qu'aucune diversité d'émission ne l'a été dans le sens descendant. Si nous ajoutons le gain de diversité d'émission aux capacités du Tableau 10.13, la capacité downlink deviendrait approximativement égale à la capacité uplink, pour un environnement macrocellulaire. Dans les microcellules, les capacités uplink et downlink sont pratiquement égales sans diversité d'émission. Avec de la diversité d'émission, la *soft* capacité downlink devient clairement plus importante que la capacité uplink, toujours dans un environnement microcellulaire. Cette asymétrie de la capacité de l'interface air est bénéfique, puisque les exigences en termes de capacités sont plus fortes dans le sens descendant que dans le sens montant. La raison à cette plus forte capacité downlink est principalement l'utilisation de codes orthogonaux.

L'impact des gains de diversité d'émission dans le sens descendant sur la capacité et la couverture downlink est illustré dans la Figure 10.13. On suppose ici un gain de 2 dB comprenant le gain de combinaison cohérente et le gain de diversité contre le *fast fading*. Cette amélioration donne un gain de capacité de 2 dB. Si un *path loss* maximal de 157 dB est permis, la capacité peut être augmentée de 650 kbit/s à 1 030 kbit/s. Le gain de diversité d'émission peut être utilisé afin d'améliorer la couverture downlink tout en maintenant la charge inchangée. Dans l'exemple de la Figure 10.13, le *path loss* maximal pourrait être augmenté de 5 dB, c'est-à-dire passer de 157 dB à 162 dB, si la charge était maintenue à 650 kbit/s. Le gain de couverture est supérieur au gain de capacité à cause de la courbe de charge. Il peut ne pas être possible d'utiliser les gains de couverture downlink pour étendre la taille de la cellule grâce à la diversité d'émission downlink, si le sens montant est le facteur limitant en couverture. Le gain de couverture peut être utilisé pour réduire la puissance d'émission requise de la station de base. Si nous conservons la charge inchangée à 650 kbit/ s et le *path loss* maximal inchangé à 157 dB, nous pouvons réduire la puissance d'émission de 5 dB, soit de 20 W à 2 x 3,2 W.

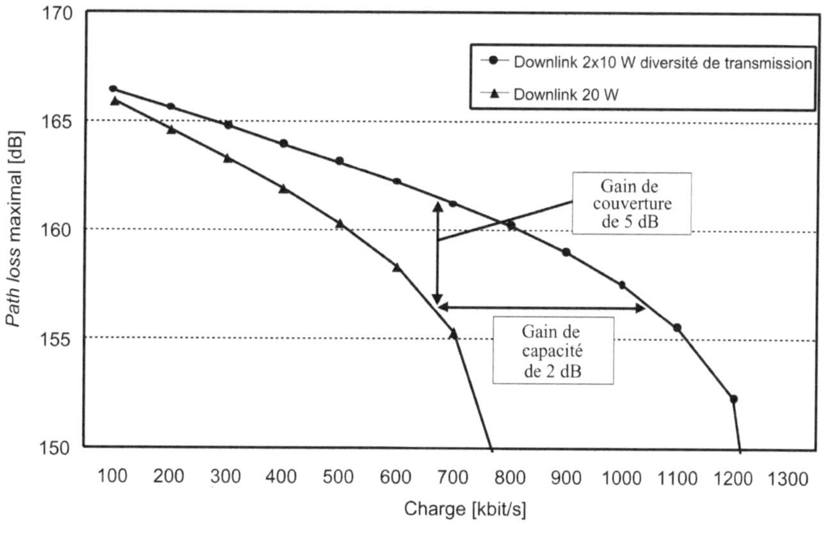

Figure 10.13 Gains de capacité et de couverture downlink et diversité d'émission

10.3.3 Améliorations de la capacité

Il existe plusieurs méthodes permettant d'améliorer la capacité downlink par site. Ce sont principalement les suivantes :

- Utilisation de plus de porteuses.
- Utilisation de la diversité d'émission.
- Sectorisation.
- Utilisation de débits inférieurs grâce, par exemple, au codec voix AMR.

Si l'allocation de fréquences le permet, l'opérateur peut utiliser plusieurs porteuses. Le WCDMA supporte efficacement les handovers inter-fréquences et plusieurs porteuses peuvent être utilisées pour équilibrer la charge et augmenter la capacité par site. Notons qu'il est possible de partager un amplificateur de puissance pour plusieurs porteuses. Dans la section 7.2.2, il a été montré que le fait de partager un amplificateur de puissance pour deux porteuses était la meilleure méthode puisque la charge pouvait être partagée entre les deux porteuses lorsque la courbe de charge commençait à tomber. Cette méthode permet également de réduire la puissance d'émission par utilisateur. La courbe de charge du WCDMA montre aussi que le fait d'accroître la puissance d'émission downlink peut donner un gain de capacité vraiment marginal et que cela n'est pas une solution efficace pour améliorer la capacité downlink.

La diversité d'émission downlink augmente la capacité downlink d'un certain niveau qui dépend de la quantité de diversité de trajets multiples disponible dans un environnement donné. Moins la diversité de trajets multiples est disponible, plus le gain de capacité downlink, en utilisant la diversité d'émission, est important. Par conséquent, des gains de capacité plus élevés peuvent être attendus dans les micro ou picocellules où la diversité de trajets multiples est très limitée. Si la réception uplink utilise déjà de la diversité, la diversité d'émission downlink peut être utilisée dans le réseau sans modifications notables des structures de réception (antennes, etc.).

La sectorisation peut également être utilisée pour accroître la capacité d'un site. De façon idéale, N secteurs donnent une capacité N fois supérieure, mais en pratique l'efficacité de la sectorisation est typiquement de 90%. Cela signifie que le fait de passer un site d'une configuration omnidirectionnelle à une configuration trisectorielle augmente la capacité par un facteur de 2,7 et à une configuration hexasectorielle, par un facteur de 5,4. Le nombre supérieur de secteurs améliore également la couverture car le gain d'antenne sera supérieur. L'inconvénient de cette méthode est que la planification du réseau et l'optimisation doivent être totalement reconsidérées. La sectorisation est analysée plus en détail dans le document [6] donné en référence à la fin du chapitre.

Grâce au codec voix AMR, il est possible d'augmenter la capacité voix du WCDMA en utilisant un débit AMR inférieur. Le codec AMR est introduit dans la section 1.3. Le nombre total de bits utilisateur transmis n'est pas augmenté en utilisant un débit AMR plus petit mais le nombre de connexions l'est en revanche quand le débit par utilisateur est diminué. Le codec AMR permet de réaliser un compromis entre la capacité et la qualité selon les besoins de l'opérateur.

10.4. Débits élevés

Dans cette section, nous allons évaluer les performances des liens radio à 512 kbit/s et ceux à 2 Mbit/s [10] [11]. Cette évaluation s'appuie sur des simulations effectuées avec un récepteur Rake et différents profils de trajets multiples. En WCDMA, les débits élevés sont obtenus en utilisant un gain de traitement plus petit, c'est-à-dire soit avec un facteur d'étalement variable, soit avec des codes multiples. Il a été prouvé que les propriétés d'interférences et de performances de ces deux solutions sont identiques [12] [13]. Puisque les propriétés d'autocorrélation des codes d'étalement ne sont pas idéales, les composantes de trajets multiples interférent les uns sur les autres. Si le gain de traitement est plus important, ces interférences intertrajets (IPI, *Inter-Path Interference*) et ces interférences intersymboles (ISI, *Inter-Symbol Interference*) sont négligeables, mais pour un gain de traitement moins élevé, les interférences intertrajets ont clairement un impact sur les performances. Le gain de traitement pour un débit de 2 Mbit/s est seulement de 2,8 dB ($=10.\log_{10}(3{,}84$ Mc/s / 2 Mbit/s)) et une partie des propriétés large bande du WCDMA est perdue. Dans les systèmes TDMA, tel que le GSM, les interférences intersymboles sont maîtrisées par un égaliseur.

Dans les simulations, les performances E_b/N_0 selon les différents profils de trajets multiples dépendent des interférences intertrajets ainsi que du gain de diversité de trajets multiples. Si nous souhaitons observer seulement l'impact des interférences intertrajets, nous devons connaître au préalable l'impact du gain de diversité. Par conséquent, les résultats de simulation ont été obtenus en utilisant un modèle de simulation où les interférences intertrajets entre les différentes composantes de trajets multiples n'ont pas été modélisées. Les résultats correspondent à un récepteur idéal qui pourrait éliminer toutes les interférences intertrajets.

Puisque la propagation caractérisée par des trajets multiples provoque des interférences intertrajets mais aussi fournit de la diversité de trajets multiples, l'impact global de la diversité de trajets multiples dépend du débit. Pour les débits très élevés, les interférences intertrajets peuvent causer plus de dégradations que ce qui peut être gagné par la diversité de trajets multiples. Le gain de diversité de trajets multiples est analysé dans la section 10.4.2.

10.4.1 Interférences intertrajets

10.4.1.1 Débit uplink de 512 kbit/s

Les performances uplink du débit de 512 kbit/s sont obtenues grâce à des simulations d'une transmission utilisant un seul code et un codage convolutif demi-débit. Le taux d'erreur trame (FER) des paquets est utilisé comme un critère d'évaluation des performances avec une taille de paquets de 320 bits utilisateur. Selon les spécifications de la Release 99 du 3GPP, les codes *turbo* 1/3 pourraient être également utilisés. Ces *turbo* codes pourraient fournir des performances E_b/N_0 très légèrement supérieures à celless des codes convolutifs, mais l'effet des interférences intertrajets (IPI) ne seraient pas modifiées. Dans ces simulation, il est supposé que la station de base utilise de la diversité d'antenne en réception.

Les performances uplink du débit de 512 kbit/s ont été simulées à l'aide de deux simulateurs, l'un fonctionnant au niveau *chip* et l'autre au niveau symbole. Pour le premier, l'étalement et le désétalement ont été modélisés avec une résolution temporelle de 0,24 µs (= 1⁄ 4,096 Mc/s) alors que pour le second, une résolution égale à la durée d'un symbole a été utilisée. Notons que la valeur 4,096 Mc/s correspond à l'ancien débit *chip* du WCDMA. Dans le second simulateur, les composantes de trajets multiples complexes (axes I et Q) ont été conservées orthogonales, par conséquent, les interférences intertrajets ne sont pas modélisées.

Les valeurs requises de E_b/N_0 pour les deux modèles sont présentées dans la Figure 10.14 et les Tableaux 10.17 et 10.18.

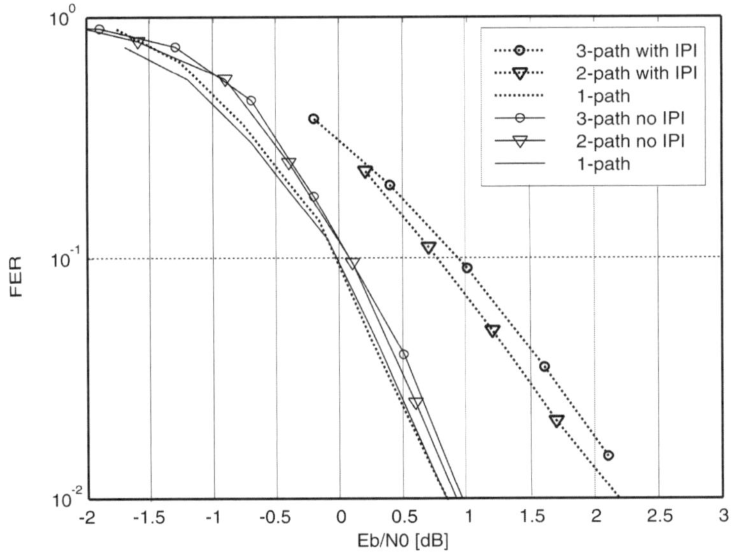

Figure 10.14 Valeurs de E_b/N_0 pour un débit de 512 kbit/s

Les différences de performance entre les canaux à 1, 2 ou 3 trajets sont de moins de 0,2 dB pour le modèle fonctionnant au niveau des symboles. Cela indique que la diversité de trajets multiples ne provoque aucune différence, car le contrôle de puissance rapide peut compenser les effets du *fast fading* pour les mobiles se déplaçant à faible vitesse. Par conséquent, nous pouvons supposer que la différence qui existe entre les résultats des simulateurs fonctionnant l'un au niveau du *chip*, l'autre au niveau du symbole, proviennent des interférences intertrajets. Dans ces simulations, toutes les composantes de trajets multiples ont la même puissance.

Tableau 10.17 Performances du débit uplink de 512 kbit/s (FER = 10%)

Valeur de E_b/N_0 requise par antenne			
	Simulateur *chip* avec IPI	Simulateur symbole sans IPI	Dégradation due à l'IPI
1 trajet	0,0 dB	0,0 dB	Pas d'IPI
2 trajets	0,7 dB	0,1 dB	0,6 dB
3 trajets	0,8 dB	0,2 dB	0,6 dB

Tableau 10.18 Performances du débit uplink de 512 kbit/s (FER = 1%)

Valeur de E_b/N_0 requise par antenne			
	Simulateur *chip* avec IPI	Simulateur symbole sans IPI	Dégradation due à l'IPI
1 trajet	0,9 dB	0,9 dB	Pas d'IPI
2 trajets	2,2 dB	0,9 dB	1,3 dB
3 trajets	2,2 dB	1,0 dB	1,2 dB

Les résultats de simulation montrent que la dégradation provoquée par les interférences intertrajets est d'environ 0,6 dB pour un taux d'erreur trame de 10%. Pour un taux d'erreur trame inférieur, la dégradation est plus importante, de l'ordre de 1,2 dB.

10.4.1.2 Débit downlink de 2,3 Mbit/s

Dans les simulations que nous allons voir, le débit downlink de 2 Mbit/s est obtenu en utilisant quatre codes parallèles ayant un facteur d'étalement de 4. En pratique, trois codes d'étalement parallèles auraient pu être utilisés dans le sens descendant au lieu de quatre, car une partie des codes orthogonaux doit être réservée pour les canaux communs downlink (voir Tableau 5.3). Si nous utilisions seulement trois codes, nous serions obligés d'appliquer plus de *puncturing*. On suppose ici qu'aucune diversité d'antenne en réception, ni aucune diversité d'antenne en émission n'est utilisée.

Les résultats de simulations obtenus avec le modèle fonctionnant au niveau *chip* et un taux d'erreur trame de 10% sont présentés dans la Figure 10.15 et dans le Tableau 10.19. Ce modèle prend en compte les effets des interférences intertrajets et les différences qui existent entre les profils de trajets multiples sont provoquées par ces interférences intertrajets.

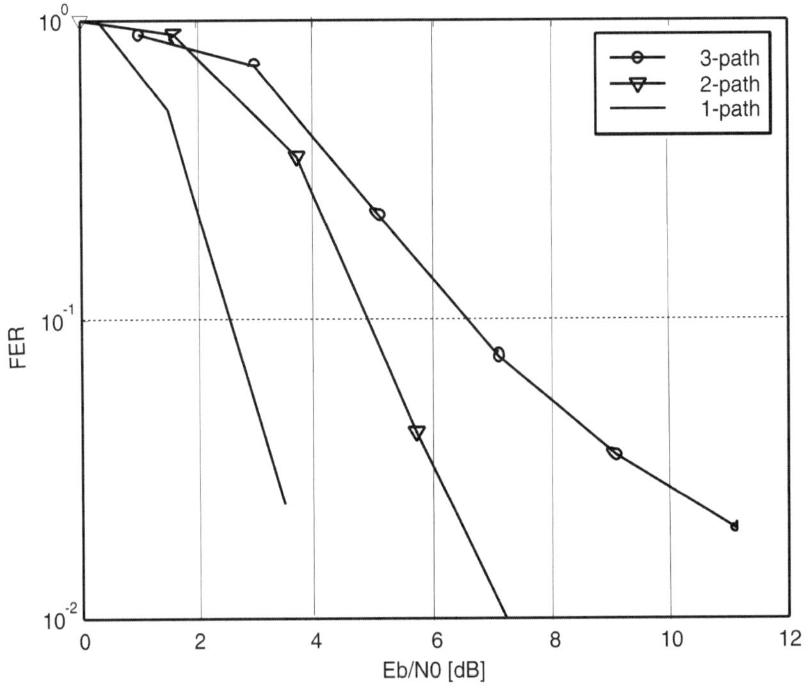

Figure 10.15 Valeurs de E_b/N_0 pour un débit de 2,3 Mbit/s

Pour le débit downlink de 2,3 Mbit/s, la dégradation due aux interférences intertrajets peut atteindre la valeur de 3,7 dB pour un taux d'erreur trame de 10%. Ces interférences provoquent des erreurs et on ne peut alors pas obtenir un très bas taux d'erreur trame.

Tableau 10.19 Performances du débit downlink de 512 kbit/s (FER = 10%)

Valeur de E_b/N_0 requise		
	Simulateur *chip* avec IPI	Dégradation due à l'IPI
1 trajet	2,7 dB	Pas d'IPI
2 trajets	4,6 dB	1,9 dB
3 trajets	6,4 dB	3,7 dB

Cette dégradation pourrait être atténuée en utilisant une structure améliorée de réception grâce à laquelle l'impact du canal peut être égalisé. Les gains maximums d'une telle structure pourraient être de 3,7 dB pour un débit de 2 Mbit/s et pour un canal à trois trajets. L'implémentation d'une telle structure ne serait pas excessivement complexe puisqu'il s'agit seulement d'un égaliseur linéaire (voir section 10.5.2).

Les performances downlink des hauts débits pourraient être également améliorées en utilisant la diversité d'émission au niveau de la station de base. La diversité d'émission augmente les performances downlink comme nous l'avons vu dans la section 10.3.2 et rend les transmissions haut débit plus robustes face aux interférences intertrajets.

10.4.2 Gain de diversité de trajets multiples

Rappelons que la propagation caractérisée par des trajets multiples provoque des interférences intertrajets mais fournit également de la diversité de trajets multiples.

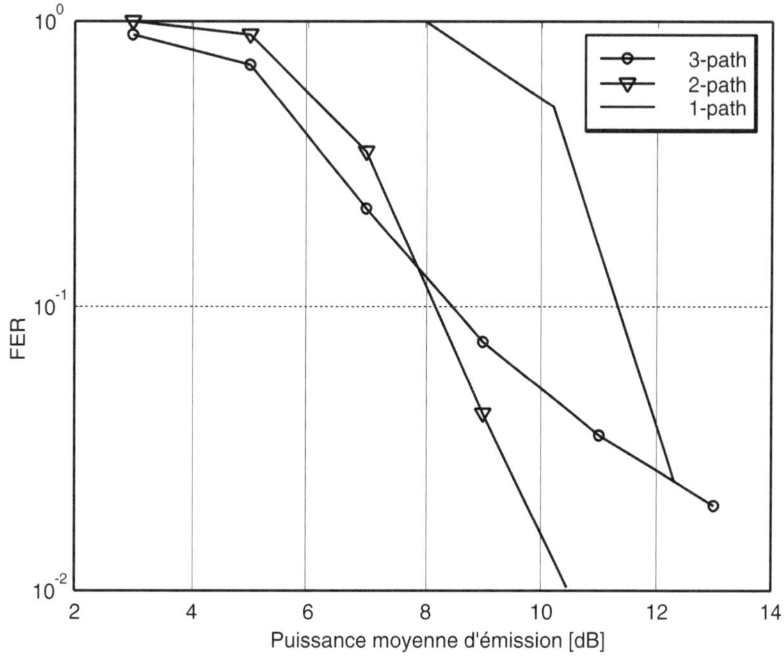

Figure 10.16 Puissance d'émission downlink pour un débit de 2 Mbit/s et une vitesse de 3 km/h

Pour des mobiles se déplaçant à une vitesse réduite, le gain de diversité permet d'utiliser des puissances d'émission plus faibles. Les puissances d'émission correspondant à un débit de 2 Mbit/s et une vitesse de déplacement de 3 km/h sont présentées dans la Figure 10.16. Pour un taux d'erreur trame de 10%, les résultats relatifs à des canaux à deux et trois trajets sont égaux et la puissance d'émission requise est d'environ 3 dB inférieure à celle nécessaire pour un canal à un trajet. Pour un taux d'erreur de 1%, l'impact des interférences intertrajet est plus important.

La différence entre la puissance reçue requise dans la Figure 10.15, et la puissance d'émission requise dans la Figure 10.16 est en fait le *power rise* qui est expliqué en détail dans la section 8.2.1.2. Le *power rise* obtenu avec un contrôle de puissance idéal est de 3 dB dans un canal à deux trajets et de 1,8 dB dans un canal à trois trajets. Le *power rise* obtenu dans ces simulations avec un contrôle de puissance plus réaliste semble être très proche des valeurs théoriques.

Quelle est la différence entre ces résultats relatifs à un débit downlink de 2 Mbit/s et les résultats downlink correspondant au service voix, présentés dans la section 10.3.1 ? Pour le service voix, la propagation en trajets multiples provoque des interférences entre les utilisateurs dans une même cellule. Pour le service utilisant un débit de 2 Mbit/s, il n'existe pas d'interférences entre utilisateurs puisque la capacité ne permet pas d'avoir plus d'un utilisateur simultané dans la même cellule mais la propagation en trajets multiples provoque des interférences intertrajets.

10.4.3 Implémentation des hauts débits

La faisabilité des hauts débits dans un environnement cellulaire est résumée dans cette section. Nous allons voir les aspects liés à la couverture, la capacité et les performances des liens utilisant des débits importants allant jusqu'à 2 Mbit/s. La couverture a été abordée dans la section 10.2 et la capacité dans la section 10.3.

La couverture downlink a été analysée dans la section 10.2.3 et il a été montré que la couverture downlink complète des services à 1 Mbit/s pouvait être assurée même au niveau des macrocellules. En pratique, la couverture des services à 2 Mbit/s peut être assurée dans 50 à 100% de la superficie de la cellule. En règle générale, la couverture downlink des services haut débit est meilleure que la couverture uplink puisque plus de puissance peut être allouée par connexion par la station de base. Cela est particulièrement vrai pour les services à haut débit car il ne peut y avoir qu'un petit nombre d'utilisateurs de ces services par cellule au même moment, et par conséquent, une bonne partie de la puissance de la station de base peut être allouée à ces utilisateurs.

La couverture uplink des services haut débit est plus petite que dans le sens descendant car la puissance d'émission des mobiles est limitée. Elle dépend principalement de la taille de la cellule. La Figure 10.4 présentait la couverture relative de différents débits. Dans cet exemple, la cellule était déterminée pour fournir une couverture totale du service données à 144 kbit/s et la portée du service données à 2 Mbit/s était inférieure de 50% à celle du service à 144 kbit/s. Un exemple de zones de couverture d'un service à 2 Mbit/s est donné dans la Figure 10.15.

Les capacités typiques de différents environnements sont données dans le Tableau 10.13 où nous pouvons noter que la capacité moyenne par secteur est inférieure à 2 Mbit/s. Dans ce tableau, il est supposé que les utilisateurs sont uniformément répartis dans la cellule. Si la charge dans les cellules voisines est faible ou si l'utilisateur du service à 2 Mbit/s est proche de la station de base, il est possible de supporter un utilisateur à 2 Mbit/s dans le sens descendant. S'il est courant de rencontrer un utilisateur d'un tel service par cellule et même dans certain cas, en bordure de cellule, la capacité devra être augmentée. La section 10.3.3 suggère pour ce point un certain nombre de solutions.

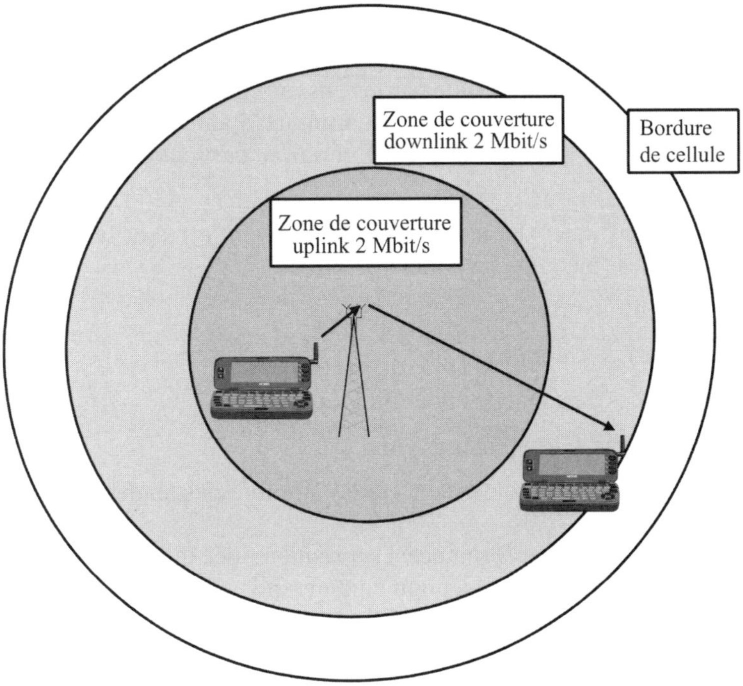

Figure 10.15 Zone de couverture d'un service 2 Mbit/s dans un environnement macrocellulaire

Les résultats de simulation de la performance du lien radio pour les hauts débits pour des canaux à trajets multiples ont été donnés dans la section 10.4. Il y a été vu que les services à 2 Mbit/s peuvent être supportés dans des canaux à trajets multiples.

Pour résumer, l'interface air WCDMA peut fournir des services à haut débit même dans un environnement macrocellulaire. L'interface air est prête, voire adaptée à ce type de services.

10.5. Améliorations des performances

Dans cette section, nous allons présenter deux solutions qui peuvent être implémentées au niveau des stations de base afin d'améliorer les performances uplink du WCDMA. Il s'agit des structures avancées de réception et de la détection multi-utilisateurs en bande de base.

10.5.1 Solutions d'antennes

La couverture WCDMA a été présentée dans la section 10.2 et il a été montré que cette couverture était clairement limitée par le sens montant. Une des méthodes d'amélioration de la couverture uplink est d'augmenter le nombre d'antennes de réception au niveau de la station de base. Le choix d'une configuration particulière d'antenne dépend des aspects suivants :

- Caractéristiques du canal radio qui peuvent affecter le niveau de diversité de trajets multiples (pico, micro et macrocellule).
- Angle d'ouverture.
- Vitesses des mobiles.
- Exigences de capacités downlink et uplink.
- Complexité d'implémentation.
- Respect de l'environnement (taille, nombre des antenne, position, etc.).

Afin d'améliorer les performances, la première idée qui vient à l'esprit est, soit d'augmenter le nombre d'éléments de réception en diversité, soit de maximiser le gain d'antenne. La Figure 10.18 montre différentes configurations d'antennes de station de base. De manière générale, chaque site est composé des trois secteurs et la station de base utilise deux antennes par secteur. Chaque couple d'antennes couvre un secteur dans sa totalité. La diversité de réception est généralement utilisée dans le sens montant. En d'autres termes, les deux antennes sont utilisées en réception, alors que souvent une seule antenne est utilisée en émission. La Figure 10.18 montre également une autre configuration utilisant toujours la diversité de réception ainsi qu'une troisième configuration pour laquelle quatre antennes sont utilisées par secteur. Dans la deuxième configuration, quatre antennes sont également utilisées, mais chacune d'entre elles couvre la totalité du secteur. Ces antennes sont faiblement corrélées, ce qui peut être réalisé en les espaçant correctement ou en utilisant des antennes utilisant une polarisation orthogonale. Dans la troisième configuration, un réseau d'antennes est utilisé où l'espacement entre chaque antenne est de l'ordre d'une demi-longueur d'onde. Le secteur est alors couvert par plusieurs faisceaux qui possèdent chacun un gain d'antenne plus important que si une antenne conventionnelle avait été utilisée.

Si le canal radio est caractérisé par beaucoup de diversité de trajets multiples, il est préférable d'utiliser un nombre d'éléments de réception relativement faible. Toutefois, si ce canal radio est un canal de *fading* de Rayleigh plat, il sera avantageux d'augmenter le nombre de ces éléments. Les macrocellules disposent de plus de diversité de trajets multiples mais de moins de diversité angulaire que les pico ou microcellules. La diversité angulaire peut être exploitée par les techniques utilisant plusieurs faisceaux directifs, comme la troisième configuration de la Figure 10.18. Evidemment, il existe un nombre optimal d'éléments de réception en diversité puisque la combinaison cohérente des signaux nécessite une estimation précise du canal. Quand le nombre d'éléments de réception en diversité augmente, la valeur de E_b/N_0 par élément diminue. Par conséquent, l'estimation du canal pour chaque élément devient cruciale.

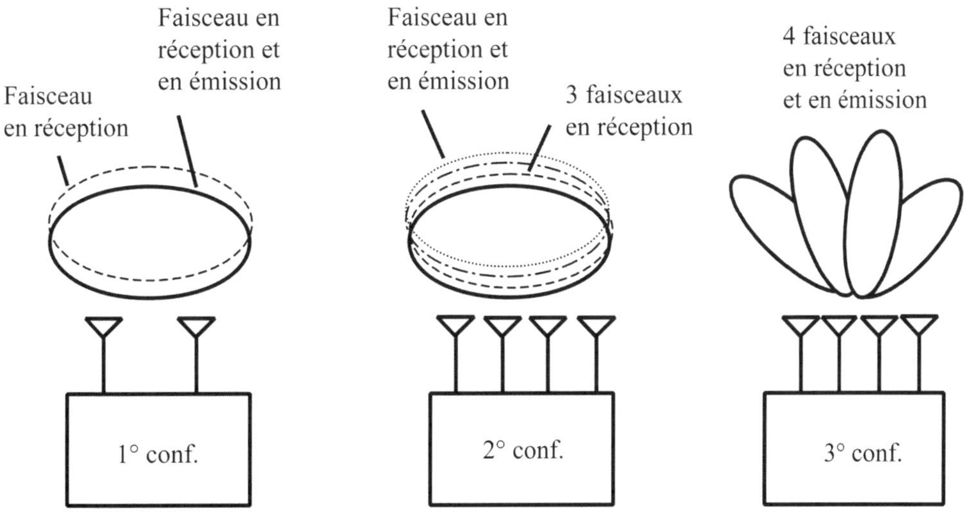

Figure 10.18 Différentes configurations d'antennes de station de base

Dans les sections suivantes, les problèmes de couverture et de capacité relatifs aux réseaux d'antennes adaptatives seront abordés. Cependant, ici, l'accent est principalement mis sur les solutions uplink. Pour le mode FDD du WCDMA, il est difficile d'obtenir des performances optimales avec les réseaux d'antennes adaptatives puisque les sens montant et descendant utilisent des fréquences différentes et que le *fast fading* est décorrélé entre ces deux sens de transmission. Par conséquent, pour cette solution, la direction d'arrivée du signal uplink doit être estimée. En outre, la calibration du réseau d'antennes doit être effectuée en permanence pour optimiser les performances du sens descendant. Dans la configuration où seule la diversité d'émission est utilisée, la direction d'arrivée du signal n'est pas à estimer car le mobile envoie des commandes de *feedback* permettant à la station de base d'adapter son émission. La diversité d'antenne en émission a été présentée en détail dans la section

10.3.2. Une analyse complète des réseaux d'antennes adaptatives peut être trouvée dans les documents [14] et [15] donnés en référence à la fin de ce chapitre.

10.5.1.1 Améliorations de la couverture et réseaux d'antennes adaptatives

Dans le cas où la couverture est le facteur limitant, les interférences peuvent être caractérisées de façon temporelle et spatiale comme du bruit blanc et le niveau de la charge peut être supposé bas, c'est-à-dire que le ratio entre les interférences dues aux accès multiples et le bruit, I_0/N_0, est bien en dessous de 0 dB. Dans ces circonstances, le récepteur optimal pour un canal de *fading* est un récepteur en diversité qui utilise la technique de combinaison des signaux MRC (*Maximal Ratio Combining*) [16]. Si les amplitudes et les phases des différents signaux reçus en diversité sont correctement estimées, les déformations de la phase peuvent être compensées et les signaux reçus sur les différents éléments de réception peuvent être pondérés par le ratio signal sur bruit (*signal-to-noise ratio*). Cela permet d'obtenir une combinaison cohérente des signaux. Le récepteur Rake, présenté dans la Figure 10.19, réalise cette combinaison cohérente des signaux en utilisant les symboles *pilot* pour estimer le canal. Dans la Figure 10.19, seul un doigt du récepteur Rake est présenté.

Dans le cas où le *fading* dépend de la fréquence, les signaux correspondant aux différents trajets multiples doivent être combinés de façon cohérente et un doigt est nécessaire pour chaque trajet. La somme des doigts donne le signal composite qui est une somme cohérente des signaux issus des différentes antennes et des différents trajets multiples. Avec la combinaison MRC, le récepteur Rake multiplie le signal d'une antenne particulière par un poids w_m qui est le conjugué complexe de la réponse impulsionnelle estimée de ce même signal. Ces calculs doivent être effectués pour chaque doigt du récepteur.

Dans le cas où le mobile et la station de base sont en vue directe et que le *fading* est inexistant, le récepteur optimal est un récepteur à réseau d'antennes qui règle la phase du réseau linéaire d'antennes afin de diriger le faisceau de l'antenne dans la direction du signal à recevoir. Dans le récepteur de la Figure 10.19, cela peut être obtenu en choisissant les angles de la phase des poids w_m correspondant chacun à une antenne spécifique de telle façon que le faisceau soit dirigé dans la direction qui comporte le plus de puissance du signal à recevoir. Si les interférences d'accès multiples peuvent être modélisées comme du bruit blanc tant du point de vue temporel que spatial, cette méthode utilisant les poids w_m peut être appliquée. Dans le cas où l'émetteur et le récepteur sont en vue directe, la formation du faisceau et la combinaison MRC donne le même résultat optimal si la direction du signal à recevoir et les coefficients du canal sont connus. Par exemple, avec un réseau à huit éléments de réception et un canal de *fading* plat, on aura à estimer un paramètre de direction et huit paramètres de combinaison cohérente.

La Figure 10.20 montre les résultats de simulation pour une macrocellule WCDMA lorsque le nombre d'antennes par secteur passe de 2 à 8. On suppose ici que la combinaison MRC est utilisée et que la direction des antennes est fixe, toujours dans le cas d'une station de base à trois secteurs. Notons que, par exemple, une station de base possédant 12 antennes peut être configurée de la façon suivante : trois secteurs avec 4 antennes chacun, ou trois secteurs avec 4 faisceaux chacun, donc une antenne par faisceau et 12 faisceaux au total, ou encore six secteurs avec 2 antennes par secteur.

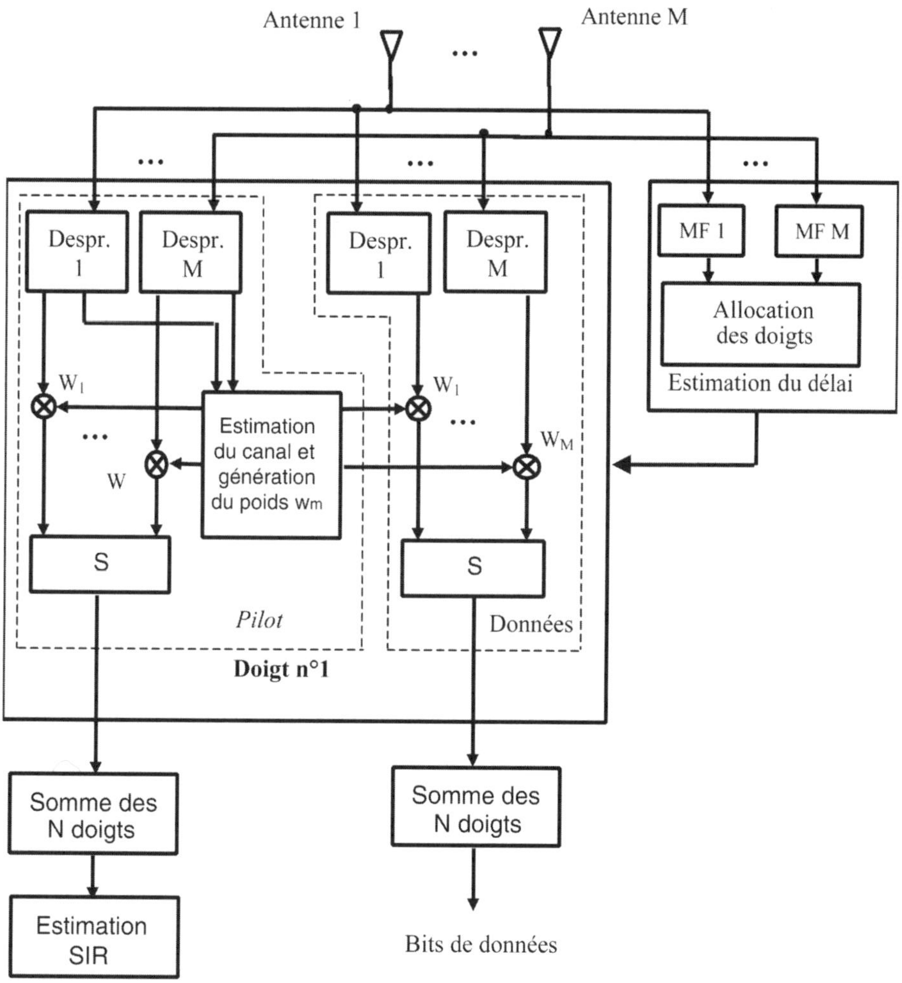

Figure 10.19 Principe de récepteur à réseau d'antennes

Les paramètres de simulation pour le modèle de canal sont donnés dans le Tableau 10.20. Les performances des différentes solutions d'antennes sont présentées pour une vitesse de mobiles de 50 km/h, un angle d'ouverture d'antenne de 15° et le service voix WCDMA. Ces performances supposent que les interférences d'accès multiples sont modélisées de façon temporelle et spatiale comme du bruit blanc gaussien et que l'utilisateur est localisé au centre du faisceau.

Tableau 10.20 Paramètres de simulation

Canal du signal à recevoir	Canal de Rayleigh à trois trajets (puissances relatives des trajets : 0 dB, -2,75 dB et -7 dB)
Modélisation des interférences (données aléatoires QPSK)	Interférences colorées
Canal d'interférences	Canal de Rayleigh à deux trajets
Débit du canal	1 024 kbit/s (soit environ 300 kbit/s, codage de canal inclus)
Facteur d'étalement	4
Facteur de charge	0,5
I_0/N_0	0 dB
Nombre d'utilisateurs générant des interférences	3

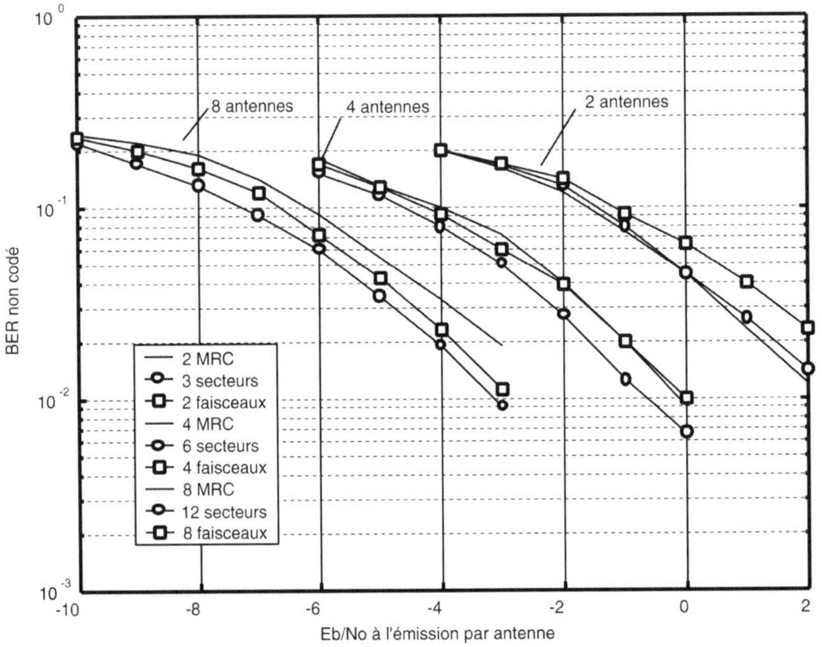

Figure 10.20 Performance de la combinaison MRC

Selon les résultats de cette simulation, la couverture est améliorée lorsque le nombre d'antennes augmente. Notons que les différences entre les différentes solutions sont faibles et qu'avec 8 éléments de réception ou plus, la solution MRC souffre d'erreurs d'estimation.

10.5.1.2 Amélioration de la capacité et réseaux d'antennes

S'il est nécessaire d'augmenter la capacité pour les utilisateurs de services voix à faible débit, les solutions de réseau d'antennes, présentées dans la section 10.5.1.1. peuvent s'appliquer, puisque les interférences issues d'un grand nombre d'utilisateurs de service à faible débit peuvent être vues comme un bruit gaussien d'un point de vue temporel et spatial. S'il existe qu'un petit nombre d'utilisateurs de ces services à un moment donné ou pour un secteur donné, les interférences d'accès multiples peuvent être caractérisées comme un bruit coloré et la situation se rapproche du cas des systèmes TDMA. Par conséquent, des algorithmes d'antennes adaptatives similaires à ceux du TDMA peuvent être appliqués pour supprimer les interférences. Cependant, le contrôle de puissance du WCDMA rend le ratio I_0/N_0 beaucoup plus faible que celui des systèmes TDMA. Par exemple, si le facteur de charge est de 50%, le ratio I_0/N_0 est de 0 dB [17]. Les gains possibles dus à la combinaison optimale ou à la combinaison à réjection d'interférences (IRC, *Interference Rejection Combining*) ne peuvent atteindre de si fortes valeurs pour les systèmes TDMA [18]. La structure du récepteur WCDMA, présentée dans la Figure 10.19, permet une approche qui maximise de façon adaptative le ratio signal sur interférences. Dans ce cas, en plus de l'estimation du canal sur chaque antenne, il est nécessaire d'estimer le motif des interférences. Il est possible de reconstruire le signal en utilisant les symboles *pilot* et la réponse impulsionnelle du canal estimée et en retranchant le signal reconstruit au signal reçu. Cela permet d'obtenir une combinaison optimale qui maximise le ratio signal sur interférences [19]. Le poids optimal pour chaque doigt n est donnée par la formule :

$$w_n = R_{uu,\,n}^{-1} h_n$$

où $R_{uu,n}$ sont les interférences spatiales estimées et h_n la réponse impulsionnelle du canal des signaux de l'antenne n.

La Figure 10.21 présente les performances de la méthode de combinaison IRC comparées à celles de la combinaison MRC, pour un environnement macrocellulaire. Les paramètres de simulation du Tableau 10.20 décrivent la nature des interférences. On suppose ici un facteur de charge de 50% et des antennes décorrélées en diversité. Les résultats indiquent que le gain relatif de la combinaison optimale comparé à celui de la combinaison MRC augmente avec le nombre d'antennes. Le gain de la combinaison IRC par rapport à celui de la combinaison MRC atteint 1,6 dB avec 8 antennes et un taux d'erreur bit de 10%. Si la cellule est plus chargée, le gain relatif est encore plus important. Les résultats montrent que la combinaison IRC peut être utilisée pour améliorer la capacité uplink des services à haut débit si au moins 4 éléments de réception peuvent être utilisés. En théorie, le gain maximal pour un ratio I_0/N_0 de 3 dB (charge de 67%) est d'environ 3 et 4 dB avec, respectivement, 4 et 8 antennes [18].

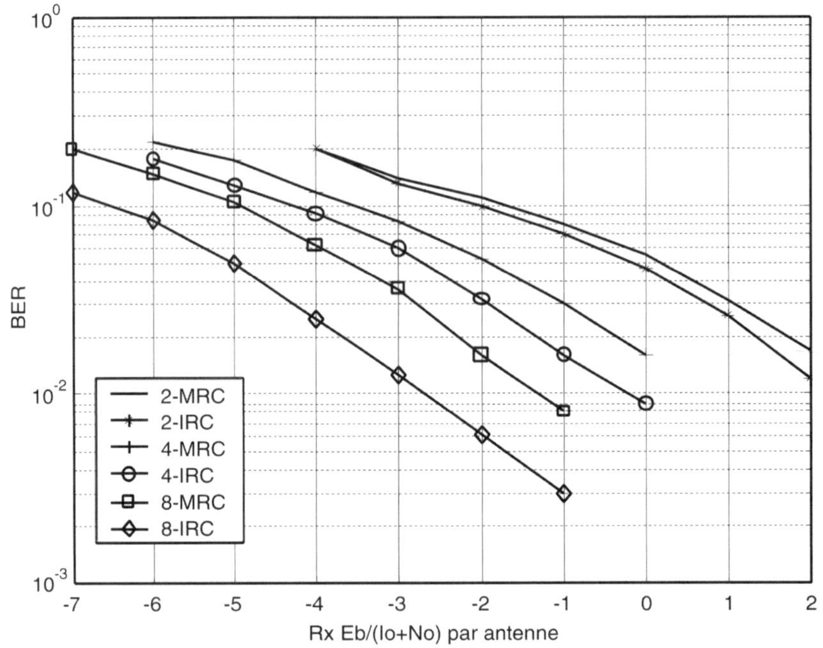

Figure 10.21 Performances des combinaisons MRC et IRC (2 à 8 antennes par secteur de 120°)

10.5.2 Détection multi-utilisateurs

Dans cette section, nous allons présenter les améliorations des performances uplink grâce à la détection multi-utilisateurs qui peut être réalisée au niveau de la station. L'objectif est de donner un aperçu des algorithmes de détection multi-utilisateurs ainsi que des références à des documents donnant plus d'informations à ce sujet. Les algorithmes présentés peuvent être appliqués indifféremment aux modes FDD et TDD. Les résultats de simulation de certains algorithmes sont présentés pour le mode FDD.

Les systèmes CDMA sont de façon inhérente limités par les interférences du point de vue des performances du récepteur et de la capacité du système [20-22]. Du point de vue du récepteur, cela signifie que, si le nombre d'utilisateurs est important, une augmentation du ratio signal sur bruit n'entraînera pas d'amélioration du taux d'erreur trame. Du point de vue de la capacité, cela signifie que plus le ratio signal sur interférences et bruit sera important pour la qualité de service souhaitée, plus le nombre d'utilisateurs pouvant satisfaire le canal de transmission sera restreint.

Les systèmes CDMA sont de nature limités par les interférences. Cela provient de la nature du récepteur. Dans les systèmes CDMA, l'élément principal du récepteur est un filtre adapté à code d'étalement (MF, *Matched Filter*) ou corrélateur [22]. Puisque les codes d'étalement reçus ne sont d'ordinaire pas rigoureusement orthogonaux, des interférences d'accès multiples (MAI, *Multiple Access Interference*) sont générées au niveau du récepteur. Si le facteur d'étalement est modéré, les puissances reçues des différents utilisateurs sont égales (*no-fear problem*), et le nombre d'utilisateurs qui interfèrent est important (>10). Grâce au théorème de la limite centrale, ces interférences d'accès multiples peuvent être modélisées comme une augmentation du bruit de fond utilisant une distribution gaussienne. Cette approximation permet de conclure qu'un filtre adapté suivi d'une fonction de décodage est le récepteur optimal pour les systèmes CDMA dans le cas de canaux caractérisés par du bruit blanc gaussien additif AWGN (*Additive White Gaussian Noise*). Pour les canaux sélectifs en fréquence, le récepteur Rake peut être considéré comme optimal si l'on utilise le même raisonnement.

Bien que les interférences d'accès multiples peuvent être approximées comme du bruit blanc gaussien additif, elle proviennent évidemment des signaux émis par les utilisateurs WCDMA. Par conséquent, ces interférences d'accès multiples sont structurées et peuvent être prises en considération par le récepteur. Cette remarque poussa Verdù [24] à analyser et développer un détecteur multi-utilisateurs (MUD, *Multi-User Detector*) pour les communications à accès multiples. Verdù a montré que le CDMA n'était pas limité par les interférences mais par les récepteurs à filtres adaptés conventionnels.

Les détecteurs MUD peuvent utiliser indifféremment une détection MAP (*Maximum a posteriori*) ou une détection MLSD (*Maximum Likelihood Sequence Detection*). En d'autres termes, des techniques, algorithme de Viterbi inclus, similaires à celles employées dans les canaux caractérisés par des interférences intersymboles [23] peuvent être utilisées pour combattre les interférences d'accès multiples. L'inconvénient de ces deux méthodes est que la complexité de leur implémentation est une fonction exponentielle du nombre d'utilisateurs. Par conséquent, les décodeurs de ce type ne sont pas implémentables pour les récepteurs CDMA. Cependant, l'observation de Verdù a déclenché une avalanche de papiers et d'articles sur les récepteurs multi-utilisateurs. Un bref résumé des techniques de détection multi-utilisateurs est donné ci-dessous, mais le lecteur pourra obtenir plus de détails dans l'article de Juntti and Glisic [25] ainsi que dans l'ouvrage de Verdù [26].

Les techniques de détection multi-utilisateurs peuvent être classées selon différentes méthodes. L'une d'elle consiste à classer les algorithmes de détection en deux groupes : les algorithmes centralisés de détection multi-utilisateurs et les algorithmes décentralisés de détection concernant un seul utilisateur. Les algorithmes centralisés réalisent une vraie détection multi-utilisateurs, c'est-à-dire qu'ils détectent conjointement les symboles de données de chaque utilisateur. Ce type d'algorithmes peut être implémenté au niveau des récepteurs des stations de base. Les algorithmes décentralisés détectent les symboles d'un seul utilisateur en se fondant sur le signal reçu de la part de cet utilisateur dans un environnement multi-utilisateurs comprenant des interférences d'accès multiples. Ces algorithmes peuvent être implémentés au niveau des récepteurs des stations de base et des mobiles.

Une autre méthode de classification se fonde sur la méthode de détection utilisée. Deux catégories peuvent être identifiées : les égaliseurs linéaires et les récepteurs à annulation d'interférences (IC, *Interference Cancellation*). Les égaliseurs linéaires sont des filtres linéaires supprimant les interférences d'accès multiples. Les égaliseurs les plus connus sont les détecteurs ZF (*zero-forcing*) ou détecteurs décorrélés (voir [27] à [29]) et les détecteurs MMSE (*Minimum Mean Square Error*) [30] et [31]. Les récepteurs IC tentent d'estimer explicitement les composantes des interférences d'accès multiples, qui sont ensuite soustraites au signal reçu. L'annulation d'interférences peut être menée en parallèle sur tous les utilisateurs, on parle alors d'annulation d'interférences PIC (*Parrallel Interference Cancellation*) [32] [33]. L'annulation d'interférences peut être également réalisée de façon séquentielle, on parle alors de SIC (*Serial Interference Cancellation*) [34] [35].

Les égaliseurs linéaires et les récepteurs à annulation d'interférences peuvent être appliqués aux récepteurs centralisés. Les égaliseurs linéaires peuvent aussi être implémentés de façon adaptative comme des détecteurs décentralisés. Cela est possible si les interférences d'accès multiples surviennent de façon cyclo-stationnaire. De nombreuses implémentations des détecteurs MMSE, fondées sur des séquences d'apprentissage, ont été étudiées (voir [36] à [40]). Des détecteurs dits « blind adaptive » et qui ne nécessitent pas de séquences d'apprentissage, ont également été étudiés [39] [41] [42].

Le choix des techniques de détection multi-utilisateurs pour les récepteurs des stations de base WCDMA a été longuement étudié, en considérant à la fois les performances des récepteurs et la complexité de leur implémentation (voir [43] à [46]). Ces études ont conclu que les récepteurs multi-utilisateurs faisant appel à une annulation parallèle des interférences (PIC) constituaient la meilleure méthode pour les systèmes CDMA utilisant un seul facteur d'étalement. Le principe d'un récepteur PIC à un seul étage d'annulation d'interférences est présenté dans la Figure 10.22.

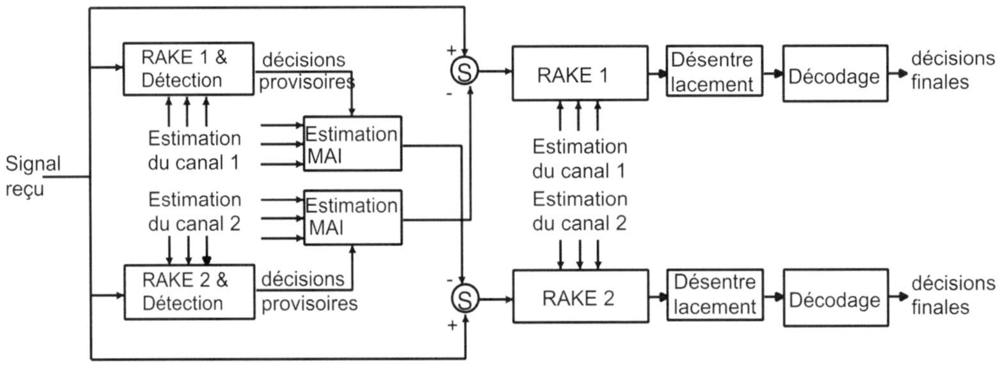

Figure 10.22 Récepteur PIC pour deux utilisateurs

Les interférences sont ici annulées simultanément, c'est-à-dire en parallèle, pour tous les utilisateurs. Les performances d'un tel récepteur peuvent être améliorées en réutilisant les décisions définies après l'annulation des interférences dans un autre étage d'annulation d'interférences. Un exemple de récepteur à annulation d'interférences utilisant plusieurs étages de traitement est donné dans la Figure 10.23.

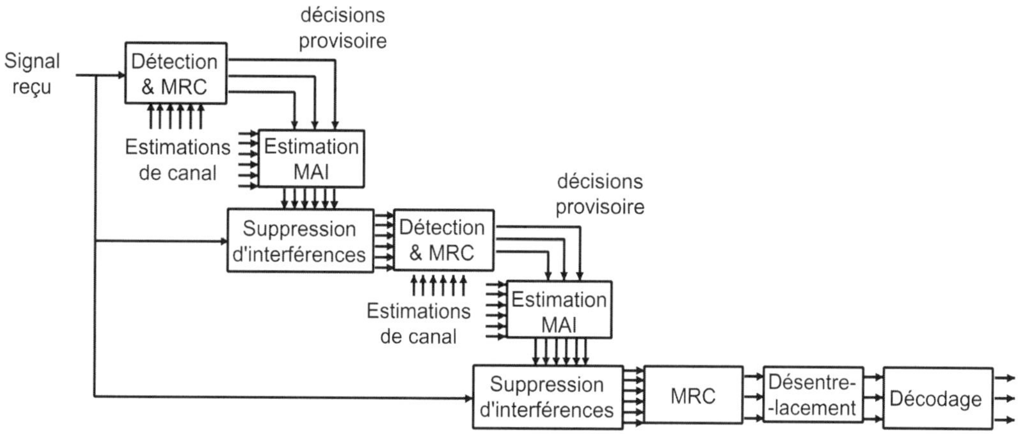

Figure 10.23 Récepteur PIC à plusieurs étages

Le choix de la méthode de détection multi-utilisateurs pour les systèmes CDMA utilisant des facteurs d'étalement variables a également été étudié par Ojanperä [47]. Pour de tels systèmes, les récepteurs GSIC (*Groupwise Serial Interference Cancellation*) semblent être le choix le plus approprié étant donné le niveau actuel des technologies de réception (voir [48] à [51]). Au niveau du récepteur GSIC, les utilisateurs employant un facteur d'étalement donné sont détectés en parallèle. Après quoi, les interférences d'accès multiples provoquées par ces utilisateurs sont soustraites aux interférences des autres utilisateurs ayant un facteur d'étalement différent. La principale raison qui explique l'efficacité des récepteurs GSIC est que la puissance des utilisateurs dépend du facteur d'étalement. En commençant par l'annulation des interférences issues des utilisateurs utilisant un facteur d'étalement faible, les utilisateurs utilisant des puissances importantes sont annulés en premier.

Les performances des récepteurs à annulation d'interférences dans les systèmes WCDMA ont été étudiées en utilisant des simulations de Monte Carlo. Les gains potentiels des récepteurs IC sont présentés dans la Figure 10.24. Trois utilisateurs utilisant un débit de 384 kbit/s sont considérés dans un canal ITU Pedestrian A. La vitesse des mobiles est ici de 3 km/h et le contrôle de puissance rapide est appliqué à chaque utilisateur. Les résultats montrent que les performances du lien radio sont de 0,7 à 1 dB. Ce gain peut être utilisé pour améliorer la capacité uplink tout en conservant la marge d'interférences uplink et la densité de stations de base. L'amélioration de la couverture peut être vue, dans le bilan de puissance présenté dans la section 7.2, comme une réduction de la marge d'interférences.

Les égaliseurs linéaires adaptatifs ne peuvent être appliqués que si les séquences d'étalement des utilisateurs sont périodiques et de courte période, comme celle d'un symbole. Par conséquent, en utilisant des codes de *scrambling* courts dans le sens uplink, on peut utiliser ici des récepteurs adaptatifs. Dans le sens descendant, les codes d'étalement sont périodiques sur une trame radio d'une durée de 10 ms. Cette période est trop longue pour que les récepteurs adaptatifs conventionnels soient utilisés. Le problème peut être résolu en introduisant des égaliseurs *chip* (voir [52] à [57]). L'idée est, ici, d'égaliser l'impact des canaux à trajets multiples sélectifs en fréquence au niveau *chip*. Cela permet de supprimer les interférences intertrajets (IPI) des signaux et de conserver, au moins partiellement, l'orthogonalité des codes d'étalement des utilisateurs d'une même cellule. En d'autres termes, les interférences d'accès multiples dans le sens descendant sont provoquées par la propagation à trajets multiples dont les effets peuvent être compensés par l'égaliseur. Les effets de la propagation à trajets multiples sur les performances downlink lorsqu'aucune méthode de suppression d'interférences n'est utilisée sont présentés dans la section 10.3.1.1.

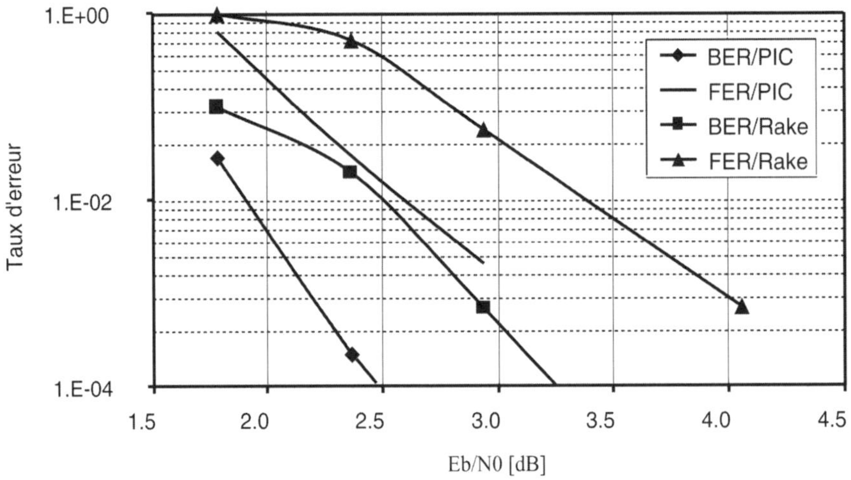

Figure 10.24 Performances d'un récepteur PIC

Les techniques de suppression et d'annulation d'interférences sont des méthodes prometteuses pour améliorer les performances des récepteurs aussi bien que la capacité et la couverture dans les deux sens de transmission. Nous avons vu dans cette section l'amélioration des performances uplink. Dans le sens montant, les récepteurs basés sur l'estimation et la soustraction des interférences semblent être la meilleure solution. Notons que dans le sens descendant les égaliseurs linéaires peuvent être appliqués.

10.6. Références

[1] UMTS, Selection Procedures for the Choice of Radio Transmission Technologies of the UMTS, ETSI, v.3.1.0, 1997.

[2] Laiho-Steffens, J. and Lempiäinen, J., 'Impact of the Mobile Antenna Inclinations on the Polarisation Diversity Gain in DCS1800 Network', *Proceedings of PI-MRC'97*, Helsinki, Finland, Septembre 1997, pp. 580–583.

[3] Lempiäinen, J. and Laiho-Steffens, J., 'The Performance of Polarisation Diversity Schemes at a Base-Station in Small/Micro Cells at 1800MHz', *IEEE Trans. Vehic. Tech.*, Vol. 47, No. 3, Août 1998, pp. 1087–1092.

[4] Sorensen, T.B., Nielsen, A.O., Mogensen, P.E., Tolstrup, M. and Steffensen, K., 'Performance of Two-Branch Polarisation Antenna Diversity in an Operational GSM Network', *Proceedings of VTC'98*, Ottawa, Canada, 18–21 Mai 1998, pp. 741–746.

[5] TSGR1 WG1 #8(99)f58, 3GPP/WG1 contribution "Proposal to Have Optional 20 ms RACH Message Length', Source: Nokia.

[6] Westman, T. and Holma, H., 'CDMA System for UMTS High Bit Rate Services', *Proceedings of VTC'97*, Phoenix, AZ, Mai 1997, pp. 825–829.

[7] Pehkonen, K., Holma, H., Keskitalo, I., Nikula, E. and Westman, T., 'A Performance Analysis of TDMA and CDMA Based Air Interface Solutions for UMTS High Bit Rate Services', *Proceedings of PIMRC'97*, Helsinki, Finland, Septembre 1997, pp. 22–26.

[8] Ojanperä, T. and Prasad, R., *Wideband CDMA for Third Generation Mobile Communications*, Artech House, 1998, 439 pp.

[9] Wacker, A., Laiho-Steffens, J., Sipilä, K. and Heiska, K., 'The Impact of the Base Station Sectorisation on WCDMA Radio Network Performance', *Proceedings of VTC'99*, Houston, TX, Mai 1999, pp. 2611–2615.

[10] Heiska, K. and Holma, H., 'Performance of 2 Mbps Packet Data with WCDMA in Small Microcellular Environment', *Proceedings of WPMC'98*, Yokosuka, Japan, Novembre 1998, pp. 64–69.

[11] Holma, H. and Heiska, K., 'Performance of High Bit Rates with WCDMA over Multipath Channels', *Proceedings of VTC'99*, Houston, TX, Mai 1999, pp. 25–29.

[12] Dahlman, E. and Jamal, K., 'Wideband Services in a DS-CDMA Based FPLMTS System', *Proceedings of VTC'96*, Atlanta, GA, 28 April–1 Mai 1996, pp. 1656–1660.

[13] Ramakrishna, S. and Holtzman, J., 'A Comparison between Single Code and Multiple Code Transmission Schemes in a CDMA System', *Proceedings of VTC'98*, Ottawa, Canada, 18–21 Mai 1998, pp. 791–795.

[14] Godara, L.C., 'Application of Antenna Arrays to Mobile Communications, Part I: Performance Improvement, Feasibility, and System Considerations', *Proc. IEEE*, Vol. 85, No. 7, 1997, pp. 1031–1060.

[15] Godara, L.C., 'Application of Antenna Arrays to Mobile Communications, Part II: Beam-Forming and Direction-of-Arrival Considerations', *Proc. IEEE*, Vol. 85, No. 8, 1997, pp. 1195–1245.

[16] Jakes, W.J. (ed.), *Microwave Mobile Communications*, IEEE Press, New Jersey, 1974.

[17] Muszynski, P., 'Interference Rejection Rake-Combining for WCDMA', *Proceedings of WPMC'98*, Yokosuka, Japan, Novembre 1998, pp. 93–97.

[18] Winters, J.H., 'Optimum Combining in Digital Mobile Radio with Co-channel Interference', *IEEE Trans. Vehic. Tech.*, Vol. 33, No. 3, 1984, pp. 144–155.

[19] Monzingo, R.A. and Miller, T.W., *Introduction to Adaptive Arrays*, John Wiley & Sons, New York, 1980.

[20] Pursley, M.B., 'Performance Evaluation for Phase-Coded Spread-Spectrum Multiple-Access Communication – Part I: System Analysis', *IEEE Trans. Commun.*, Vol. 25, No. 8, 1977, pp. 795–799.

[21] Gilhousen, K.S., Jacobs, I.M., Padovani, R., Viterbi, A.J., Weaver, L.A. and Wheatley III, C. E., 'On the Capacity of a Cellular CDMA System', *IEEE Trans. Vehic. Tech.*, Vol. 40, No. 2, 1991, pp. 303–312.

[22] Viterbi, A.J., *CDMA: Principles of Spread Spectrum Communication*, Addison-Wesley Wireless Communications Series, Addison-Wesley, Reading, MA, 1995.

[23] Proakis, J.G., *Digital Communications*, 3rd edn, McGraw-Hill, New York, 1995.

[24] Verdú, S., 'Minimum Probability of Error for Asynchronous Gaussian Multiple-Access Channels', *IEEE Trans. Inform. Th.*, Vol. 32, No. 1, 1986, pp. 85–96.

[25] Juntti, M. and Glisic, S., 'Advanced CDMA for Wireless Communications', in *Wireless Communications: TDMA Versus CDMA*, ed. S. Glisic and P. Leppänen, Chapter 4, pp. 447–490, Kluwer, 1997.

[26] Verdú, S., *Multiuser Detection*, Cambridge University Press, Cambridge, UK, 1998.

[27] Lupas, R. and Verdú, S., 'Near–Far Resistance of Multiuser Detectors in Asynchronous Channels', *IEEE Trans. Commun.*, Vol. 38, No. 4, 1990, pp. 496–508.

[28] Klein, A. and Baier, P.W., 'Linear Unbiased Data Estimation in Mobile Radio Systems Applying CDMA', *IEEE J. Select. Areas Commun.*, Vol. 11, No. 7, 1999, pp. 1058–1066.

[29] Zvonar, Z., 'Multiuser Detection in Asynchronous CDMA Frequency-Selective Fading Channels', *Wireless Personal Communications*, Kluwer, Vol. 3, No. 3–4, 1996, pp. 373–392.

[30] Xie, Z., Short, R.T. and Rushforth, C.K., 'A Family of Suboptimum Detectors for Coherent Multiuser Communications', *IEEE J. Select. Areas Commun.*, Vol. 8, No. 4, 1990, pp. 683–690.

[31] Klein, A., Kaleh, G.K. and Baier, P.W., 'Zero Forcing and Minimum Mean-Square-Error Equalization for Multiuser Detection in Code-Division Multiple Access Channels', *IEEE Trans. Vehic. Tech.*, Vol. 45, No. 2, 1996, pp. 276–287.

[32] Varanasi, M.K. and Aazhang, B., 'Multistage Detection in Asynchronous Code-Division Multiple-Access Communications', *IEEE Trans. Commun.*, Vol. 38, No. 4, 1990, pp. 509–519.

[33] Kohno, R., Imai, H., Hatori, M. and Pasupathy, S., 'Combination of an Adaptive Array Antenna and a Canceller of Interference for Direct-Sequence Spread-Spectrum Multiple-Access System', *IEEE J. Select. Areas Commun.*, Vol. 8, No. 4, 1990, pp. 675–682.

[34] Viterbi, A.J., 'Very Low Rate Convolutional Codes for Maximum Theoretical Performance of Spread-Spectrum Multiple-Access Channels', *IEEE J. Select. Areas Commun.*, Vol. 8, No. 4, 1990, pp. 641–649.

[35] Patel, P. and Holtzman, J., 'Analysis of a Simple Successive Interference Cancellation Scheme in a DS/CDMA System', *IEEE J. Select. Areas Commun.*, Vol. 12, No. 10, 1994, pp. 796–807.

[36] Madhow, U. and Honig, M.L., 'MMSE Interference Suppression for Direct-Sequence Spread-Spectrum CDMA', *IEEE Trans. Commun.*, Vol. 42, No. 12, 1994, pp. 3178–3188.

[37] Rapajic, P.B. and Vucetic, B.S., 'Linear Adaptive Transmitter–Receiver Structures for Asynchronous CDMA Systems', *European Trans. Telecommun.*, Vol. 6, No. 1, 1995, pp. 21–27.

[38] Miller, S.L., 'An Adaptive Direct-Sequence Code-Division Multiple-Access Receiver for Multiuser Interference Rejection', *IEEE Trans. Commun.*, Vol. 43, No. 2/3/4, 1995, pp. 1746–1755.

[39] Latva-aho, M., 'Advanced Receivers for Wideband CDMA Systems', Vol. C125 of *Acta Universitatis Ouluensis*, Doctoral thesis, University of Oulu Press, Oulu, Finland, 1998.

[40] Latva-aho, M. and Juntti, M., 'Modified LMMSE Receiver for DS-CDMA – Part I: Performance Analysis and Adaptive Implementations', *Proceedings of ISSSTA'98*, Sun City, South Africa, Septembre 1998, pp. 652–657.

[41] Honig, M., Madhow, U. and Verdú, S., 'Blind Adaptive Multiuser Detection', *IEEE Trans. Inform. Th.*, Vol. 41, No. 3, 1995, pp. 944–960.

[42] Latva-aho, M., 'LMMSE Receivers for DS-CDMA Systems in Frequency-Selective Fading Channels', in *CDMA Techniques for 3rd Generation Mobile Systems*, ed. F. Swarts, P. van Rooyen, I. Oppermann and M. Lötter, Chapter 13, Kluwer, 1998.

[43] Juntti, M. and Latva-aho, M., 'Multiuser Receivers for CDMA Systems in Rayleigh Fading Channels', *IEEE Trans. Vehic. Tech.*, 2000.

[44] Correal, N.S., Swanchara, S.F. and Woerner, B.D., 'Implementation Issues for Multiuser DS-CDMA Receivers, *Int. J. Wireless Inform. Networks*, Vol. 5, No. 3, 1998, pp. 257–279.

[45] Juntti, M., 'Multiuser Demodulation for DS-CDMA Systems in Fading Channels', Vol. C106 of *Acta Universitatis Ouluensis*, Doctoral thesis, University of Oulu Press, Oulu, Finland, 1997.

[46] Ojanperä, T., Prasad, R. and Harada, H., 'Qualitative Comparison of Some Multiuser Detector Algorithms for Wideband CDMA', *Proceedings of VTC'98*, Ottawa, Canada, Mai 1998, pp. 46–50.

[47] Ojanperä, T., 'Multirate Multiuser Detectors for Wideband CDMA', Ph.D. thesis, Technical University of Delft, Delft, The Netherlands, 1999.

[48] Johansson, A.-L., 'Successive Interference Cancellation in DS-CDMA Systems', Doctoral thesis, Chalmers University of Technology, Göteborg, Sweden, 1998.

[49] Juntti, M., 'Multiuser Detector Performance Comparisons in Multirate CDMA Systems', *Proceedings of VTC'98*, Ottawa, Canada, Mai 1998, pp. 36–40.

[50] Wijting, C.S., Ojanperä, T., Juntti, M.J., Kansanen, K. and Prasad, R., 'Groupwise Serial Multiuser Detectors for Multirate DS-CDMA', *Proceedings of VTC'99*, Houston, TX, Mai 1999, pp. 836–840.

[51] Juntti, M., 'Performance of Multiuser Detection in Multirate CDMA Systems', *Wireless Pers. Commun.*, Kluwer, Vol. 11, No. 3, 1999, pp. 293–311.

[52] Werner, S. and Lillberg, J., 'Downlink Channel Decorrelation in CDMA Systems with Long Codes', *Proceedings of VTC'99*, Houston, TX, Mai 1999, pp. 836–840.

[53] Hooli, K., Latva-aho, M. and Juntti, M., 'Multiple Access Interference Suppression with Linear Chip Equalizers in WCDMA Downlink Receivers', *Proceedings of Globecom'99*, Rio de Janeiro, Brazil, Decembre 1999, pp. 467–471.

[54] Hooli, K., Juntti, M. and Latva-aho, M., 'Inter-Path Interference Suppression in WCDMA System with Low Spreading Factors', *Proceedings of VTC'99*, Amsterdam, The Netherlands, Septembre 1999, pp. 421–425.

[55] Komulainen, P. and Heikkilä, M., 'Adaptive Channel Equalization Based on Chip Separation for CDMA Downlink', *Proceedings of PIMRC'99*, Osaka, Japan, Septembre 1999, pp. 1114–1118.

[56] Heikkilä, M., Komulainen, P. and Lilleberg, J., 'Interference Suppression in CDMA Downlink through Adaptive Channel Equalization', *Proceedings of VTC'99*, Amsterdam, The Netherlands, Septembre 1999, pp. 978–982.

[57] Grant, P.M., Spangenberg, S.M., Cruickshank, G.M., McLaughlin, S. and Mulgrew, B., 'New Adaptive Multiuser Detection Technique for CDMA Mobile Receivers', *Proceedings of PIMRC'99*, Osaka, Japan, Septembre 1999, pp. 52–54.

Chapitre 11

Mode UTRA TDD

*par Otto Lehtinen, Antti Toskala, Harri Holma
et Heli Väätäjä*

11.1. Introduction

Le mode UTRA TDD fonctionne sur un spectre non apparié comme nous l'avons vu dans la Figure 2 de l'introduction, concernant l'allocation de spectre dans les différentes régions du globe. Cette figure montre également que le spectre TDD n'est pas pour l'instant disponible dans tous les pays. Le contexte du mode TDD a également été décrit dans le chapitre 3. Depuis que la technologie WCDMA a été choisie en janvier 1998, les principaux paramètres, comme le débit *chip* et les méthodes de modulation, des modes UTRA FDD et TDD ont été harmonisés. La trame de ce chapitre suit les spécifications techniques du 3GPP concernant le mode TDD, c'est-à-dire plus précisément les documents TS 25.221 à TS 25.224 ainsi que le document TS 25.102 (voir [1] à [5]).

Ce chapitre introduit tout d'abord de manière générale le mode TDD comme une méthode duplex. La couche physique et les procédures sont ensuite présentées dans la section 11.2. et les interférences issues du mode TDD sont par la suite évaluées dans la section 11.3.

11.1.1 Time Division Duplex

Trois méthodes de transmission duplex sont utilisées en télécommunications. Elles utilisent un multiplexage fréquentiel (FDD, *Frequency Division Duplex*), un multiplexage temporel (TDD, *Time Division Duplex*) ou un multiplexage spatial (SDD, *Space Division Duplex*). La méthode FDD est la plus couramment utilisée pour les systèmes cellulaires. Elle est employée, par exemple, par le GSM. La méthode FDD nécessite des bandes de fréquences séparées pour le sens montant et le sens descendant. La méthode TDD utilise, quant à elle, la même bande de fréquences pour les deux sens de transmission mais cette bande est allouée alternativement au sens montant puis au sens descendant. La méthode TDD est utilisée, par exemple, par le DECT (*Digital Enhanced Cordless Telephone*). Enfin, la méthode SDD est utilisée pour les transmissions point à point pour lesquelles des antennes directives doivent être utilisés. Cette dernière méthode n'est jamais utilisée pour les systèmes cellulaires.

La Figure 11.1 présente les principes de fonctionnement des méthodes FDD et TDD. Les termes « downlink » ou « forward link » font référence à la transmission de la station de base au mobile alors que les termes « uplink » ou « reverse link » font référence à la transmission du mobile vers la station de base.

Les caractéristiques spécifiques à un système TDD sont données ci-dessous :

- Utilisation d'une bande de fréquences non appariée

  Un système TDD peut être implémenté sur une bande de fréquences non apparié alors que les systèmes FDD nécessitent toujours deux bandes de fréquences. Dans le futur, il est vraisemblable que la seconde bande de fréquences non appariée sera supprimée pour l'UMTS puisque cette bande n'est pas nécessaire au fonctionnement TDD.

- Transmission discontinue

  Le changement de direction de transmission nécessite un espacement temporel et doit être scrupuleusement contrôlé. Les transmissions dans les deux sens doivent être synchronisées afin d'éviter tout problème de collision. Une période de garde est nécessaire pour éviter les collisions dues à d'éventuels retards dans la propagation. Notons que la transmission discontinue inhérente au mode TDD peut provoquer des interférences audibles au niveau des équipements audio qui ne seraient pas protégés électro-magnétiquement.

- Interférences entre les sens montant et descendant

  Puisque les sens montant et descendant partagent la même bande de fréquences, les signaux des deux sens de transmission peuvent interférer les uns avec les autres. Dans le mode FDD, ces interférences sont évitées car les bandes de fréquences correspondant aux deux sens sont séparées par un espacement fréquentiel de 190 MHz. Dans le mode TDD, les stations de base sont synchronisées les unes aux autres, au niveau des trames, pour éviter ce type d'interférences. Nous y reviendrons dans la section 11.3.

- Allocation asymétrique de la capacité

  Dans le fonctionnement TDD, les sens montant et descendant sont divisés dans le domaine temporel. Il est ainsi possible de modifier le point de changement de direction de transmission et d'allouer plus de capacité au sens descendant qu'au sens montant ou vice-versa, selon les besoins en capacité.

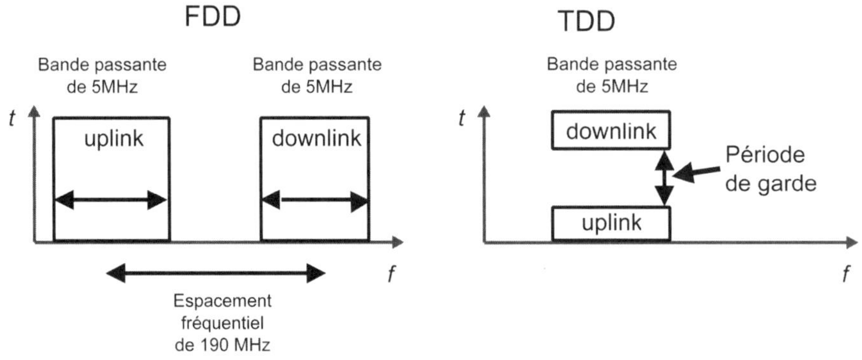

Figure 11.1 Principes de fonctionnement des méthodes FDD et TDD

- Canal réciproque

  Rappelons que le *fast fading* dépend de la fréquence. Par conséquent, le *fast fading* rencontré dans les sens montant et descendant est décorrélé pour les systèmes FDD. Pour le mode TDD, comme la même fréquence est utilisée quel que soit le sens de transmission, le *fast fading* est identique dans les deux sens. L'émetteur TDD peut donc estimer le *fast fading* en se fondant sur le signal reçu. Cette estimation du *fast fading* peut être ensuite utilisée pour le contrôle de puissance ainsi que par les techniques d'antennes adaptatives.

11.2. Couche physique UTRA TDD

Le mode TDD utilise un système combiné d'accès multiple en temps et en code (TD/CDMA), qui ajoute une composante CDMA à un système TDMA. Les signaux des différents utilisateurs sont séparés à la fois en temps et en code. Le Tableau 11.1 présente un résumé des paramètres clés de la couche physique UTRA. Les principaux paramètres RF ont été harmonisés pour les modes FDD et TDD.

Tableau 11.1 Comparaison des paramètres clés de la couche physique UTRA FDD et TDD

	UTRA TDD	**UTRA FDD**
Méthode d'accès multiple	TDMA, CDMA (FDMA par nature)	CDMA (FDMA par nature)
Méthode de multiplexage	TDD	FDD
Bande passante	5 MHz (valeur nominale)	
Débit *chip*	3,84 Mc/s	
Structure de *time slot*	15 *slots* par trame	
Longueur de trame	10 ms	
Concept multi-débits	Multicodes, multi-*slots* et OVSF	Multicodes et OVSF
Codes FEC (*Forward Error Correction*)	Codage convolutif (R = 1/2 ou 1/3, longueur de contrainte K = 9) codage *turbo* (8 états PCCC, R = 1/3) ou codage spécifique au service	
Entrelacement	Entrelacement inter-trame (10, 20, 40 ou 80 ms)	
Modulation	QPSK	
Types de *burst*	3 types de *burst* : Trafic, accès aléatoire et synchronisation	Non applicable
Détection	Cohérente	Cohérente fondée sur les symboles *pilot*

Tableau 11.1 Comparaison des paramètres clés de la couche physique UTRA FDD et TDD

	UTRA TDD	UTRA FDD
Contrôle de puissance (canal dédié)	Uplink : boucle ouverte (100 ou 200 Hz) Downlink : boucle fermée (≤ 800 Hz)	Boucle fermée rapide (1500 Hz)
Handover intra-fréquence	Hard handover	Soft handover
Handover inter-fréquences	Hard handover	
Allocation de canal	DCA rapide et lent supportés	Non applicable
Annulation d'interférences intracellulaires	Détection conjointe	Récepteurs à antennes adaptatives
Facteurs d'étalement	1 à 16	4 à 512

11.2.1 Canaux physiques et canaux de transport

Les canaux de transport du mode UTRA TDD peuvent être séparés en canaux communs et canaux dédiés. Les canaux dédiés (DCH, *Dedicated Channel*) sont caractérisés de la même manière que pour le mode FDD. Les canaux communs peuvent être de plus classifiés en canaux communs de contrôle (CCCH, *Common Control Channel*), en canaux d'accès aléatoire (RACH, *Random Access Channel*), et dans le sens descendant, en canaux partagés downlink (DSCH, *Downlink Shared Channel*) et dans le sens montant, en canaux partagés uplink (USCH, *Uplink Shared Channel*). Chacun de ces canaux de transport s'appuie sur un canal physique.

Les canaux physiques de l'UTRA TDD sont le canal physique dédié (DPCH, *Dedicated Physical Channel*), le canal physique commun de contrôle (CCPCH, *Common Control Physical Channel*), le canal physique d'accès aléatoire (PRACH, *Physical Random Access Channel*), le canal de *paging* (PICH, *Paging Indicator Channel*) et le canal de synchronisation (SCH, *Synchronisation Channel*). Pour les canaux physiques SCH et PICH, il n'existe pas de canaux de transport correspondant. La correspondance entre les différents canaux de transport et les canaux physiques est présentée dans la Figure 11.2. La structure des canaux physiques est présentée plus en détail dans la section suivante.

11.2.2 Modulation et étalement

La modulation utilisée pour le mode TDD est la modulation QPSK. Les symboles de données modulées sont étalés par un code de *channelisation* spécifique d'une longueur pouvant varier de 1 à 16. L'opération suivante correspond au *scrambling* des données modulées et étalées, ce *scrambling* utilise une séquence pseudo-aléatoire d'une longueur de 16. Notons que le même type de codes de *channelisation* orthogonaux est utilisé pour les modes TDD et FDD (voir à ce sujet la section 5.3). L'étalement des données est donc suivi par le *scrambling* et la séquence de *scrambling* est spécifique à la cellule ou à l'utilisateur, selon le sens de transmission. Le processus de *scrambling* est une multiplication *chip* par *chip*. La combinaison de la multiplication par le code de *channelisation* et par le code de *scrambling* spécifique à la cellule rend la procédure d'étalement également spécifique à l'utilisateur ou à la cellule. Ensuite, un filtrage impulsionnel étant appliqué à chaque *chip* au niveau de l'émetteur, chaque *chip* est filtré par un filtre en racine de cosinus avec un facteur de *roll-off* de 0,22, identique au mode FDD.

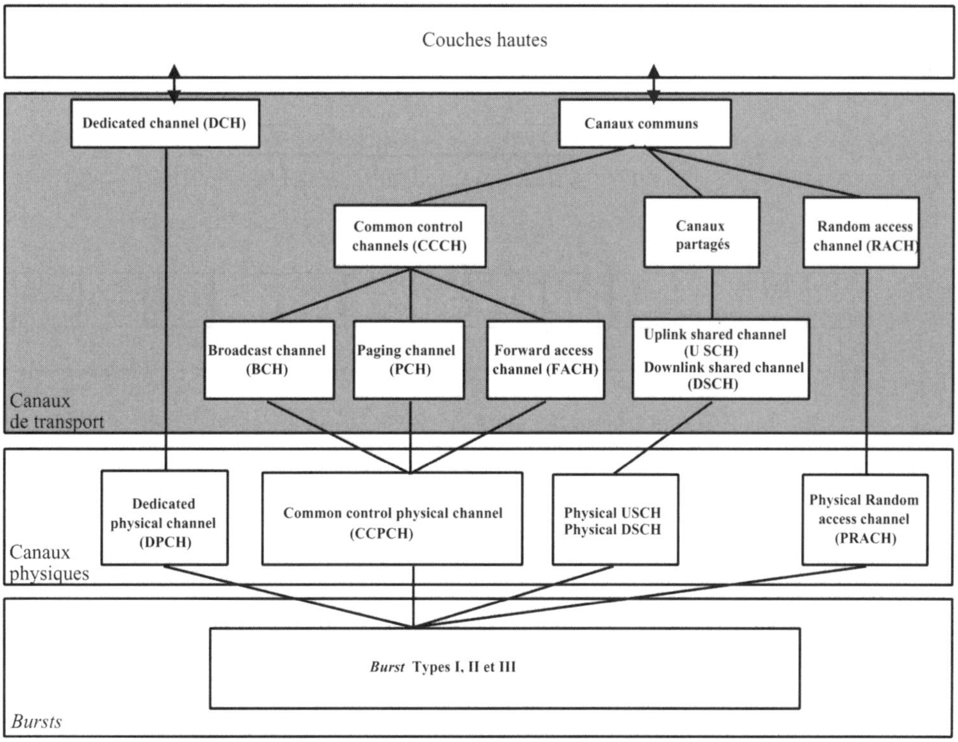

Figure 11.2 Correspondance entre canaux de transport et canaux physiques

11.2.3 Structures des canaux physiques, slots et trames

La structure de la trame physique du mode TDD est similaire à celle du mode FDD. La longueur de trame est de 10 ms et elle est divisée en 15 *time slots* d'une longueur de 2 560 *chips*. La durée d'un *time slot* est donc de 666 µs. La Figure 11.3 présente la structure de la trame en mode TDD. Notons que le nombre de canaux qui peuvent être utilisés au sein d'un même *time slot* varie en fonction des conditions de propagation.

Chacun des 15 *time slots* de la trame peut être alloué soit au sens montant, soit au sens descendant. Plusieurs changements de sens de transmission au sein d'une même trame sont possibles. Cela permet par exemple d'implémenter le contrôle de puissance en boucle fermée et d'utiliser un canal physique de synchronisation (PSCH, *Physical Synchronisation Channel*) sur le sens descendant. De plus, la souplesse d'allocation des *slots* dans les différentes directions de transmission garantit une utilisation efficace du spectre et permet de supporter des services asymétriques de façon dynamique.

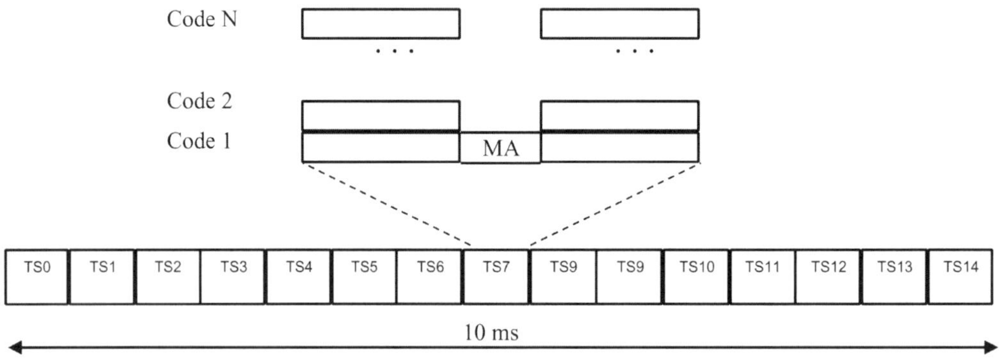

Figure 11.3 Structure de trame UTRA FDD (MA = Midamble)

Afin de conserver le maximum de souplesse tout en permettant le contrôle de puissance rapide lorsqu'il est utile, il est alloué deux *time slots* au canal SCH dans le sens descendant. La partie gauche de la Figure 11.4 montre l'allocation maximale uplink, soit 2 *time slots* dans le sens descendant et 13 dans le sens montant. Le canal PSCH s'appuie sur les deux *time slots* downlink. Dans certains cas, un seul *time slot* peut être utilisé pour le canal SCH. D'autre part, au moins un *time slot* doit être alloué dans le sens montant pour le canal RACH. La partie droite de la Figure 11.4 présente l'allocation maximale downlink, soit 1 *time slot* dans le sens montant et 14 *time slots* dans le sens descendant.

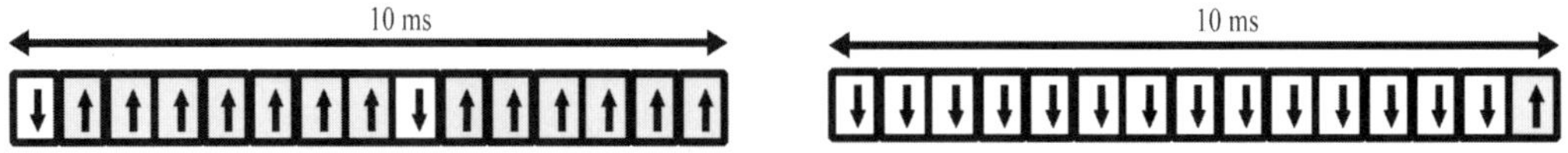

Figure 11.4 Allocation asymétrique des canaux

Puisque la transmission pour le mode TDD est discontinue, la puissance moyenne d'émission est réduite par un facteur de 10 x $\log_{10}$ (n/15), où n est le nombre de *time slots* actifs au niveau de la trame. Par exemple en mode TDD, le fait de vouloir offrir la même couverture pour un service à 144 kbit/s, en n'utilisant qu'un seul *time slot*, nécessite au moins quatre fois plus de stations de base que pour le mode FDD. Cette réduction de 12 dB de la puissance moyenne provoque dans un environnement macrocellulaire, une diminution de moitié de la portée de la cellule. La superficie de la cellule est par conséquent divisée par un facteur 4. En utilisant le même terminal, l'émission discontinue TDMA réduit également la couverture uplink. Notons cependant que plus le débit est élevé, plus la différence de couverture entre les deux modes tend à se réduire. En conclusion, le mode TDD devra être utilisé de préférence dans un environnement microcellulaire où la puissance n'est pas un facteur limitant et où les débits utilisés peuvent être importants.

11.2.3.1 Trafic Burst

Il existe trois types de *burst*. Tous sont utilisés pour les canaux dédiés alors que les canaux communs en utilisent généralement seulement un sous-ensemble.

Les *bursts* de type I et II sont utilisables dans le sens montant et le sens descendant. Ces deux types se différencient par la longueur de la séquence d'apprentissage, appelée « midamble ». La Figure 11.5 présente la structure des *bursts* de trafic downlink et la Figure 11.6, celle des *bursts* uplink avec les indicateurs TFCI (T*ransmission Format Combination Indicator*) et TPC (*Transmission Power Control*). Les *bursts* présentant deux longueurs de séquence d'apprentissage peuvent être utilisés pour tous les services jusqu'à un débit de 2 Mbit/s.

Dans cette structure, les champs de données sont séparés par la séquence d'apprentissage et par le champ TFCI, qui est utilisé pour indiquer quels canaux de transport sont utilisés au niveau du canal DPCH. Le champ TFCI est envoyé une fois par trame et utilise un codage spécifique. La longueur du champ TPC correspond à la longueur d'un symbole. Notons que le nombre de bits du champ TFCI est fixé au début de la connexion et que le canal logique TCH qui transporte les données utilisateur s'appuie sur ces *bursts* de trafic.

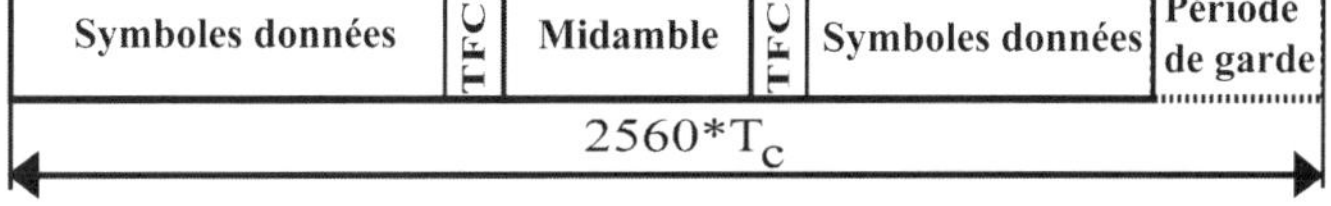

Figure 11.5 Structure de burst downlink

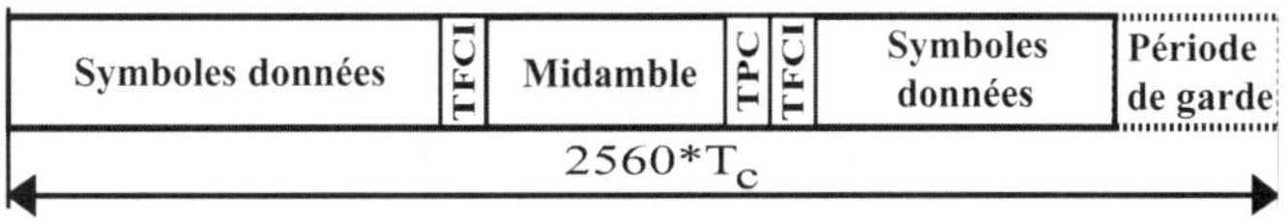

Figure 11.6 Structure de burst uplink

Les deux champs de données, séparés par la séquence d'apprentissage, sont suivis par une période de garde. La durée de ces *bursts* est d'un *time slot*. La séquence d'apprentissage est utilisée pour l'estimation du canal ainsi que pour la détection cohérente, toutes deux effectuées au niveau du récepteur. La séquence d'apprentissage réduit le nombre de bits des données utilisateur. Le Tableau 11.2 présente plus précisément les différentes structures de *burst*.

Tableau 11.2 Structure des *bursts* de trafic

Nom	Longueur du 1er champ de données	Longueur de la séquence d'apprentissage	Longueur du 2ème champ de données	Longueur de la période de garde
Burst type I	976 *chips*	512 *chips*	976 *chips*	96 *chips*
Burst type II	1 104 *chips*	256 *chips*	1 104 *chips*	96 *chips*
Burst type III	976 *chips*	512 *chips*	880 *chips*	192 *chips*

Les *bursts* de type I possèdent une séquence d'apprentissage plus longue et permettent d'estimer les réponses impulsionnelles de 16 canaux uplink. Les *bursts* de type II peuvent être utilisés pour le sens downlink indépendamment du nombre d'utilisateurs actifs. S'il y a moins de 4 utilisateurs au niveau d'un *time slot*, les *bursts* de type II peuvent également être utilisés dans le sens montant.

Les séquences d'apprentissage des différents utilisateurs sont issues d'un même code périodique qui est décalé dans le temps pour chaque utilisateur. Chaque cellule utilise des codes périodiques différents. Comme les séquences d'apprentissage sont issues, au niveau d'une cellule donnée, du même code périodique, l'estimation du canal pour tous les utilisateurs d'un même *time slot* peut être réalisée conjointement par un seul corrélateur cyclique, par exemple. Les estimations des réponses impulsionnelles des différents utilisateurs sont obtenues de façon séquentielle à la sortie du corrélateur [6].

Dans la Release 99 du 3GPP, le sens descendant utilise soit un facteur d'étalement de 16 tout en supportant une transmission multicodes, soit un facteur d'étalement de 1, pour des applications nécessitant des débits plus élevés. Dans le sens montant, les codes OVSF ayant un facteur d'étalement pouvant varier de 1 à 16 sont utilisés. Notons qu'ainsi le nombre total de formats de *bursts* de trafic est de 20 dans le sens descendant et de 90 dans le sens montant.

Le *burst* de type III est uniquement utilisé dans le sens montant. Il a été défini pour les besoins du canal PRACH et afin de faciliter les procédures de handover dans le cas où le *timing advance* est nécessaire. La période de garde de 192 *chips*, soit 50 µs, équivaut à un rayon de cellule de 7,5 km.

11.2.3.2 Canal PRACH

Le canal logique RACH (*Random Access Channel*) s'appuie sur le canal physique PRACH (*Physical Random Access Channel*). Le Tableau 11.2 et la Figure 11.7 présentent la structure de *burst* de type III utilisé pour le canal PRACH. Notons que les facteurs d'étalement 16 et 8 sont utilisés pour le canal PRACH et que les bits TPC et TFCI ne sont pas utilisés.

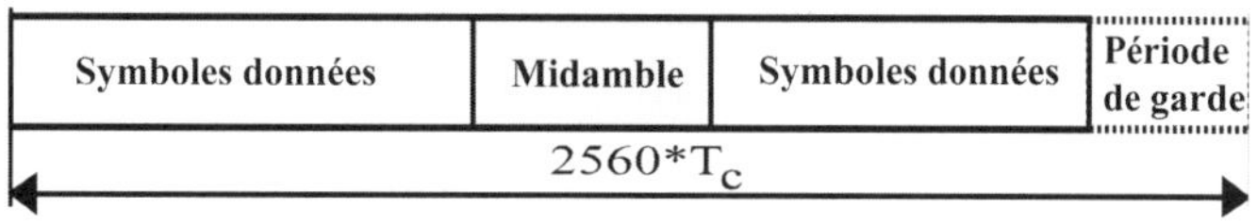

Figure 11.7 Burst PRACH (UTRA TDD)

11.2.3.3 Canal SCH

La méthode de multiplexage temporel implique des exigences particulières pour le canal de synchronisation. Un problème dit de capture est provoqué par la synchronisation des cellules, cela se produit quand un signal trop fort masque un signal plus faible. Afin de lutter contre ce phénomène, on introduit un décalage temporel entre les différents canaux de synchronisation qui peut permettre de distinguer plusieurs cellules au niveau d'un même *time slot*. Pour cette raison, un *offset* temporel, t_{offset}, est défini entre le canal SCH et le début des *slots*.

Notons qu'il existe deux structures SCH. Le canal SCH peut en effet s'appuyer soit sur le *time slot* k, avec $k \in \{0...14\}$, soit sur les *time slots* k et k + 8, avec $k \in \{0...6\}$. La Figure 11.8 montre la dernière structure pour une valeur de k égale à 0. Notons que la position du canal SCH peut être modifiée dans un système en fonctionnement. Dans la Figure 11.8, deux *time slots* downlink sont alloués pour le canal SCH, avec une valeur de k égale à 0. Le premier code c_p et trois codes secondaires c_s sont transmis simultanément. L'*offset* temporel est introduit afin d'éviter les effets de capture du système synchrone. La puissance combinée des trois codes secondaires est égale à la puissance du code primaire.

Le terminal peut prendre connaissance de la synchronisation et de la méthode de codage du canal BCCH de la cellule en une fois et sera alors à même de détecter les messages de la cellule. Les codes ont une longueur de 256 *chips* comme pour le mode FDD. Le code primaire est généré de la même manière que pour le mode FDD. Il s'agit d'une séquence hiérarchique de Golay. Les codes secondaires de synchronisation sont issus d'une séquence H8 de Hadamar de 16ème rang qui est également utilisée pour le mode FDD. Les codes sont ensuite modulés par une modulation QPSK.

Les informations suivantes sont indiquées par le canal SCH :

- Groupe de codes de la station de base (32 groupes, codé sur 5 bits).
- Position de la trame dans la période d'entrelacement (1 bit).

- Position du *slot* dans la trame (1 bit).
- Positions du canal primaire CCPCH (3 bits).

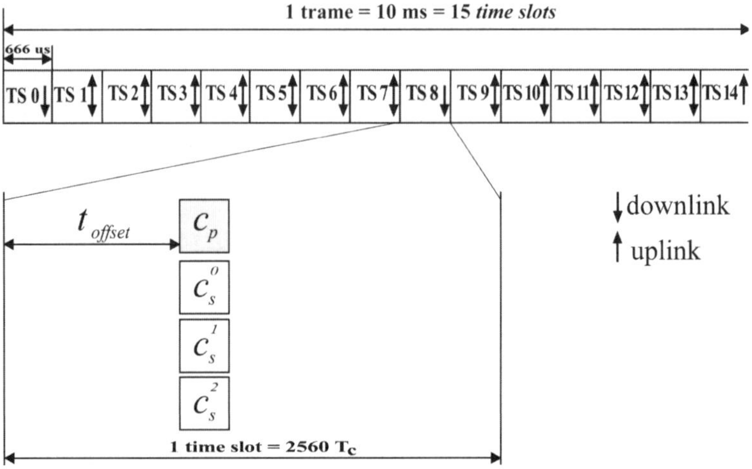

Figure 11.8 Structure SCH (UTRA TDD)

Avec une séquence, il est possible de décoder la synchronisation de la trame, l'*offset* temporel, la séquence d'apprentissage, l'ensemble des codes d'étalement de la station de base ainsi que le ou les codes d'étalement et la position du canal BCCH.

Les paramètres de la cellule au niveau du groupe de codes sont cycliques sur deux trames afin de rendre aléatoire les interférences entre les stations de base et d'améliorer les performances du système. La planification du système devient plus aisée en utilisant les propriétés de moyennage de ces cycles.

11.2.3.4 Canal CCPCH

Une fois que la synchronisation a été détectée, les informations propres au canal primaire BCH sont connues. Le canal CCPCH peut s'appuyer sur n'importe quel *slot* downlink, *slots* PSCH inclus, et cela est indiqué sur le canal BCH.

Le canal CCPCH est similaire au canal dédié DPCH. Il peut être codé avec plus de redondance que les autres canaux afin de simplifier l'acquisition des informations.

11.2.3.5 Canaux partagés UTRA TDD

Les spécifications du mode UTRA TDD définissent les canaux downlink partagés (DSCH, *Downlink Shared Channel*) et les canaux uplink partagés (USCH, *Uplink Shared Channel*).

Ces canaux utilisent exactement la même structure de trame que les canaux dédiés. La différence est qu'ils sont alloués de façon temporaire.

Dans le sens downlink, la signalisation véhiculée dans le champ TFCI indique quel terminal doit décoder le canal. Dans le sens montant, le canal USCH utilise la signalisation issue des couches hautes. En pratique, il n'est pas partagé au niveau d'une même trame.

11.2.3.6 Débits utilisateur

Le Tableau 11.3 présente les débits utilisateur du mode TDD pour un taux de codage de ½ et un facteur d'étalement de 16. Les *overheads* TFCI, TPC et CRC n'ont pas été ici pris en compte. Les facteurs d'étalement inférieurs à 16 peuvent être vus comme des sous-ensembles du facteur d'étalement 16. Par exemple, le facteur d'étalement 8 dans le sens montant correspond à deux codes parallèles avec un facteur d'étalement 16 sur le sens descendant. Lorsque le nombre de *slots* dépasse 7, le débit correspondant peut seulement être fourni sur le sens montant ou sur le sens descendant. Les débits, donnés dans le Tableau 11.3, sont limités par le nombre de *time slots* et de codes. Notons que lorsque le débit est limité par le niveau d'interférences, celui-ci peut être plus faible.

Tableau 11.3 Débits utilisateurs sur l'interface air UTRA TDD

	Nombre de *time slots* alloués		
Nombre de codes alloués avec un facteur d'étalement de 16	**1**	**4**	**13**
1	13,8 kbit/s	55,2 kbit/s	179 kbit/s
8	110 kbit/s	441 kbit/s	1,43 Mbit/s
16 (ou facteur d'étalement de 1)	220 kbit/s	883 kbit/s	2,87 Mbit/s

11.2.4 Procédures de la couche physique UTRA TDD

11.2.4.1 Contrôle de puissance

L'objectif du contrôle de puissance est de minimiser les interférences issues des liens radio. Les canaux physiques DPCH et PRACH utilisent ce contrôle de puissance et le canal physique FACH peut également l'utiliser. Notons que l'implémentation des récepteurs avancés tels que le détecteur conjoint supprime les interférences intracellulaires et réduit la nécessité du contrôle de puissance. Le Tableau 11.4 présente les caractéristiques du contrôle de puissance UTRA TDD.

Dans le sens descendant, le contrôle de puissance en boucle fermée est utilisé après l'émission initiale. La réprocité du canal est utilisée pour le contrôle de puissance sur le sens montant. En se fondant sur les mesures du niveau d'interférences au niveau de la station de base et sur les mesures de *path loss* du sens descendant, le mobile pondère les mesures de *path loss* et définit la puissance d'émission. Le niveau d'interférences et la puissance d'émission de la station de base sont en fait diffusés et la puissance d'émission du mobile est calculée par l'équation suivante :

$$P_{UE} = \alpha L_{PCCPCH} + (1 - \alpha)L_0 + I_{BTS} + SIR_{target} + C$$

Dans l'équation précédente, P_{UE} est le niveau de puissance d'émission exprimée en dBm, L_{PCCPCH} le *path loss* mesuré exprimé en dB, L_0 la moyenne du *path loss* établie sur une longue durée exprimée en dB, I_{BTS} le niveau de la puissance d'interférences au niveau de la station de base, exprimé en dBm et α est le poids qui correspond à la qualité des mesures du *path loss*. α est une fonction du délai entre le *time slot* uplink et le plus récent *time slot* downlink PCCPCH. SIR_{target} est la valeur cible de SNR exprimée en dB; celle-ci peut être ajustée grâce au contrôle de puissance en boucle externe et C est une valeur constante.

Tableau 11.4 Caractéristiques du contrôle de puissance UTRA FDD

	Uplink	**Downlink**
Méthode	Boucle ouverte	Boucle interne fondée sur le SIR
Variations	65 dB Puissance minimale : -44 dBm Puissance maximale : 21 dBm	30 dB (tous les utilisateurs sont à 20 dB sur un même *time slot*)
Step size	1, 2, 3 dB	1, 2, 3 dB
Taux	Variable délai de 1 à 7 slots (2 slots PCCPCH) délai de 1 à 14 (1 slot PCCPCH)	De 100 Hz à 750 Hz environ

11.2.4.2 Détection de données

Le mode TDD nécessite que les codes d'étalement utilisés simultanément au niveau d'un même *slot* soient séparés par des techniques avancées de détection de données. L'utilisation, au niveau de la station de base, de détecteurs conventionnels, par exemple les récepteurs Rake et les filtres adaptés, nécessite que le contrôle de puissance uplink soit utilisé. Notons que cela est difficile à implémenter dans un système TDD puisque le sens montant n'est pas disponible en permanence. Par conséquent, les techniques avancées de détection de données doivent être utilisées afin de supprimer les effets des différences de puissance entre les différents utilisateurs (par exemple les effets du problème *near-far*). Les interférences intersymboles (ISI) dues à la propagation en trajets multiples et les interférences d'accès multiples (MAI) entre les symboles de données des différents utilisateurs se manifestent également dans le sens descendant. Dans ce sens descendant, les interférences intracellulaires sont supprimées par les codes orthogonaux et les détecteurs avancés sont de ce fait moins importants que dans le sens montant. Dans le mode TDD, le nombre d'utilisateurs simultanés est plus faible et le fait d'utiliser des codes de *scrambling* relativement courts, durant le processus d'étalement, rendent l'utilisation de ces récepteurs avancés plus attrayante.

Les techniques de détection de données peuvent être classées en deux catégories : les détecteurs mono-utilisateur et les détecteurs multi-utilisateurs (voir section 10.5.2). Dans le mode TDD, les détecteurs mono-utilisateur peuvent être appliqués lorsque tous les signaux passent par un même canal de propagation, c'est-à-dire principalement dans le sens descendant [8]. Sinon, la détection multi-utilisateurs ou conjointe doit être utilisée [9] [10].

Les détecteurs mono-utilisateur égalisent tout d'abord les *bursts* de données reçus afin de supprimer la distorsion provoquée par le canal. Une fois cette première tâche réalisée, l'orthogonalité des codes est restaurée. Le signal désiré peut être, à partir de ce moment, séparé des autres signaux reçus par un filtrage adaptatif. L'avantage de ce type de détecteur est qu'il n'est pas nécessaire de connaître les codes utilisés par les autres utilisateurs actifs. La complexité des traitements à effectuer en est grandement réduite par rapport à ceux réalisés par la détection conjointe [8].

Afin de combattre les interférences d'accès multiples et les interférences intersymboles, il est possible d'appliquer l'égalisation fondée sur les méthodes ZF et MMSE que nous avons vues dans la section 10.5.1.2. Ces deux méthodes d'égalisation peuvent être employées avec ou sans l'option DF (*Decision Feedback*). La complexité des algorithmes associés est à peu près la même, mais les performances des égaliseurs MMSE est meilleure que celle des égaliseurs ZF [10]. L'option *decision feedback* améliore les performances (les valeurs de E_b/N_0 sont inférieures d'environ 3 dB) et l'algorithme MMSE apporte un gain de 1 dB par rapport à l'algorithme ZF. Notons que les techniques de diversité d'antenne peuvent être appliquées en parallèle à la détection conjointe [11] [12] afin d'améliorer encore plus les performances.

Les performances des récepteurs Rake, des égaliseurs ZF et MMSE et des annuleurs d'interférences HD-PIC (*Hard Decision Parallel Interference Canceller*) [13] ont été étudiées dans le sens montant du mode TDD en utilisant des simulations de Monte Carlo [14]. Dans ces simulations, huit utilisateurs ayant chacun un facteur d'étalement de 16 et occupant le même *time slot* au niveau d'une trame de 10 ms ont été pris en considération. Un canal à deux trajets avec un gain relatif de -9,7 dB, ainsi qu'une vitesse de mobile de 3 km/h ont été pris en compte. L'estimation du canal et le contrôle de puissance ont été estimés idéaux et le codage de canal a été omis. Les performances du récepteur Rake, des égaliseurs ZF et MMSE ainsi que des annuleurs HD-PIC à un et à deux étages sont présentées dans la Figure 11.9.

Les résultats montrent clairement que les récepteurs avancés des stations de base donnent pour le sens montant un gain supérieur à celui d'un récepteur Rake, même avec un contrôle de puissance idéal. Lorsque le ratio signal sur bruit (SNR) augmente, les performances des égaliseurs ZF et MMSE deviennent meilleures que celles des annuleurs HD-PIC. Notons que le codage de canal augmente les différences entre les performances des différents détecteurs. Par exemple, pour un taux d'erreur trame compris entre 5 et 10%, le gain apporté par les structures de réception avancées peut atteindre 2 dB avec un contrôle de puissance parfait et même un gain supérieur à 2 dB avec un contrôle de puissance réaliste. Notons cependant que pour des valeurs de taux d'erreur trame comprises entre 5 et 10%, les différences entre les différentes structures de réception sont relativement faibles.

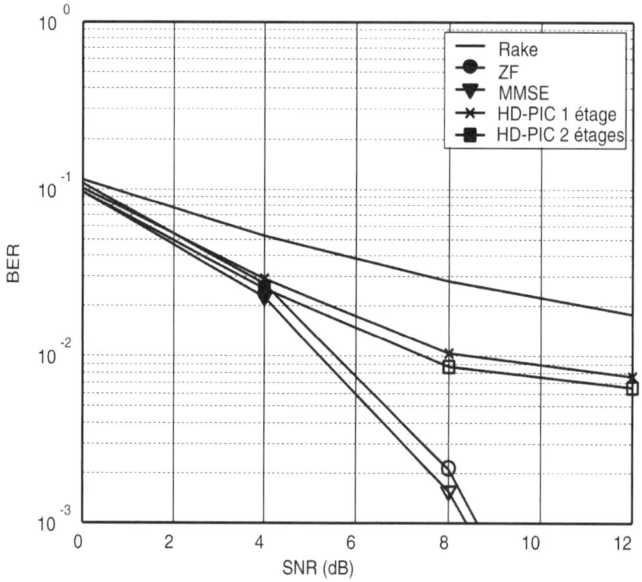

Figure 11.9 Performances Rake, ZF, MMSE et HD-PIC dans le sens montant

11.2.4.3 Avance temporelle

Afin d'éviter les interférences dans les grandes cellules entre des *time slots* consécutifs, il est possible d'utiliser une méthode de réglage de l'avance temporelle (*timing advance*) qui permet d'aligner dans le temps les instants durant lesquels la station de base reçoit les différents signaux. Cette avance temporelle est déterminée par un nombre codé sur 6 bits et avec une précision de 4 *chips*, soit 1,042 µs. La station de base mesure l'avance temporelle requise et le terminal ajuste en conséquence le moment durant lequel il émet. Avec cette méthode, le rayon de la cellule ne peut pas excéder 9,2 km.

En mode TDD, le rayon de la cellule, sans réglage de l'avance temporelle, peut être calculé à partir de la longueur de la période de garde du *burst* trafic (96 *chips*, soit 25 µs). Le calcul donne un rayon maximal de 3,75 km. Cette valeur dépasse les rayons de cellules qui seront utilisés en mode TDD (pico ou microcellules). En pratique, le réglage de l'avance temporelle n'est par conséquent pas nécessaire.

11.2.4.4 Allocation de canaux

L'entité MAC de couche 2 est responsable de l'allocation des ressources. L'allocation des unités de ressources RU (*Resource Unit*), c'est-à-dire des fréquences des canaux, des *time slots* et des codes, est réalisée en allouant des ressources aux cellules et aux services support. L'allocation de ressources aux cellules est appelée « slow DCA » (*Dynamic Channel Allocation*) et l'allocation des ressources aux services support « fast DCA ». Le *fast* DCA est géré au niveau de la station de base alors que le *slow* DCA peut être géré à un niveau supérieur, c'est-à-dire par une entité du réseau d'accès ou du réseau cœur. En pratique, il s'agit généralement du RNC. La Figure 11.10 présente la localisation des fonctions DCA dans les différents éléments de réseau.

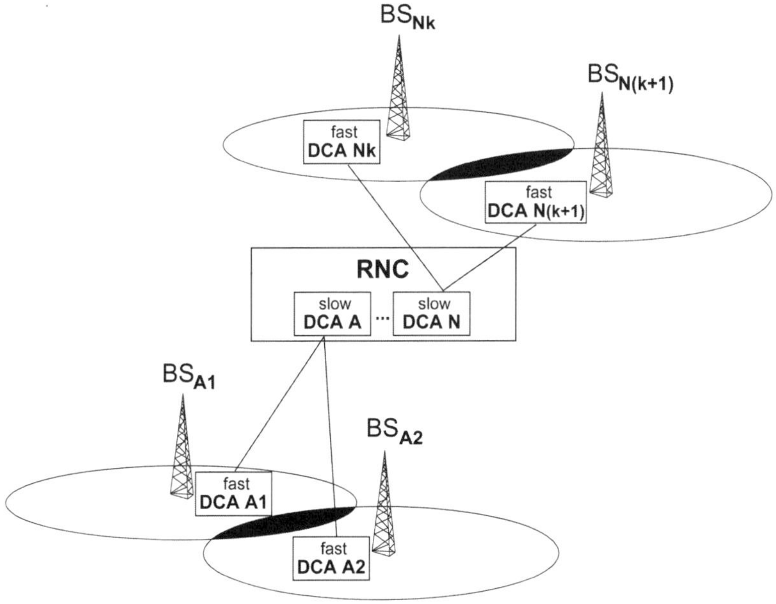

Figure 11.10 Localisation des fonctions DCA

11.2.4.4.1 Slow Dynamic Channel Allocation

Le *slow* DCA peut être géré par n'importe quel élément de réseau qui se situe, hiérarchiquement, au-dessus des stations de base et qui forme une zone de couverture continue, c'est-à-dire qui gère à la fois les transmissions dans les sens montant et descendant. Par conséquent, le réseau peut allouer de façon dynamique les unités de ressource (RU) afin de réaliser rapidement les handovers entre cellules et de minimiser les interférences. L'algorithme *slow* DCA alloue les unités de ressource dans des matrices de préférences, spécifiques à chaque cellule. Ces matrices sont ensuite utilisées par le *fast* DCA pour l'allocation des ressources aux différents supports. Ces matrices sont mises à jour trame après trame. En outre, le *slow* DCA est capable de résoudre les conflits d'allocation entre les différentes stations de base gérées.

11.2.4.4.2 Fast Dynamic Channel Allocation

Le *fast* DCA prend et relâche les unités de ressources accordées par le *slow* DCA, dans les matrices de préférences. Les services multidébits sont obtenus en partageant les unités de ressources que ce soit en termes de codes ou de *time slots*. Les méthodes utilisées pour le *fast* DCA mettent en commun soit les *time slots* disponibles, soit les fréquences ou encore les codes disponibles. Le *fast* DCA peut être mis en place en suivant les stratégies suivantes :

- Allouer le moins de ressources interférées pour le trafic (code ou *time slot*).
- Allouer plusieurs *time slots* afin d'obtenir un gain de diversité temporelle.
- Moyenner les interférences intercellulaires, en particulier pour les utilisateurs ayant un débit faible ou moyen, lorsque la charge de la cellule est suffisamment basse. Cela peut être réalisé en modifiant le *time slot*, le code ou la fréquence utilisée selon une séquence prédéfinie.

Le nombre de codes est également dynamique et dépend des caractéristiques du canal, de l'environnement et de l'implémentation du système. Notons que le *fast* DCA dépend du service. Pour les services temps-réel, les canaux restent alloués pour toute la durée de la connexion, mais le code ou le *time slot* alloué peut changer au cours d'une procédure de réallocation. Pour les services non temps-réel, les canaux sont alloués seulement pour la durée de la transmission des paquets en utilisant la stratégie *best effort*.

11.2.4.5 Handover

Le mode TDD supporte les handovers intrasystème et les handovers intersystèmes (vers l'UTRA FDD et vers le GSM). Ces handovers nécessitent généralement l'intervention du réseau cœur ainsi que du terminal.

Le mode TDD n'utilise pas le soft handover, c'est-à-dire la macrodiversité. C'est une différence importante à noter par rapport au mode FDD pour lequel la structure des protocoles a été spécialement conçue pour supporter ce type de handovers. La structure des protocoles du mode TDD suit tout de même la même architecture que celle du mode FDD. Cela signifie que les protocoles de handovers sont tous gérés au niveau du RNC quel que soit le mode utilisé mais que leurs paramètres sont spécifiques au mode TDD ou au mode FDD.

11.2.4.6 Diversité d'émission

Le mode TDD supporte quatre méthodes de diversité d'émission qui sont compatibles avec ceux du mode FDD. Pour les canaux dédiés, les diversités STD (*Switched Transmitter Di-*

versity) et TxAA (*Transmit Adaptative Antennas*) sont supportées. Les poids des différentes antennes sont calculés en utilisant la réprocité du lien radio. En utilisant la méthode TxAA, la calibration des chaînes de réception et d'émission de la station de base est relativement difficile à réaliser.

Pour les canaux communs, la diversité TSTD (*Time Switched Transmit Diversity*) est utilisée pour le canal PSCH et la diversité Block STTD (*Block Space Time Transmit Diversity*) est utilisée pour le canal CCPCH.

Pour le sens montant, les mêmes méthodes de diversité de réception peuvent être employées au niveau de la station de base que celles utilisées par le mode FDD afin d'améliorer les performances.

11.3. Evaluation des interférences UTRA TDD

Dans cette section, nous allons évaluer l'effet des interférences générées dans la bande de fréquences utilisée par le mode TDD et les interférences générées entre les modes FDD et TDD. Les interférences TDD-TDD sont analysées dans la section 11.3.1 et la coexistence des systèmes TDD et FDD est présentée dans la section 11.3.2.

11.3.1 Interférences TDD-TDD

Puisque les sens montant et descendant partagent la même bande de fréquences dans le mode TDD, ces deux sens de transmission peuvent interférer l'un avec l'autre. Par nature, le système TDD est asynchrone et ce type d'interférences peut se produire si les stations de base ne sont pas synchronisées. Cela peut arriver si une asymétrie de transmission différente, entre les sens descendant et montant, est utilisée entre des cellules voisines, même si les stations de base sont parfaitement synchronisées. La synchronisation des trames nécessite une précision de l'ordre de quelques symboles. Notons que la période de garde permet plus de tolérance au niveau de la synchronisation. La Figure 11.11 présente les différents scénarios d'interférences. Ces interférences du mode TDD sont analysées grâce à de nombreuses simulations dans le document [15] donné en référence à la fin du chapitre.

Notons que des interférences peuvent également se produire entre les sens descendant et montant entre des porteuses adjacentes. Par conséquent, elles peuvent arriver entre deux opérateurs. Rappelons que ce type d'interférences est évité dans le mode FDD en utilisant deux bandes de fréquences distinctes pour les deux sens de transmission. Les interférences entre un mobile et une station de base sont les mêmes quel que soit le mode utilisé et elles ne sont pas considérées dans ce chapitre.

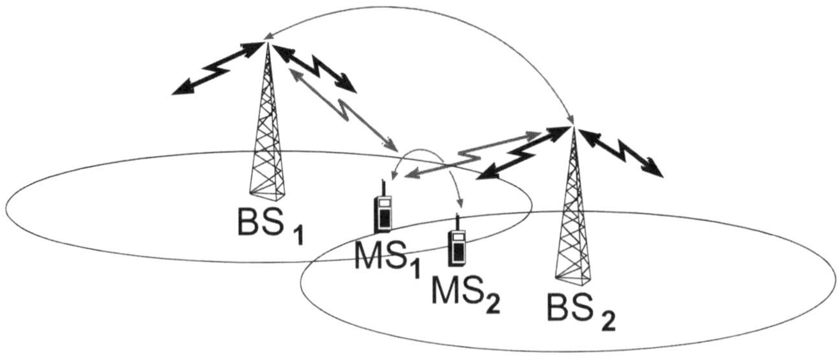

Figure 11.11 Interférences entre mobiles et stations de base

11.3.1.1 Interférences entre mobiles

Les interférences entre mobiles surviennent lorsque, par exemple, le mobile MS_1 de la Figure 11.11 émet et que, simultanément, le mobile MS_2, situé dans une cellule voisine, reçoit à la même fréquence ou sur une fréquence adjacente. Ce type d'interférences est statistique car la position des mobiles ne peut être prévue. Par conséquent, ces interférences ne peuvent être évitées.

Les interférences entre mobiles de deux opérateurs apparaissent en particulier en bordure de cellules et lorsque deux mobiles se trouvent à proximité l'un de l'autre et qu'ils émettent à une puissance relativement élevée. Cependant, le contrôle de puissance et les méthodes de gestion des ressources radio et d'allocation des canaux permettent de lutter efficacement contre ce type d'interférences.

11.3.1.2 Interférences entre stations de base

Les interférences entre stations de base surviennent lorsque la station de base BS_1 de la Figure 11.11 émet et que, simultanément, la station de base BS_2 reçoit à la même fréquence ou sur une fréquence adjacente. Ces interférences dépendent étroitement du *path loss* qui existe entre les deux stations de base et peuvent, par conséquent, être contrôlées et minimisées lors de la planification du réseau.

Les interférences entre stations de base dépendent évidemment de la localisation de ces stations de base. Elles sont d'autant plus importantes que le *path loss* entre les stations de base est faible. Cela peut arriver dans le cas de macrocellules pour lesquelles les antennes des stations de base sont positionnées assez haut (immeuble, pylône, etc.). Le meilleur moyen d'éviter ce genre d'interférence est de s'assurer lors de la planification que les pertes de couplage entre stations de base sont suffisamment importantes.

Les probabilités de blocage décrites dans le document [5] donné en référence à la fin du chapitre montrent que la coopération entre opérateurs utilisant le mode TDD est nécessaire, lors de leur phase de planification respective. Si cela n'est pas réalisable, les réseaux doivent être correctement synchronisés et ils doivent utiliser si possible la même asymétrie de transmission. Notons que le partage de sites entre opérateurs serait extrêmement problématique dans le cas du mode TDD, voire impossible.

Du point de vue de la synchronisation et de la coordination entre opérateurs, plus les puissances d'émission seront élevées et plus les zones de couverture étendues, plus la tâche de coordination et de gestion des interférences sera délicate. La position des antennes pour les cellules macro impliquent très souvent que les différentes stations de base soient en vue directe, ce qui provoque de fortes interférences. L'utilisation du mode TDD dans un environnement micro ou picocellulaire réduit le niveau d'interférences et semble par conséquent nettement plus souhaitable.

11.3.2 Coexistence TDD et FDD

Les spectres alloués aux modes TDD et FDD sont contigus et se rejoignent à la fréquence de 1920 MHz. Le déploiement des systèmes TDD et FDD ne peut être considéré de façon indépendante (voir Figure 11.12).

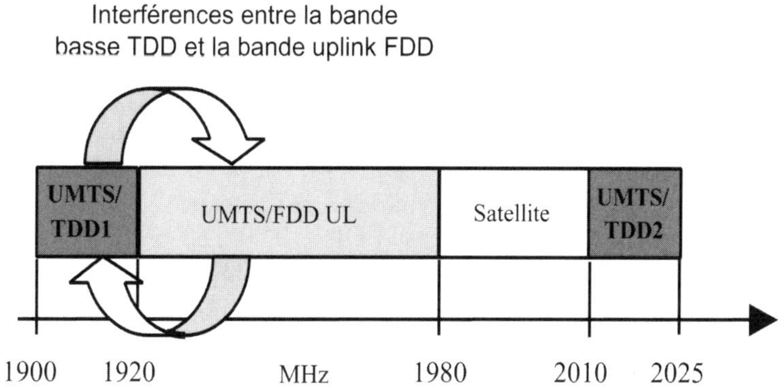

Figure 11.12 Interférences entre la bande basse TDD et la bande uplink FDD

Nous avons vu les différentes allocations de spectre selon les pays dans la Figure 2 de l'introduction. L'allocation dynamique des canaux (DCA) peut être utilisée pour éviter les interférences TDD-TDD, mais cette méthode d'allocation n'est pas efficace entre les modes TDD et FDD, car l'émission et la réception pour le mode FDD ont lieu de façon continue. Les différents scénarios d'interférences entre les modes TDD et FDD sont résumés dans la Figure 11.13.

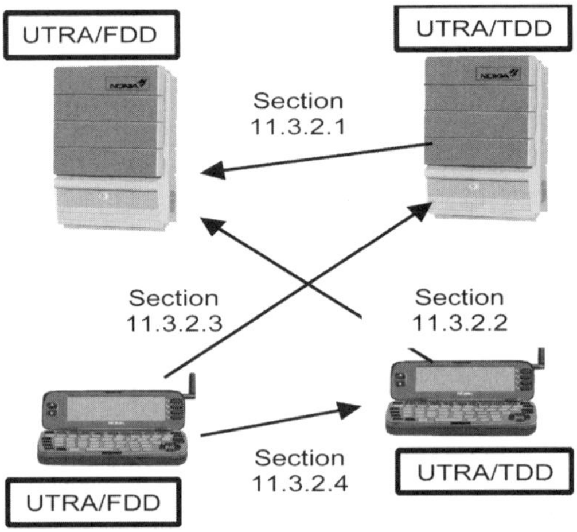

Figure 11.13 Situations d'interférences entre la bande basse TDD et la bande uplink FDD

11.3.2.1 Coexistence des stations de base FDD et TDD

Du point de vue du déploiement du réseau, la colocalisation des stations de base FDD et TDD semble être une solution intéressante. Il existe cependant des problèmes dus à la proximité des bandes de fréquences utilisées par ces deux modes de fonctionnement. La bande basse TDD, 1900 à 1920 MHz, est en effet adjacente à la bande uplink FDD, 1920 MHz à 1980 MHz. Les exigences en termes de filtrage seraient telles que la colocalisation des stations de base FDD et TDD n'est pas considérée comme une solution techniquement ni commercialement viable. Le Tableau 11.5 analyse les pertes de couplage requises entre deux stations de base FDD et TDD. La puissance d'émission de 24 dBm correspond à une pico-station de base, alors que la puissance de 43 dBm correspond à une macro-station de base.

L'atténuation requise entre des stations de base macro est de 78 dB. Si nous introduisons une bande de garde d'une largeur de 5 MHz, c'est-à-dire si les fréquences utilisées sont espacées de 10 MHz, la protection de canal sera augmentée de 5 dB. La colocalisation des éléments RF n'est donc pas une solution attractive, tout du moins à l'heure actuelle.

Les environnements pico et microcellulaires changent la situation, car le niveau de puissance de la station de base TDD est réduit à 24 dBm pour les picocellules. Mais, d'un autre côté, l'hypothèse d'une isolation de 30 dB entre les antennes sera difficile à tenir si les antennes sont partagées entre les systèmes FDD et TDD. Ce partage d'antennes est cependant un aspect important afin de minimiser l'impact des sites sur le paysage urbain. Mais si la couverture *indoor* est fournie en utilisant des antennes partagées par les modes FDD et TDD, l'isolation entre antennes sera par définition nulle. Par conséquent, le système TDD devra être implémenté sur une couche cellulaire séparée de celle du système FDD. Notons que pour les picocellules TDD, les interférences entre les deux modes seront plus faciles à gérer si les puissances utilisées sont faibles et les éléments RF séparés.

Tableau 11.5 Analyse des pertes de couplage entre deux stations de base FDD et TDD utilisant des fréquences adjacentes à 1 920 MHz

Puissance d'émission d'une station de base TDD (pico/macro)	24 / 43 dBm
Ratio de puissance de canal adjacent	-45 dBc
Isolation entre les antennes (utilisation d'antennes séparées pour les stations de base TDD et FDD)	-30 dB
Puissance perdue au niveau du récepteur FDD	-51 / -32 dBm
Pertes de puissance permises	-110 dBm
Atténuation requise	59 / 78 dB

11.3.2.2 Interférences entre mobile TDD et station de base FDD

Les mobiles TDD peuvent interférer avec les stations de base FDD. Ces interférences sont très similaires à celles générées entre un mobile FDD et une station de base FDD utilisant des fréquences adjacentes. Les interférences entre porteuses FDD ont été présentées dans la section 7.5. Il existe cependant une différence entre ces deux types d'interférences. Pour le scénario concernant uniquement le mode FDD, les interférences sont présentes sur les deux sens de transmission, alors que dans le cas qui nous intéresse ici, il n'y a pas d'interférences dans le sens descendant. Dans le fonctionnement FDD, ces interférences downlink sont d'ailleurs un facteur limitant pour le système. Dans le cas des interférences entre un mobile TDD et une station de base FDD, il n'existe pas d'interférences sur le sens descendant, car le mobile TDD n'est pas perturbé par la station de base FDD (voir Figure 11.14).

Une méthode pour éviter ces interférences uplink consiste à rendre le récepteur de la station de base moins sensible. Pour les picocellules *indoor*, la sensibilité des stations de base peut être dégradée sans affecter la taille de la cellule. Une autre solution consiste à placer les stations de base FDD de telle façon qu'aucun mobile ne pourra s'en approcher trop près.

11.3.2.3 Interférences entre mobile FDD et station de base TDD

Un mobile FDD fonctionnant dans la bande de fréquences 1920-1980 MHz peut interférer avec la réception d'une station de base TDD fonctionnant dans la bande 1900-1920 MHz. La réception uplink peut connaître de fortes interférences ce qui n'est pas le cas lorsque seul le mode FDD est utilisé. Les handovers inter-fréquences et intersystèmes permettent d'éviter ce genre de problèmes et notons que les mêmes solutions que celles présentées dans la section 11.3.2.2 peuvent être mises en œuvre.

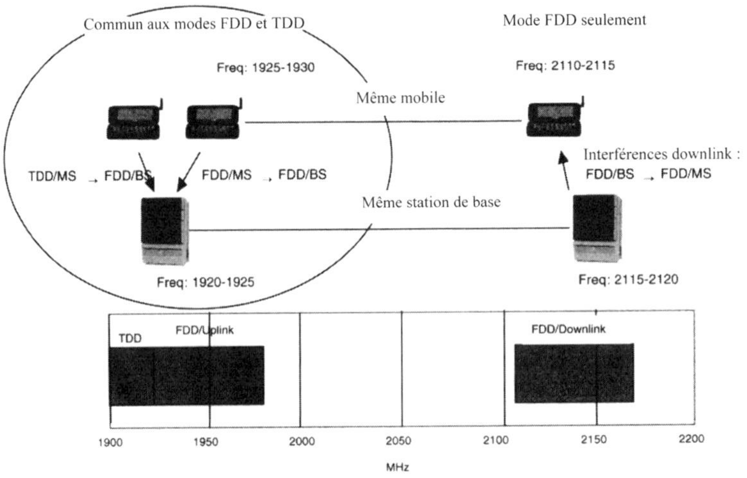

Figure 11.14 Interférences entre un mobile TDD et une station de base FDD

11.3.2.4 Interférences entre mobile FDD et mobile TDD

Un mobile FDD fonctionnant dans la bande de fréquences 1920-1980 MHz peut interférer avec la réception d'un mobile TDD fonctionnant dans la bande 1900-1920 MHz. Dans ce cas, il n'est pas possible d'utiliser les méthodes que nous venons de voir dans la section 11.3.2.2. car la position des mobiles ne peut être contrôlée. Une des manières de lutter contre ce problème est d'utiliser le contrôle de puissance downlink au niveau des stations de base TDD afin de compenser les interférences issues du mobile FDD. L'autre solution est de réaliser des handovers intersystèmes ou inter-fréquences. Ce type d'interférences dépend également de la puissance d'émission du mobile FDD. Si le mobile FDD n'émet pas à une puissance élevée, ces interférences restent faibles. Notons que les handovers intersystèmes nécessitent que les mobiles soient multi-modes ce qui ne sera pas nécessairement le cas.

11.3.3 Conclusions sur les interférences TDD

Les sections 11.3.1 et 11.3.2 ont présenté les problèmes liés aux interférences TDD. Les conclusions suivantes peuvent en être tirées, afin de minimiser les interférences :

- Les stations de base TDD de chaque opérateur doivent être synchronisées (au niveau de la trame).
- Les stations de base des différents opérateurs TDD doivent être synchronisées entre elles si elles sont relativement proches (au niveau de la trame).

- L'allocation de capacité asymétrique entre les sens descendant et montant doit être identique pour toutes les cellules d'une même zone.
- L'allocation dynamique de canaux (DCA) est nécessaire afin de réduire les problèmes d'interférences dans la bande TDD.
- Des interférences entre la bande basse TDD et la bande uplink FDD peuvent survenir et ne peuvent être évitées par l'allocation dynamique de canaux.
- Les handovers intersystèmes et inter-fréquences permettent de réduire et d'espacer dans le temps les interférences.
- La colocalisation des macro-stations de base FDD et TDD n'est pas réalisable.
- La colocalisation des pico-stations de base est réalisable mais nécessite des exigences particulières au niveau de l'implémentation des stations de base TDD.
- La colocalisation des modes FDD et TDD peut affecter la couverture uplink FDD ainsi que la qualité de service TDD.
- Avec une planification judicieuse du mode TDD, ce dernier est un complément très intéressant du mode FDD.

11.4. Conclusions

Ce chapitre a permis de donner un bref aperçu du mode TDD. L'accent a été mis sur les aspects relatifs à la couche physique car les spécifications des couches hautes sont communes aux deux modes TDD et FDD. Concernant l'implémentation, les algorithmes utilisés par les récepteurs et pour la gestion des ressources radio sont différents d'un mode à l'autre puisque les paramètres à contrôler de leurs couches physiques respectives sont différents. En particulier, des récepteurs avancés sont nécessaires au niveau des stations de base TDD, alors que pour les mobiles les solutions requises dépendent grandement des performances souhaitées.

Du point de vue des services, les deux modes TDD et FDD peuvent fournir des services bas et haut débit avec une qualité de service similaire. Notons cependant que pour le mode TDD, à partir d'un certain débit, les débits offerts sont forcément asymétriques. La couverture du mode TDD sera plus faible pour les services à débit faible et moyen, que celle du mode FDD. Ceci est dû au mode de fonctionnement TDMA. De toute façon, des cellules de plus petite taille permettent de réduire le niveau d'interférences. Par conséquent, le mode TDD est tout à fait adapté aux cellules de faible rayon et aux services haut débit.

Les aspects relatifs aux interférences du mode TDD ont été analysés et doivent être pris en considération lors du déploiement. Avec une planification rigoureuse, le mode TDD peut être un excellent complément au mode FDD.

11.5. Références

[1] 3GPP Technical Specification 25.221 V3.1.0, Physical Channels and Mapping of Transport Channels onto Physical Channels (TDD).

[2] 3GPP Technical Specification 25.222 V3.1.0, Multiplexing and Channel Coding (TDD).

[3] 3GPP Technical Specification 25.223 V3.1.0, Spreading and Modulation (TDD).

[4] 3GPP Technical Specification 25.224 V3.1.0, Physical Layer Procedures (TDD).

[5] 3GPP Technical Specification 25.102 V3.1.0, UTRA (UE) TDD; Radio Transmission and Reception.

[6] Steiner, B. and Jung, P., 'Optimum and suboptimum channel estimation for the uplink of CDMA mobile radio systems with joint detection', *European Transactions on Telecommunications and Related Techniques*, Vol. 5, 1994, pp. 39–50.

[7] Lupas, R. and Verdu, S., 'Near–far resistance of multiuser detectors in asynchronous channels', *IEEE Transactions on Communications*, Vol. 38, no. 4, 1990, pp. 496–508.

[8] Klein, A., 'Data detection algorithms specially designed for the downlink of CDMA mobile radio systems', in *Proceedings of IEEE Vehicular Technology Conference*, Phoenix, AZ, 1997, pp. 203–207.

[9] Klein, A. and Baier, P.W., 'Linear unbiased data estimation in mobile radio systems applying CDMA', *IEEE Journal on Selected Areas in Communications*, Vol. 11, no. 7, 1993, pp. 1058–1066.

[10] Klein, A., Kaleh, G.K. and Baier P.W., 'Zero forcing and minimum mean square-error equalization for multiuser detection in code-division multiple-access channels', *IEEE Transactions on Vehicular Technology*, Vol. 45, no. 2, 1996, pp. 276–287.

[11] Jung, P. and Blanz, J.J., 'Joint detection with coherent receiver antenna diversity in CDMA mobile radio systems', *IEEE Transactions on Vehicular Technology*, Vol. 44, 1995, pp. 76–88.

[12] Papathanassiou, A., Haardt, M., Furio, I. and Blanz J.J., 'Multi-user direction of arrival and channel estimation for time-slotted CDMA with joint detection', in *Proceedings of the 1997 13th International Conference on Digital Signal Processing*, Santorini, Greece, 1997, pp. 375–378.

[13] Varanasi, M.K. and Aazhang, B., 'Multistage detection in asynchronous code-division multiple-access communications', *IEEE Transactions on Communications*, Vol. 38, no. 4, 1990, pp. 509–519.

[14] Väätäjä, H., Juntti, M. and Kuosmanen, P., 'Performance of multiuser detection in TD-CDMA uplink', submitted to EUSIPCO-2000, 5–8 Septembre 2000, Tampere, Finland.

[15] Holma, H., Povey, G. and Toskala, A., 'Evaluation of interference between uplink and downlink in UTRA TDD', *VTC'99/Fall,* Amsterdam, 1999, pp. 2616–2620.

[16] ERC TG1 decision (98)183, Février 1999.

Chapitre 12

CDMA À PORTEUSES MULTIPLES

par Antti Toskala

12.1. Introduction

Nous avons vu dans le chapitre 3 que trois modes ont été définis par l'ITU-R IMT-2000. Les deux modes UTRA FDD et TDD ont été décrits tout au long de cet ouvrage et ce dernier chapitre est consacré au troisième mode : le mode CDMA à porteuses multiples (MC-CDMA, *Multi-Carrier CDMA*) fondé sur le cdma2000 et qui a été normalisé par le 3GPP2 durant l'année 1999. Il permet un interfonctionnement avec les réseaux cœur IS-41. Des extensions ont été apportées durant l'année 2000, afin de garantir l'interfonctionnement avec les réseaux cœur utilisant le protocole MAP.

Le mode CDMA à porteuses multiples est l'évolution naturelle des réseaux IS-95 vers la troisième génération. Il est en particulier très intéressant pour les réseaux de troisième génération qui seront déployés sur le spectre qui est actuellement utilisé par les réseaux IS-95. Cela est notamment le cas dans les pays où il n'a pas été prévu de spectre IMT-2000 supplémentaire, comme par exemple en Amérique du Nord.

Le nom de CDMA à porteuses multiples provient des caractéristiques propres au sens descendant où, au lieu d'une seule porteuse large bande, plusieurs porteuses bande étroite sont utilisées en parallèle par les stations de base. Il est possible d'utiliser jusqu'à 12 porteuses. Chaque porteuse possède un débit *chip* de 1,2288 Mc/s, égal à celui de l'IS-95. Concernant le sens montant, les signaux sont étalés directement comme pour le mode UTRA FDD, avec un débit *chip* de 1,2288 Mc/s. La première version ITU du cdma2000, connue aussi sous le terme « 3X », utilisera jusqu'à 3 porteuses à un débit *chip* total de 3,6864 Mc/s. Le terme « MC » utilisé dans ce chapitre fera référence à ce mode 3X défini dans la norme cdma2000.

La Figure 12.1 présente le spectre du mode MC et celui de l'IS-95. Pour le sens descendant du mode MC, trois porteuses IS-95 d'une largeur de bande de 1,25 MHz sont utilisées pour former une bande passante d'environ 3,75 MHz (3X). Notons que le mode MC devrait cependant être déployé avec un espacement entre groupes de porteuses de 5 MHz. Pour le sens montant, il existe peu de différences entre le mode MC utilisant un débit *chip* de 3,6864 Mc/s et le mode UTRA FDD utilisant un débit *chip* de 3,84 Mc/s. Les sections suivantes décrivent les principales caractéristiques de la couche physique du mode MC et illustrent les principales différences qui existent entre les modes MC et UTRA FDD.

12.2. Canaux logiques et physiques

Le terme de « canal logique » est employé pour le cdma2000. Il correspond au terme de « canal de transport » de l'UTRA, canaux de transport qui véhiculent les données sur l'interface air et qui s'appuient directement sur des canaux physiques. Les canaux logiques suivants sont définis dans la Release A du cdma2000 :

- *Dedicated Traffic Channel* (f/r-dtch) : il s'agit d'un canal logique point à point qui transporte le trafic voix ou données et qui s'appuie sur un canal physique dédié. Ce canal correspond au canal de transport dédié de l'UTRA. Le canal dtch est utilisé par un seul terminal.
- *Common Control Channel* (f/r-cmch) : les canaux de contrôle communs cmch sont utilisés pour transporter de façon partagée les messages MAC à destination ou en provenance de plusieurs terminaux.
- *Dedicated Signalling Channel* (f/r-dsch) : il s'agit d'un canal logique point à point qui transporte le trafic de signalisation issu des couches supérieures et qui s'appuie sur un canal physique dédié. Le canal dsch est utilisé par un seul terminal.
- *Common Signalling Channel* (f/r-csch) : il s'agit d'un canal point multi-point qui transporte le trafic de signalisation issue des couches hautes en s'appuyant sur un canal physique commun, partagé par plusieurs terminaux.

Notons que le terme « reverse link » est utilisé à la place du terme « uplink » dans les spécifications du cdma 2000 et de même le terme « forward link » remplace le terme « downlink ». Cependant, pour des raisons de cohérence avec les autres chapitres de cet ouvrage, nous utiliserons les termes « downlink » et « uplink » au lieu des termes « forward link » et « reverse link ».

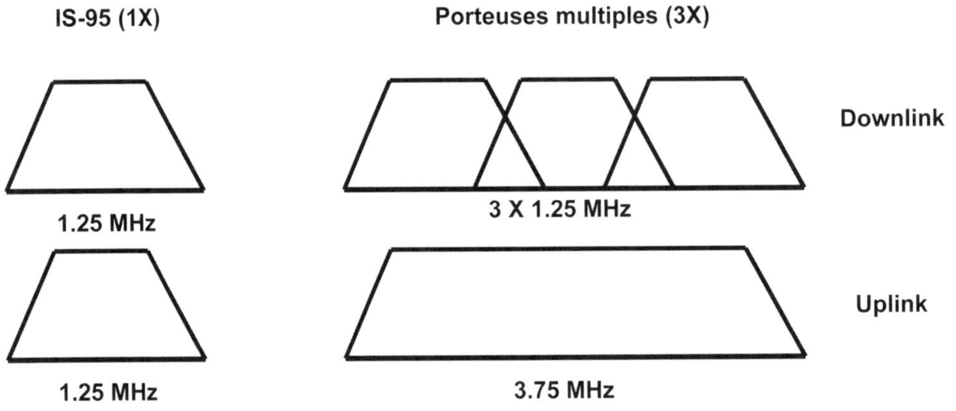

Figure 12.1 Spectre du mode MC et de l'IS-95

12.2.1 Canaux physiques

Le mode MC fournit quasiment les mêmes fonctionnalités que le mode UTRA FDD. Ces fonctionnalités sont par exemple : la diffusion de messages (*Cell Broadcast*), la procédure d'accès aléatoire. De façon plus générale, il s'agit des fonctionnalités de base de tous les systèmes cellulaires. La couche physique du mode MC comporte cependant quelques petites différences.

Les différents types de canaux communs spécifiques à l'UTRA, comme par exemple les canaux partagés et le canal CPCH (*Common Packet Channel*), n'ont pas d'équivalents dans le mode MC. Les mêmes fonctionnalités sont tout de même implémentées mais par des méthodes différentes.

Le canal utilisé pour la transmission de données est le canal downlink *Supplemental Channel*. Ce canal est similaire au canal downlink DSCH (*Downlink Shared Channel*) de l'UTRA FDD. Il existe également dans le sens montant mais pas en tant que canal d'accès aléatoire amélioré comme c'est le cas du canal CPCH pour le mode UTRA FDD. Les caractéristiques du canal *Supplemental Channel* seront présentées en détail dans la section 12.4.

Le canal d'accès (*Access Channel*) du mode MC diffère de son équivalent RACH (*Random Access Channel*) du fait des différences présentes au niveau des protocoles des couches hautes. La durée du message d'accès est plus longue en mode MC qu'en mode UTRA FDD. Par conséquent, la transmission d'informations sur le canal d'accès peut se faire sur plusieurs trames. Afin d'éviter les problèmes *near-far* du CDMA, un canal commun de contrôle de puissance peut être utilisé pour transmettre les informations propres au contrôle de puissance durant la procédure d'accès aléatoire uplink du mode MC.

Le mode MC emploie un canal de *paging* rapide (*Quick Paging Channel*) qui est utilisé pour indiquer au terminal quand il doit écouter le canal de *paging* à proprement parler. Ce canal comporte de nombreuses similitudes avec le canal PICH (*Paging Indicator Channel*) des modes UTRA FDD et TDD.

12.3. Modulation et étalement

12.3.1 Modulation et étalement uplink

La modulation uplink en mode MC est très similaire à celle du mode UTRA FDD. Les différents canaux sont fournis soit sur la branche complexe I, soit sur la branche complexe Q. Puis après étalement, un code de *scrambling* complexe est appliqué afin d'équilibrer les puissances sur les deux branches I et Q du plan complexe. Cela donne à peu près les mêmes exigences de linéarité d'amplificateur que pour le mode UTRA FDD. Notons que lorsque le débit augmente, la transmission en mode MC utilise très rapidement des codes multiples, ce qui n'est pas forcément le cas en mode UTRA FDD. Quand des hauts débits sont nécessaires, le canal *Supplemental Channel* est utilisé en association avec le canal *Fundamental Channel*, ce dernier ne pouvant fournir que de faibles débits.

L'étalement uplink est réalisé par des fonctions de Walsh, alors que pour le mode UTRA FDD, des codes OVSF (*Orthogonal Variable Spreading Factor*) sont utilisés. L'étalement à débit variable n'est pas supporté par le mode MC durant une même connexion. Cela est dû au fait que la signalisation de la couche physique ne donne aucune information concernant le débit utilisé.

Le code long utilisé par le *scrambling* uplink a une période de 2^{42}-1 *chips*. Cette longueur est nettement plus importante que celle des codes utilisés par le mode UTRA FDD, pour lequel la période est de 38 400 *chips* pour les canaux dédiés et de seulement 256 *chips* pour les codes de *scrambling* courts. Avec une période de 38 400 *chips*, aucune dégradation ne devrait se produire alors que pour une longueur de 256 *chips* sans récepteurs avancés, les effets de moyennage de cross-corrélation pourraient dégrader les résultats. Notons que les canaux *Access Channel* possèdent un code de *scrambling* spécifique d'une période de 2^{15} chips.

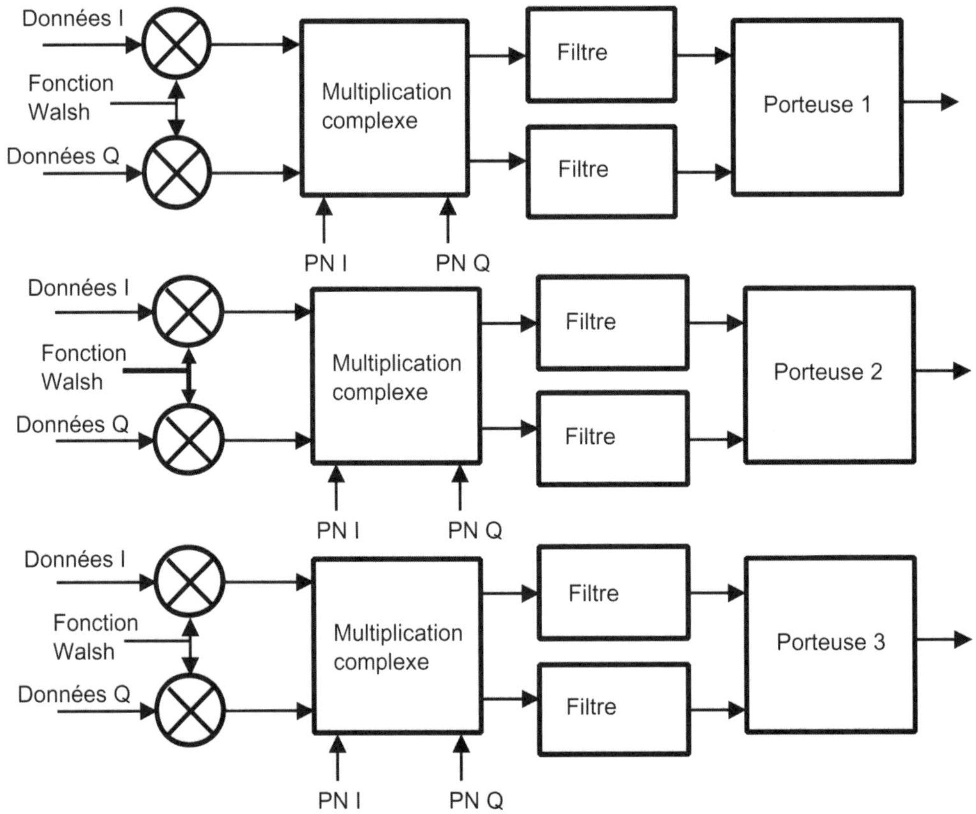

Figure 12.2 Etalement et scrambling multiporteuses downlink

12.3.2 Modulation et étalement downlink

La modulation downlink est bien évidemment caractérisée par sa nature à porteuses multiples. Les porteuses downlink peuvent fonctionner indépendamment, mais le terminal peut également les démoduler toutes à la fois. Le fait de démoduler toutes les porteuses permet d'obtenir un gain de diversité de fréquence par rapport à la démodulation d'une seule porteuse à 1,2288 Mc/s. Chaque porteuse comporte un canal *pilot* qui est utilisé pour l'estimation du canal. Comme pour l'UTRA, les porteuses peuvent être émises à partir de plusieurs antennes afin d'ajouter de la diversité d'émission.

Le canal sur chaque porteuse est étalé grâce aux fonctions de Walsh en utilisant un facteur d'étalement constant durant toute la durée de la connexion. Cela est très similaire à ce que nous avons vu pour l'interface UTRA. Comme le font les codes OVSF de l'UTRA, les fonctions de Walsh séparent les canaux issus d'une même source et introduisent une orthogonalité entre les différents canaux. Les facteurs d'étalement pour la transmission de données varient de 256 à 4. La modulation downlink comprenant trois porteuses est illustrée dans la Figure 12.2. Notons que les séquences PN et les fonctions de Walsh sont les mêmes pour toutes les porteuses.

Le *scrambling* downlink est caractérisé par l'utilisation d'un seul code pour tout le système. Puisque les stations de base en mode MC sont synchronisées, un seul code peut être utilisé et les différentes stations de base utilisent une phase différente de ce même code. Le nombre de phases possibles est de 512, correspondant au nombre de codes primaires de *scrambling* de l'UTRA FDD.

12.4. Transmission de données utilisateur

Cette section décrit les principes fondamentaux de la transmission de données en mode MC. Nous nous attacherons à souligner les principales différences qui existent par rapport au fonctionnement de l'UTRA FDD. De manière générale, un certain nombre de débits ont été spécifiés pour le mode MC. Ces derniers ont été rigoureusement spécifiés en termes de *puncturing* et de répétition alors que pour l'UTRA, ces deux méthodes de *puncturing* et de répétition sont utilisées de manière beaucoup plus souple pour générer n'importe quel débit lors de la phase d'adaptation du débit. Ce point ne provoque pas de différences notables, à moins que les couches hautes ne soient obligées d'utiliser des bits de bourrage pour fournir un débit compatible avec celui de la couche physique. Les débits qui devraient être ajoutés au mode MC sont ceux qu'utilise le codec voix AMR. Notons que pour les faibles débits, les *overheads* peuvent devenir importants lorsque l'on cherche à implémenter les débits du codec AMR sur les débits prédéfinis du mode MC.

12.4.1 Transmission de données uplink

Le canal *Fundamental Channel* du mode MC a été spécifié en détail pour un certain nombre de débits, allant jusqu'à la valeur de 14,4 kbit/s. Le canal peut modifier le débit instantané en utilisant la méthode de répétition mais le débit symbole n'est pas modifié. Cela permet notamment d'utiliser la détection *blind rate* au niveau de la station de base. Le canal *Fundamental Channel* et la structure du canal *Pilot* sont présentés dans la Figure 12.3, où le canal *Pilot* transporte également les symboles du contrôle de puissance, espacés de 1,25 ms, soit une fréquence de contrôle de puissance rapide de 800 Hz.

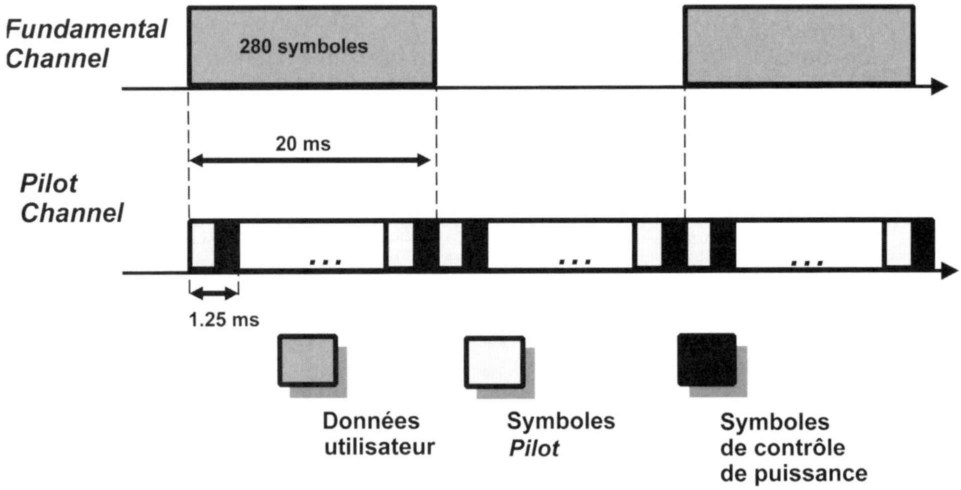

Figure 12.3 Structure du canal uplink Fundamental Channel

Lorsque les débits utilisateur augmentent, le débit ne peut plus être supporté par un seul canal comme dans le cas de l'UTRA FDD. Le canal *Supplemental Channel* est alors utilisé. Il s'agit d'un canal parallèle distinct qui utilise une fonction de Walsh différente du canal *Fundamental Channel*. L'émission uplink peut comporter un ou deux canaux *Supplemental Channel* ayant chacun un débit pouvant varier de quelques kbit/s à 1 Mbit/s, selon la configuration radio. En règle générale, une dizaine de débits sont définis pour le canal *Supplemental Channel*. Notons que les débits supérieurs à 14,4 kbit/s sont supportés par le codage *turbo*.

Par conséquent, alors que pour l'UTRA FDD, le canal de contrôle de la couche physique conserve des paramètres constants pour le facteur d'étalement, pour le mode MC les paramètres du canal *Fundamental Channel* sont tout d'abord fixés et ensuite un ou plusieurs canaux *Supplemental Channel*, ayant un facteur d'étalement fixe pour un débit donné, peuvent être ajoutés. Ceci s'explique par le fait que le mode MC ne comporte pas d'informations de contrôle au niveau de la couche physique pour indiquer au récepteur la modification de débit ou, de manière plus générale, la modification du TFC (*Transport Format Combination*). Par conséquent, la signalisation *in-band* du canal *Fundamental Channel* doit transporter toutes les informations nécessaires et les paramètres propres au canal *Fundamental Channel* ne peuvent être modifiés, trame après trame.

Pour les données utilisateur, la trame radio a une durée de 20 ms, alors que la trame UTRA n'a qu'une durée de 10 ms. Dans tous les cas, les services voix utilisent une durée d'entrelacement d'au moins 20 ms. Cette durée provient du GSM pour lequel le codec voix délivre des données toutes les 20 ms.

Pour le mode MC, il n'existe pas de concept similaire au canal uplink CPCH (*Common Packet Channel*) de l'UTRA. Cependant, le canal d'accès *Enhanced Access Channel* sur lequel s'appuie la fonctionnalité RACH peut être utilisé pour envoyer de petites quantités de données, comme pour le canal RACH de l'UTRA. La taille du *payload* du canal *Enhanced Access Channel* peut varier de 172 à 744 bits et la longueur de la trame peut être de 5, 10 ou 20 ms. Cela diffère du canal *Supplemental Channel* pour lequel une durée de trame de 20 ms est toujours utilisée.

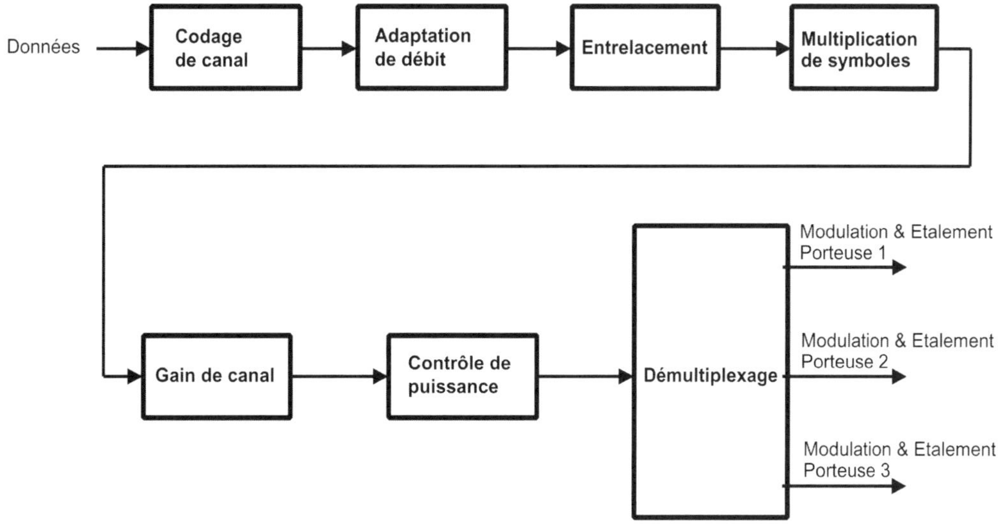

Figure 12.4 Multiplexage des données utilisateur sur les sous-porteuses.

12.4.2 Transmission de données downlink

Dans le sens descendant, le mode MC présente des différences significatives par rapport au mode UTRA FDD. Les données utilisateur sont partagées entre les trois sous-porteuses CDMA, ayant chacune un débit *chip* de 1,2288 Mc/s. Comme pour le sens montant, les faibles débits sont implémentés sur le canal *Fundamental Channel* alors que les hauts débits le sont sur le canal *Supplemental Channel*. Cependant, un terminal ne peut recevoir qu'une seule porteuse ce qui limite le débit total et ce qui est un inconvénient du point de vue de la capacité du système puisque le gain de diversité de fréquence est faible et la diversité d'antenne en émission impossible.

Le débit symbole des canaux de trafic après codage de canal et entrelacement est multiplié par un facteur de 3. Les symboles relatifs au contrôle de puissance sont ensuite insérés et les données démultiplexées sur les 3 sous-porteuses.

Les fonctions de Walsh allouées au canal *Fundamental Channel* transportent les données utilisateur avec un facteur d'étalement fixe, généralement de 256 ou de 128 pour les débits faibles. Notons que pour les débits plus élevés, des facteurs d'étalement moindres sont utilisés.

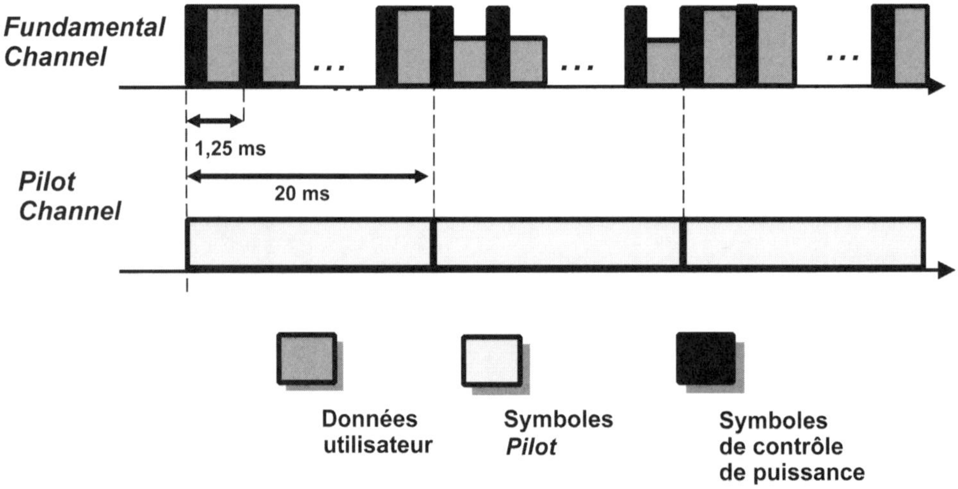

Figure 12.5 Multiplexage de la couche physique downlink

Alors que le sens montant comporte des informations de contrôle de puissance multipléxées avec le canal *pilot*, dans le sens descendant les informations de contrôle de puissance et de *pilot* sont multiplexées avec les données utilisateur à une fréquence de 800 Hz. Les symboles relatifs au contrôle de puissance sont transmis à un niveau de puissance constant, comme le montre la Figure 12.5, et servent de puissance de référence pour le contrôle de puissance. Les symboles relatifs aux données ont en revanche un niveau de puissance qui peut varier puisque l'adaptation du débit est réalisé par *puncturing* ou répétition et que le débit symbole du canal est constant. Le canal commun *pilot*, utilisé comme une référence de phase, est très similaire au canal CPICH (*Common Pilot Channel*) de l'UTRA. Les symboles relatifs au contrôle de puissance ne sont pas transmis en parallèle pour les différents utilisateurs afin de limiter les variations de l'enveloppe résultantes en rendant aléatoires les instants où les différents utilisateurs reçoivent leurs symboles respectifs du contrôle de puissance. Notons au passage que durant la transmission discontinue (DTX), seuls les symboles relatifs au contrôle de puissance sont envoyés sur le canal Fundamental Channel.

Outre la structure caractérisée par plusieurs porteuses, le mode MC comporte des différences fondamentales par rapport au mode UTRA FDD. Le canal *Fundamental Channel* ne transporte aucun symbole *pilot* ni d'information concernant le débit utilisé. Cela signifie que la détection *blind rate* est indispensable pour une connexion à débit variable. Comme les différents débits sont obtenus par les méthodes de *puncturing* ou de répétition, le décodage de canal doit suivre une combinaison de débits afin de retrouver quel est le débit utilisé. Cela peut être réalisé pour les débits relativement faibles comme dans le cas du canal *Fundamental Channel* du mode MC. En revanche, les débits plus élevés sont implémentés sur le canal *Supplemental Channel* et la signalisation des couches hautes est utilisée pour indiquer au récepteur les modifications de débit du canal *Supplemental Channel*.

12.4.3 Codage de canal

Le canal *Fundamental Channel* utilise toujours un codage convolutif, alors que pour le canal *Supplemental Channel*, un codage *turbo* est appliqué. Le codeur et le décodeur *turbo* à huit états sont identiques à ceux utilisés dans les solutions UTRA. Cependant, l'entrelacement *turbo* est différent, tout comme le module chargé de l'entrelacement de canal. Ce dernier est différent du fait des différences dans le nombre de symboles par trame selon le facteur d'étalement et du fait des différences de structures de trames. Concernant le codage de canal, les taux 1/4 et 1/2 peuvent être utilisés dans le mode MC alors que le taux 1/4 n'est pas applicable à l'UTRA. Notons que pour l'UTRA, le taux de codage *turbo* de 1/2 est obtenu à l'aide du taux 1/3 et de l'adaptation du débit.

Il existe également des différences concernant le codage convolutif. Outre les taux de codage de 1/2 et 1/3 utilisés par l'UTRA, les taux de 1/4 et 1/6 ont été spécifiés pour le mode MC. La longueur de contrainte est également de 9, tout comme pour l'UTRA.

Les différences qui résident dans les modules chargés de l'entrelacement interne proviennent de différentes optimisations qui ont été choisies par certains organismes de normalisation. L'entrelaceur *turbo* du mode MC a été optimisé pour des débits fixes alors que les entrelaceurs UTRA sont plus génériques et utilisables quel que soit le débit. Notons que les différences en termes de performances sont marginales.

12.5. Signalisation

La manière dont ont été définis les canaux de signalisation montre bien les différences fondamentales qui résident entre les modes MC et UTRA FDD. Dans le mode MC, tous les canaux de signalisation sont définis comme des canaux à part entière, alors que le mode

FDD utilise le concept de canal secondaire CCPCH (*Secondary Common Control Physical Channel*) qui transporte au niveau de la couche physique des canaux tels que le canal de *paging* PICH ou le canal FACH (*Forward Access Channel*). Notons également que pour le mode UTRA, les canaux communs peuvent utiliser le TFCI lorsque le débit varie, tandis que les débits de transmission sont fixes en mode MC.

12.5.1 Canal Pilot

Le mode MC possède un canal *pilot* séparé par porteuse. Ce canal *pilot* est utilisé de la même manière que dans le mode UTRA FDD et les fonctions telles que l'estimation du canal, les mesures de handovers, la sélection ou la resélection de cellule sont similaires. Comme chaque porteuse a son propre canal *pilot*, les trois porteuses peuvent être émises par des antennes distinctes.

En cas d'utilisation de faisceaux directifs, le mode MC utilise toujours autant de canaux *pilot* que de faisceaux. On parle alors de canaux *pilot* auxiliaires (*auxiliary pilot channel*). Cela est indispensable car il n'y a pas d'autres symboles connus, envoyés sur les canaux dédiés, pour fournir la référence de phase. Afin de minimiser le nombre de codes utilisés, les canaux auxiliaires peuvent être générés à partir de fonctions de Walsh avec une longueur étendue. La longueur maximale de ces fonctions de Walsh est de 512 en mode MC. La différence la plus notable entre les modes FDD et MC est que le mode MC utilise un canal *pilot* par faisceau alors que le mode FDD utilise des symboles *pilot* sur les canaux dédiés.

Notons également que le mode MC dans le sens descendant n'utilise pas le même type de diversité d'émission que l'UTRA. Les porteuses peuvent être émises à l'aide d'antennes distinctes puisque chaque porteuse possède son propre canal *pilot*. La diversité OTD (*Orthogonal Transmit Diversity*) peut être employée lorsque les mêmes informations sont émises par les deux antennes.

12.5.2 Canal Synch

Le canal *Synch* (*Synch Channel*) est spécifique au mode MC. Il permet au terminal de prendre connaissance de la synchronisation du système. Le canal *Synch* utilise un débit peu élevé de 1,2 kbit/s et est transmis sur trois trames, sur une période de 80 ms.

12.5.3 Canal Broadcast

Le canal *Broadcast* (*Broadcast Channel*) du mode MC est similaire au canal PCCCH (*Primary Common Control Channel*) de l'UTRA qui transporte les informations du système à diffuser. Les principales informations véhiculées par le canal *Broadcast* sont la disponibilité des canaux *Access Channels* et des canaux *Access Enhanced Channel* pour les besoins de la procédure d'accès. Le canal *Broadcast* utilise un débit fixe de 19,2 kbit/s ainsi qu'un codage convolutif d'un taux de 1/3.

12.5.4 Canal Quick Paging

Le canal *Quick Paging* (*Quick Paging Channel*) du mode MC est similaire au canal PICH (*Paging Indicator Channel*) de l'UTRA. Il permet d'indiquer au mobile s'il est destinataire d'un message de *paging* ou d'informations sur le canal f-cmch (*forward-Common Control Channel*). Le canal *Quick Paging* est divisé en *slots* et sous-divisé en indicateurs de *paging* et en indicateurs qui avertissent d'une modification de configuration.

12.5.5 Canal Common Power Control

Le canal *Common Power Control Channel* fournit des informations relatives au contrôle de puissance pour un certain nombre de canaux uplink qui ne sont pas associés à un canal *Fundamental Channel*, ce dernier fournissant déjà des informations de contrôle de puissance. Les canaux qui sont contrôlés de cette manière sont les canaux r-cmch (*reverse-Common Control Channel*) et les canaux *Enhanced Access Channel*.

Le canal *Common Power Control Channel* fournit trois types de contrôle de puissance qui se distinguent par leur fréquence qui est respectivement de 200, 400 et 800 Hz. Les branches I et Q du plan complexe transportent un flux d'informations de contrôle ayant un débit de 9,6 kbit/s.

12.5.6 Canaux Common Control et Dedicated Control

Le mode MC utilise également le concept de canaux communs de contrôle (*Common Control Channel*) et de canaux dédiés de contrôle (*Dedicated Control Channel*) dans les sens montant et descendant. L'objectif de ces canaux est de transporter des informations de contrôle issues des couches hautes pour un ou plusieurs terminaux. Ces canaux transmettent dans le sens montant des informations de contrôle pour la station de base depuis un ou plusieurs terminaux lorsque le canal *Reverse Traffic Channel* n'est pas utilisé.

Le canal commun supplémentaire de contrôle des couches hautes est le canal *Common Assignement Channel*. Il transporte dans le sens descendant les messages d'allocation de ressources pour un certain nombre de terminaux.

12.5.7 Canal RACH

Le canal RACH (*Random Access Channel*) ou *Access Channel*, pour le mode MC, propose des fonctionnalités similaires à l'UTRA bien que la procédure RACH proprement dite diffère légèrement. Cette procédure comporte différentes options concernant l'émission du préambule dont la puissance peut être augmentée ou non si le préambule n'est pas correctement reçu par la station de base. Plusieurs trames d'accès peuvent être transmises en mode MC alors que pour l'UTRA seuls des messages de 10 ou 20 ms sont acceptés. Le fonctionnement du canal CPCH (*Common Packet Channel*) de l'UTRA acceptant une durée de message plus importante est proche de la procédure d'accès en mode MC avec un contrôle de puissance en boucle fermée.

Pour des messages longs, un canal de contrôle de puissance (*power control channel*) peut être utilisé pour supporter un contrôle de puissance rapide durant la procédure d'accès. Nous y reviendrons dans la section suivante. Comme le canal *Access Channel*, le canal *Enhanced Access Channel* peut transporter des informations de signalisation pour les besoins de la procédure d'accès.

12.6. Procédures de la couche physique

12.6.1 Procédure de contrôle de puissance

Les procédures de contrôle de puissance des modes MC et UTRA FDD sont similaires. Le contrôle de puissance rapide en boucle fermée est supporté dans les deux sens de transmission. Cependant de nombreux détails diffèrent dans les deux modes. Tout d'abord, la fréquence du contrôle de puissance est différente : 1 500 Hz par pas de 1 dB pour le mode UTRA FDD et 800 Hz pour le mode MC. Pour ce dernier mode, le contrôle de puissance rapide en boucle fermée dans le sens montant fonctionne conjointement avec le contrôle de puissance en boucle ouverte.

Le contrôle de puissance en boucle ouverte suit la puissance du signal reçu sur le sens descendant. Si les seuils sont dépassés, le contrôle de puissance modifie la puissance d'émission du terminal. Le contrôle de puissance en boucle ouverte est caractérisé par une large incertitude puisque les terminaux fonctionnent sur différentes bandes de fréquences en réception et ne peuvent mesurer avec précision le niveau de puissance (le contrôle de puissance doit comparer la puissance d'émission du terminal avec le niveau de puissance reçue dans le sens descendant). Notons que l'association du contrôle de puissance en boucle ouverte avec le contrôle de puissance en boucle fermée peut être désactivée par le réseau. Cette possibilité est souvent utilisée dans les réseaux IS-95 actuels.

L'implémentation différente du *pilot* dans les deux modes conduit naturellement à deux types d'algorithmes de contrôle de puissance au niveau du terminal. Pour le mode MC, les canaux dédiés ne transportent pas de symboles *pilot*. Par conséquent, les seuls symboles qui peuvent être utilisés pour estimer le ratio signal sur interférences (SIR) sont les symboles du contrôle de puissance. Ces symboles conservent un niveau de puissance constant par rapport au débit. L'*offset* de puissance résultant n'a pas un impact important sur le ratio *peak-to-average* du sens descendant du fait du nombre élevé de transmissions en parallèle sur ce même sens descendant. Cela est d'autant réduit que la position dans le *slot* du sous-canal de contrôle de puissance est différente selon les utilisateurs. Les effets des variations d'enveloppe sont de ce fait moyennés sur l'intégralité du *slot*.

12.6.2 Procédure de recherche de cellule

Il existe d'importantes différences entre les procédures de recherche de cellule des modes MC et UTRA FDD. Comme nous l'avons vu précédemment, le mode MC utilise des versions du même code de *scrambling* décalées dans le temps pour toutes les stations de base du réseau. Une fois allumé, le terminal commence à rechercher une séquence à l'aide d'un module spécialisé, soit un corrélateur, soit un filtre adapté. La recherche continue jusqu'à ce qu'un ou plusieurs codes soient détectés.

Comme toutes les cellules sont synchronisées, une seule séquence est nécessaire au système et le terminal peut chercher les différentes phases de cette séquence. Rappelons que pour l'UTRA, il existe 512 codes de *scrambling* différents, spécifiques aux cellules. Une procédure similaire serait trop complexe et trop longue et c'est pour cela que la recherche de cellule en mode UTRA FDD commence par le code de synchronisation commun à toutes les cellules.

Comme pour l'UTRA, la recherche de cellule diffère s'il s'agit de la recherche initiale, c'est-à-dire lorsque le terminal vient d'être allumé, ou s'il s'agit d'une recherche de cellule pour les besoins d'un handover. Pour le mode connecté, le terminal possède une liste de cellules voisines et réalise la recherche en se fondant sur les informations relatives au PN-*offset* des cellules cibles. La liste des cellules voisines doit contenir le PN-*offset* des cellules à rechercher, sinon les terminaux en mode connecté ne peuvent pas reconnaître le PN-*offset* qu'ils détectent.

12.6.3 Procédure d'accès aléatoire

La procédure d'accès aléatoire du canal *Enhanced Access Channel* possède, comme celle de l'UTRA, une option permettant d'augmenter peu à peu la puissance d'émission du préambule d'accès si ce dernier n'est pas reçu par la station de base. Le préambule précédant le message est de longueur variable comme le message en lui-même. La longueur du préambule est fixée en fonction des ressources disponibles au niveau de la station de base. La procédure d'accès est illustrée dans la Figure 12.6. Les tentatives d'accès suivant la tentative initiale sont transmises avec une puissance croissante jusqu'à ce que le nombre maximal de tentatives soit atteint ou que les couches hautes répondent à une des tentatives. Il est possible d'envoyer un préambule supplémentaire juste avant de transmettre le message proprement dit. Cela est fait afin que la station de base puisse réaliser une estimation plus précise du canal.

Une fois que le réseau a donné la permission au mobile de transmettre, ce dernier transmet un en-tête (*Enhanced Access Header*) d'une durée de 5 ms avant de transmettre le message (*Enhanced Access Data*) en utilisant une longueur de trame de 5, 10 ou 20 ms.

Il existe également un mode d'accès qui utilise le contrôle de puissance lors de la transmission du message à proprement parler. Les terminaux écoutent alors le canal de contrôle de puissance et suivent les commandes de contrôle de puissance envoyées par le réseau d'accès.

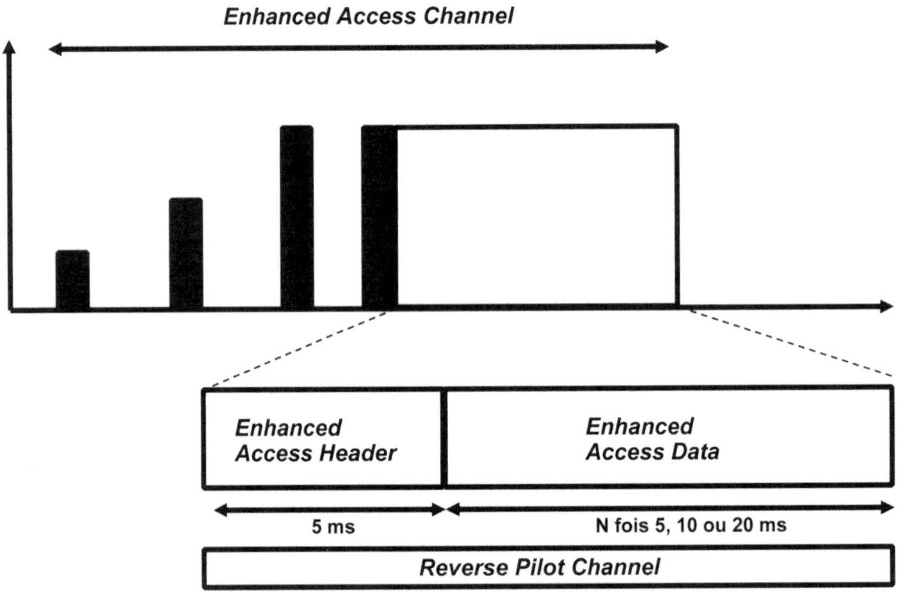

Figure 12.6 Procédure RACH en mode MC

12.6.4 Procédure de mesures de handovers

La procédure de handover UTRA FDD comporte de nombreuses mesures pour les besoins des handovers intersystèmes. Le mode MC peut également supporter des terminaux multimodes afin de réaliser des handovers intersystèmes, vers l'IS-95 par exemple. Les futures versions des spécifications UTRA apporteront des améliorations concernant les mesures de handovers ainsi que les handovers à proprement parler afin de supporter du point de vue de la couche physique les handovers vers ou depuis le GSM. Du point de vue du réseau, la difficulté de ce genre de fonctionnalités dépend du type d'appel à prendre en compte, s'il s'agit d'un simple appel voix ou d'un service de transmission de données plus complexe.

A la différence de l'UTRA, le mode MC n'offre pas de méthodes telles que le mode compressé pour les mesures inter-fréquences. Le terminal doit posséder un double récepteur ou alors il sera contraint d'ignorer les données qu'il reçoit afin d'effectuer les mesures nécessaires. Cet aspect est traité dans le document [5] donné en référence ci-dessous.

12.7. Références

[1] 3GPP2 IS-2002.2, Physical Layer Standard for cdma2000 Spread Spectrum Systems.

[2] 3GPP2 IS-2002.3, Medium Access Control (MAC) Standard for cdma2000 Spread Spectrum Systems.

[3] 3GPP2 IS-2002.4, Signaling Layer 2 Standard for cdma2000 Spread Spectrum Systems.

[4] 3GPP2 IS-2002.5, Upper Layer (Layer 3) Signaling Standard for cdma2000 Spread Spectrum Systems.

[5] Willenegger, S., 'cdma2000 Physical Layer: An Overview'. *Journal of Communications and Networks*, Vol. 2, No. 1, Mars 2000, pp. 5-17.

Glossaire

3GPP	3rd Generation Partnership Project

A

AAL5	ATM Adaptation Layer 5
ACCH	Associated Control Channel
ACELP	Algebraic Code Excited Linear Prediction Coder
ACIR	Adjacent Channel Interference power Ratio
ACLR	Adjacent Channel Leakage Ratio
ACTS	Advanced Communication Technologies and Services
AICH	Acquisition Indication Channel
AICH	Acquisition Indicator Channel
AM	Acknowledged Mode
AMD	Acknowledged Mode Data
AMR	Adaptative Multi-rate
AP-AICH	Access Preamble Acquisition Channel
ARIB	Association for Radio Industries and Businesses
ARQ	Automatic Repeat Request
ASC	Access Service Class
ASIC	Application Specific Integrated Circuit
ASN.1	Abstract Syntax Notation One
ATDMA	Advanced TDMA Mobile Access
ATM	Asynchronous Transfer Mode
AVI	Actual Value Interface
AWGN	Additive White Gaussian Noise

B

BCFE	Broadcast Control Function Entity
BCH	Broadcast Channel
BER	Bit Error Rate
BLER	Block Error Rate
BMC	Broadcast/Multicast Control Protocol
BoD	Bandwith on Demand
BPSK	Binary Phase Shift Keying
BSC	Base Station Controller
BSS	Base Station Sub-system
BTFD	Blind Transport Format Detection
BTS	Base Transmitter Station

C

C/I	Carrier-to-Interference ratio
CBC	Cell Broadcast Centre
CCCH	Common Control Channel
CCH FP	Common Transport Channel Frame Protocol
CCPCH	Common Control Physical Channel
CCTrCh	Coded Composite Transport Channel
CD/CA-ICH	Collision Detection/Channel Assignement Indication Channel
CDMA	Code Division Multiple Access
cmch	Common Control Channel
CN	Core Network
CODIT	Code division test bed
CPCH	Common Packet Channel
CPICH	Common Pilot Channel
CRC	Cyclic Redundancy Check
CRNC	Controlling RNC
C-RNTI	Cell Radio Network Temporary Identiy
csch	Common Signalling Channel
CSICH	CPCH Status Indication Channel
CWTS	China Wireless Telecommunication Standard Group

D

D-AMPS	Digital-Advanced Mobile Phone System
DCA	Dynamic Channel Allocation
DCE	Data Circuit-terminating Equipment
DCF	Downlink Centre Frequency
DCH FP	Dedicated Channel Frame Protocol
DECT	Digital Enhanced Cordless Telephone
DF	Decision Feedback
DFCE	Dedicated Control Function Entity
DPCCH	Dedicated Physical Control Channel
DPCH	Dedicated Physical Channel
DPDCH	Dedicated Physical Data Channel
DRNC	Drift RNC
DRX	Discontinuous Reception
DS-CDMA	Direct Sequence Code Division Multiple Access
dsch	Dedicated Signalling Channel
DSCH	Downlink Shared Channel
DSP	Digital Signal Processor
dtch	Dedicated Traffic Channel
DTE	Data Terminal Equipment
DTX	Discontinuous transmission

E

EDGE	Enhanced Data rates for GSM Evolution
EFR	Enhanced Full Rate
EGSM	Enhanced GSM
ETCD	Equipements Terminaux de Circuit de Données
ETSI	European Telecommunications Standards Institute
ETTD	Equipements Terminaux de Traitement de Données

F

FACH	Forward Access Channel
FBI	Feedback Information

FDD	Frequency Division Duplex
FEC	Forward Error Correction
FER	Frame Error Rate
FRAMES	Future radio wideband multiple access system

G

GGSN	Gateway GPRS Support Node
GMSC	Gateway MSC
GMSK	Gaussian Minimum Shift Keying
GPRS	General Packet Radio System
GPS	Global Positioning System
GSIC	Groupwise Serial Interference Cancellation
GSM	Global System for Mobile communications
GSTN	General Switched Telephone Network
GTP	GPRS Tunnelling Protocol
GTP-U	GPRS Tunnelling Protocol-User Plan

H

HD-PIC	Hard Decision Parallel Interference Canceller
HLR	Home Location Register

I

IC	Interference Cancellation
IETF	Internet Engineering Task Force
IMSI	International Mobile Subscriber Identity
IMT-2000	International Mobile Telephony 2000
IP	Internet Protocol
IPI	Inter-Path Interference
ISI	Inter-Symbol Interference
ITU	International Telecommunications Union

L

LAI	Location Area Identity
LCS	Location Services
LP	Linear Prediction

M

M3UA SS7	MTP3 - User Adaptation Layer
MAC	Medium Access Control
MAI	Multiple Access Interference
MAP	Maximum a posteriori
ME	Mobile Equipment
MF	Matched Filter
MLSD	Maximum Likelihood Sequence Detection
MMSE	Minimum Mean Square Error
MR-ACELP	Multi-Rate ACELP
MSC	Mobile Switching Centre
MTP	Message Transfer Part
MUD	Multi-User Detector

N

NBAP	Node B Application Part

O

ODMA	Opportunity Driven Multiple Access
OFDM	Orthogonal Frequency Division Multiplexing
OFDMA	Orthogonal Frequency Division Multiple Access
OTD	Orthogonal Transmit Diversity
OTDOA-IPDL	Observed Time Difference Of Arrival – Idle Period DownLink
OVSF	Orthogonal Variable Spreading Factor

P

PAR	Peak-to-average
PCCC	Parallel Concatened Convolutional Code
PCCPCH	Primary Common Control Physical Channel
PCH	Paging Channel
PCS	Personal Communications Systems
PDC	Personal Digital Cellular
PDCP	Packet Data Convergence Protocol
PDP	Packet Data Protocol
PDSCH	Physical Downlink Shared Channel
PDU	Protocol Data Unit
PER	Packet Encoding Rules
PHS	Personal Handy phone System
PIC	Parrallel Interference Cancellation
PICH	Paging Indicator Channel
PIRE	Puissance Isotrope Rayonnée Equivalente
PLMN	Public Land Mobile Network
PNFE	Paging and Notification control Function Entity
PRACH	Physical Random Access Channel
PS	Packet Scheduler
PSCH	Physical Synchronisation Channel
P-TMSI	Packet-Temporay Mobile Subscriber Indentity
PVC	Pre-defined Virtual Connection

Q

QoS	Quality of Service
QPSK	Quadrature Phase Shift Keying

R

RAB	Radio Access Bearer
RACE I	Research of Advanced Communication Technologies in Europe
RACH	Random Access Channel
RAI	Routing Area Identity

RAN	Radio Access Network
RANAP	RAN Application Part
RB	Radio Bearer
RFE	Routing Function Entity
RLC	Radio Link Control
RNC	Radio Controller Network
RNIS	Réseau Numérique à Intégration de Services
RNS	Radio Network Sub-system
RNSAP	Radio Network System Application Part
RNSAP	RNS Application Part
RRC	Radio Resource Control
RRM	Radio Resource Management
RSCP	Received Signal Code Power
RSSI	Received Signal Strength Indicator
RSVP	Ressource ReserVation Protocol
RTCP	Real-time Transport Control Protocol
RTCP	Réseau Téléphonique Commuté Public
RTP	Real-Time Transport Protocol
RTSP	Real Time Streaming Protocol
RU	Resource Unit

S

SAAL-NNI	Signalling ATM Adaptation Layer for Network to Network Interfaces
SAP	Service Access Point
SAP	Session Annoucement Protocol
SCCF	Service Specific Co-ordination Function
SCCP	Signalling Connection Control Part
SCH	Synchronisation Channel
SCTP	Simple Control Transmission Protocol
SDD	Space Division Duplex
SDP	Session Description Protocol
SDU	Service Data Unit
SFN	System Frame Number
SGSN	Serving GPRS Support Node
SIC	Serial Interference Cancellation
SID	Silence Descriptor

SIP	Session Initiation Protocol
SIR	Signal to Interference Ratio
SRB	Signalling Radio Bearer
SRNC	Serving RNC
SS7	Signalling System #7
SSCOP	Service Specific Connection Oriented Protocol
STD	Switched Transmitter Diversity
STTD	Space Time Transmit Diversity

T

TCFT	Target Channel Type Field
TCP	Transport Control Protocol
TDD	Time Division Duplex
TDMA	Time Division Multiple Access
TF	Transport Format
TFCI	Transport Format Combination Indicator
TFCS	Transport Format Combination Set
TFI	Transport Format Indicator
TGL	Transmission Gap Length
TMSI	Temporay Mobile Subscriber Indentity
TPC	Transmission Power Control
TRCH	Traffic Channel
TSG	Technical Specification Group
TSTD	Time Switched Transmit Diversity
TTA	Telecommunications Technology Association
TTC	Telecommunications Technology Committee
TTI	Transmission Time Interval
TxAA	Transmit Adaptative Antennas

U

UARFCN	UTRA Absolute Radio Frequency Channel Number
UDP	User Datagram Protocol
UE	User Equipment
UM	Unacknowledged Mode

UMTS	Universal Mobile Telelcommunications System
UNI	User-Network Interface
URA	UTRAN Registration Area
U-RNTI	UTRAN Radio Network Temporary Identity
USCH	Uplink Shared Channel
USIM	UMTS Subscriber Identity Module
UTRA	UMTS Terrestrial Radio Access
UTRAN	UMTS Terrestrial RAN
UWCC	Universal Wireless Communications Consortium

V

VAD	Voice Activity Detector
VLR	Visitor Location Register
VOD	Video On Demand
VoIP	Voice over IP

W

WARC	World Administrative Radio Conference
WCDMA	Wideband Code Division Multiple Access
WIMS	Wireless Multimedia and Messaging Services
WLL	Wireless Local Loop
WTDMA	Wideband TDMA

Index

A

AICH 118
Antennes adaptatives 374, 377
Architecture UTRAN 93

B

BCH 116
Bilan de puissance 221
    Service Données non temps-réel à 384 kbit/s 226
    Service Données temps-réel à 144 kbit/s 225
    Service Voix à 12,2 kbit/s 224
BLER 67
BTFD 114

C

Canal AICH 153
Canal CCPCH 150
Canal CPCH 315
Canal CPICH 149
Canal de transport
    BCH 116
    CCTrCH 114

DCH 115
dédié 115
DSCH 117
FACH 116
PCH 117
RACH 117
Structure 118
Canal de transport 117
Canal PICH 154
Canal RACH 153
Canal SCH 149
CD/CA-ICH 118
CDMA à porteuses multiples 415
Cdma2000
Contexte et normalisation 79
Channel coding 147
Charge
downlink 301
uplink 297
Classe de qualité de service
Background 36, 47
Conversational 36
Interactive 36, 46
Streaming 36, 44
Codage de canal 147
codage convolutif 147
codage TFCI 148
Turbo 147
Code de channelisation 120
Codec AMR 37, 343
Co-existence TDD et FDD 407
Common control physical channel
Secondary 152
Common packet channel 155
Contrôle d'admission
Principe 302
Stratégie 302

Contrôle de charge 306
Contrôle de puissance
  Algorithme 280
  Description 64
  en boucle externe 277
  en boucle ouverte 157
  rapide 268
  rapide en boucle fermée 156
Controlling RNC 93
Co-planification GSM 253
Couverture
  Canal RACH 349
  downlink 351
  uplink 338
CPCH 117
CPICH 118
CSICH 118

D

DCH 115
Désétalement 55
Détection multi-utilisateurs 378
Dimensionnement 220
Diversité
  d'antenne en réception 345
  d'émission downlink 360
  macro-diversité 344
  de trajets multiples 344
DPCCH 118
DPDCH 118
Drift RNC 94
DSCH 118
Dynamic Channel Allocation 403

E

Erlang Capacité 239
Etalement 55
    downlink 128
    uplink 125
Etats de service RRC 194

F

FACH 116
Facteur de charge
    downlink 230
    uplink 227
Fast fading 60
Forward access channel 152

G

Gain de traitement 57
Gateway GPRS Support Node 91
Gateway MSC 91
Gestion des ressources radio 265
    Simulation 245

H

H.225 42
H.245 42
H.323 40
H.324 38
Handover
    inter-modes 165
    intersystèmes 165, 208
    intra-mode 163
Handovers 284

inter-fréquences 293
intersystèmes 293
intra-fréquence 284
Home Location Register 91

I

Interfaces WCDMA 92
Interface Iu 97
Interface Iu Cs 98
Interface Iu Ps 99
Interface Iur 103
Interférences
inter-opérateur 255
intertrajets 365

L

Load control 321

M

Méthode Code division 319
Méthode Maximal Ratio Combining 62
Méthode MRC 376
Méthode Time division 318
Méthodes de localisation 46
Mobile Switching Centre 91
Mode MC
Accès aléatoire 429
Canaux logiques 417
Canaux physiques 418
Contrôle de puissance 428
Mesure de handovers 430
Modulation et étalement 419
Recherche de cellule 429

Signalisation 425
Modulation
downlink 127
uplink 122
Multiplexage
downlink 142
uplink 135

N

Node B 94

O

ODMA 77
OFDMA 76
Optimisation du réseau 252
Outer loop power control 213
Outil de planification 245
Overhead DPCCH 340

P

Packet data performance
link level performance 322
Packet scheduler 313, 317
Algorithmes 317
et contrôle d'admission 322
et contrôle de charge 321
et contrôle de handover 321
Paging 199
Canal152
Procédure 158
PCH 117
PCCPCH 150
Planification 217

Power Drifting 274
Power rise 272
Procédure de mesures de handovers 163
Procédure de mesures en mode compressé 165
Procédure de recherche de cellule 161
Procédure RACH 158
Processus IMT-2000 83
Protection de l'intégrité 203
Protocole BMC
  Architecture 191
  Fonctions 192
Protocole MAC
  Architecture 179
  Fonctions 180
Protocole NBAP 106
Protocole PDCP
  Architecture 190
  Fonctions 192
Protocole PDPC
  Architecture 191
  Fonctions 191
Protocole RANAP 100
Protocole RLC
  Architecture 184
  Fonctions 186
Protocole RRC
  Architecture 193
  Fonctions 197
Protocoles des interfaces UTRAN
  Control Plane 96
  Structure 95
  Transport Network Control Plane 96
  Transport Network User Plane 97
  User Plane 96

Q

Qualité de service 35

R

RACH 117
Radio link control protocol, RLC
  Functions 186
Radio resource control protocol, RRC
    Procédures 202
    Contrôle de puissance 213
    SRNS relocation 213
Random access channel
  Procedure 158
Réseau cœur 91

S

SCH 118
Scrambling 119
Services support 34
  Négociation 34
Serving GPRS Support Node 91
Serving RNC 93
Soft capacité 239
Soft handover 67
Softer handover 67
Spectre IMT-2000 22
SRNS Relocation 101

T

TF 179
TFCI 114
TFCS 179

TFI 114

U

UTRA TDD 387
    Canaux de transport 392
    Canaux physiques 392
    Couche physique 391
    Interférences 405
    Procédures 399
UTRAN 91

V

Vidéotéléphonie 38
Visitor Location Register 91
Voice Activity Detector 37

W

WCDMA
    Contexte et normalisation 74
    Modes FDD et TDD 54
    Principes fondamentaux 53

Achevé d'imprimer le 20 juillet 2001
sur les presses de l'imprimerie "La Source d'Or"
63200 Marsat
Dépôt légal : 3ème trimestre 2001
Imprimeur n° 10136